JN218594

めくるめく 数理の世界

情報幾何学
人工知能
神経回路網理論

甘利 俊一

サイエンス社

サイエンス社のホームページのご案内
https://www.saiensu.co.jp
ご意見・ご要望は　rikei@saiensu.co.jp　まで．

はじめに

数理工学がもてはやされる時代がやってきた．数理の隆盛を夢見ながら永年考究してきた私としては嬉しい限りである．戦後の耐乏生活から，日本の経済の復興発展の時期，さらに失われた 30 年という沈滞の時期を，私は過ごした．またとない激動の時代を生きたわけであり，これだけでも幸運であるのに，さらに数々の運に恵まれて今日を迎えることができた．

長年の研究生活を振り返り，その時々の想いを記してみたいと考えていた．とくに情報幾何学，AI と深層学習，それに数理脳科学を中心に私の 65 年を超える数理の研究生活を，その時々の時代背景と意気込みを中心にして，独白的に語ることである．こんな勝手な試みをサイエンス社は許してくれた．

私の考究した理論に多くの紙数を割いたが，正直に言ってこれはなかなか難しかった．でもある程度わかるように書かなければいけない．読者はこの部分を読み飛ばして，一研究者の人生を鑑賞していただければよい．

こんなわけで，本書は少し変わっている．まず，引用文献を省略した．これは，いまでは文献検索でいくらでも得られるからである．その代わりに，私の英文の発表論文をかなり網羅した文献，著書の一覧をつけさせていただいた．本書の執筆中に米寿を迎えたが，執筆は楽しかった．

本書の執筆を激励してくださったサイエンス社，とくに高橋良太さんには細部に至るまで丁寧なご指摘をいただいた．また，毎度のことながら理化学研究所の浪岡恵美さんには，TEX の打ち込みなど原稿の作成で大変お世話になった．ここに感謝の気持ちを篤く記したい．

2024 年 9 月

甘利俊一

本書に登場する大学や研究機関，省庁等は当時の名称で書かれています．

目　次

数理工学への入門
——大学院時代　1

1.1　数理工学の門を叩く

1956 年の 4 月，大きな期待とちょっぴりの不安に胸をときめかせながら，私は東京大学（以後，東大と略す）本郷の正門をくぐった．工学部応用物理学科数理工学コースに進学したのである．このコースは学生定員 5 名でありながら，教授と助教授はあわせて 4 名もいる，その意味では豪華なコースであった．専門の講義の多くは，この 5 名のみが聴講する．さぼるわけにはいかない．先生は好き勝手に講義するので，難しかった．

なぜ，私はこのコースに来たのだろう．高校のときは数学が大好きであった．都立戸山高校では数学班に属し，ガモフの名著『1, 2, 3, ⋯ , 無限大』などの本を読んで感激していた．そして，大学では数学，物理などを専攻して研究者になることを夢見た．

ところがそうはいかないのが世の中である．当時は学生運動が盛んであったが，その一つに「歌声運動」というのがあった．各国の民衆の歌，民謡などを合唱し，歌声で新しい文化を築き，戦争の動きに反対する平和運動である．もちろん，反アメリカ帝国主義，反独占資本主義を標榜している．これが燃え上がりかけていた．その中心の一つが東大駒場（教養学部）の音感合唱研究会である．

ここに惹かれて，音感で活動を始めた．実は私は歌は下手で，和音もよくわからなかったが，そんなことはどうでもよい．平和のために歌を広めようと精力的に活動していたのである．こんなことがあって，私の駒場での学業の成績はがた落ち，下から 3 分の 1 ぐらいのところにいたと思う．ところが，東大は駒場の 1 年半を過ごして，そこで本郷への進学を決める．各学科は志望者の成績に応じて進学生を選ぶ．私の成績では，理学部の数学，物理，工学部の電気，機械などの花形学科は絶望的であった．

進学ガイダンスがあり，本郷の各学科から教授団が説明旁々（かたがた）勧誘に訪れる．このときに，工学部応用物理学科に数理コースなるものがあると知った．説明に来たのは私の恩師になる近藤一夫教授である．ちょっとブルドッグに似た顔の先生であった．

近藤教授は渋い声で，「現代的な数学の論理を用いて，工学の諸問題を解明するためにこのコースを作った」と説明した．具体的には微分幾何やトポロジーなどを駆使するという．この説明に惹きつけられた．しかもコースは設立 3 年目，学生定員は 5 名である．この無名のコースを志望する学生はほとんどいなくて，志望すればまず入れるらしい．こうしてめでたく数理コースへ進学できた．

1.2 数理コースは苦闘する

数理コースはどのようにして誕生したのだろうか．これには歴史がある．東京帝国大学工学部航空学科は戦時中もっとも花形の学科で，天下の秀才を集めていた．その中に若手の有望教授は何人もいたのであるが，敗戦とともに，航空学科は禁止となった．そこで急遽（きゅうきょ）応用数学科を作り，教授たちはそこへ集結した．ところが数年の後に，航空学科の禁止が解かれる．大勢の教授たちは再興した航空学科に移って，応用数学科は廃止の憂き目にあう．

このときに，航空学ではなくて数理の世界を工学に築くべきだと考えた教授たちがいた．近藤一夫と森口繁一である．近藤教授は微分幾何やトポロジー，抽象代数などを用いた工学の理論体系を確立したいと考えた．理学部の数学科は純粋志向が強烈で，応用などは三流の学者のすることと，見向きもしない．

一方森口教授は，新しい統計学，OR（オペレーションズリサーチ），それに勃興し始めたコンピュータと，時代の最先端を行く工学を考えていた．近藤教授は学問一筋で産業界など見向きもしないが，森口教授は広く産業界と連携を保っていた．この正反対の 2 人が協力して作り，守り育てたのが数理工学コースである．欧米では応用数学はそれなりの地位を保ち，純粋数学と共存していたが，日本の数学界では，応用などは全く無視されていた．ここに小さいながらも数理工学の旗を掲げた意義は大きい．

数理工学をどう築いていくのか，数々の葛藤があったに違いない．私は，2 年後に大学院に進学し，近藤一夫教授の門下に入るが，近藤教授自身が数理工学の世界をどう築いていくか，先頭に立って苦闘していた．「幾何学による工学基礎問題の統一的研究」なる研究会を立ち上げ，微分幾何による塑性論，電気回路のトポロジー解析，情報の理論，その他多くの工学の最先端の研究を推進する道を探っていた．これは文部省の科研費による研究会であったが，英文で大部の論文集“Unifying

Study of the Basic Problems in Physics and Engineering Sciences by Means of Geometry"を刊行して世界に気を吐いた．

工学界の異色の傑物であった近藤教授については語るべきことが多いので，節を改めて私なりの近藤一夫論を述べてみたい．近藤教授は自分自身で最先端の研究を進める．大学院生に，これをしろなどという下請け研究などはさせない．研究は全く自由である，研究テーマは自分で見つけるものじゃ，と言うことで，我々は自由にテーマを選び，研究ができた．「いろいろな分野の研究に向けて大きく目を開いておけ，それが将来に役に立つ」と言われたことが心に残っている．

1.3 自 由 な 世 界

私の研究生活は数学の勉強から始まった．実は近藤教授は肺結核で東大病院に入院してしまい，病室から少しの指示を出すだけであった．まず本を読んで必要な数学がわかるようにならなければならない．選んだ本は

- B. L. Van der Waerden, Modern Algebra,
- S. Lefschetz, Algebraic Topology,
- J. A. Schouten, Ricci Calculus（そして Tensor Analysis for Physicists）

であった．最初の代数の本は，数学科の事務室に行けば，200 円（上下で 400 円）で海賊版が売られていた．Lefschetz のトポロジーと Schouten の微分幾何は近藤教授の持っていた海賊版をお借りした．

ウソのような話に聞こえるかもしれないが，洋書は高くて学生などに手が届かない．教授とて同様で，安い海賊版が出回っていた．後に私の神経回路の本などが中国で海賊版で出回ったが，私は全く気にしない．学問は皆が共有すべき財産であるべきで，誰でも自由に読めるのがよい．

話がそれた．大学院生活の最初の半年は，この 3 冊を熟読することであった．これが大変役に立った．私の数学は独学であるが，ほとんどがこのときに得たものである．研究室には伊理正夫という大秀才がいた．何しろ麻布高校開闢(かいびゃく)以来の秀才ということで，この男なら物理，数学，電気，どの学科へも問題なく進学できる．それがよりによって，名も知れない数理工学コースを選んだのである．近藤思想に魅せられた一人である．私のような劣等生もいれば，伊理さんのような大秀才もいるところが面白い．

伊理さんは私に学問の精神を教えてくれたと思う．私は英語の数学の本を読んでいてわからないと，伊理さんにすみません，この英語はどう解釈したらよいのです

か，とまず聞く．その上さらに数学はどうなっているのでしょうと聞く始末であったが，丁寧に教えてくれた．それだけでない，彼がいろいろと新しいトピックを勉強してきては，「甘利さんちょっと聞いてください．この理論はこうなっていてこうすると良くわかる」と，最新の理論の解説をしてくれた．彼にとっても，人に話すことで自分の考えがまとまったのであろうが，私にとっては理解するということはどういうことか，話を鵜呑（うの）みにするのが勉強ではなくて，自分なりに理解する世界を持つことであると悟った．

その後の半年，近藤教授による“Unifying Study of the Basic Problems in Physics and Engineering Sciences by Means of Geometry”第2巻の編集が始まり，その編集の手伝いで多くの論文を読むことができた．その中で，自分の修士の研究を始めなければならない．手をつけたのは電気回路のトポロジーであった．これについては次節で述べよう．

考えてみれば私はまれに見る幸運に恵まれた．駒場での成績が悪いことが幸いして，数理工学を専攻することができた．ここは全く自由な学問の世界で，何の束縛もなく自分で研究を進められた．仮に，物理や数学に進学していれば，天下の秀才の中で肩身が狭い思いをして，脱落していたに違いない．また，電気や機械などの花形の学科では教授の言いつけ通りで，全く自由がない．それを我慢できたかどうか．

私の幸運はまだまだ続く．東大を終え，九州大学（以後，九大と略す）に移り，また東大へ，そして理化学研究所（以後，理研と略す）へと所属を変えたが，どこでも優れた先輩と同僚に囲まれて全く自由に自分の研究ができたのである．伝統的な学科を出たのではこうはいかなかったかもしれない．

1.4　電気回路網のトポロジー——ホモロジー，コホモロジーと双対性

修士課程は2年で終わるから，2年にもなると修士論文を書く準備を始める必要がある．まず，研究テーマを自分で考えなければならない．やはり，伊理さんを始めとする先輩の研究テーマに目がいった．Lefschetz のトポロジーを勉強したばかりであるから，電気回路網のトポロジー解析に惹かれた．その頃，G. Kron というハンガリー出身のアメリカの GE（General Electric Company）にいる研究者が唱えた刻接解法（diakoptics）という回路解析の手法が注目を集めていた．

たかが線形電気回路の問題など，行列の逆転ですべてが解けてしまう．ところが，当時のコンピュータでは大規模な行列，たとえば100次の行列の逆転などはと

てもできなかった．Kron は，大規模の電気回路網を部分系に分けて部分問題を解き，その解をつないで全体系を解くという繰返し手法を提案していたが，難解である．トポロジーを用いて，この問題をすっきりとさせたい．

ちなみに，Kron はその前に電気機械系（モーターや発電機）の特性を，非ホロノーム解析により解いて評判になっていた．すべての回転電気機械は，同一の機械のホロノームおよび非ホロノーム変換を用いて統一的に解析できるという理論である．GE はこれを記念して一般回転電気機械の模型を作り，世界の大学の電気科に寄贈した．東大の電気工学科にもあるはずである．非ホロノームについては次節で述べる．

本節は私の修士論文の概要で，私の文献表の [3], [4] による．電気回路網を考えよう．それは，**節点**とそれらを結ぶ**枝**からなる（図 1.1）．さらに枝が**ループ**をなすところに**面**を張ろう．こうすると，それは 2 次元の**複体**となる．ここで，枝の数を n とし，各枝を $\boldsymbol{\sigma}^1_\kappa$ で表そう．添字 κ は 1 から n までで，枝を区別するために使う．同じように節点の数を m とし，節点を $\boldsymbol{\sigma}^0_a$ で表そう．a は 1 から m まで，節点を区別するための添字である．また面の数を r とし，面を $\boldsymbol{\sigma}^2_p$ で表し，その添字 p は 1 から r までを走るとする．線には向きをつける．面にも向きをつける．面はループで囲まれているから面の向きとはループをどっち方向に回るか，その方向であるとする．実は面はいくらでも張れる．図 1.1 の回路は 4 面体と見ることもできるから，素直には 4 つの面からなる．しかし，面を 3 つ取れば，第 4 の面を流れる電流は他の 3 つの面を流れる電流の和で表せるから 1 次独立ではない．だから，最低限必要な面だけを張ることにする．

こうした構造を **2 次元複体** $X = \left\{\boldsymbol{\sigma}^0_a, \boldsymbol{\sigma}^1_\kappa, \boldsymbol{\sigma}^2_p\right\}$ と呼ぶ．2 次元要素 $\boldsymbol{\sigma}^2_p$ はループで囲まれているから，その**境界** $\partial\boldsymbol{\sigma}^2_p$ とは，この要素を囲む 1 次元要素を集めたも

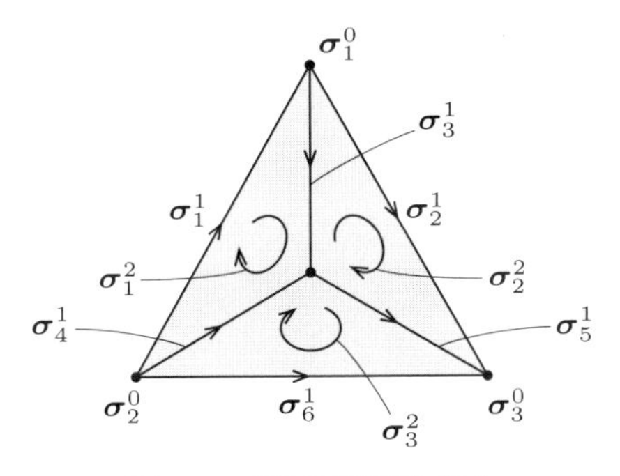

図 1.1　電気回路網と複体

ので，1 次元要素の 1 次結合

$$\partial \boldsymbol{\sigma}_p^2 = \sum_\kappa L_{p\kappa} \boldsymbol{\sigma}_\kappa^1 \tag{1.1}$$

で表す．これは 1 次元要素 $\boldsymbol{\sigma}_\kappa^1$ たちを基底ベクトルと考えたときのベクトルである．成分 $L_{p\kappa}$ は，面 $\boldsymbol{\sigma}_p^2$ の向きがその境界にある枝 $\boldsymbol{\sigma}_\kappa^1$ の向きと一致していれば 1，反対ならば -1，関係なければ 0 である．面と線の接続の関係を**一致行列** $L = (L_{p\kappa})$ という．図 1.2 に面 $\boldsymbol{\sigma}_1^2$ を取り出して示すと，

$$\partial \boldsymbol{\sigma}_1^2 = \boldsymbol{\sigma}_1^1 + \boldsymbol{\sigma}_3^1 - \boldsymbol{\sigma}_4^1 \tag{1.2}$$

である．

同様にして，枝 $\boldsymbol{\sigma}_\kappa^1$ はその両端にある 2 つの点 $\boldsymbol{\sigma}_a^0$ と $\boldsymbol{\sigma}_b^0$ とを結ぶとしよう．このとき，枝 $\boldsymbol{\sigma}_\kappa^1$ の境界 $\partial \boldsymbol{\sigma}_\kappa^1$ とは，0 次元要素 $\boldsymbol{\sigma}_a^0$ を基底とするベクトルで，

$$\partial \boldsymbol{\sigma}_\kappa^1 = \sum_a N_{\kappa a} \boldsymbol{\sigma}_a^0 \tag{1.3}$$

のように書ける．$N = (N_{\kappa a})$ は節点と枝の**一致行列**で，枝 $\boldsymbol{\sigma}_\kappa^1$ が点 $\boldsymbol{\sigma}_a^0$ から出ているときには 1，入るときには -1 で，関係ないときは 0 である．図 1.3 にあるように，$\boldsymbol{\sigma}_1^1$ の境界ならば

$$\partial \boldsymbol{\sigma}_1^1 = -\boldsymbol{\sigma}_1^0 + \boldsymbol{\sigma}_2^0. \tag{1.4}$$

ここで，各次元 $k = 0, 1, 2$ で，要素を抽象的な基底ベクトルとするベクトル空間 $\boldsymbol{C}^k$ を考えよう．たとえば 1 次元ならば

$$\boldsymbol{C}^1 = \sum_\kappa x_\kappa \boldsymbol{\sigma}_\kappa^1 \tag{1.5}$$

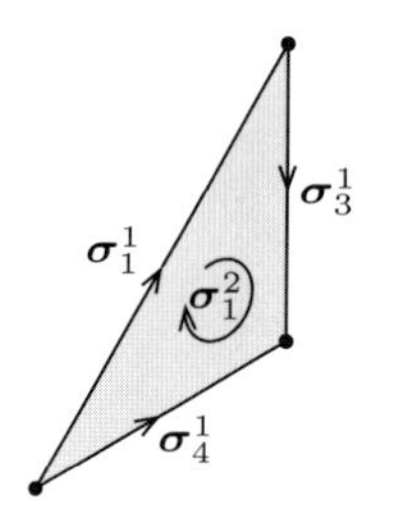

図 1.2 面 $\boldsymbol{\sigma}_1^2$ の境界：$\partial \boldsymbol{\sigma}_1^2 = \boldsymbol{\sigma}_1^1 + \boldsymbol{\sigma}_3^1 - \boldsymbol{\sigma}_4^1$

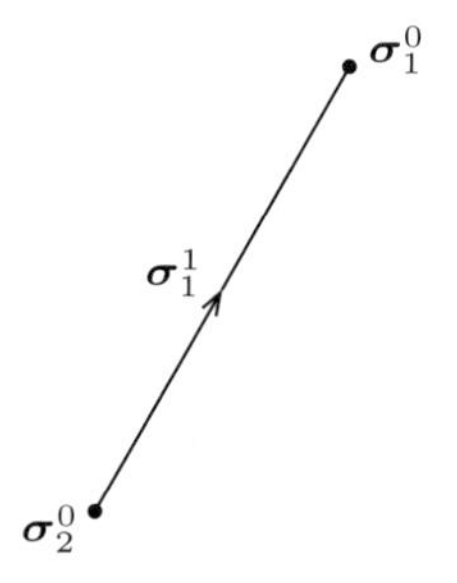

図 1.3 線 $\boldsymbol{\sigma}_1^1$ の境界：$\partial \boldsymbol{\sigma}_1^1 = -\boldsymbol{\sigma}_1^0 + \boldsymbol{\sigma}_2^0$

のことで，$\boldsymbol{x} = (x_\kappa)$ が成分である．具体的には，この $\boldsymbol{C}^1$ は各枝 $\boldsymbol{\sigma}_\kappa^1$ に電流が x_κ ずつ流れている電流の分布図を表すと考える．このベクトルを**チェイン（鎖）**と呼ぶのが**トポロジー**の流儀である．すると，**境界演算子** ∂ は，各チェイン（ベクトルのこと）に働く線形演算子で，k 次元チェイン $\boldsymbol{C}^k$ を $k-1$ 次元チェイン $\boldsymbol{C}^{k-1}$ に写像する：

$$\partial : \boldsymbol{C}^k \to \boldsymbol{C}^{k-1}, \tag{1.6}$$

$$\partial \left(\sum_\kappa x_\kappa \boldsymbol{\sigma}_\kappa^k \right) = \sum_\kappa x_\kappa (\partial \boldsymbol{\sigma}_\kappa^k). \tag{1.7}$$

k 次元要素 $\boldsymbol{\sigma}_i^k$ と $(k-1)$ 次元要素 $\boldsymbol{\sigma}_j^{k-1}$ との一致行列 M_{ij} を用いれば（M_{ij} は $k=2$ のときは先に述べた L で，$k=1$ のときは N である），境界演算子はベクトル $\boldsymbol{x}^k$ をベクトル $\boldsymbol{x}^{k-1}$ に写す線形写像

$$\partial : \boldsymbol{x}^k \to \boldsymbol{x}^{k-1} = M\boldsymbol{x}^k \tag{1.8}$$

である．

0 次元チェイン $\boldsymbol{C}^0$ の境界は，-1 次元要素はないのだから 0 である．したがって写像の系列

$$\boldsymbol{C}^2 \xrightarrow{\partial} \boldsymbol{C}^1 \xrightarrow{\partial} \boldsymbol{C}^0 \xrightarrow{\partial} 0 \tag{1.9}$$

ができ上がる．このような系列で写像を 2 つ続けた $\partial\partial$ は 0，すなわち，

$$\partial\partial \boldsymbol{C}^k = 0 \tag{1.10}$$

が成立するような系列を，**完全系列（exact sequence）**と呼ぶ．$\boldsymbol{C}^k$ の要素 $\boldsymbol{Z}^k$ で，$\partial \boldsymbol{Z}^k = 0$ となるチェインを**サイクル**と呼ぶ．$\partial \boldsymbol{C}^k$ は $\partial\partial \boldsymbol{C}^k = 0$ だからサイクルである．しかし，サイクルでありながら，1 次元高いチェインの境界になっていないものがあるかもしれない．この全体が**ホモロジー群**で，サイクルのなす群 $\boldsymbol{Z}^k$ を境界のなす群 $\partial \boldsymbol{C}^k$ で割った

$$\boldsymbol{H}^k = \boldsymbol{Z}^k / \partial \boldsymbol{C}^k, \tag{1.11}$$

を k 次元ホモロジー群 $\boldsymbol{H}^k$ という．これは k 次のサイクル群を境界が 0 であるような部分空間（境界群）で割った**剰余群**のことである．

回路の例では，1 次元のサイクル（境界が 0 であるチェイン）はループに沿った流れを表す．これはすべて 2 次元の面の境界とその和として得られるから，ホモロ

ジー群は0である．一方，0次元に着目すれば，0次元チェインの境界はすべて0なので，これはすべてサイクルである．これに対して，枝の境界は，枝の両端の差（出口の点から入り口の点を引いたもの）の線形結合である．だから1点 $\boldsymbol{\sigma}_a^0$ はサイクルだが，これは何かの境界にはなっていない（境界になるのは両端点の差）．しかしその自由度は1である．これを**ベッチ数**という．これは分離した独立なグラフの数になる．

さて，上と同じことを，今度は次元を上げる写像についてやってみよう．点 $\boldsymbol{\sigma}_a^0$ の**双対境界（コバウンダリー）**δ とは，この点についている枝からなるチェインで，この点から出ていく枝については1，入ってくるものについては -1 の係数をつける．だから，一致行列を使えば

$$\delta\boldsymbol{\sigma}_a^0 = \sum_\kappa N_{\kappa a}\boldsymbol{\sigma}_\kappa^1 \tag{1.12}$$

と書ける．

各枝 $\boldsymbol{\sigma}_\kappa^1$ のコバウンダリーは，この枝を境界に持つ面からなるチェインで，枝の向きと面の向きがあっていれば1，逆向きであれば -1 の係数がつく．式で書けば

$$\delta\boldsymbol{\sigma}_\kappa^1 = \sum_p L_{p\kappa}\boldsymbol{\sigma}_p^2 \tag{1.13}$$

というチェインベクトルである．3次元要素はないから，面のコバウンダリーは0で，

$$\boldsymbol{C}^0 \xrightarrow{\delta} \boldsymbol{C}^1 \xrightarrow{\delta} \boldsymbol{C}^2 \xrightarrow{\delta} 0 \tag{1.14}$$

が成立するから，チェインのコバウンダリーによる写像列は完全系列である．こうして1つの回路について，バウンダリーとコバウンダリーを巡る**双対性**が成立し，両者のホモロジー群（双対については双対ホモロジー群）の間に成立する関係が明らかにできる．これらについてはトポロジーの教科書にあるので，深入りしない．

さて，電気回路の解析に移ろう．電気回路は高校の物理で習う簡単な線形系である．各枝には抵抗（より一般的には複素数のインピーダンス）がついている．枝 $\boldsymbol{\sigma}_\kappa^1$ につく抵抗の値を r_κ と書こう．また枝 $\boldsymbol{\sigma}_\kappa^1$ を流れる電流を I_κ とし，枝 $\boldsymbol{\sigma}_\kappa^1$ の両端の電位の差（つまりこの枝の両端での電圧の変化）を E_κ と書こう．一方，回路には電流源または電圧源（電池）が含まれていて，これが回路を駆動する．これを I_κ^*，E_κ^* とする．$*$ は電源を意味する（実際は電流源もしくは電圧源はどちらか

一方でよく，しかも通常 1 つの枝にのみ印加されて，後の枝ではこれは全部 0 であるとしてもよい）．電源に駆動されて枝 $\boldsymbol{\sigma}_\kappa^1$ に流れる電流を i_κ，この枝で起こる電圧の降下を e_κ とする．

$$I_\kappa = i_\kappa + I_\kappa^*, \tag{1.15}$$

$$E_\kappa = e_\kappa + E_\kappa^*. \tag{1.16}$$

(I_κ^*, E_κ^*) が与えられたときに，これに駆動されて起こる (i_κ, e_κ) を求めるのが電気回路の問題でもある．

準備が整った．電気回路はオームの法則と，**キルヒホフの 2 つの法則**を使って解けて，1 次連立方程式になる．**オームの法則**は枝 $\boldsymbol{\sigma}_\kappa^1$ における駆動電流 i と電圧降下 e を

$$e_\kappa = r_\kappa i_\kappa \tag{1.17}$$

のように線形で結ぶ．

キルヒホフの第 1 法則は，各点に集まる枝電流の総和は 0 である，というもので，電流チェイン $\boldsymbol{C}_I^1 = \sum_\kappa I_\kappa \boldsymbol{\sigma}_\kappa^1$ について

$$\partial \boldsymbol{C}_I^1 = 0, \tag{1.18}$$

ベクトル表現を使えば

$$\sum_\kappa N_{\kappa a} I_\kappa = 0 \quad (N\boldsymbol{I} = 0) \tag{1.19}$$

と書ける．

第 2 法則は，各ループに沿っての電圧降下の和は 0 とするものだから，電圧枝チェイン $\boldsymbol{C}_E^1 = \sum_\kappa E_\kappa \boldsymbol{\sigma}_\kappa^1$ に対してはコバウンダリーを用いて，

$$\delta \boldsymbol{C}_E^1 = 0 \tag{1.20}$$

と書ける．ベクトルでは

$$\sum_\kappa L_{p\kappa} E_\kappa = 0 \quad (L\boldsymbol{E} = 0). \tag{1.21}$$

ところが，1 次元ホモロジー群，コホモロジー群はどちらも 0 であるから，枝電流チェイン $\boldsymbol{C}_I^1$ は 2 次元面電流チェイン

$$\boldsymbol{C}_I^2 = \sum_p I_p \boldsymbol{\sigma}_p^2 \tag{1.22}$$

があって，そのバウンダリー

$$\boldsymbol{C}_I^1 = \partial \boldsymbol{C}_I^2 \tag{1.23}$$

で書けるようになっている．また，枝電圧チェイン $\boldsymbol{C}_E^1$ は，0 次元点電位（各点の電位）チェイン

$$\boldsymbol{C}_E^0 = \sum_a E_a \boldsymbol{\sigma}_a^0 \tag{1.24}$$

があって，そのコバウンダリーになっている：

$$\delta C_E^0 = C_E^1, \tag{1.25}$$

$$E_\kappa^{\boldsymbol{1}} = \sum_a N_{a\kappa} E_a^0. \tag{1.26}$$

電気回路の解析とは，連立方程式 (1.17), (1.21), (1.26) を解くことである．これを見ると，2 つの解法が浮かぶ．一つは面を流れる面電流のチェイン $\boldsymbol{C}_I^2 = \left(i_p + I_p^*\right)$ の係数 $\boldsymbol{i} = (i_p)$ を変数として，線形方程式を解くものである．この際の変数の数は独立な面の数 r になる．もう一つは各節点の電位 E_a^0 を変数として，電位に関する連立線形方程式を解くものである．0 次元ベッチ数は 1 であったから，1 つの点は独立ではなくて，この点の電位を 0 とおいてよいから，変数の数は $n-1$ である．

前者の**面解法**を考えよう．このとき，駆動する電源は電圧源のみであるとし，$I_\kappa^* = 0$ とおく．するとキルヒホフの電流法則より

$$\partial \boldsymbol{C}_I^1 = 0 \tag{1.27}$$

となり，ホモロジーが消失しているから，$\boldsymbol{C}_I^1$ は $\boldsymbol{C}_I^2$ のバウンダリーで書ける：

$$\boldsymbol{C}_I^1 = \partial \boldsymbol{C}_I^2 = \partial \left(\sum_p i_p \boldsymbol{\sigma}_p^2 \right). \tag{1.28}$$

一方オームの法則より，$R = \mathrm{diag}\,(r_1, \cdots, r_n)$ を対角行列として

$$\boldsymbol{C}_E^1 = R \boldsymbol{C}_I^1 \quad (e_\kappa = r_\kappa i_\kappa) \tag{1.29}$$

で，キルヒホフの電圧法則より

$$\delta \boldsymbol{C}_E^1 = \delta(R \partial \boldsymbol{C}_I^2) = \delta \boldsymbol{C}_{E^*}^1 \tag{1.30}$$

である．解は

$$\boldsymbol{C}_I^2 = (\delta R \partial)^{-1} \delta \boldsymbol{C}_{E^*}^1, \tag{1.31}$$

成分で書けば

$$i_p = \sum_q (Z^{-1})_{pq} E_q^*, \tag{1.32}$$

ただし，i_p が求める面電流，$E_q^* = \sum_\kappa L_{q\kappa} E_\kappa^*$ が電源の面起電力，$\left(Z^{-1}\right)_{pq}$ は

$$Z_{pq} = \sum_\kappa L_{p\kappa} r_\kappa L_{q\kappa} \tag{1.33}$$

の逆行列である．

次に後者の**節点解法**である．このときは，駆動電源は電流源のみとし，$E_\kappa^* = 0$ とおく．キルヒホフの電圧則より

$$\delta \boldsymbol{C}_E^1 = 0, \tag{1.34}$$

したがって

$$\boldsymbol{C}_E^1 = \delta(\boldsymbol{C}_E^0), \tag{1.35}$$

オームの法則より

$$\boldsymbol{C}_I^1 = R^{-1} \boldsymbol{C}_E^1, \tag{1.36}$$

キルヒホフの電流則より

$$\partial \boldsymbol{C}_I^1 = (\partial R^{-1} \delta) \boldsymbol{C}_E^0 = \partial \boldsymbol{C}_{r^*}^1 \tag{1.37}$$

である．解は

$$\boldsymbol{C}_E^0 = (\partial R^{-1} \delta)^{-1} \partial \boldsymbol{C}_{I^*}^1. \tag{1.38}$$

成分で書けば

$$e_a = \sum_a (y^{-1})_{ab} I_a^*, \tag{1.39}$$

$$y_{ab} = \sum_\kappa N_{\kappa a} N_{\kappa b} \frac{1}{r_\kappa} \tag{1.40}$$

である．

この際，面電流に着目した解法では，連立方程式で解くべき変数の数は，独立なループの数 r で，点電圧に着目した解法では変数の数は点の数から1（ベッチ数）を引いた $n-1$ である．r と $n-1$ は一般に異なるから，変数の数の少ない方の解法を選ぶのが得策である．

こんな簡単なものなら確かに高校の物理であって，何もトポロジーがどうのこうのと議論する必要はない．しかし，当時のコンピュータではたとえば100次の連立方程式を解くのは容易ではなくて，回路の構造を使い，そこに含まれるツリー（木）などを用いてうまく解く方法が工夫されていた．これはグラフ理論の課題である．ここに表れたのがKronの分割解法であった．n を変数の数とすれば，n 次の行列の逆転の手間は n^3 である．もし部分系が半分の $n/2$ からなれば，それぞれを解く手間はその3乗で1/8に減るから，この効果は大きい．

さて本題の私の修士の研究に移ろう．Kronの研究にヒントを得て，目標は回路網の分割解法のトポロジーを築き，より高度な新しい分割解法を導くことである．まず図1.4のような回路網（複体）X を考えよう．見ると，両側の部分は節点が密にあるが，真ん中の部分は面（それを囲むループ）が目立つ．そこで，真ん中を中心に，回路を2つの部分，X_1 と X_0 に分ける（X_1 自体は左右の2つの部分に分割されている）．X_1 では，X_1 に属する要素の境界（バウンダリー）はやはり X_1 に属するようにする．一方これに属さない部分は取り除く（**開放除去**）．このような部分集合を**閉集合**という．

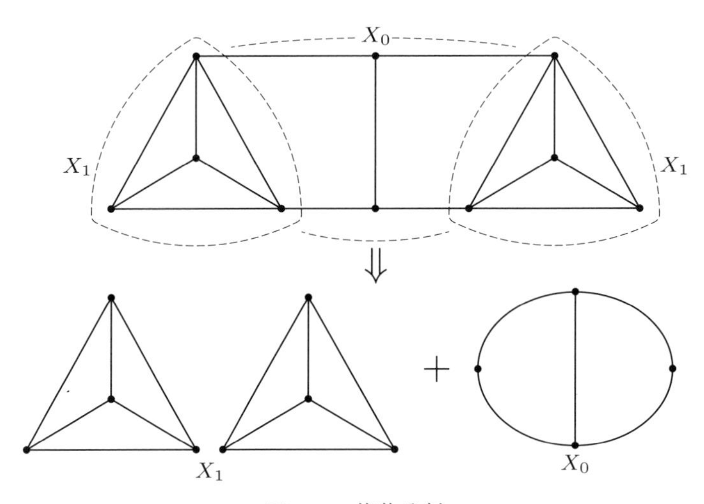

図 1.4 複体分割

残りの部分 X_0 では，そこに属する要素の双対境界（コバウンダリー）はすべて X_0 に属するものとする．X_0 では，これに属さない X_1 の部分はすべて 1 点に圧縮してしまう（**縮約除去**）．これで回路 X は**閉部分** X_1 と**開部分** X_0 の 2 つに分割された：

$$X = X_1 \oplus X_0. \tag{1.41}$$

ここで，それぞれの**部分複体のトポロジー**（接続の関係）を議論できる．このとき，両者の相互関係が重要である．

図 1.4 の回路では，両端の 2 つの部分回路を X_1 とし，これを閉じた 2 つの複体にする．このとき，X_1 は両側の分離した 2 つの部分からなる．だからそのベッチ数は 2 である．この 2 つを縮約してそれぞれを 1 点にしてしまうと真ん中の開部分複体 X_0 ができる．これが**回路の分割**（dissection）である．以上が**複体分割**で，分割された複体について，新しくホモロジーとコホモロジーが定義できる．

閉複体 X_1 では節点の電位を変数として，回路を解く．X_0 ではその面に流れる電流を変数として回路を解く．このとき，X_0 と X_1 のつながりを考慮に入れるが，これがトポロジーの言葉でうまく定式化できる．結論を言えば X_1 の部分の点電位 e_a と X_0 の部分の面電流 i_p を変数とし，

$$\left[\begin{array}{c|c} Y_{ab} & K \\ \hline K & Z_{pq} \end{array}\right] \left[\begin{array}{c} e_a \\ i_p \end{array}\right] = \left[\begin{array}{c} E_a^* \\ I_p^* \end{array}\right] \tag{1.42}$$

を解くのである．このとき，$K = (K_{ap})$ は X_0 と X_1 との接続の一致行列で，$0, 1, -1$ を要素とするスパース行列である．だから上式を解くのに行列の分割解法を用いれば，K の部分の計算量は無視できる．しかも，X_1 がいくつかの部分に分割されていれば $Y = (Y_{ab})$ が部分対角行列に縮退する．もとのままの方程式 (1.32) または (1.39) を行列の分割解法で解こうとしても，計算の手間は減らない．

これが私の修士論文の骨子であり，我ながらうまくいったと感激した．Kron の分割解法を基礎づけただけでなく，それを一般化し，その双対解法をも示したのである．しかし，読者は線形電気回路網などに興味はないだろうから，詳細は本書では割愛する．いまはコンピュータの能力に任せて，ただ大規模行列を逆転すればよいので，こんな凝った双対の仕組みを考える必要がない．つまらない世の中になったものである．

ただ一つ問題が残った．電気回路の節点解析では変数の数は節点の数を n として $n-1$ である．一方，ループ解析では，変数の数は面の数 r である．これは一般に

違うから，通常は自由度の少ない方を変数として，電気回路の問題を解けばよい．ところが分割解法では，自由度の数は X_1 の節点の数 m_1 から，X_1 を構成する分離された部分の数を引いたもの（やかましく言えば X_1 のベッチ数）と，X_0 の部分複体のループの数 r_0 の和である．

この数は，回路の分割の仕方に依存する．一般には，ループが多数詰まっている部分，たとえば完全グラフのような部分は X_1 とし，接点が多いもののループが少ない部分を X_0 とすればよい．与えられた回路で，この変数の和が最小になる分割を求めたい．私にはこれが解けなかった．これはグラフ理論の問題であり，それを一般化した**マトロイド理論**の問題である．

これは伊理正夫によって，**マトロイドの基本分割理論**として解かれた．伊理さんがある日私を呼んで，例のごとく甘利さんちょっと聞いてくださいと言って，新しい理論を紹介してくれた．

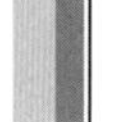

1.5 連続体力学——非リーマン塑性論

修士課程を無事修了し博士課程に進学すると，研究の幅を広げようと思った．まずは恩師の研究である**非リーマン塑性論**を考えた．非リーマンと呼ぶのは，曲率だけでなく捩れ（ねじ）れ（捩率（れいりつ），トーション）の入ったリーマン空間を扱うからである．微分幾何を勉強したのだからさっそく使ってみたい．捩率は結晶をなす物質の転位（dislocation）を表現するのに好都合である．近藤先生の論文を読むと難しくてよくわからない．それなので自分なりに納得のいく理論を構築して理解する他はない．

私の非リーマン塑性論とも言える，**転位の連続体理論**をここでわかりやすくかいつまんで述べよう．興味のない読者は本節を飛ばすなり，読み流すなりしてよい．ただ，後に情報幾何で用いた微分幾何は，私にとってはこの研究のおかげでよく理解できるようになった．微分幾何の接続の理論が直観的にわかるようになったのである．この理論は [1], [2], [14] などで発表した．

物質，たとえば金属材料を考えよう．これは外力を加えれば変形する．すると各点に**歪**（ひずみ）と**応力**（歪に拮抗する反発力）が生ずる．そこで，空間に座標系 $\widetilde{\boldsymbol{x}} = (\widetilde{x}^a), a = 1, 2, 3$ を取り，歪を含まない材料（理想材料）をここに置こう（図 1.5）．そして外部から力を加えてこの材料を変形する．変形により各点は移動する．変形した材料に対して，その置かれた空間に新しい座標系を取り，各点を $\boldsymbol{x} = (x^\kappa), \kappa = 1, 2, 3$ とする．変形によってもとの $\widetilde{\boldsymbol{x}}$ 点は新しい $\boldsymbol{x}$ 点に移るから，

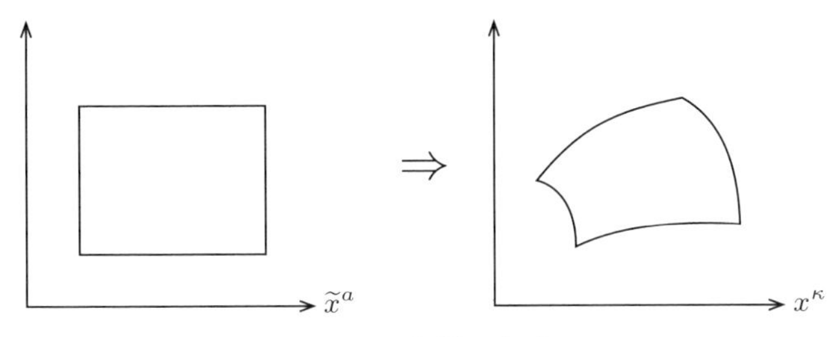

図 1.5　物質の変形

これを

$$x^\kappa = f_\kappa(\widetilde{\boldsymbol{x}}), \quad \kappa = 1, 2, 3 \tag{1.43}$$

と書こう．もっと具体的に，$\widetilde{\boldsymbol{x}}$ 点が $\widetilde{\boldsymbol{u}}(\widetilde{\boldsymbol{x}})$ だけ移動して $\boldsymbol{x}$ になったとすれば

$$\boldsymbol{x} = \boldsymbol{f}(\widetilde{\boldsymbol{x}}) = \widetilde{\boldsymbol{x}} + \widetilde{\boldsymbol{u}}(\widetilde{\boldsymbol{x}}) \tag{1.44}$$

である．

変形が単なる平行移動のときは，$\widetilde{\boldsymbol{u}} = \boldsymbol{c}$ で，$\boldsymbol{c}$ は $\widetilde{\boldsymbol{x}}$ によらない定数であり歪は生じない．$\widetilde{\boldsymbol{u}}$ が $\widetilde{\boldsymbol{x}}$ によれば，歪が生ずる．ここで，変換 (1.43) の微分（ヤコビ行列）を

$$B_a^\kappa = \frac{\partial \boldsymbol{f}(\widetilde{\boldsymbol{x}})}{\partial \widetilde{\boldsymbol{x}}} = \delta_a^\kappa + \frac{\partial \widetilde{u}^\kappa(\widetilde{\boldsymbol{x}})}{\partial x^a} \tag{1.45}$$

とおこう．δ_a^κ は，クロネッカーのデルタで，$\kappa = a$ のとき 1，そうでなければ 0 で，行列と見れば単位行列に相当する．$\widetilde{\boldsymbol{x}}$ とそのすぐ近くの点 $\widetilde{\boldsymbol{x}} + d\widetilde{\boldsymbol{x}}$ を結ぶ**微小線素** $d\widetilde{\boldsymbol{x}}$ を考えよう．これが変形によってどう変わるかを見る．変形後は各点は $\boldsymbol{x}$ と $\boldsymbol{x} + d\boldsymbol{x}$ に変わるから，微小線素 $d\boldsymbol{x}$ はヤコビ行列 $B = (B_a^\kappa)$ を用いて $d\boldsymbol{x} = B\,(\widetilde{\boldsymbol{x}})\,d\widetilde{\boldsymbol{x}}$ に変わる．

上記のことを変形後の現実の材料の立場で考えよう．変形後の $\boldsymbol{x}$ 点は，$\boldsymbol{f}$ の逆関数を $\widetilde{\boldsymbol{f}} = \boldsymbol{f}^{-1}$ とすれば，変形前は

$$\widetilde{\boldsymbol{x}} = \widetilde{\boldsymbol{f}}(\boldsymbol{x}) \tag{1.46}$$

にあった．だから，$\widetilde{B}$ を B の逆行列とすれば

$$d\widetilde{\boldsymbol{x}} = \widetilde{B} d\boldsymbol{x}, \tag{1.47}$$

これを成分で書いて

$$d\tilde{x}^a = B^a_\kappa dx^\kappa \tag{1.48}$$

となる．また，成分で書いた (1.48) では，右辺に和記号 $\sum_\kappa$ が抜けていると感じた読者は多いだろう．これは **Einstein の記法**を用いたからで，以後，式中に添字 a や κ などが2度現れ，1つは上につき，1つは下につくときに，この添字については和記号 $\sum$ を省略しても，自動的に和を取るものとする．だから (1.48) では $\sum$ が省略されている．

変換後の空間で各点の**接空間**を考え，座標軸に沿った**接ベクトル**をそれぞれ $\{\boldsymbol{e}_\kappa\}, \kappa = 1, 2, 3$ とする．一方，変形前の座標系 $\tilde{\boldsymbol{x}}$ はこの空間では曲座標をなしている（図 1.6）．その座標に沿った接ベクトル $\{\boldsymbol{e}_a\}, a = 1, 2, 3$ も接空間の基底系をなす．両者は (1.48) より，(B^κ_a) を (B^a_κ) の逆行列として，

$$\boldsymbol{e}_a = B^\kappa_a \boldsymbol{e}_\kappa \tag{1.49}$$

で結ばれている．座標 $\{\tilde{x}^a\}$ および $\{x^\kappa\}$ に沿った2つの**自然基底** $\boldsymbol{e}_a, \boldsymbol{e}_\kappa$ を，それぞれ偏微分オペレータ

$$\boldsymbol{e}_a = \frac{\partial}{\partial \tilde{x}_a}, \quad \boldsymbol{e}_\kappa = \frac{\partial}{\partial x^\kappa} \tag{1.50}$$

と考えるのが，現代の微分幾何であるが，これはそう考えてもよいと言うだけにしておこう．

変形後の材料の空間での2点，$\boldsymbol{x}$ と $\boldsymbol{x} + d\boldsymbol{x}$ の間の微小距離の2乗は，ユークリッド空間の距離だから $|d\boldsymbol{x}|^2$ である．しかし $d\boldsymbol{x}$ の実際の長さとは別に，変形前の材料の立場に立って，対応する変形前の微小線素 $d\tilde{\boldsymbol{x}}$ の長さの2乗を，新たに材料固有の距離の2乗と定義してみよう．これは材料のもともとの自然の長さである．これを

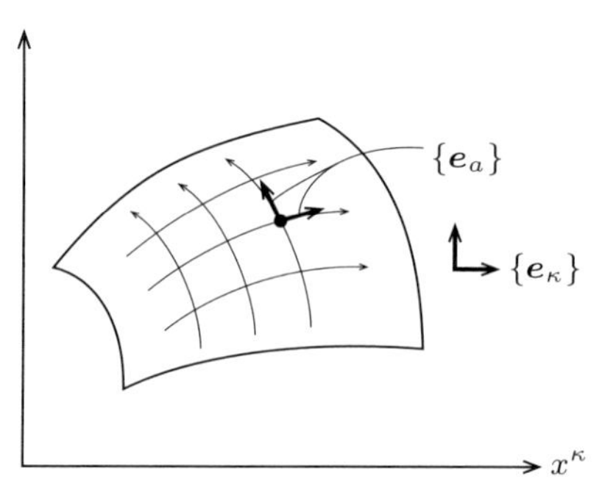

図 1.6　2つの自然基底

$$ds^2 = g_{\kappa\lambda} dx^\kappa dx^\lambda \tag{1.51}$$

と書けば，もともとは

$$ds^2 = \delta_{ab} d\widetilde{x}^a \widetilde{x}^b \tag{1.52}$$

であるから，変形の式 (1.48) を用いて

$$g_{\kappa\lambda} = B^a_\kappa B^b_\lambda \delta_{ab} \tag{1.53}$$

となる．これは，材料の線素のいまの長さではなくて，変形前に戻したときの自然の長さで定義した計量であるから，**自然計量**と呼ぼう．変形後の空間のユークリッド計量 $\delta_{\kappa\lambda}$ とは違う．違う部分を**歪テンソル**といい，

$$\varepsilon_{\kappa\lambda} = \delta_{\kappa\lambda} - g_{\kappa\lambda} \tag{1.54}$$

で定義する．

変形により歪 $\varepsilon_{\kappa\lambda}$ が生ずれば，これに反発して対抗する応力 (stress) が生ずる．**応力テンソル**を $\sigma^{\kappa\lambda}$ と書けば，フックの法則によって，歪と応力は

$$\sigma^{\kappa\lambda} = E^{\kappa\lambda\mu\nu} \varepsilon_{\mu\nu} \tag{1.55}$$

で結ばれている．歪テンソル $\varepsilon_{\lambda\kappa}$ があれば，対応して歪エネルギー

$$E = \frac{1}{2} E^{\lambda\kappa\mu\nu} \varepsilon_{\lambda\kappa} \varepsilon_{\mu\nu} \tag{1.56}$$

が生ずる．ここに $E^{\lambda\kappa\mu\nu}$ は弾性率テンソルで，物質材料に固有の定数のテンソルである．

$$\sigma^{\lambda\kappa} = \frac{\partial E}{\partial \varepsilon_{\lambda\kappa}} \tag{1.57}$$

は歪に対応する応力である．いま物質の中に微小な平面要素 ds_μ を考えよう．ds_μ は面素に直交する方向を表す．このとき，応力はこの面に

$$df^\lambda = \sigma^{\lambda\kappa} ds_\kappa \tag{1.58}$$

の力を及ぼす．

歪んだ物質の内部には，力が働いている．理想状態 $\widetilde{\boldsymbol{x}}$ の各点に外部から力を働かせたとするならば，力は内部に直接働いてもよいし，物質の境界にだけ働いていてもよい．外部から働く力を $\boldsymbol{f}(\boldsymbol{x})$ とする．外力と応力の関係は力の釣りあい条件

から，

$$\partial_\kappa \sigma^{\kappa\lambda}(\boldsymbol{x}) = f^\lambda, \quad (\mathrm{div}\,\sigma = \boldsymbol{f}) \tag{1.59}$$

を満たす．力の分布 $\boldsymbol{f}(\boldsymbol{x})$ を与えれば，式 (1.55) と (1.59) を解いて，(1.45) を用いて変形 $\boldsymbol{u}(\widetilde{\boldsymbol{x}})$ を求めることができる．これが弾性論である．

変形後の空間に歪を利用した計量を定義した．さらに**アファイン接続**なる量を定義しよう．異なる 2 点 $\boldsymbol{x}$ と $\boldsymbol{x}' = \boldsymbol{x} + d\boldsymbol{x}$ で，それぞれの接空間におけるベクトル $\boldsymbol{X}$ と $\boldsymbol{X}'$

$$\boldsymbol{X} = X^\kappa(\boldsymbol{x})\boldsymbol{e}_\kappa, \tag{1.60}$$

$$\boldsymbol{X}' = X^\kappa(\boldsymbol{x}')\boldsymbol{e}_\kappa \tag{1.61}$$

を考える．現実の空間では $X^\kappa(\boldsymbol{x}) = X^\kappa(\boldsymbol{x}')$ であれば，この 2 つは同一である．しかし変形を取り去った場合にはこの 2 つのベクトルは違ってくる．変形を取り去った後に同一になるとき，異なる 2 点におけるベクトル $\boldsymbol{X}$ と $\boldsymbol{X}'$ とは，互いの**平行移動**であると定義する．こうして材料の空間にベクトルの平行移動が定義される．

自然基底ベクトル $\boldsymbol{e}_a(\boldsymbol{x})$ と $\boldsymbol{e}_a(\boldsymbol{x}')$ は，変形前に戻せば同一であったから，$a = 1, 2, 3$ の各々について，2 つのベクトル

$$\boldsymbol{e}_a(\boldsymbol{x}) = B_a^\kappa(\boldsymbol{x})\boldsymbol{e}_\kappa, \tag{1.62}$$

$$\boldsymbol{e}_a(\boldsymbol{x}') = B_a^\kappa(\boldsymbol{x}')\boldsymbol{e}_\kappa \tag{1.63}$$

はこの定義によれば互いの平行移動である．

すぐ後に述べるが，弾性変形の場合はこれで何の問題もない．しかし転位を含む塑性変形があれば，自然基底 $\boldsymbol{e}_a(\boldsymbol{x})$ が一意に決まらない事態が生ずる．つまり現実の変形後の空間において，基底が**非ホロノーム**になる．そのことを以下で見よう．

変形後の材料の空間は，いまのままのユークリッド空間とは別に，自然計量 $g_{\kappa\lambda}(\boldsymbol{x})$ を計量テンソルとする**リーマン空間**で，2 つのベクトルの平行移動も定義した．とは言っても，現在の歪んだ空間は，もとのユークリッド空間に変形による座標変換をほどこしたものに過ぎない．$\boldsymbol{x}$ をもとに戻した $\widetilde{\boldsymbol{x}} = \widetilde{\boldsymbol{x}}(\boldsymbol{x})$ は，変形後の空間を用いた曲座標系に過ぎないと見ることができる．これは歪のない理想状態からの変形として，空間の幾何を定義したからである．

塑性変形と転位による非ホロノームを述べる前に，ここでリーマン幾何学早わかりを記しておく．空間 S（正確には**多様体**）があるとし，座標系（正確には局所座標

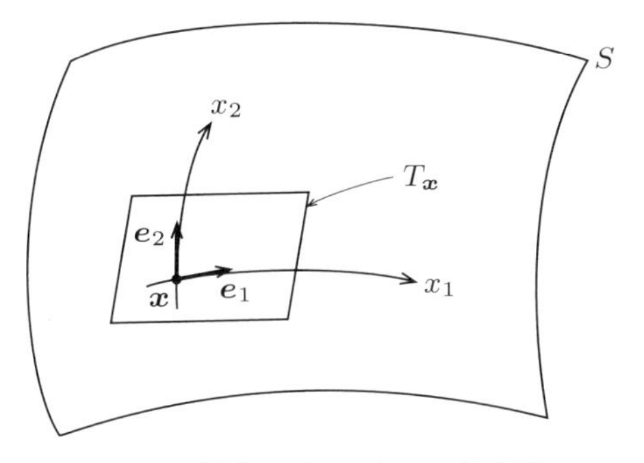

図 1.7　多様体 S と $\boldsymbol{x}$ 点での接空間 $T_{\boldsymbol{x}}$

系）を $\boldsymbol{x}$ とする．1 点 $\boldsymbol{x}$ の近傍でこれを線形化した**接空間** $T_{\boldsymbol{x}}$ を考える（図 1.7）．座標軸 x^κ に沿った接線ベクトルを $\boldsymbol{e}_\kappa$ としよう（数学ではこれを偏微分演算子 $\partial_\kappa = \partial/\partial x^\kappa$ であると定義するのがかっこ良い流儀である）．微小線素 $d\boldsymbol{x}$ は

$$d\boldsymbol{x} = dx^\kappa \boldsymbol{e}_\kappa \tag{1.64}$$

と書ける．

空間 S に $d\boldsymbol{x}$ の長さの 2 乗 ds^2 が 2 次形式

$$ds^2 = g_{\kappa\lambda}(\boldsymbol{x}) dx^\kappa dx^\lambda \tag{1.65}$$

で定まっている空間を**リーマン空間**という．計量 $g_{\kappa\lambda}$ は $T_{\boldsymbol{x}}$ の基底 $\boldsymbol{e}_\kappa$ と $\boldsymbol{e}_\lambda$ の内積

$$g_{\kappa\lambda} = \boldsymbol{e}_\kappa \cdot \boldsymbol{e}_\lambda \tag{1.66}$$

である．

リーマン空間は，S の各点に接空間をべたべたと貼りあわせたものであるが，このままでは各点はばらばらである．$\boldsymbol{x}$ 点の接ベクトル空間 $T_{\boldsymbol{x}}$ と $\boldsymbol{x} + d\boldsymbol{x}$ 点の接ベクトル空間 $T_{\boldsymbol{x}+d\boldsymbol{x}}$ とに対応関係をつけよう．これがアファイン接続で，両者を結びつける．$T_{\boldsymbol{x}}$ での接ベクトル $\boldsymbol{X}$ は，$\boldsymbol{x} + d\boldsymbol{x}$ 点では接ベクトル $\boldsymbol{X} + d\boldsymbol{X} \in T_{\boldsymbol{x}+d\boldsymbol{x}}$ に対応するとしよう（図 1.8）．$\boldsymbol{X}$ として基底ベクトル $\boldsymbol{e}_\kappa$ 自体を考える．$T_{\boldsymbol{x}}$ での基底ベクトル $\boldsymbol{e}_\kappa(\boldsymbol{x})$ に対応する $T_{\boldsymbol{x}+d\boldsymbol{x}}$ のベクトルは，空間が曲がっているから $\boldsymbol{e}_\kappa$ ではなくて $\boldsymbol{e}_\kappa + d\boldsymbol{e}_\kappa$ であるとする．このときベクトル $d\boldsymbol{e}_\kappa$ を成分で書けば，それは微小線素 $d\boldsymbol{x}$ の 1 次式で書けるだろうから，これを

$$d\boldsymbol{e}_\kappa = \Gamma^\mu_{\kappa\lambda} \boldsymbol{e}_\mu dx^\lambda \tag{1.67}$$

とおく．ここで係数として 3 つの添字を持つ量 $\Gamma^\mu_{\kappa\lambda}(\boldsymbol{x})$ を用いた．これをアファイ

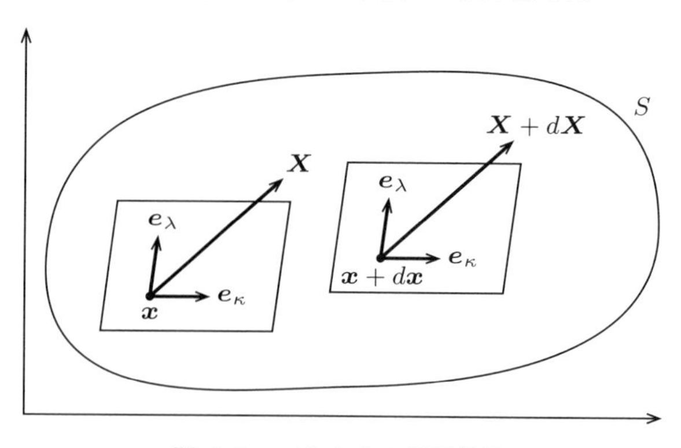

図 1.8　ベクトルの平行移動

ン接続の係数という．

$T_{\boldsymbol{x}}$ でのベクトル $\boldsymbol{X} = X^\kappa \boldsymbol{e}_\kappa$ が，$T_{\boldsymbol{x}+d\boldsymbol{x}}$ のベクトルに平行移動で対応するならば $d\boldsymbol{X}$ が $\boldsymbol{e}_\kappa$ を相殺しなければならない．このためには $d\boldsymbol{X}$ として

$$d\boldsymbol{X} = \Gamma^\mu_{\lambda\kappa} \boldsymbol{e}_\mu dx^\kappa \tag{1.68}$$

となるように定めればよい．$\boldsymbol{X} + d\boldsymbol{X}$ をベクトル $\boldsymbol{X}$ の平行移動と呼ぶ．これにより，離れた2点 $\boldsymbol{x}, \boldsymbol{y} \in S$ があり，$\boldsymbol{x}$ と $\boldsymbol{y}$ とを結ぶ曲線

$$\boldsymbol{c}(t) \ : \ \boldsymbol{c}(0) = \boldsymbol{x}, \quad \boldsymbol{c}(1) = \boldsymbol{y} \tag{1.69}$$

があれば，この曲線に沿って $T_{\boldsymbol{x}}$ での $\boldsymbol{X}$ を平行移動して $T_{\boldsymbol{y}}$ で

$$\boldsymbol{Y} = \prod_{\boldsymbol{c}} \boldsymbol{X} \tag{1.70}$$

に移すことができる（図 1.9）．これで S の接空間が互いにつながる．

アファイン接続 $\Gamma^\mu_{\kappa\lambda}(\boldsymbol{x})$ をどう決めたらよいのだろう．自然な決め方は，ベクトル $\boldsymbol{X}$ の長さは平行移動によって変わらないことを利用する，すなわち

$$|\boldsymbol{X}|^2 = \left| \prod_{\boldsymbol{c}} \boldsymbol{X} \right|^2 \tag{1.71}$$

となるように決めるものである．さらに $\Gamma^\mu_{\kappa\lambda} = \Gamma^\mu_{\lambda\kappa}$ とする．こうすると，$\Gamma^\mu_{\kappa\lambda}(\boldsymbol{x})$ は $g_{\kappa\lambda}(\boldsymbol{x})$ からその微分を含む式で，次のように一意的に決まる．

$$\Gamma^\kappa_{\mu\lambda} = \frac{1}{2}(\partial_\mu g_{\lambda\nu} + \partial_\lambda g_{\mu\nu} - \partial_\nu g_{\mu\lambda}) g^{\nu\kappa}. \tag{1.72}$$

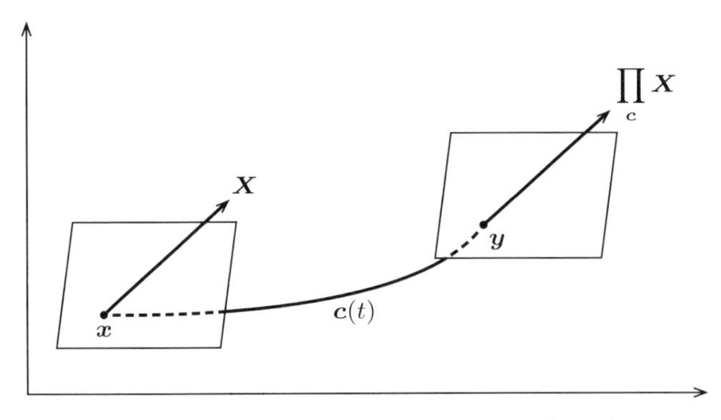

図 1.9　ベクトル $\boldsymbol{X}$ の道 $\boldsymbol{c}$ に沿った平行移動

これが **Levi-Civita 接続**である．これを導くのはほど良い演習問題である．以上で扱ったのが通常のリーマン空間である．

対称性の条件をくずし，

$$S^{\mu}_{\kappa\lambda} = \frac{1}{2}(\Gamma^{\mu}_{\kappa\lambda} - \Gamma^{\mu}_{\lambda\kappa}) \neq 0 \tag{1.73}$$

としたものが，空間に捩れを与えるもので，これを**非リーマン空間**ともいう．これは A. Einstein が，重力と電磁力を統一する空間の理論を建設すべく導入した．彼の統一場理論の試みは失敗に終わった．でも**捩率テンソル** $S^{\mu}_{\kappa\lambda}$ は残り，工学分野の理論でも重要な役割を果たしている．

一方，Levi-Civita 接続では $S^{\mu}_{\kappa\lambda} = 0$ であるが，これとは別に 3 階の対称テンソル $T_{\mu\lambda\kappa}$ を導入し，$g_{\kappa\lambda}(\boldsymbol{x})$ を与えたときに，Levi-Civita 接続 $\Gamma^{*}_{\mu\lambda}{}^{\kappa}$ に加えて新しい双対関係にある 2 つの接続

$$\Gamma^{e}_{\kappa\lambda}{}^{\mu} = \Gamma^{*}_{\kappa\lambda}{}^{\mu} - T_{\kappa\lambda\nu}g^{\nu\mu}, \tag{1.74}$$

$$\Gamma^{m}_{\kappa\lambda}{}^{\mu} = \Gamma^{*}_{\kappa\lambda}{}^{\mu} + T_{\kappa\lambda\nu}g^{\nu\mu} \tag{1.75}$$

を導入することができる．これが後に詳述する双対接続の微分幾何である．そしてこれが情報幾何で，私と長岡浩司が導入した．

接続が定義できると，空間 S の特質が明らかになる．1 点 $\boldsymbol{x}$ とそれを通る閉曲線 $\boldsymbol{c}(t)$，

$$\boldsymbol{c}(t)\ :\ \boldsymbol{c}(0) = \boldsymbol{c}(1) = \boldsymbol{x} \tag{1.76}$$

を考えよう．$\boldsymbol{x}$ 点での接空間のベクトル $\boldsymbol{X} \in T_{\boldsymbol{x}}$ を，閉路に沿って 1 周して平行

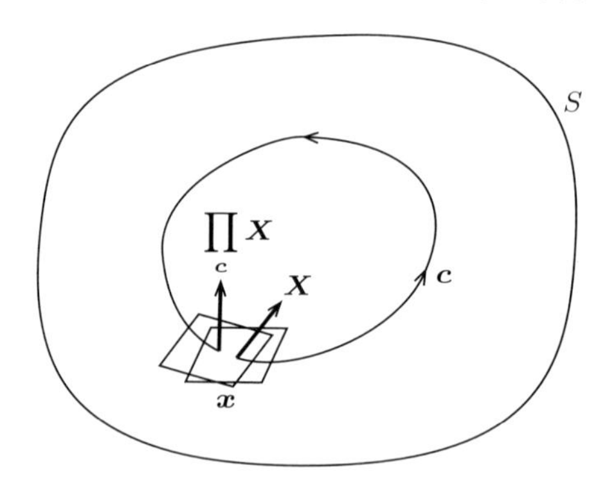

図 1.10　$T_{\boldsymbol{x}}$ の $\boldsymbol{c}$ に沿った世界一周でベクトル $\boldsymbol{X}$ の方向と原点が変化する

移動してみよう（図 1.10）．通常のユークリッド空間ならば，1 周すればそのままもとの同じ $\boldsymbol{X}$ に戻る．しかし空間が曲がっていれば，1 周した後の像 $\prod_{\boldsymbol{c}} \boldsymbol{X} \in T_{\boldsymbol{x}}$ は原点がずれ，方向も変わる．原点のずれが捩率 $S^{\mu}_{\kappa\lambda}$ で表され，方向の変化がリーマン曲率 $R^{\nu}_{\kappa\lambda\mu}$ で表せる．この 2 つは，計量 $g_{\kappa\lambda}$ と接続 $\Gamma^{\mu}_{\kappa\lambda}$ から計算できる．式を書いておこう．

$$S^{\mu}_{\kappa\lambda} = \Gamma^{\mu}_{[\kappa\lambda]}, \tag{1.77}$$

$$R^{\nu}_{\kappa\lambda\mu} = 2\partial_{[\kappa}\Gamma_{\lambda]\mu}{}^{\nu} + 2\Gamma_{[\kappa|}{}^{\tau}_{\mu}\Gamma_{\lambda]\tau}{}^{\nu}, \tag{1.78}$$

ただし記号 $[\kappa\lambda]$ は反対称化を意味し，

$$a_{[\kappa\lambda]} = \frac{1}{2}(a_{\kappa\lambda} - a_{\lambda\kappa}) \tag{1.79}$$

などである．理想状態からの変形で得られた空間の場合は，もとの空間に戻せば，すべての $\boldsymbol{e}_{\kappa}$ は互いに平行である．これは接続を

$$\Gamma^{\kappa}_{\mu\lambda} = -B^{\kappa}_{a}\partial_{\mu}B^{a}_{\lambda} \tag{1.80}$$

と定義したのと同じである．すべては B またはその逆行列から計算できる．

現実の金属材料を考えよう．これはミクロに見れば結晶構造をしている．図 1.11 (a) のように，ここでは一番単純な正方格子（3 次元なら立方格子）を例として考える．現実の物質の結晶には欠陥がある．一部の原子が欠けて穴が空いていたり，すぐに述べる転位（dislocation）が多数あるために，外力が加わらなくてもそれ自体は内部の欠陥によりすでに歪んでいる．だから外力がなくても，歪

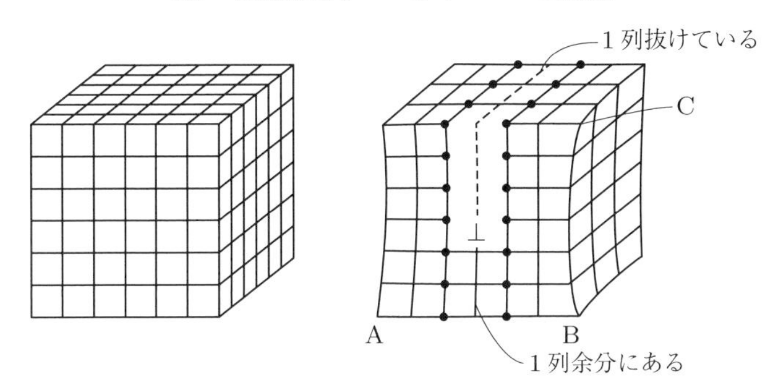

図 1.11 (a) 完全立方格子．(b) 転位を含む結晶，⊥ 点で点線の面が 1 枚抜けている．

テンソル，応力テンソルは 0 ではない．これを固有歪，固有応力という．各点 $\boldsymbol{x}$ を連続に変形して $\widetilde{\boldsymbol{x}}^a$ のような理想状態に戻そうとしても，それはできない．つまり，現実の材料は，初めに想定した歪のない理想的な材料からの変形 (1.43) ではなかった．

固有歪を持つ材料で，その固有歪 $\varepsilon_{\kappa\lambda}$ から (1.54) で定まる計量 $g_{\kappa\lambda}$ を用いてそのリーマン曲率を計算すれば，これは 0 ではない．0 ならば連続変形によって歪をなくせる．歪が固有歪であるか否かを定める式を適合条件式というが，実はそれはリーマン曲率のことである．このことを指摘したのは森口繁一教授であった．これは古典弾性論である．

話を転位に進めよう．金属材料は結晶構造をしていると述べた．話を簡単にするため，立方格子で考える（図 1.11 (a)）．格子欠陥とはこの規則正しい構造がくずれてしまうことである．図 1.11 (b) を見て欲しい．ここでは ⊥ のマークの上側で，格子面が 1 列消えている．⊥ マークは奥行き方向に 1 列に並ぶ．これを**転位線**と呼ぶ．このままでは力が釣りあわないので，材料は変形して転位の上側ではつめあって変形するから，外部からは一見何もないように見える．欠陥を生ずる平面が 1 つ入る場合と，横にずれる場合の 2 種類の欠陥がある．それぞれ**刃状転位**，**捩状転位**と呼ぶ．

固有歪を含む物質の空間の各点の近傍を考えよう．近傍と言えば接空間のことである．幸いなことに，各点は格子構造を保持している．格子に沿ったベクトルを基底 $\boldsymbol{e}_a$ に取り，それらの張るベクトル空間を考える．これを**格子基底**と呼び，各点に格子基底の張る接空間を考えよう．格子のベクトル $\boldsymbol{e}_a$ は欠陥のために現実の空間では歪んでいる．このとき，座標系 $\widetilde{\boldsymbol{x}} = (\widetilde{x}^a)$ をうまく作れば，この座標系の座

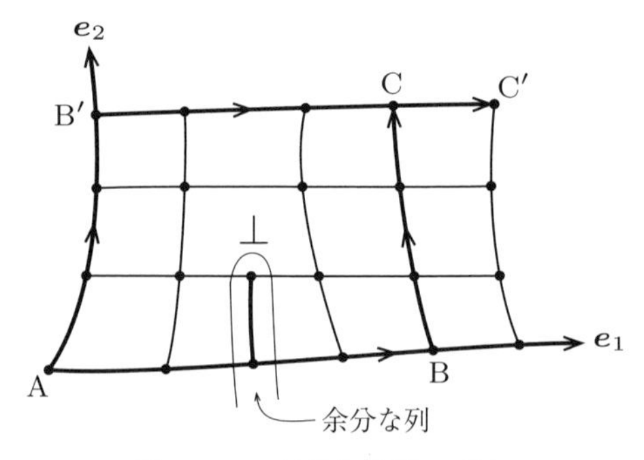

図 1.12　転位と位置のずれ

標軸方向の接ベクトルに格子ベクトルがなっているか否かが問題である．古典弾性論の説明は，このような自然の座標系 $(\widetilde{x}^a)$ があるものとし，そこから出発して変形を説明してきた．

格子欠陥があればこのような座標系 $\widetilde{\boldsymbol{x}}$ は成立しない．いま，ある点 A から出発して，接空間の基底 $\boldsymbol{e}_1$ の方向（1 方向）に，基底に沿って格子の上を 4 個だけ進むと B 点に至る（図 1.12）．そこから向きを上に変えて $\boldsymbol{e}_2$ の方向に 3 個だけ進んだとしよう．すると図 1.12 の C 点に至る．ところが初めに上方向 $\boldsymbol{e}_2$ に沿って格子を 3 個だけ進むと B′ 点に行き，そこから横方向 $\boldsymbol{e}_1$ へ 4 個だけ進んでみよう．すると C′ 点に至る．ところが C と C′ があわない．格子欠陥を囲んで格子のずれが生じているからである．

このように，接空間の格子基底ベクトル $\{\boldsymbol{e}_a\}$ が，ある座標系の座標軸に沿った接ベクトル（自然基底）になっていないとき，これを**非ホロノーム基底**という．仮に $\widetilde{\boldsymbol{x}} = (\widetilde{x}^a)$ という座標系を使うとすれば，$d\widetilde{\boldsymbol{x}} = (d\widetilde{x}^a)$ の軌道に沿った積分の値は経路によって異なるから，$\widetilde{\boldsymbol{x}}$ という座標系は存在しない．$d\widetilde{\boldsymbol{x}}$ はあるが，その積分は経路によって違ってくる．接空間でのこのような基底が非ホロノーム基底である．非ホロノーム基底を用いると話がすっきりと進むことがある．

現実の線素ベクトル $d\boldsymbol{x}$ を非ホロノーム基底で表現すると，

$$d\boldsymbol{x} = d\widetilde{x}^a \boldsymbol{e}_a, \quad d\widetilde{x}^a = \widetilde{B}^a_\kappa dx^\kappa \tag{1.81}$$

のように書ける．(1.48) と同じであるが，この量は積分できないから B は (1.45) のように，自然座標系の関数の微分としては求まらない．つまり

$$\partial_\kappa B^a_\lambda \neq \partial_\lambda B^a_\kappa \tag{1.82}$$

となってしまう．これは

$$\Omega^{\mu}_{\kappa\lambda} = \left(\partial_{[\kappa} B^{a}_{\lambda]}\right) B^{\mu}_{a} \tag{1.83}$$

という量が 0 にならない事を意味する．もし変換 (1.44) があるのならば

$$\partial_{\kappa}\partial_{\lambda} f^{a} = \partial_{\kappa} B^{a}_{\lambda} = \partial_{\lambda} B^{a}_{\kappa} \tag{1.84}$$

で，(1.83) は 0 となるからである．Ω を**非ホロノーム対象**と呼ぶ．

さて，材料の空間の微小体積要素を取り，これを周囲から切り離して，自由に変形させる．この部分が格子からなれば，格子の歪が取れて，もとの自然の格子になる．格子に沿った基底を $\{\boldsymbol{e}_a\}$ とすれば，これは現実の空間の接空間の基底として採用できる．これが自然の状態に依拠した自然基底で，これは現実の空間ではベクトル

$$\boldsymbol{e}_a = B^{\kappa}_{a} \boldsymbol{e}_{\kappa} \tag{1.85}$$

に対応する．だから B^{κ}_{a} が各点 $\boldsymbol{x}$ で定まり，自然基底 $\{\boldsymbol{e}_a\}$ が定義できる．ところが格子欠陥があれば，$\{\boldsymbol{e}_a\}$ は非ホロノーム系で，定義は自然にできるが，そこからは (1.44) のような変換が定まらない．

B が物質の各点で定まったとして，この空間に計量と接続を定義しよう．計量は

$$g_{\kappa\lambda} = B^{a}_{\kappa} B^{b}_{\lambda} = \delta_{\kappa\lambda} + \varepsilon_{\kappa\lambda} \tag{1.86}$$

で，これによる線素の長さは，歪を取ったときの自然の長さである．つぎはアファイン接続である．曲がった空間では，2 つの近接した点の接空間どうしをアファイン変換で対応づける．この 2 つをつなぐのがアファイン接続である．アファイン接続は接続の係数と呼ぶ 3 つのインデックスを持った量 $\Gamma^{\mu}_{\kappa\lambda}$ で定義される．B を用いてこれを

$$\Gamma^{\mu}_{\kappa\lambda} dx^{\lambda} = -B^{\kappa}_{a} dB^{a}_{\mu} \tag{1.87}$$

と定義しよう．ただし，dB^{a}_{μ} は，$d\boldsymbol{x} = \left(dx^{\lambda}\right)$ だけ離れた 2 点の B^{a}_{μ} の差で

$$dB = B(\boldsymbol{x} + d\boldsymbol{x}) - B(\boldsymbol{x}). \tag{1.88}$$

転位だけを欠陥として含む場合でも，B がどうなっているかを格子を用いて定義できる．一般の場合は，微小接空間要素だけでなく，隣接した接空間をつなげたままで，歪のない状態に開放するという荒業を用いて，B とその微小変分 dB を定義する．これが近藤思想に忠実に沿った私の定義である．近藤の理論には，ここの

ところで些細な誤りがあり，私はこれに気づいた．世の中ではイギリス，ドイツ，日本の研究者の間で正しい定式化を巡って論争があった．これを私は解決したのである．

さて，計量と接続が定義できれば，これをもとに曲率テンソルと捩率テンソルが計算できる．すなわち，欠陥を含む変形した空間の歪と応力が，欠陥の源である捩率（転位）と曲率によって計算でき，理論が完結する．

とくに欠陥として転位のみを考えるとき，B は格子構造からすべてが決まってしまい，空間のリーマン曲率は 0 になる．しかし，固有歪による計量のみを用いて計算した曲率（Levi-Civita 曲率）は 0 にはならない．捩率のみがあって，リーマン曲率（Γ を用いた曲率）が 0 であるような空間を**遠隔平行性空間**と呼ぶ．これは Einstein が重力と電磁気力を統合する時空間の幾何学を建設しようと苦闘して，そのときに導いた概念であった．Einstein の構想がこんなところで実ったのである．

遠隔平行性空間においては，(1.78) より

$$\partial_{[\nu} S_{\mu\lambda]}{}^{\kappa} = 0 \tag{1.89}$$

が成立する．3 次元空間であるから，反対称の $\mu\lambda$ の部分を τ で表し，$S^{\kappa}_{\tau} = \varepsilon^{\tau\mu\lambda} S^{\kappa}_{\mu\lambda}$ と書く．すると (1.89) は $\operatorname{div} \boldsymbol{S}^{\kappa} = 0$ のような基本方程式になる．

私は気を良くして，物質空間を**フィンスラー空間**とする**フィンスラー塑性論**の建設に乗り出す．フィンスラー空間とは，各点に固有の方向がついていて，計量がその方向に依存するという形で定式化できる．鉄のような強磁性材料を考えれば，各点にスピンによる方向がついていて，磁歪効果によって線素の自然の長さが変わる．まさにフィンスラー的である．これを用いて，捩率と曲率のあるフィンスラー物質空間を構築した．[2]

さらに，転位の運動を扱いたいと思った．これは博士課程修了後に九大に移ってから考えたことだが，つながり上ここで記す．それには時間軸を導入して 4 次元として，時間を離散化して 4 次元格子を考える．ここでの格子欠陥を考えれば，空間方向はまさに転位であるが，時空間にまたがる成分は転位の運動と，その生成，消滅を表す．すなわち 4 次元の捩率テンソル $S^{\kappa}_{\mu\lambda}$ で，時間 t の成分はインデックス 0 とする．$S^{\kappa}_{0\lambda}$ が転位の運動を表す．このとき，基本方程式は，空間での式

$$\partial_{[\nu} S_{\mu\lambda]}{}^{\kappa} = 0, \tag{1.90}$$

に加えて時間成分を含んだ式

$$\frac{\partial}{\partial t} \boldsymbol{S} = 2\partial_{[\mu} S_{|0|\lambda]}{}^{\kappa} \tag{1.91}$$

のようになる．これは，電磁場でのマクスウェル方程式

$$\operatorname{div} \boldsymbol{B} = 0, \tag{1.92}$$

$$\frac{\partial}{\partial t}\boldsymbol{B} = -\operatorname{rot} \boldsymbol{E} \tag{1.93}$$

と類似の構造を持つ．こうしてきれいな理論ができた[14]．Landau-Lifschitz の物理学教程の一冊に連続体力学がある．後にこれを読んだ．ここでも動的な転位を扱おうとしていたが，私の理論に比べれば全く不十分なもので，私はほくそ笑み欣喜(きんき)雀躍(じゃくやく)した．

しかし，運動学はできても動力学ができない．それには，熱的揺らぎなどの効果も必要で，現実の物質の問題は私の手に負えそうにない．私の理論はやさしくて綺麗なところだけを漁った空論にしか過ぎないとも思えた．

最後に非ホロノーム基底と束縛について，もう一度触れておこう．運動系があるとき，一般座標を $\boldsymbol{q}$ とすると，その時間微分が速度 $\boldsymbol{v} = \dot{\boldsymbol{q}}$ である．$\boldsymbol{v}$ は接空間のベクトルと考えてよい．ところが，運動に制約（拘束）があって，$\boldsymbol{q}$ の空間を n 次元としたときに，動ける方向，つまり $\boldsymbol{v}$ の方向はある p 次元方向（$p < n$）に限られるとしよう．このとき，各点で動ける方向の p 次元接部分空間 A が定まる．

この接部分空間が積分可能とは，ある p 次元部分空間 M があって，その接空間が A になっているときである．このとき運動は部分空間 M の中だけで起こる．ところが，そうでないとき，このような M はないから運動はいつの間にか p 次元部分空間をはみ出してしまい，他の次元方向にも自由に変位する．これが**非ホロノーム束縛**である．普通の力学系で，こまの運動や振り子の運動などでも，非ホロノーム系を使って解析すると，式が簡単になってうまく解ける例が知られていた．電気力学系の交流モーターでは，ブラシを用いて回転軸が動くと電気系の接続が変わる．G. Kron は，この変換が非ホロノームであることを見出した．これを用いて電気回転機械の一般理論を作った．

面白いのは猫の‘ひっくり返り’である．これは京都大学（以後，京大と略す）の岩井敏洋教授が詳しく解析した．猫をさかさまにして空中で落とすと，ぐるりと回って足を下にして着地するという．まっすぐ落とすのであるから，回転運動量は不変で 0 のままでなければならない．それなのに回転が起こるのは矛盾しているように見える．これも実は非ホロノーム束縛を用いているのである．猫は途中で手足を自由に伸ばして形を変え，回転モーメントを変えることができる．一方，回転運動量が 0 であるのは運動方向に対する束縛であるが，これが非ホロノーム束縛になるように猫が形を変えればよい．すると回転運動量は 0 のままでも回転が起こる．

他の例を挙げておこう．球の形をした宇宙船があったとしよう．この船は推進エンジンの他に，姿勢制御エンジンがついていて，球を回転して姿勢を制御できるとする．姿勢制御は x 軸，y 軸，z 軸の 3 軸の周りで回転ができればよい．回転は各軸の周りで起こる．

ここで，z 軸の周りの回転エンジンが故障してしまった．この状況で姿勢制御ができるかという問題である．できる，これが答えである．もちろん，z 軸周りの回転モーメントを生み出すことはできない．このときは回転運動の方向が限られてしまい，各点での運動方向の制約は 2 次元に限られてしまうが，この制約が非ホロノームなのである．だから，残りの 2 つのエンジンのみを使って z 軸の姿勢を変えることはできるが，回転モーメントは生み出せない．x 軸に沿って回転し，次いで y 軸に沿って回転し，次に x 軸に沿って逆回転し，また y 軸に沿って逆回転すれば，z 軸の回転が得られる．

生理学の眼球制御がこうなっている．眼球を球としよう．我々は目を上下に動かす筋肉，左右に動かす筋肉を備えている．これだけで眼球運動には十分と思われる．ところがこれが非ホロノーム系になっていて，上下の運動と左右の運動を繰り返すと眼球が捩れてしまう．だからこれを補正する捩れ制御の筋がついている．こんなものなぜ必要かと戸惑うが，これが自動的に働いて目の捩じれを補正している．

ロボット工学でも，非ホロノーム束縛が使われている．私はのちに述べる独立成分解析（ICA）で非ホロノームの学習法を提案した．ずっと後の定年後のことではあるが，非ホロノームは直観に反していて面白い．

1.6 信号空間の情報理論

1.6.1 情報通信の理論へ

博士課程での主な研究は，連続体力学だったと言ってよい．これが微分幾何を理解する良い勉強になり，後年の情報幾何の建設に役に立った．ところで，博士課程の 2 年が終わりに近づくと，博士論文の準備をしなければいけない．近藤教授からは情報関係の仕事をしてはどうかという示唆があった．実は近藤教授は私の就職先として，九大の通信工学科を考えていたのである．ここへは伊理正夫が助教授として赴任していたが，彼を東大へ呼び戻すことを考えていた．そこで私は C. E. Shannon の情報理論の本を勉強した．素晴らしい本である．すっかり魅せられた．そこには，確率分布をもとに情報の量を定義できること，通信の信号は多次元の空間（信号空間）をなし，サンプリング定理によりそれを有限次元の空間で表現できることなどが述べられていた．

通信を考えよう．それは信号を送ることであるが，ラジオやテレビでは音声や画像をまず電波信号に変換する．これが**変調**である．コンピュータ内では PCM（パルス符号変調）で，これを $0, 1$ の離散信号に**符号化**する．どんな変調をしようと信号の内容は同じで，**復号化**すればもとに戻る．ところが，符号化した信号に伝送の途中で雑音が入ると，復号化しても雑音は取れない．離散の符号化の場合は冗長性を持たせて，誤り訂正符号を使うとある程度うまくいくが，普通の連続信号ではそうはいかない．

ラジオには AM 放送と FM 放送がある．FM 放送は音質が良く，雑音に乱される度合いが少ないという．これはなぜなのだろう．使う電波の周波数帯域が違うからである．FM では電波の幅の広い帯域を使用する．

いま，時間 t に依存する信号 $x(t)$ を考えよう．この信号をフーリエ変換したときの周波数が 0 から W までに限られていたとしよう．信号 $x(t)$ を時間軸に沿って $t = 1/2W, 2/2W, 3/2W, \cdots$ と $t = i/2W, i = 1, 2, \cdots$ の時間間隔で測定すれば，それでもとの $x(t)$ が復元できるというのがサンプリング定理である．これは Shannon だけが発明したわけではなく，解析学では知られていたし，Shannon-染谷-Kotel'nikov の定理とも言われている．

時間領域を $0 \sim T$ の有限に区切ろう．このとき，信号はサンプリング定理によって，$2TW$ 次元のベクトル $\boldsymbol{x}$ で表せる．信号空間の次元は W と T の積の 2 倍である．厳密に言うと，周波数帯域が W に限られている信号 $x(t)$ でも，時間を $0 \sim T$ に区切り，後を 0 としてしまえば，時間を区切った信号のフーリエ変換は帯域 W を少しはみ出してしまうのだが，細かなことは気にしない．

サンプリング定理によれば，信号の空間の次元は使える電波の帯域幅に関係する．信号空間 S で，信号 $\boldsymbol{x}$ に雑音 $\boldsymbol{n}$ が加わるものとする．$\boldsymbol{n}$ の確率分布は信号点 $\boldsymbol{x}$ に依存していてもよい．このような信号空間では，雑音の大きさに応じて信号が揺らいでいる．

信号空間の中で信号 $\boldsymbol{x}$ に雑音 $\boldsymbol{n}$ が加わり，$\boldsymbol{x}' = \boldsymbol{x} + \boldsymbol{n}$ になったとする．$\boldsymbol{n}$ が平均 0，共分散行列 $\sigma^2 I$（I は単位行列）の標準ガウス分布に従うとすれば，2 つの異なる信号の間の距離，とくに信号 $\boldsymbol{x}$ と $\boldsymbol{x} + d\boldsymbol{x}$ の間の距離の 2 乗を

$$ds^2 = \frac{1}{\sigma^2} d\boldsymbol{x} \cdot d\boldsymbol{x} \tag{1.94}$$

で定義すればよいだろう．これはユークリッド空間になる．雑音が標準ガウス分布ではなく，しかもその確率分布 $p(\boldsymbol{n})$ が $\boldsymbol{x}$ に依存している場合，つまり $\boldsymbol{x}$ をパラ

メータとして条件付確率分布 $p(\boldsymbol{n}|\boldsymbol{x})$ に従う場合は，Fisher 情報行列 $g=(g_{ij})$ を計量行列とするリーマン空間になる．これが情報幾何であるが，それが出てくるのは後の話である．

$\boldsymbol{x}$ 点に入る雑音を，平均 0，分散行列 $\sigma^2(\boldsymbol{x})I$ のガウス分布に従うとすれば話は簡単である．Fisher 情報行列を用いて距離を定義すれば，

$$g_{ij}(\boldsymbol{x}) = \frac{1}{\sigma^2(\boldsymbol{x})}\delta_{ij} \tag{1.95}$$

となる．これは雑音を基準に距離を導入したもので，雑音が大きいところでは 2 つの信号 $\boldsymbol{x}$ と $\boldsymbol{x}+d\boldsymbol{x}$ は区別しにくく，その間の距離は大きい．

確率分布と Fisher 情報量についての逸話は次節で述べよう．

1.6.2　確率分布族とリーマン空間

修士課程 1 年のときであった．卒業までに 30 単位を取らなければならない．当時は大学院の講義などはあまりなく，演習などの名目でタダで取れる単位が多かった．でもそれだけでは足りない．物理学のセミナーなども受けた．その一つに統計学演習というものがあった．これは学部を超えたセミナーで，数理工学の森口教授が主催し，工学部，農学部，経済学部などから人が集まった．

当時，S. L. Kullback: Information and Statistics なる本が刊行された．このとき，経済の大学院生であった竹内啓氏が，この本は面白い，私がセミナーで紹介しましょうと言って，連続講義を始めた．

2 つの確率分布 $p(\boldsymbol{x})$ と $q(\boldsymbol{x})$ の間の Kullback-Leibler ダイバージェンスとは，

$$\mathrm{KL}[p:q] = \int p(\boldsymbol{x}) \log \frac{p(\boldsymbol{x})}{q(\boldsymbol{x})} d\boldsymbol{x} \tag{1.96}$$

で定義される．これは 2 つの分布の分離の度合い（違いの度合い）を表す距離の 2 乗のような量であるが，p と q に関して対称ではないし，三角不等式も満たさないから距離ではない．しかしこれは大切な量で，統計力学では L. E. Boltzmann もクロスエントロピーとして使っているし，A. Turing なども，暗号解読のときに用いている．

さて，確率分布がベクトルパラメータ $\boldsymbol{\theta}$ で指定されている族 $M=\{p(\boldsymbol{x},\boldsymbol{\theta})\}$ を考えよう．これは統計モデルであり，$\boldsymbol{\theta}$ を座標系とするパラメータ空間をなす．2 つの微小に離れた確率分布 $p(\boldsymbol{x},\boldsymbol{\theta})$ と $p(\boldsymbol{x},\boldsymbol{\theta}+d\boldsymbol{\theta})$ の間の KL ダイバージェンスは，テイラー展開すれば 1 次の項が消えて，2 次式で近似できる．このときの係数行列 g が Fisher の情報行列

$$\mathrm{KL}[p(\boldsymbol{x},\boldsymbol{\theta}):p(\boldsymbol{x},\boldsymbol{\theta}+d\boldsymbol{\theta})]=\frac{1}{2}g_{ij}d\theta^i d\theta^j \tag{1.97}$$

になるというのである．確率分布の空間 S を考えれば，$g=\{g_{ij}(\boldsymbol{x})\}$ がそのリーマン計量を与える．

このことをセミナーで指摘したのが森口教授であった．森口教授はアメリカの H. Hotelling の下へ留学して統計学を勉強した．後で知ったことであるが，この Hotelling は実は 1929 年に，アメリカの数学会の大会で論文を発表し，Fisher 情報量をもとにしてパラメータ空間にリーマン計量を導入していたのである．C. R. Rao の業績に先駆けること 15 年ほど前である．このいきさつは後で情報幾何の歴史のところで触れよう．森口教授はこれを知っていて，我々にリーマン計量の話をした．

私は微分幾何を勉強中であったから，良い練習問題とばかり，ガウス分布の空間（平均 μ と分散 σ^2 をパラメータとする 2 次元空間）のリーマン曲率と，2 つの分布を結ぶ測地線とを計算してみた．何と計算ができる．ところが，そのスカラー曲率を計算すると，それは，場所によらず $-1/2$ の定数になる．これは昔 J. Bolyai と N. I. Lobachevsky が提唱した非ユークリッド空間そのものである．また，ポアンカレの円盤とも呼ばれ，大変美しい空間である．

美しいものには必ず意味があるだろうと，これを探求したかった．しかし，いくら考えてもわからなくて，課題として残った．これが後に情報幾何として結実する．私にとっての情報幾何の起源である．

1.6.3 変調と複調

さて話を通信に戻そう．n 次元の信号 $\boldsymbol{x}$ の空間 S を変換（変調）して，$N>n$ である N 次元の空間 C に曲げて挿入しよう．するともとの空間 S は N 次元の空間 C の曲がった部分空間 $\widetilde{S}$ になる（図 1.13）．このとき，$\widetilde{S}$ をぐにゃぐにゃに曲げて C に入れれば，C の中で $\widetilde{S}$ の体積は拡大する．

$\boldsymbol{x}\in S$ という信号が，C の中で $\boldsymbol{y}(\boldsymbol{x})\in\widetilde{S}$ という信号になったとしよう．C 内でこれに雑音 $\boldsymbol{n}$ が加われば，$\boldsymbol{y}+\boldsymbol{n}$ はもはや部分空間 $\widetilde{S}$ には入っていないかもしれない．復調とは，C 全体から S への変換である．雑音がなければ S の像を単に逆変換すればよい．雑音 $\boldsymbol{n}$ があれば，$\boldsymbol{y}+\boldsymbol{n}$ を $\widetilde{S}$ に射影して $\widetilde{S}$ の信号に戻してから逆変換すればよい．雑音が小さければ，射影した雑音はやはり $\widetilde{S}$ のガウス雑音と考えられる．

復調（逆変換）した後の雑音の大きさは，$\widetilde{S}$ の形状，とくに C の中での拡大の仕方による．拡大率が大きければ，逆変換した信号に入る雑音はそれに応じて小さく

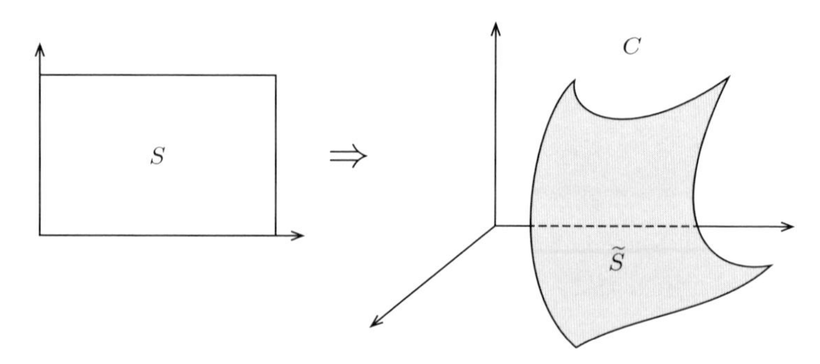

図 1.13 信号空間 S の変調

なる．通信の容量は情報量で測れるが，簡単に言って SN 比（信号と雑音の大きさの比）の単調関数である．$\widetilde{S}$ が拡大していれば，それをもとの S に戻すときに雑音成分が縮小して，通信の質が上がる．信号空間は雑音をもとにするリーマン空間になるからである．

ただし，拡大さえすればいくらでも通信容量が上がると言うわけにはいかない．ペアノ曲線のようにぐねぐねと曲がりくねらせれば，$\widetilde{S}$ はいくらでも拡大できそうに見えるが，あまりぐにゃぐにゃに曲げると，S の離れた 2 点が $\widetilde{S}$ では近くに来てしまい，雑音によってここが区別できなくなる．

AM 通信は，固定した周波数 ω を用いて，時間信号 $x(t)$ を信号

$$y(t) = \{c + x(t)\} \sin \omega t \tag{1.98}$$

にして送信する．c は変調の定数である．FM 通信はこれを

$$y(t) = \sin([\omega + x(t)]t) \tag{1.99}$$

に変換（変調）して送る．どちらも，送信信号は周波数 ω だけでなくそこから少しずれる．ただ，AM 通信の変換 (1.98) は線形であり，$\widetilde{S}$ の体積は，送信電力を一定とすればそれで定まり拡大しない．一方 FM 通信では，$x(t)$ に応じて瞬時周波数を変えて $\sin([\omega + x(t)]t)$ にして送信する．このとき，送信信号 $y(t)$ の周波数は ω だけでは済まなくて，広い帯域を使うことになる．これにより，信号の次元が上がるが，送信電力が増えるわけではない．これで S の像 $\widetilde{S}$ は拡大し，復調後の雑音は小さくなる．このため通信容量が増え，雑音下でも高品質の通信ができる．しかしいいことずくめではない．あまりひどく曲げて，$\widetilde{S}$ の像で，遠く離れた $\boldsymbol{x}$ と $\boldsymbol{x}'$ に対して $\boldsymbol{y}(\boldsymbol{x})$ と $\boldsymbol{y}(\boldsymbol{x}')$ とが近くなってしまえば，復号でこの 2 つが混同する．これはとても大きい雑音が発生することと等価である．雑音が非常に大きい状況下で

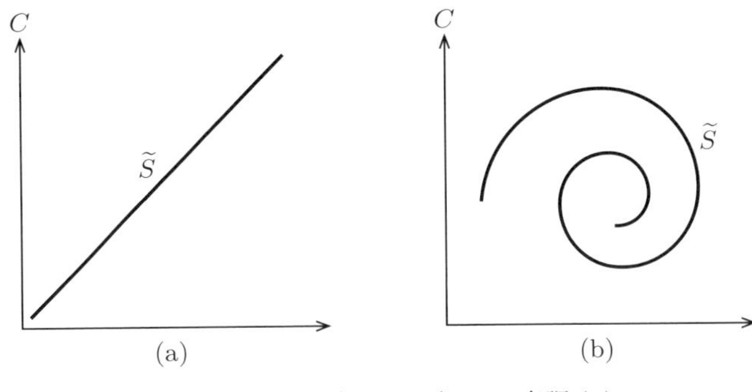

図 1.14 AM 変調 (a) と FM 変調 (b)

は，$\widetilde{S}$ の異なる点が区別できなくなり，品質が急速に悪化する．図 1.14 は AM 通信と FM 通信を比較するポンチ絵である．ここでの理論は論文[18] にあるが，これは後に電気通信学会誌に投稿して，論文賞をいただいた．

この他にも，信号の離散化で，連続信号をパルスに変換するときに，うまく符号化すれば容量が上がることも指摘しておいた．後に，この考えはベクトル量子化と呼ばれ，私とは無関係に実用に供された．

こぼれ話 1　近藤一夫小伝

脱線ではあるが，稀代の傑物，近藤一夫について私の知る限りのことを述べておきたい．先輩から聞いた話も多く，詳しい事実は定かでないが，私を学問の道に導いてくれた偉大な恩師であり，その波乱に満ちた人生を記したいのである．

近藤一夫は明治末期の 1911 年に神主の家に生まれ，1934 年に東京帝国大学工学部航空学科を卒業した．東京帝大航空学研究所に勤務した後，九州帝国大学工学部に航空学科が新設されるや否や，講師として招聘(しょうへい)され，すぐに助教授に昇進した．それまでに，プロペラに関する空気力学のポテンシャル論的研究など，翼理論の空気力学の研究で名を上げていた．近藤の理論はゲッチンゲン大学の風洞の設計に用いられたという．

数年して，名古屋帝国大学に航空学科が新設されることになり，そこへ招聘され，31 歳で教授に昇進する．異例の若さと言えるが，発展しつつある航空学としては，人材が見あたらなかったからでもあろう．31 歳での帝国大学教授であり，学位はまだ取っていなかった．当時は学位は自分の研究の集大成であり，40 歳を過ぎて教授になる頃に取るのが普通であった．学位論文を書き上げて名古屋帝大の教授のところへ提出したところ，お前はまだ若過ぎる，内容はこれでよいので，このまま私の机の引き出しに入れて，数年あずかっておくと言われたそうである．

戦争の状況は悪化し，名古屋帝大の航空教室も木曾岳の麓の王滝村に疎開し，そこで研究を続けた．先生のところの助教授に徴兵令状が来たときに，軍に掛けあいに行って，これは必要な人材であるとして徴兵を猶予させたという話も伝わっている．母校の東京帝大の航空学科の教授に招聘される話が決まったところで，敗戦を迎える．35歳のときである．

近藤一夫はかくして東大に戻ったが（帝国大学ではなくなった），そこにはもはや栄光の航空学科はなくて，応用数学科であった．航空学の研究は米国駐留軍により禁止され，航空学科は応用数学科に変身することで生き延びる．ここから近藤一夫の苦闘が始まる．彼は工学の基礎問題の解明にはもっと現代的な数学が必要であり，こうした学問を建設したいと考えた．現代的とは，単に微分方程式を使うというだけではなくて，微分幾何学，トポロジー，抽象代数などを駆使することである．

このために同志を募って文部省の総合研究に応募し「工学基礎問題の幾何学による総合的研究」が採択された．一方，自分では連続体力学を現代化しようと，微分幾何学を用いた理論を始めた．その一つが幻の「近藤座屈理論」である．これは奇想天外で壮大な失敗作であった．アイデアが面白いのでここに簡単に紹介したい．

2次元の薄い板を考えよう．これを立てて，上下から力を加えて圧縮する．すると板はそのまま縮む．ところがあるところまで圧力を強くすると，ぐにゃりと曲がる．これが座屈である．あるところまで来ると，縮んだときの内部エネルギーよりは，曲がってしまった方がエネルギーが少なくて済むので，板に垂直な3次元の方向に変形が起こる．方程式は簡単で，固有値問題の良い演習課題である．

では板ではなくて3次元の広がりを持った金属円柱ではどうだろう．力を強く加えると円柱も縮んでいくが，あるところで縮むよりは曲がった方がエネルギーが少なくなるところが出てくるはずだ．ここで曲がりたいのだが，円柱そのものは3次元であって，曲がって4次元にはみ出そうにも，現実の3次元空間では行き場がない．だからぐずぐずに壊れて破壊する．この機構を固有値問題として研究することで，破壊の基礎理論ができると考えた．

アイデアは秀逸で，この構想で理論を作ってみたくなる．ところがこれが学界に受け入れられなかった．4次元はみ出し理論などは馬鹿げた空想であると批判されたのである．近藤は怒って機械学会を退会し，独自の道を歩むことになる．そこで同志を募って組織したのが分野を越えた数理工学の総合研究であった．

一方で，近藤は非リーマン塑性論なるものを創始する．金属材料などは結晶構造をなし，これが内部に転位と呼ぶ欠陥を含む．このため内部応力が生じ，欠陥が材料の破壊などに大きな影響を及ぼす．それが転位を材料空間の捩率（トーション）として捉える非リーマン塑性論である．これも日本の学会ではあまりに高踏的だとして受け入れられなかった．非リーマン塑性論は同じ頃，国際的にはドイツでE. Krönerが，またイギリスではB. A. Bilbyらが展開していて，近藤は国際的に高く評価され，有名になったが，国内での反響は少なかった．

同志を募って開始した総合研究は，その後応用幾何学研究協会（RAAG, Research Association of Applied Geometry）に発展し，ここで国際的な研究を始める．私が入学したのはこの活動が本格化した時期であった．

近藤先生は，学会などはボス教授の巣食うところであり，ここでは真の学問はできない，学会は権力と腐敗の源であるからそこには参加するな，真の学問は我々がするのじゃ，と弟子どもに仰せつけた．そして，RAAG での活動が国際的にも本格化し，10 年間でいずれも 600 ページを超える 4 巻の分厚い英文の論文集を刊行し，成果を世界に問うた．これが論文集 RAAG Memoirs である．

1960 年代，日本は経済の復興が始まっていたが，RAAG の絶頂期でもあった．その多面的な活動は国際的に高く評価される．あるとき，現代制御理論の始祖，カルマンフィルターで名高い R. Kalman が東大を訪れた．これが何と私と伊理さんに会いたいという（近藤先生は不在であった）．我々は仰天して，なぜ我々のことを知っているのかを問うた．彼が言うには，日本の学問は悪くはないが，ほとんどが欧米の研究と同じことをやっていて真の独創性に欠ける．ところが RAAG での研究は，欧米でやっていない新しい数理工学をやっている．私はこれに目をつけている，というのである．Kalman はその後来日する度に私を訪れるようになった．

近藤先生は怖い教授であるというのが定説であった．年に一度，弟子どもを 1 人ずつ呼びつけて，説教してしかりつける．私も呼ばれたが，とくにお前に文句はないがしっかり研究せいと言われた．私のつたない英文の手書き原稿に，全体が真っ赤になるほど赤で手を入れて，英文を直してくれた．ただ直すというだけではない，それ以上の含蓄のある修正になっている．

誰が言ったのか，‘近藤の 3 禁’ というのがあった．「本を書くな」，「外国へ行くな」，「結婚するな」というものである．近藤先生はこの頃まだ独身であった．もちろんこれを本人が言うはずはない．ところで，先生はこれを全部破ってしまった．外国で評判になり，文部省の短期在外研究員制度でドイツへ行く．文部省に必要な書類を整えるときに，何を学んで来るのかを書く欄があったという．先生は，わしは学びに行くのではない，彼らに教えに行くのだと突っ張った．

先生はイタリアの Pontania Academy とアメリカの American Academy of Arts and Sciences の外国人会員に推挙された．時代が進み，70 年安保条約改定を巡って，世は騒然となり，若者の反乱が世界的に起こった．学生紛争（彼らの言葉では学生闘争）である．大学は教授を頂点に不合理な規則を一方的に押しつけていた．たとえば学生自治会の開催する学生大会で，授業料値上げ，安保条約反対などで授業放棄（ストライキ）が提案されたとしよう．このとき，提案者は停学または退学処分，そのときの議長はこの提案を受けつけたというだけで同じく停退学処分となる．

1967 年，東大医学部では研修医，学生らの「不当処分」を発端に，東大紛争が始まり，学生の抗議活動が全国的に広がった．国際的にも大きなうねりがあり，パリではカルチェラタンを占拠したフランスの学生が有名である．このとき，学生と個々の教授との話しあいが各所で持たれた．近藤教授は，学術の府での暴力的な活動は許せない，ただし学会などに巣食うボス教授共は真の学問をしていないという君らの主張は，わしも同感である，大学は学問の府であるべきであると述べた．学生はあっけに取られ，彼は敵でも同志でなく，人畜無害な教授であるという評価になったという．

一方，教授会の側も学生に対抗して，いろいろと対策を取り始めた．その一つに学生に対峙して，「暴力学生は帰れ」とのシュプレヒコールを行おうという提案であった．普段発言しない近藤教授がこのとき立ち上がり，皆さんはどうぞ思うようにやってください，ただ私はそのようなことは学問の府にいる教授がすることではないと思うので，参加しません，と述べた．先生の定年退官のときには，明治生まれの最後の侍が東大を去ったと評された．

ところが RAAG の絶頂期にあって，先生の学問が変質していく．工学問題だけでなく，音声学，言語学，生物学，物理学はもとより，美学から詩まで，ありとあらゆるこの世の現実を解明する一般理論に興味を持った．自然哲学である．古来，功成り名遂げた偉大な学者が何人もこの道へ入っていった．イギリスの Eddington 卿などもその一人である．こうなると我々弟子どもはついていけない．

RAAG の運営を巡って確執があり，先生は RAAG の解散を決意する．ここで争いが起こった．先生の弟子で一番信頼していた伊理正夫が反旗を翻す．RAAG の解散が提起された会で伊理正夫は，「私はこんな会とは知らずに入会していたことは全く不明の致すところであった．解散する前に私は退会します」と言って席を立った．

近藤一夫はその後 POST RAAG として，自然哲学を考究する研究会を組織し，自宅で研究会を開く．しかし，活動の主体は先生の自然哲学であり，弟子どもはそれを承るだけの会になっていった．先生は癌（がん）を患い，気がつけば転移していた．手術を受けて，医者に余命を聞いたそうで，「悪ければ半年，運が良ければ 1 年半ですかな」と医者は言いおった，とは先生の弁である．

ところが，何とそれから 20 年元気に生き，自然哲学の論文を POST RAAG の研究速報に発表し続けた．思索一筋の生活を送られ，2001 年，90 歳で天寿を全うした．いまは，数理工学全盛の時代である．先生はこれに先駆け新しい数理の構想を提唱し，多くの弟子を育てた真の異才であり，豪傑であった．

こぼれ話2　コンピュータと私

私はコンピュータが苦手である．どうしてこうなってしまったのだろう．顧みれば学生時代，東大で5月祭があった．数理工学コースの5人で何か展示をやりたい．アメリカではコンピュータがあるというし，本を見ると電子回路で真空管を連ねて，演算回路が作れるとある．近藤教授の研究室に真空管が転がっていた．これを使う許可をもらって私が設計し，皆でハンダづけを行い回路を組み，加算，乗算ができるようにした．皆徹夜である．夜が明けて完成した．よし，と言うわけで電源のスイッチを入れた．試みに足し算，掛け算をやるとうまく働く．喜ぶ間もなく，どこからともなく煙がただよい，焦げ臭いにおいがしてきた．見ると電源装置が燃えている．そんなに真空管を多数つないではいけなかったのである．かくして，5月祭は残骸の展示で終わった．

授業では森口教授の「計算機械論」があった．しかし，日本にはプログラムで動くコンピュータはまだ1台もないという．気象庁がIBMの機械を来年買う，それが日本での第1号機になる．でも期末の試験では，私も機械語でプログラムを作った．その後は九大でコンピュータを用いたし，東大へ戻ってからも，ランダム結合神経回路網のシミュレーションをFortranを用いて行った．プログラムをパンチカードに打ち込み，計算センターに持ち込むと，1週間ほど待つと結果が返ってくる．何しろ，ユーザメモリが256ワードという制限があり，プログラムにいろいろな工夫が必要で，これは面白かった．

それがいつから駄目になってしまったのであろう．ときにコンピュータの助けを借りたいことはあった．共同研究者がいるときは彼らがやってくれる．自分1人のときは，もうFortranは古くて使えない世になっていた．多元情報理論の難問に取り組んでいたときである．Fisher情報量の計算であるが，分数式を通分し，できれば約分しなければいけない．これを手計算でやるのが大変な苦労であった．数式処理が使えたらよいと思ったが，いまさら勉強できない．自分で苦労して手計算をするからこそ，良いアイデアと直観が生まれる，コンピュータなどに任せないからひらめきが生まれるのだと自分に言い聞かせた．数式処理やシミュレーションを馬鹿にしているわけではない．ただ，できないのでやせ我慢である．もうしょうがないではないか．

AI研究と数理脳科学の原点 ——九州大学時代 2

2.1　自由の天地 九州大学

1963年，胸をときめかせながら私は博多駅に降り立った．大学院博士課程を修了し，九州大学工学部通信工学科に奉職することになったからである．何といきなり助教授である．これにはもちろん理由がある．当時理工系の教育の振興が叫ばれ，理工系のポストがほぼ倍増した．逆に言えば人材難で，教職に就くのが容易になった．それに加えて，前任の伊理正夫助教授が極めて優秀であったため，その後任もきっと優秀に違いないと思われたに違いない．

通信工学科は，大野克郎教授が創設した電気系の新しい学科であった．いまは電気情報工学科に名を変えている．私は大野教授のところの助教授になったが，研究は全く自由，好き勝手にやらせてもらった．英文の論文を書いたときは大野教授が手を入れて助言してくれた．大野教授は電気回路網の世界的権威で，回路網設計の基本的な問題を，単因子理論を使って初めて解決した学者である．アメリカの学会IEEEにフェローという制度があるが，大野教授はアメリカ推薦でフェローになった．いまはIEEEの日本支部推薦で日本にも大勢のフェローがいるが，私もアメリカ推薦のライフフェローである．会費がタダなのがありがたい．

九大では情報理論の講義を受け持った．私に配慮してやりやすい講義を割り当ててくれた．東大では教授，助教授と言えば，すべて私の先生である．それがここでは同僚で，言いたいことが言えたし，皆も同僚として扱ってくれた．皆は電気通信学会で活躍している．年に一度，九州支部大会があって，九州のいろいろな都市を巡れる．私も“近藤の禁”を破ってこの学会に加入し，学会活動を始めた．

研究会で，通信の幾何学理論（学位論文）を報告したところ，会の幹事でもあった通信学会誌の編集長が，「これは面白い，ぜひ学会誌に投稿しなさい」と勧めてくれた．ここに投稿したところ採録され，何とその年の論文賞を頂戴した．賞金2万円である（学会の年会費の約6年分位）．これは嬉しかった．ずっと後に，私が通信学会の理事になったときに手を付けた改革が，2万円のまま据え置きだった論文賞の賞金を 10 万円に上げることだった．この学会は大らかで，皆が自由にものが言えるし，新しいことにいくらでも手が出せるので私の活躍の場になった．

福岡は食べ物が美味しい．海，山も近くにあり，大学院生とともに遊びまくった．車が欲しくて，運転免許を取ったのもこのときである．教習所に通い，まず 20 教程を終了し，もういいかと残りの 20 教程を省略して，運転試験場に直接行って試験を受けた．何と落第である．よしとばかり次の日に受け直してまた落ちた．3 回落ちたところで，後には引けない．4 回目は講義のある日だったが，この日は休講にして試験場に駆けつけ，かろうじて合格したときは嬉しかった．考えてみると，試験に落ちたのはこれが生まれて初めてである．トヨタのパブリカを中古車で買い，九州一周を 2 度した．

九州は組合活動が盛んなところである．私も誘われて組合に加入した．ところが，しばらくして委員長を引き受けてくれという．引き受けた最初の仕事が，超過勤務手当の不当な配分の是正であった．当時，国家公務員に超勤手当が出る（教育職には出ない）が，予算全体が限られていて，実情は全く足りない．しかもその配分方法が不透明で，事務部が恣意的に行っているというのである．

まず，工学部事務長との交渉である．配分の資料を出せと迫った．向こうは「個人名は出せない」と言うから，それは要らないと名前を伏せた一覧表を出してもらった．縦横に数字の並んだ一覧表である．交渉は退屈なので，遊び心が起こった．「九去法」で縦の欄と横の欄の数字の和をチェックした．

九去法とは，たとえば 5683 などの数字があると，各位の 1 桁の数字を足して，まず $5+6=11$，これをまた足して 2 という一桁の数字にして，それにまた 8 を足す．9 になれば 0 にする．つまり 9 で割った余りを出すのである．わかりやすく言えば mod 9 の足し算である．これならあっと言う間にできる．もし数表の計算が違っていれば，これで誤りがわかる（合っているからと言って正解が保証されるわけではない）．

何とこれが誤っていたのである．「芸は身を助く」とはよく言ったもので，数理の遊びは大切である．私は得たりとばかり誤りを指摘し，提出した表は捏造改竄（ねつぞうかいざん）文書ではないかと指摘すると，事務長はさすがに匙（さじ）を投げた．これからは超勤手当の配分法を組合に任せるという．これは勝利ではあった．しかし困った．もともと超勤費の予算が大幅に足りないのである．何割を実績に従って配分するか，一律配分の割合をどうするか，これを勘案して組合方式を提案した．ともかく配分方法は透明にはなった．

次いで起こったのが，一斉休暇闘争である．国家公務員にはストライキ権がない．その代わりに人事院勧告があって，これに従って給与が上がる．ところが，これを政府が値切るのである．日教組も頭をひねり，一斉に休暇を取れば，ストライキと同じ効果が出るのではないかと考えた．「休暇届とは提出すれば権利として発生するのか，それとも当局の許可を経て初めて有効になるのか」，組合員である法学部の教授の教えを乞うた．

民間会社の場合は，これは提出すれば権利として有効である．公務員の場合は許可を経て有効になるという判例があるという．ただし，許可しない場合にはその正当な理由を説明しなければいけないという．とにかく，多くの工学部の組合員に休暇届を書いてもらい，それを私が懐に収めて，当局と交渉した．しかし，交渉と言っても政府の（不当な）方針が議題であるから，らちが明くはずはない．一斉休暇届は結局提出しないままで終わった．

組合の委員長は2期1年やり，私への信頼は厚かった．しかし，学問の方が面白い．当時，工学部の応用理学教室に数学者が何人かいて，そこと連携が取れた．数学者と言えば，私にとっては高嶺の花，雲の上の存在とも言えた．倉田令二朗がいて，パーセプトロンは面白いから，これをもっと調べようということになった．その頃，イギリスの数学者E. C. Zeemanが，“Topology of the Brain”という論文を著し，脳をトポロジーで解明したいと論じた．この論文は壮大なホラではあるが，とても面白い．我々は3次元空間を直観できるが4次元はできない．これは生まれてから3次元空間のみで学習しているからで，高次元を学習できれば，いまの脳でも高次元が直観的にわかるはずであるという．このためにトレランスなどの新しい概念を導入し，そのホモロジーを論じ，理論を展開した．これは壮大な失敗作ではあった．こうして数学者を巻き込んで勉強会を始めた．パーセプトロンの研究，そして神経回路モデルの原点はここにある．

2.2　機械学習——確率的勾配降下法の始まり

パーセプトロンは，学習する層状の**神経回路モデル**である．これはF. Rosenblattが1950年代末に提案したもので，

F. Rosenblatt, Principles of Neurodynamics, Spartan, 1962

という大著がある．この本はフィードバック結合や，誤差信号の逆伝播の構想なども含んだ一般的な神経回路を論じている．しかし，ここではとりあえずフィードバック結合のない単純な**層状回路**を説明しよう．

パーセプトロンの原型は，図2.1に示すように多層の神経回路網で，入力はベク

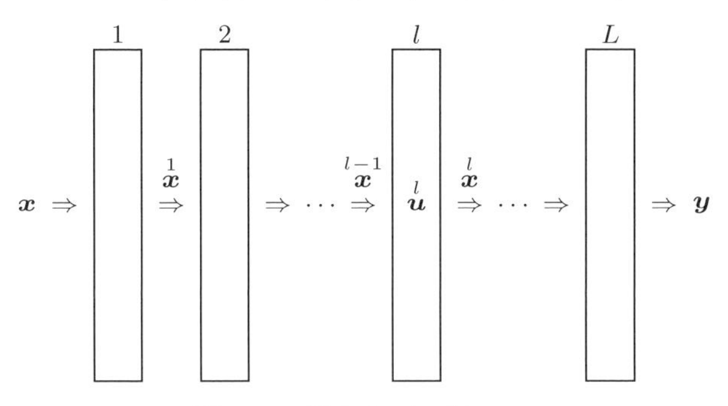

図 2.1　多層パーセプトロン

トル $\boldsymbol{x} = (x_1, \cdots, x_n)$，出力はベクトル $\boldsymbol{y} = (y_1, \cdots, y_m)$ である．簡単のため，ここでは出力は 1 個で，y はスカラーであるとする．$\boldsymbol{x}$ が多層の回路網に入り，ここで第 1 層のニューロンが入力 $\boldsymbol{x}$ をもとに計算し，その出力 $\overset{1}{\boldsymbol{x}}$ を次の層に送る．これをもとに第 2 層のニューロンが計算し，その出力を $\overset{2}{\boldsymbol{x}}$ とする．これを繰り返す．いま，$l-1$ 層の出力ベクトルを $\overset{l-1}{\boldsymbol{x}}$ としよう．第 l 層の i 番目のニューロンはこの入力 $\overset{l-1}{\boldsymbol{x}}$（これは $l-1$ 層の出力）に重み $\overset{l}{\boldsymbol{w}}_i$ を内積してこれらを加算する．そこから**閾値**（しきいち）$\overset{l}{h}_i$ を引いたものが，このニューロンの活性度 $\overset{l}{u}_i$ である．これを，

$$\overset{l}{u}_i = \overset{l}{\boldsymbol{w}}_i \cdot \overset{l-1}{\boldsymbol{x}} - \overset{l}{h}_i \tag{2.1}$$

と書こう．閾値の項 h_i をいちいち書くのは面倒であるから，これからは，入力ベクトル（各層の出力ベクトル）の最後の成分に 1 を加え，**重みベクトル** $\boldsymbol{w}_i$ の最後に $-h_i$ を加えておこう．すなわち

$$\boldsymbol{x} = (x_1, \cdots, x_n, 1), \tag{2.2}$$

$$\boldsymbol{w}_i = (w_{i1}, \cdots, w_{in}, -h_i). \tag{2.3}$$

そうすれば

$$\overset{l}{u}_i = \overset{l}{\boldsymbol{w}}_i \cdot \overset{l-1}{\boldsymbol{x}} \tag{2.4}$$

のように簡単に書ける．

各ニューロンの出力 $\overset{l}{x}_i$ は活動度の関数で，

$$\overset{l}{x}_i = f\left(\overset{l}{u}_i\right) \tag{2.5}$$

とする．パーセプトロンでは，関数 f として**ヘヴィサイド関数**

$$f(u) = 1(u) = \begin{cases} 1, & u > 0, \\ 0, & u \leq 0 \end{cases} \tag{2.6}$$

を用いる．このとき，各ニューロンの出力は 0 か 1 で，ニューロンは論理素子とみなせる．これは形式ニューロンもしくは **McCulloch-Pitts ニューロン**と呼ばれる．

こうすると l 層の入出力関係は

$$\overset{l}{x}_i = f\left(\overset{l}{\boldsymbol{w}}_i \cdot \overset{l-1}{\boldsymbol{x}}\right) \tag{2.7}$$

のように書ける．行列とベクトルの演算を用いて

$$\overset{l}{\boldsymbol{x}} = f\left(\overset{l}{W}\overset{l-1}{\boldsymbol{x}}\right) \tag{2.8}$$

と書いてもよい．ただし，$\overset{l}{W}$ は $\overset{l}{\boldsymbol{w}}_i$ を並べた行列で，出力関数 f は成分毎にかかるものとする．

最終の L 層での出力 $\overset{L}{\boldsymbol{x}}$ を出力ニューロンに入れて，そこでの重みベクトルを $\boldsymbol{v}$ とすれば，ここが最終出力

$$y = f\left(\boldsymbol{v} \cdot \overset{L}{\boldsymbol{x}} - h\right) \tag{2.9}$$

を出す．

パーセプトロンを**パターン認識**に使ってみよう．入力の空間には $\boldsymbol{x}_1, \cdots, \boldsymbol{x}_N$ の N 個の信号があって，これがクラス C_1 に属するものとクラス C_0 に属するものとに二分されているとする．このとき，パーセプトロンにどれか一つの $\boldsymbol{x}$ を入力し，クラス C_1 の信号のときはその出力 y が 1，C_0 のときは 0 となるようにしたい．パーセプトロンの計算は，すべての層の重み行列 $\overset{l}{\boldsymbol{w}}_i$（閾値も含む）と出力ニューロンの重みベクトル $\boldsymbol{v}$，閾値 h で決まる．だから，正解がいつも出るようにこれらを決めなくてはならない．

もっとも単純な場合として，入力 $\boldsymbol{x}$ が直接出力ニューロンに入るものを考えよ

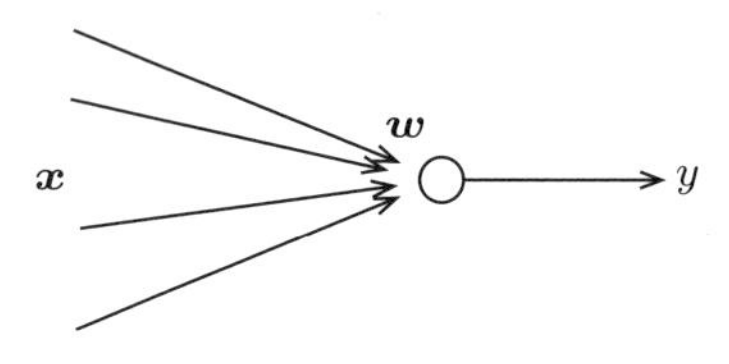

図 2.2　単純パーセプトロン

う．層状の回路網で最後の $\overset{L}{\boldsymbol{x}}$ を $\boldsymbol{x}$ と見て，出力ニューロンのみを考えるということである．これを**単純パーセプトロン**と呼ぶ（図 2.2）．その入出力関係は

$$y = f(\boldsymbol{v} \cdot \boldsymbol{x}) \tag{2.10}$$

と書ける．f はヘヴィサイド関数であり，閾値は $\boldsymbol{v}$ の中に含める．このとき，N 個の例題 $\boldsymbol{x}_1, \cdots, \boldsymbol{x}_N$ に対してそのそれぞれに対する正解 $y_1, \cdots, y_N$ が与えられるとして，正しい解を与える $\boldsymbol{v}$ を求めたい．もし，正解 $\boldsymbol{v}$ があるとすれば，その $\boldsymbol{v}$ は

$$\boldsymbol{v} \cdot \boldsymbol{x} > 0, \quad \boldsymbol{x} \in C_1, \tag{2.11}$$

$$\boldsymbol{v} \cdot \boldsymbol{x} < 0, \quad \boldsymbol{x} \in C_0 \tag{2.12}$$

を満たす．つまり信号の空間 $X = \{\boldsymbol{x}\}$ に超平面

$$\boldsymbol{v} \cdot \boldsymbol{x} = 0 \tag{2.13}$$

を考えるとき，超平面の上側に C_1 に属する信号が，下側には C_0 に属する信号が集まっていなければいけない．このとき，信号のクラス C_0 と C_1 は**線形分離可能**であるという（図 2.3）．(2.13) は h を別に書けば超平面

$$\boldsymbol{v} \cdot \boldsymbol{x} - h = 0 \tag{2.14}$$

であることに注意．

問題が 2 つ残った．一つは，線形分離可能であるときに，正解 $\boldsymbol{v}$ と h をどうやって求めればよいかである．これは学習によって決めればよい．これが有限回の学習で可能であるというのがパーセプトロンの収束定理である．これはすぐ後に述べ

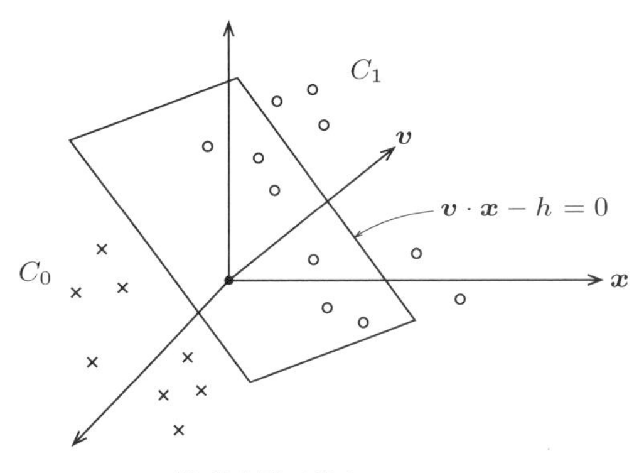

図 2.3　線形分離可能なパターンのクラス

よう.

もう一つは，線形分離可能ではないときにどうするかである．もし入力空間で2つのクラスの信号 $X = \{\boldsymbol{x} \in C_1, \boldsymbol{x} \in C_0\}$ が線形分離可能でなければ，これを L 層からなる神経回路網に入れて変換し，最終層での出力 $\overset{L}{\boldsymbol{x}}$ で見たときに線形分離可能になっていればよい．それなら最終の出力ニューロンの $\boldsymbol{v}, h$ を学習することで問題は解決する．Rosenblatt は，出力ニューロンに至る L 層の回路網を**中間層**と呼び，そこでのニューロンの数は十分に大きいとした．そしてこのときに，中間層のニューロンの重みと閾値をランダムに決めた．そうすれば，各層での出力 $\overset{l}{\boldsymbol{x}}$ の次元が高ければ，最終層での信号 $\overset{L}{\boldsymbol{x}}$ で見ると C_1 と C_0 は線形分離可能になっているはずだと考えた．もちろん，重みと閾値はランダムに決めるから確率的な話で，正確に言えば，素子の数が十分に多ければ，1にいくらでも近い確率で，線形分離可能になる，と言わなければならない．しかし素晴らしいアイデアで，まさに卓見である.

こうして線形分離問題が一応解決した．残りは**パーセプトロンの収束定理**の証明である．**誤り訂正学習**を用いるのだが，この証明はすぐにはできなかった．初めに出た証明は極めて難解であった．以下は M. Minsky による証明で，これは簡明である.

話を簡単にするために，ニューロンのモデルを少し変え，出力 y は $0, 1$ ではなくて $1, -1$ の値を取るものとする．それには f をヘヴィサイド関数ではなくて，符号関数 sgn に変えればよい.

$$\operatorname{sgn}(u) = \begin{cases} 1, & u > 0, \\ -1, & u \leq 0. \end{cases} \tag{2.15}$$

y は，$1, -1$ の値を取る．表現を変えただけで同じことである.

定理 2.1（パーセプトロンの収束定理（誤り訂正学習））　学習用に例題 $\boldsymbol{x}_1, \boldsymbol{x}_2, \cdots$ が1つずつ繰り返し何度も現れるとする．$t = 1, 2, \cdots$ とし，$\boldsymbol{x}_t$ が入力したときに，これに対する答え y_t が正解であれば何も変えず，もし間違っていればそのときの重み $\boldsymbol{v}_t$ を

$$\boldsymbol{v}_{t+1} = \boldsymbol{v}_t + y_t \boldsymbol{x}_t \tag{2.16}$$

に変える．信号が線形分離可能であり，例題の数 N が有限であれば，有限回の学習で $\boldsymbol{v}_t$ は正解を与える $\boldsymbol{v}$ に収束する.

証明　線形分離可能であるから，正解を与える重みベクトルが存在する．これを1

つ取り，$\boldsymbol{v}^*$ とする．すなわち，

$$y_t\boldsymbol{v}^* \cdot \boldsymbol{x}_t > 0 \tag{2.17}$$

が，すべての t に対して成立している．

$\boldsymbol{v}^*$ の大きさは自由に変えられるから，上式は

$$y_t\boldsymbol{v}^* \cdot \boldsymbol{x}_t > 1 \tag{2.18}$$

としてよい．

学習により $\boldsymbol{v}_t$ が $\boldsymbol{v}^*$ に近づいていく様子を見るために，内積 $\boldsymbol{v}^* \cdot \boldsymbol{v}_t$ を計算する．誤りが起こらなければ $\boldsymbol{v}_t$ は変化しないから，誤りが起こったときのみ t を 1 つ進める．

$$\boldsymbol{v}^* \cdot \boldsymbol{v}_t = \boldsymbol{v}^* \cdot \boldsymbol{v}_{t-1} + y_{t-1}\boldsymbol{v}^* \cdot \boldsymbol{x}_{t-1} > \boldsymbol{v}^* \cdot \boldsymbol{v}_{t-1} + 1. \tag{2.19}$$

したがって，

$$\boldsymbol{v}^* \cdot \boldsymbol{v}_t > \boldsymbol{v}^* \cdot \boldsymbol{v}_1 + t - 1. \tag{2.20}$$

シュヴァルツの不等式から

$$|\boldsymbol{v}^*|^2|\boldsymbol{v}_t|^2 \geq |\boldsymbol{v}^* \cdot \boldsymbol{v}_1 + (t-1)|^2. \tag{2.21}$$

これにより，$\boldsymbol{v}_t$ の大きさは誤り訂正の回数 t の 2 乗のオーダーで大きくなる．

一方，$|\boldsymbol{x}_1|^2, \cdots, |\boldsymbol{x}_N|^2$ の最大値を M とすれば

$$|\boldsymbol{v}_t|^2 = |\boldsymbol{v}_{t-1}|^2 + |\boldsymbol{x}_{t-1}|^2 + 2y_{t-1}\boldsymbol{v}_{t-1} \cdot \boldsymbol{x}_{t-1} \tag{2.22}$$

で，

$$y_{t-1}\boldsymbol{v}_{t-1} \cdot \boldsymbol{x}_{t-1} < 0 \tag{2.23}$$

であるから，$|\boldsymbol{v}_t|^2$ は 1 回の誤り訂正で高々 M ずつしか増えず，

$$|\boldsymbol{v}_t|^2 \leq |\boldsymbol{v}_1|^2 + (t-1)M^2 \tag{2.24}$$

で $|\boldsymbol{v}_t|^2$ は t のオーダーでしか増えない．(2.21) と (2.24) は t が大きくなれば矛盾する．すなわち，誤り訂正は無限に続くことはなく，ある $t = T_0$ で収束し，$\boldsymbol{v}_{T_0}$ は正解の 1 つになる．これはもちろんどの $\boldsymbol{v}^*$ でもよい．　□

2.2.1　アナログパーセプトロンと中間層のニューロンの学習

パーセプトロンでは最後の出力ニューロンの $\boldsymbol{v}$ と h しか学習しなかった．もし，中間層のニューロンも学習すれば，ずっと効率が良くなるだろう．これは誰もが考えることである．しかし，パーセプトロンには中間層のニューロンが簡単には学習できない事情があった．誤りを訂正しようとしても，中間層でどのニューロンが誤ったのかを特定できない．これは**クレジットアサインメント問題**と言われる．

中間層のパラメータ（重みと閾値）の学習問題を解決するには，McCulloch-Pitts の形式ニューロンを使ったのでは駄目で，アナログ値を取る**アナログニューロン**を考えればうまくいくことを思いついた．アナログニューロンとは，出力関数と呼ぶ f をアナログ関数にしてみるのである．たとえば，図2.4のように右上がりの関数である．このときニューロンの出力は $0, 1$ の2値ではなく，パルスの有無を示すものではない．しかし，アナログの出力値はニューロンの出力のパルス頻度を表すと考えればよい．入出力関係を表す関数は (2.5) と同じままで，f がアナログの至るところで微分可能な関数で，最後の出力 y は $\overset{L}{\boldsymbol{x}}$ の線形関数のままでもよいとする．

このときパーセプトロンの最終の出力を

$$y = f(\boldsymbol{x}, \boldsymbol{\theta}) \tag{2.25}$$

というまとめた形で書いておこう．ただし $\boldsymbol{\theta} = \left(\overset{1}{\boldsymbol{w}}_i, \cdots, \overset{L}{\boldsymbol{w}}_i, \boldsymbol{v}\right)$ で，f は $\overset{1}{\boldsymbol{x}}, \cdots, \overset{L}{\boldsymbol{x}}$ を順に計算して得られる最終の答えである．この答えが教師の指示する答え y^* と違えば，誤りの**損失関数**として誤差の2乗を取る

$$l(\boldsymbol{x}, y^*, \boldsymbol{\theta}) = \frac{1}{2}\{y^* - f(\boldsymbol{x}, \boldsymbol{\theta})\}^2 \tag{2.26}$$

が定義できる．これは入力 $\boldsymbol{x}$，パラメータ $\boldsymbol{\theta}$，そして正解 y^* の関数である．

例題全体に対して，最も良いパラメータとは l の期待値

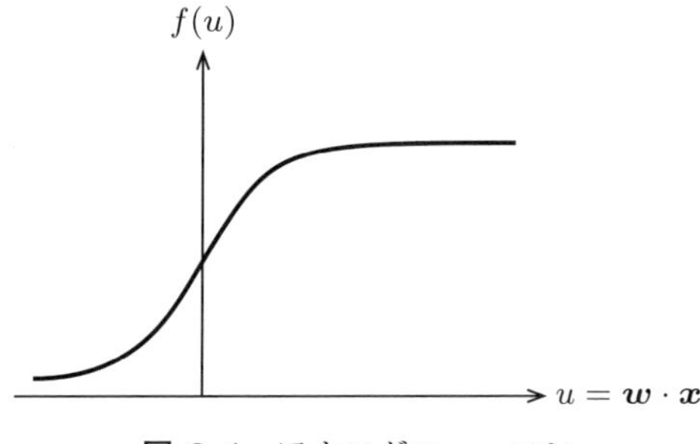

図 2.4　アナログニューロン

$$L(\boldsymbol{\theta}) = \mathrm{E}[l(\boldsymbol{x}, y^*, \boldsymbol{\theta})] \tag{2.27}$$

を最小にする $\boldsymbol{\theta}$ である．ここに，入力 $\boldsymbol{x}$ は無限個あってよく，未知の確率分布 $q(\boldsymbol{x})$ から発生するものとする．E は $\boldsymbol{x}$ についての期待値を表す．また正解 y^* も確率的で，正しいパラメータ $\boldsymbol{\theta}_0$ があったとして，y^* はガウス雑音を含んだ答え

$$y^* = f(\boldsymbol{x}, \boldsymbol{\theta}_0) + \varepsilon \tag{2.28}$$

としよう．ε は誤差で，これは平均 0，分散 1 のガウス分布とする（分散は 1 でなくともよいが，簡単のため 1 とする）．誤差に合わせて y のスケールをこのように取ることにすればよい．このとき，入出力の確率分布は

$$p(\boldsymbol{x}, y, \boldsymbol{\theta}) = \frac{1}{\sqrt{2\pi}} \exp\left[\{y - f(\boldsymbol{x}, \boldsymbol{\theta})\}^2\right] \tag{2.29}$$

のように書ける．

最適な $\boldsymbol{\theta}$ は L の最小値を与える $\boldsymbol{\theta}$ だから，

$$\frac{\partial L(\boldsymbol{\theta})}{\partial \boldsymbol{\theta}} = 0 \tag{2.30}$$

を満たす．$\boldsymbol{\theta}$ が最適でないときは勾配 $\partial L/\partial \boldsymbol{\theta}$ は誤差の増える方向を示し，ベクトル $-\partial L/\partial \boldsymbol{\theta}$ が誤差の減る方向を示す．全部の例題を集めるのではなく，例題 $\boldsymbol{x}_t$ が時刻 $t = 1, 2, \cdots$ に 1 個ずつ入ってくるときは，L の代わりに**瞬時損失** $l(\boldsymbol{x}_t, y_t, \boldsymbol{\theta})$ を用いて，現在の $\boldsymbol{\theta}$ からその勾配を求め，

$$\Delta \boldsymbol{\theta} = -\eta \frac{\partial l\left(\boldsymbol{x}_t, y_t, \boldsymbol{\theta}\right)}{\partial \boldsymbol{\theta}} \tag{2.31}$$

のように，パラメータ $\boldsymbol{\theta}$ を損失を減らす方向に変えていく学習法が考えられる．ここで η は 1 回の学習の大きさを規定する定数で，時間 t に依存して η_t としてもよい．私はこれを**確率的勾配降下法**と名づけた．勾配を減らすのに，確率的に発生する例題を 1 つずつ使うからである．

これが中間層も含めて**多層パーセプトロン**の学習を実現する新しい考えと思った．ところがそうは問屋が卸さない．誤差を含んだ観測データからパラメータを逐次的に決めていく方式はすでに提唱されていて，Robbins-Monro の**確率近似法**と呼ばれていた．関数 $g(x)$ の 0 点，$g(x_0) = 0$ を満たす x_0 を，$g(x)$ の誤差を含んだ観測値から求める方法である．これを関数の最小値を定めるパラメータの学習に使うのが，Kiefer-Wolfowitz の学習法である．しかし，これを多層神経回路網の学習に用いる提案は，私が初めてと言えるだろう．

私は1975年に日本語でこの理論を発表したが，同じ年にロシアではY. Z. Tsypkinが機械学習の一般論としてロシア語で同じ考えを発表している．私の日本語の論文はその後ロシア語に訳され，「欧米ではこのような機械学習の研究はない，あるのは日本とロシアだけだ」と評判になったという話を，後年V. Vapnikから聞いた．Tsypkinが機械学習の本を後にロシア語で書き，その英訳が翻訳された．そこには一章を割いて甘利の理論が紹介されている．

当時，欧米はニューロ研究の冬の時代であり，パーセプトロンの学習などは，もてはやされるテーマではなかった．私はそんなことは知らなかった．これが幸いであったとも言えるであろう．ただし，勢い込んでIEEEのComputer関連のTransactionsに投稿した[12]が，査読者の一人は，too mathematicalの一言でrejectと言ってきた．もう一人がいいだろうということで，採録とはなったが反響は全くない．世界に先駆けた多層神経回路網の中間層の確率的勾配降下学習法の提案はこうして黙殺された．

この論文は，少し欲張って多くの提案を含んでいた．一つは学習係数のη_tについてである．私は，これが小さくなり過ぎれば，学習が最適点まで到達しない，大き過ぎれば，雑音の影響が消えず，正しい値が得られないと考えて，cを定数として

$$\eta_t = \frac{c}{t} \tag{2.32}$$

という案を示した．実はこれはRobbins-Monroが提案した条件の一例に過ぎなかった．九大の久住の寮の温泉につかりながらこれを思いついた．とても嬉しかったことを覚えている．

またこの論文では，η_tの適応的な更新法も提起し，学習の収束の速度と精度の関係も論じている．そして，最適な$\boldsymbol{\theta}$が時間とともに変化するときに，その変化に学習がどう追従できるか，そのダイナミクスまで議論しているのである．こうした話は，後に少しずつ私とは無関係に，再発見されていく．

もちろん，これに遅れることざっと20年，D. Rumelhartらによりバックプロパゲーション学習法が提案され，確率的勾配降下学習法は，多層神経回路網の学習，さらに後には深層学習の花形になった．これについてはまた後で触れよう．

この頃，パターン認識の理論を考えていて，多層パーセプトロンを用いて，線形識別を**区分的線形識別**に拡張する話を提案した[20]．入力$\boldsymbol{x}$に対して$f(\boldsymbol{x}, \boldsymbol{\theta})$という関数を考え，与えられた$\boldsymbol{x}$に対してこれが正ならばクラス$C_1$に属し，負ならばクラス$C_0$に属するものとする．$\boldsymbol{\theta}$は関数$f$を定めるパラメータである．単純パーセプトロンは$f(\boldsymbol{x})$を線形関数に取るものであった（閾値の項があるから，$\boldsymbol{x}$の1次関数と

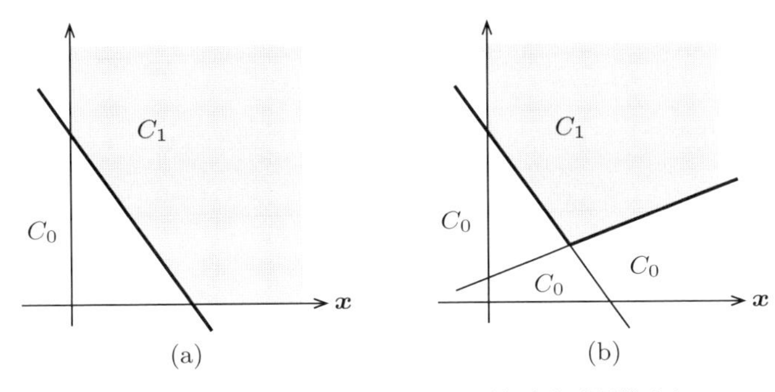

図 2.5　線形識別関数 (a) と区分線形識別関数 (b)

言ってよい）．多層パーセプトロンでは，$\boldsymbol{\theta} = \left(\overset{1}{\boldsymbol{w}}, \cdots, \overset{1}{\boldsymbol{w}}_{n_1}; \cdots; \overset{L}{\boldsymbol{w}}_1, \cdots, \overset{L}{\boldsymbol{w}}_{n_L}\right)$ として $f(\boldsymbol{x}, \boldsymbol{\theta})$ は (2.25) のようにパーセプトロンの入出力関数である．n_i は i 層のニューロンの数とする．

f が線形では簡単に過ぎ，線形分離の場合しか正解が得られない．次に考えるべきは区分的線形識別関数であろう．区分的線形識別関数というのはいくつかの線形関数を組み合わせたものである．わかりやすくするために 2 次元で説明すると，線形識別関数では識別面は図 2.5 (a) のように直線である．しかし区分的線形識別関数はこれを折れ線でよいとする（図 2.5 (b)）．これを用いれば，線形分離可能と言わず，もっと多くの場合が識別可能になる．

ではこれをどのように作ればよいだろう．いま，2 つの線形識別関数 $f_1(\boldsymbol{x})$ と $f_2(\boldsymbol{x})$ とを考え，これらを合成して

$$f(\boldsymbol{x}) = \max\{f_1(\boldsymbol{x}), f_2(\boldsymbol{x})\} \tag{2.33}$$

という関数を作る．これが区分的線形識別関数になる．max は min にしてもよい．max や min などの関数は，ニューロンで容易に実現できる．私は区分的線形識別関数の一般的な理論を考えた．ここで，学習の例題としてシミュレーションで使ったものを挙げておこう．これは 2 次元の入力空間の例で，識別関数を

$$f(\boldsymbol{x}, \boldsymbol{\theta}) = v_1 \max\{\boldsymbol{w}_1 \cdot \boldsymbol{x}, \boldsymbol{w}_2 \cdot \boldsymbol{x}\} + v_2 \min\{\boldsymbol{w}_1 \cdot \boldsymbol{x}, \boldsymbol{w}_2 \cdot \boldsymbol{x}\} \tag{2.34}$$

とおいた．パラメータ $\boldsymbol{\theta}$ は $(v_1, v_2, \boldsymbol{w}_1, \boldsymbol{w}_2)$ である．これはダイアグラムで書けば，図 2.6 のように 4 層の神経回路網（多層パーセプトロン）でもある．ここで図 2.7 に示すような，W 字型の区分的線形識別関数を用いたパターンの識別問題を考え，例題をもとにこれを学習で求めたのである．これが世界で初めての多層パー

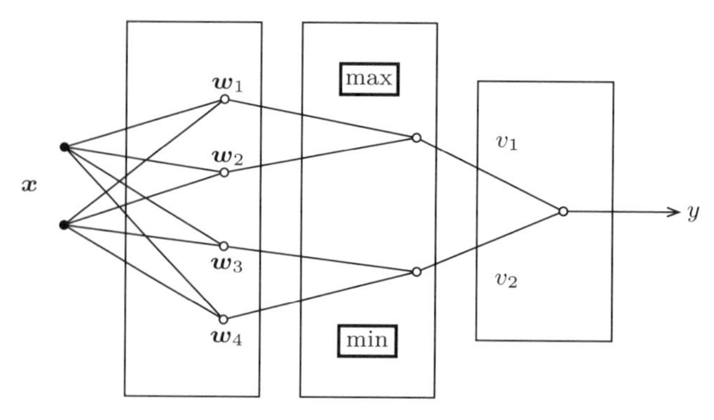

図 2.6 パターン識別の多層回路網

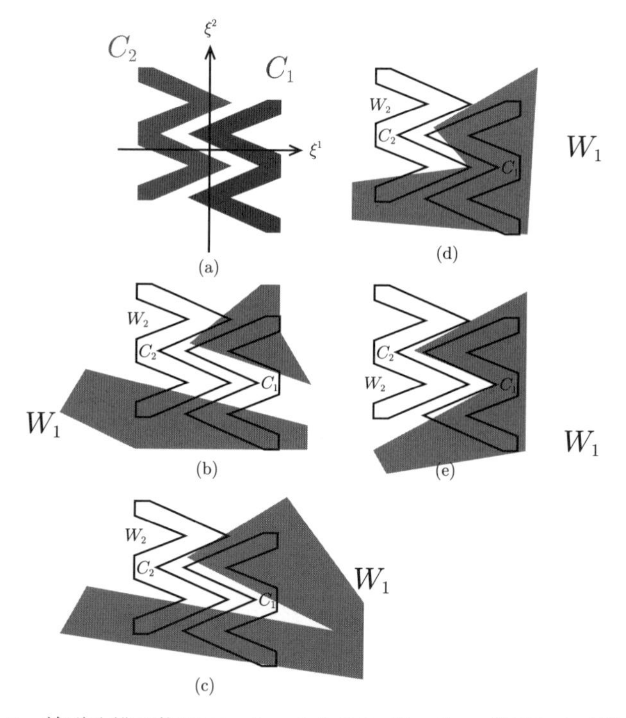

図 2.7 線形分離可能でない 2 つのクラス C_1, C_2 の学習による識別：網掛けの部分が C_1 と判定．(a) が 2 種類のパターン．(b) の初期値から始めて，(c), (d) と学習が進み，(e) で完成[336]．

セプトロンの確率的勾配降下法によるコンピュータシミュレーションの成功例だと豪語している．

当時九大にも計算機センターができて，国産のトランジスター計算機の 1 号機が導入された．九大に入ったのは沖電気の OKITAC である．言語は ALGOL が使えた．シミュレーションの環境が整ったのである．そこで，大学院の修士課程にいた斎藤庄司君を捕まえて，彼の修士論文としてシミュレーションを行った．問題は図 2.7 に示すような W 型に分布した 2 つのクラスを，どのように (2.34) の関数を用いて識別するかである．このときは簡単のため $v_1 = v_2 = 1$ に固定した（計算機の能力のためである）．ここでは中間層の $\boldsymbol{w}_1, \boldsymbol{w}_2$ を学習によって求めなけらばならない．こんな小規模な例題では学習は比較的簡単に済んで，25 回も繰り返せば正解に収束した．ただ，初期値によっては収束しない場合もあった．局所解の存在である．図 2.7 にその途中経過 (b)〜(e) を記しておく．

このシミュレーションの結果は，私の確率的勾配降下法を提案した英文の論文[12]には含まれていない．しかし，その次の年に出た，共立出版の『情報理論 II 情報の幾何学的理論』（1968 年）に載っている．斎藤君はその後 NTT に勤め，宮口と名前を変えて，別のテーマで大活躍した．彼も，これが世界最初の深層学習のシミュレーション例として，いまになって世に出たことに驚いているだろう．

私の九大時代は，勝手気ままに自由な天地を謳歌（おうか）した時代であった．囲碁も打ったし，ピンポンも率先してやった．大学院生を相手に遊びを主導したのである．失敗談も多い．心に残るのは電気系の大学院の入試で問題を任されて，解のない問題を出してしまったことである．この問題は全員を○としたが，面目丸つぶれであった．九大時代に多くの人々に迷惑をおかけしたことを，いまになって深くお詫びしなければなるまい．多くの同僚，大学院生との交友は極めて楽しかった．九大は私の心の故郷である．こうして 4 年が経ち，私は後ろ髪を引かれる想いで，東大に移ることになる．出発にあたっては大野先生を始め多くの人々が博多駅に見送りに来てくれた．

こぼれ話3　深層学習の起源

2018年のチューリング賞は，G. Hinton, Y. LeCun, Y. Bengioの3者に与えられた．**深層学習**の功績に対する受賞である．チューリング賞は代々コンピュータ科学に対して与えられてきたが，時代も移り深層学習などニューラルネットワークに関係するものにも与えられるようになった．画期的なことと言えよう．

ところがこの受賞に異議を唱えたのが，スイスの研究者，J. Schmidhuberである．彼も深層学習の研究で画期的とも言える大きな功績があるのに，選にもれた．確かに彼が受賞していてもおかしくはなかった．彼はHintonらが受賞の挨拶およびその後の解説などで，深層学習のこれまでの長い歴史を無視して，自分たちだけがすべてを成し遂げたように発言しているのは許せない，歴史を正視せよと声を上げ，connectionist mailで論争が始まった．

さらに彼は深層学習の源流を詳しく調べ，多くの文献を含む膨大なレポートを作成した．ここで，確率的勾配降下オンライン学習法の源流の一つは，私の1967年の論文[12]にあること，さらに最初の多層パーセプトロンの学習のシミュレーションは私と斎藤君によって1968年に発表されていることを発掘し，これを明記している．また，のちに述べる連想記憶モデルについても，Hopfieldに先立って甘利が理論を提出していると言い切った．

彼のレポートはいろいろと物議をかもした．源流に返れと言うなら，微分を使うとなるとNewtonやLeibnitzまで引用しないといけないのか，それはないだろうということになる．彼のレポートはLeibnitzやGaussにまでさかのぼる数学の歴史も踏まえ，詳細かつ広範なもので，最後は人類の歴史と宇宙時代の未来に向けられている．いささか誇大妄想的とも言えるが，興味深いし面白いことには間違いない．参考までにそのアドレスを書いておこう．なお，彼はさらに追加して，自分の功績を受賞のものと逐一比較したレポートも出した．

https://people.idsia.ch/~juergen/deep-learning-history.html

https://people.idsia.ch/~juergen/ai-priority-disputes.html

東京大学へ——激動の時代：神経回路網の数理 3

3.1　東京大学へ戻って

私は 1967 年に東大計数工学科へ助教授として戻ってきた．私の卒業した応用物理学科が改組され，計数工学科と物理工学科とに分かれた．同じ工学部 6 号館に依拠し，応物系として密接に連携した運営をしていた．南雲仁一先生が拡大した数理コースの教授となり，私はそこの助教授になった．南雲先生は生体工学の草分けで，神経線維を安定に伝わる興奮波に関する FitzHugh-Nagumo モデル（FitzHugh-Nagumo の方程式）でも有名である．

ここは神経回路網の数理を考究するのに絶好な場所であった．ランダム結合の神経回路モデルなど，九大時代に考え始めたことがこの環境で実ると考えた．ここから 10 年，私は神経回路網の数理を究める仕事に熱中した．その成果については次の節から順次述べよう．

時代はまさに疾風怒濤（しっぷうどとう），波乱万丈で，大学も激動した．日本の高度経済成長が進み「もう戦後ではない」が合言葉になっていた．その中で社会の矛盾も拡大し，革新を求める反対運動も盛り上がった．一つは，日米安保条約の改定を巡ってである．左翼の陣営ではスターリンの権威が失墜し，ソ連共産主義社会の矛盾が明らかになる．そんな中で共産党指導部の正当性を巡って，日本ではいわゆる新左翼が台頭する．しかし大学は旧態依然のまま教授が権威を独占し，古い規則と規範がそのまま通用していた．応物系の教授・助教授の集まる教室会議での出来事である．ある議題のときに，私が「九大ではこのようであった」と反対意見を述べようとすると，物理工学の老教授に一喝された．「ここは九大ではない，東大である，あなた（のような若造）は黙りなさい．」

東大医学部では研修医制度を巡り，抗議活動が盛り上がっていた．抗議活動の最中に，学生，研修医による教授のつるし上げが行われたとして，1968 年に医学部教授会が学生・研修医の処分を決める．これが事実誤認である（当日参加していなかった者も処分された）として，抗議活動が盛り上がり，医学部を越えて全学に及んだ（この問題については後に，法学部教授会による調査委員会が設置され，証拠が十分とは言えないとして，その勧告により医学部の処分は撤回されることになる）．これは収まることなく，東大の権威の象徴でもある時計台（安田講堂）が学生により占拠されるに至る．

抗議活動は東大全体に及び，東大全学共闘会議が結成され，多くの学部でストライキが挙行された．この一年間授業どころではなくなった．東大だけではない，古い体制に対する抗議活動は全国に飛火し，国立，私立を問わずいろいろな大学で共闘会議が結成され，ストライキが行われる．もっともこれは，日本だけの話ではない．アメリカ，ヨーロッパでも至る所で学生による抗議行動が行われ，建物が占拠される．パリでのカルチェラタンの戦いなど，学生の街頭占拠も続いた．

学生の多くは義憤にかられた正義感に基づく自主的なもので，これが全学共闘会議を支える．一方，新左翼はセクトに分裂し，中核派，革マル派，社青同など，八派と言われるほどに分裂して，この闘争に参加する．また，共産党系は民青派として，これとは別の路線を取る．闘争は，1969 年，学生の占拠している安田講堂を機動隊が攻略し，その落城で幕を閉じ，収束に向う．

私は多くの主張で学生に共感していたものの，造反教官になって共闘会議に加わる道は選べず，助教授として教室側の一員にとどまった．教室会議では，7 項目要求など学生の言い分が正しいと私は主張したが，白い目で見られた．ところが当局は大したものである．ある教授は，議論が行き詰まると「こういうときは若い人の意見を聞かなければいけない，甘利君，君の意見はどうかね」と，水を向けてくる．私が持論を述べると，「私は甘利君の意見に全面的に賛成ではないが，尤もな点も多い」と，権威に凝り固まった老教授たちを牽制する．

工学部では，古い教授では対処できないと，若い向坊隆教授を学部長に選び，古い権威主義はおかしいと，若手助教授たちが意見を述べ始める．向坊さんは，学部長室という組織を立ち上げ，数名の若手助教授を学部長補佐として登用し，議論を始める．私も補佐に任命された．

全学では総長が辞任し，法学部の若手エース加藤一郎教授が総長代行となって，ことの処理にあたる．このとき，向坊さんが総長補佐（副総長）となり，全学から若手助教授を 5 名指名して総長室を作って，ここでいろいろな方針を協議することになった．私もこれに指名された．

これを受けないわけにもいかないと，まず工学部組合に連絡して，こういうわけで組合を辞めたいと申し出た．ところが組合は「あなたの立場は，よくわかります．どうぞ思う存分活躍してください，ただ組合は辞めないでください」と言った．5

人の補佐の中には私を含めて2名の組合員がいた．補佐の立場は，自分の自由な意見を述べることであって，当局側の人間として君臨することではない．とは言え，組合との交渉，学生との交渉などにも臨席する．

あるとき，東大の次年度の予算請求案を議論することになった．向坊さんが原案を配ろうとすると，事務局長（これは文部省からの派遣）が反対した．「総長補佐は管理職ではない，予算案は機密事項だから，彼らには見せられない」と言うのである．向坊さんも文部官僚にこれ以上逆らわなかったが，「そうかわかった，では自分の資料をここにしばらく放置しておく．君らは勝手に見るともなく見ておいてくれ」．事務局長もそれ以上は何も言わなかった．

私が任されたことの一つに，保育所問題があった．東大の保育所は有志が施設を立ち上げ，保母を雇用して運営していた．東大当局も場所を提供するなど支援していた．問題は保母の給与をどの程度まで当局が援助するかという案件であり，私に任せられた．保育所の人たちとも交渉し，甘利案なるものを提出して，うまく収まったのを覚えている．もっとも，昔の仲間には「甘利は裏切って当局側についた」と悪口も言われた．何とも致し方なかった．

総長室で私が学んだことは多い．その一つが「君子豹変す」である．これは悪い意味で使われているのかと思っていたが，もともとの意味は君子は状況を見て自由に判断し，面子にこだわることなく自分の意見を変えるということであるらしい．いろいろと交渉の過程で，加藤総長や向坊総長補佐は，過去の自分の言説にかかわらず，大局を見て思い切って意見を変えていた．なるほど大物はこうなのだと感心して，以降私も過去にとらわれず，大局を見ようと努めている．

忙中閑ありとはよく言ったもので，紛争も収束に向かうと暇が出てくる．総長室は学士会館に置かれていた．ここで囲碁会をやろうということになった．加藤さんは4段の免状を持っているという．法学部教授の4段などあてにならないと，私は加藤さんに4目置かせて打つことになった．なかなか形勢が良くならないが，少しずつ追いついていき，このままいけば勝つなと思った．そこで，「加藤先生，そう固く打たれたのでは付け入る隙がありません，これでは勝てない」とぼやきながら密かに勝利を確信した．終局後勘定をすると，案の定私が少し良かった．民法が専門の加藤さんはのたもうた．「甘利君，これは民法上の詐欺行為にあたりませんか．」

時が経ち，向坊新総長が誕生した．そうしたら，向坊さんからまたお呼びがかかった．「甘利君，総長補佐になってください」と言うのである．毒食わば皿まで，と言うがこれも引き受ける他になかった．ここでは，演習林の共闘会議と交渉して欲しいと言われた．始めは演習林側は大変強硬で，お前は出世に目がくらんだ当局の犬だろうと，大変な意気込みであった．

「自由に意見を言うようにと任命されるのが補佐で，私は向坊とは意見が違う，私は当局ではない」と言うとだんだん和やかになってきた．ところが，私と会うために共闘側が出てくると，当局は職場を放棄したとみなして欠勤扱いで賃金カットをするという．私は怒って，「交渉は私が呼び出して事情聴取をする会であるから，賃金カットをするな」と当局に申し入れた．終わりの頃には，私が当局側の主張の悪口を言うと，「先生の意見をどこまでビラに出してよいですか，先生に迷惑がかかると申しわけないから」と言う．私は「すべて自由に書いてよい，自分の意見を表明するのが補佐の役目なのだから」と応じた．

その後のことである．東大教授，助教授有志として，政府の政策に抗議する声明などを出す折が時々あり，賛同して多くこれに加わった．昭和天皇が没したときのことである．政府は，3日間テレビなどに歌舞音曲を禁ずることを強制した．喪に服するということで，苦情はつけにくい．こんなに簡単に世の中の統制ができることに驚いた．しかし暗黙のうちに不満が世間に積もっていった．大学も喪に服し，正門に弔旗を掲げることになる．まだ残っていた共闘会議がこれに反発して，弔旗を奪い去ると声明した．当局側は職員を動員して，弔旗を守るという騒ぎになった．結局は取られてしまった．このとき，「学の府にあるまじきこと」として，東大教授，助教授の有志が当局の行動に反対する声明を出すことになった．このときは多くの人がビビったか，賛同者はいつになく少なかった．工学部では私1人だったと思う．こんなことがあったせいか，後に私が東大を退官するときに，「工学部の良心が一人去った」と工学部ニュースで評してくれた先生がいた．

後に，加藤，向坊など昔の総長室の面々が集まった会で，加藤さんが言った．「では甘利さん，どうすればよかったのですか．」私は答えた，「政府の命令で弔旗を掲げること自体に反対しているのではありません．それを取られまいと職員を動員して力で防衛するなど，無用な行動に反対するのです．弔旗を掲げて取られてしまえば，あー取られたか，ただそれだけでよい．死守するなど，学問の府のやることではない」．これには加藤さんも納得したようであった．

この間も，研究は進んでいった．まずは研究が大切である．もとより，遊びには熱中した．囲碁，ブリッジ（トランプのゲーム），ピンポン，バドミントンなどである．でも，囲碁は大学院生に追い越され，なかなか上達しなかった．

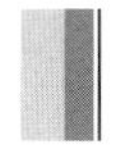

3.2 統計神経力学の始まり

東大へ戻って，10 年間は**神経回路網モデル**の研究に熱中した．**数理脳科学**を建設したいと夢見たのである．とは言っても，本物に近い神経回路網のモデルなど，手のつけようがない．そこで考えたのが，結合をすべてランダムにした大規模の回路で解析をしてみようという試みである．ランダムは物事を単純化する．大数の法則が働くからである．これからの話は，私の著書『神経回路網の数理』や，『深層学習と統計神経力学』にすべて書いてある．しかし，本書の読者に参考になるように，簡潔に繰り返してみたい．

1 個のニューロンから始めよう．これは図 3.1 のように n 個の入力 $\boldsymbol{x} = (x_1, \cdots, x_n)$ を受けて，出力として

$$z = f(\boldsymbol{w} \cdot \boldsymbol{x} - h) \tag{3.1}$$

を出す．ただし，重みベクトル $\boldsymbol{w} = (w_1, \cdots, w_n)$ の各成分はランダムで，同一の分布に属する独立な確率変数であるとする．w_i を平均 0，分散 σ_w^2/n のガウス分布，h を平均 $\overline{h}$，分散 σ_h^2 のガウス分布とする．w_i の分散を n で割っておく理由は，n を大きくしたときに，$\sum_i w_i x_i$ といった n 個の項の和が発散しないように規格化しておくのである．出力関数 f はシグモイド関数とするが，離散変数のモデルの場合はヘヴィサイド関数で，0 と 1 の値を取る．**符号関数**

$$\mathrm{sgn}(u) = \begin{cases} 1, & u > 0, \\ -1, & u \leq 0 \end{cases} \tag{3.2}$$

が便利なことがある．

私は $(1, -1)$ の 2 値を取る符号関数 sgn から始めた．n は大きいとして，入力 $\boldsymbol{x}$ に対するこのニューロンの活性度

$$u = \boldsymbol{w} \cdot \boldsymbol{x} - h \tag{3.3}$$

は，中心極限定理により平均

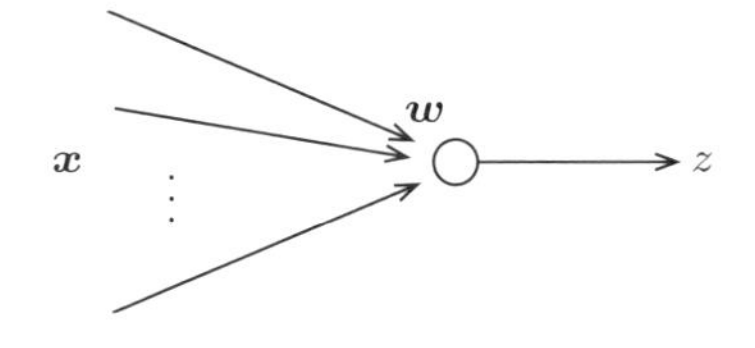

図 3.1 ニューロンのモデル

$$\overline{u} = \overline{w}X - \overline{h}, \tag{3.4}$$

分散

$$\sigma^2 = \sigma_w^2 + \sigma_h^2 \tag{3.5}$$

のガウス分布に従う．w_i の期待値は $\overline{w} = 0$ であったが，ここではそうでなくともよいとしておく．ただし，入力 $\boldsymbol{x}$ の活動度を，

$$X = \frac{1}{n}\sum_i x_i, \tag{3.6}$$

とした．つまり，u は $\boldsymbol{x}$ の個々の成分の値によらず平均化されてしまい，その総体として入力の活動度 X だけに依存する．

こうしたニューロンを m 個並べた層状の回路を考えよう（図 3.2）．このとき，i 番目のニューロンの結合の重みベクトル $\boldsymbol{w}_i$ および閾値（しきいち） h_i は，これらもまた独立で，個々のニューロンによらない同一の確率分布に従うとする．すると

$$u_i = \boldsymbol{w}_i \cdot \boldsymbol{x} - h_i \tag{3.7}$$

は i ごとに独立で同一の確率分布に従う．ここでニューロン集団全体からの出力を，個々のニューロンの出力から見るのではなくて，その平均値

$$Z = \frac{1}{m}\sum_i z_i = \frac{1}{m}\sum_i f(u_i) \tag{3.8}$$

で見ることにする．すると m が十分に大きければ，大数の法則によって Z は $f(u_i)$ の期待値に等しい．u_i は平均 $\overline{u}$，分散 σ^2 のガウス分布であるから，Z は X の関数として

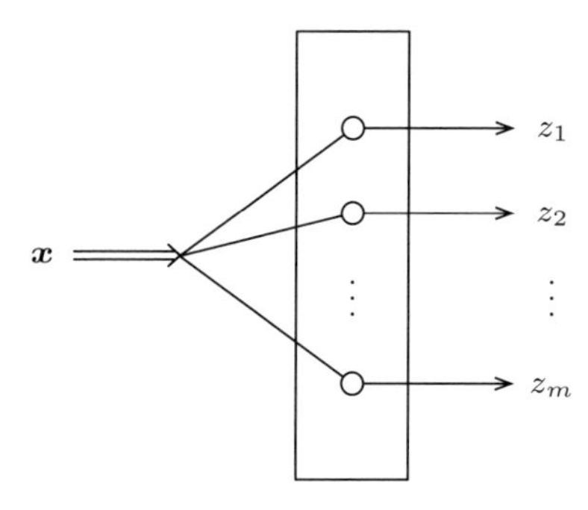

図 3.2　1層の層状回路

$$Z = F(X) \tag{3.9}$$

のように書ける．ここに関数 F は誤差積分関数

$$\phi(u) = \frac{1}{\sqrt{2\pi}} \int_{-\infty}^{u} \exp\left\{-\frac{v^2}{2}\right\} dv \tag{3.10}$$

を用いて

$$F(u) = \phi\left(\frac{\overline{u}}{\sigma}\right) \tag{3.11}$$

のようになる．$F(X)$ は X のシグモイド状の関数である．

上記の関係は，大数の法則によって，ほとんどすべての**ランダム回路**で成立している．もちろん確率による揺らぎはある．しかし，揺らぎは，n, m を十分に大きくすれば消えていく．もう少し正確に述べよう．いますべてのランダム回路からなるアンサンブル（集団）を考える．個々の回路の動作はランダム変数 $\boldsymbol{w}_i, h_i$ の実現値に依存し，それぞれ違っていてばらばらである．しかし，X と Z の関係はほとんどすべての回路について，(3.9) が 1 に十分近い確率で十分に良い精度で成立する．このとき，このような命題を成立させる量 X や Z を**巨視的な変数**という．統計神経力学は巨視的な変数に関する法則を追究する．

これだけでは当たり前のことでつまらないと感じる読者も多いだろう．でも，巨視的な変数は他にもある．たとえば，2 つの入力信号 $\boldsymbol{x}_1$ と $\boldsymbol{x}_2$ とを考え，両者の距離を

$$D_X = \frac{1}{4n} \sum_{i=1}^{n} |x_{1i} - x_{2i}|^2 \tag{3.12}$$

と書こう．これは規格化したハミング距離である．このとき，それぞれの出力 $\boldsymbol{z}_1$ と $\boldsymbol{z}_2$ の間の距離

$$D_Z = \frac{1}{4m} \sum_{i=1}^{m} |z_{1i} - z_{2i}|^2 \tag{3.13}$$

はどうなるであろうか．

これを計算してみよう．2 つの入力に対するニューロン i の活性度はそれぞれ

$$u_{1i} = \boldsymbol{w}_i \cdot \boldsymbol{x}_1 - h_i, \tag{3.14}$$

$$u_{2i} = \boldsymbol{w}_i \cdot \boldsymbol{x}_2 - h_i \tag{3.15}$$

のようになる．(u_{1i}, u_{2i}) の組は，ニューロンが i ごとに独立なランダム変数を使っているから独立である．しかし，u_{1i} と u_{2i} では，入力が $\boldsymbol{x}_1$ でも $\boldsymbol{x}_2$ でも同じ重みと閾値を使うから，相関がある．ここでさらに単純化して，$\overline{w} = 0, \overline{h} = 0$ としよう．そうでない場合も，ちょっと面倒なだけで，似たような解析ができる．この場合はその相関は

$$\sigma^2 = \mathrm{E}\left[u_{1i}u_{2i}\right] = \frac{1}{n}\sigma_w^2 \sum_i x_{1i}x_{2i} + \sigma_h^2 \tag{3.16}$$

と書ける．すなわち u_{1i} と u_{2i} は，相関を持ち，(3.16) を共分散とするガウス分布に従う．一方，距離 D_X を用いれば

$$\frac{1}{n}\sum x_{1i}x_{2i} = 1 - 2D_X \tag{3.17}$$

となる．ここから，2つの出力 $\boldsymbol{z}_1$ と $\boldsymbol{z}_2$ の間の距離は

$$D_Z = F_Z\left(D_X\right) \tag{3.18}$$

のように，入力の距離と活動度の関数として計算できる．これはすぐ後でもっと具体的に求めることにして，ここではとりあえず先に進む．

入力側の2つの信号 $\boldsymbol{x}_1$ と $\boldsymbol{x}_2$ 間の距離が微小であるとき，これを

$$ds_X^2 = D\left(\boldsymbol{x}_1, \boldsymbol{x}_2\right) \tag{3.19}$$

とすれば，出力側では

$$ds_Z^2 = F_Z'(0)ds_X^2 \tag{3.20}$$

に変わる．これは**微小距離の拡大率**を表す式である．ここで

$$\mathcal{X} = F_Z'(0) \tag{3.21}$$

は拡大率を規定するもので，これが1に等しければ距離は変わらない．後で述べるB. Pooleらの論文が，この拡大率を用いて素晴らしい理論を展開した．層状の回路をカスケードに重ねたとき，$\mathcal{X}$ が1より大きければ距離はどんどん拡大していく．1より小さければ，0に収束してしまう．では1より大きくてどんどん拡大していったらどうなるのだろう．状態 $\boldsymbol{x}$ の空間は有界である．だからぐにゃぐにゃに曲がって拡大していくしかない．つまり，カオス的な様相を呈する．

私は，出力が2値の場合を考え，符号関数 sgn を出力関数として用いて，**距離**

法則 (3.18) を計算した．大変綺麗な関係が出てきて嬉しかった．簡単のため w_i も h_i も平均 0 の分布としよう．このとき，$\boldsymbol{x}$ や $\boldsymbol{z}$ の成分は ± 1 の 2 値を取るものとして

$$D_Z = \frac{1}{\pi} \sin^{-1} \sqrt{cD_X}, \tag{3.22}$$

$$c = \frac{\sigma_w^2}{\sigma_w^2 + \sigma_h^2} \tag{3.23}$$

という簡単な式が得られる（図 3.3）[25]．計算は面白いので，私は演習問題としてこれをよく用いた．読者自ら試みよ．上式では，原点 $D_X = 0$ での距離の拡大率の (3.21) の $\mathcal{X}$ は ∞ に発散する．つまりランダム神経回路は，異なる似た 2 つの信号が与えられたときに距離を拡大し，その違いを目立つようにする作用がある．小脳などではこれが有効に使われていると考えた．

距離の拡大法則は，ずっと後に欧米の物理学者たちが，私の論文を全く知らないで独立に再発見して，理論をいろいろと展開している．癪（しゃく）に障らないかと言えば，癪ではあるがいつものことで，これは仕方がない．

巨視的なダイナミクスは，2 つの入力信号の距離の力学でも成立する．すなわち，時刻 $t = 1$ で 2 つの信号 $\boldsymbol{x}_1, \boldsymbol{x}_2$ があったとき，ここから出発して，$\boldsymbol{x}_1(t), \boldsymbol{x}_2(t)$ の間の距離はどう発展していくかである．これについては Poole らが大変面白い理論を発表したことを述べた．これを見て驚き，本来私がやるべき仕事，しかも私にできる仕事であるのに，思いもよらず先を越されたと，少し悔しい思いもした．

彼らの話は後の節で述べるが，大切な点をここで述べておこう．まず，多層の回路網で，仮にニューロン数が順に増えていく場合，

$$\overset{1}{n} \leq \overset{2}{n} \leq \cdots \leq \overset{L}{n} \tag{3.24}$$

を考えよう．$\overset{l}{n}$ は l 層のニューロン数である．このとき，$\overset{l}{\boldsymbol{x}}$ の空間の次元は $\overset{l}{d} = \overset{l}{n}$

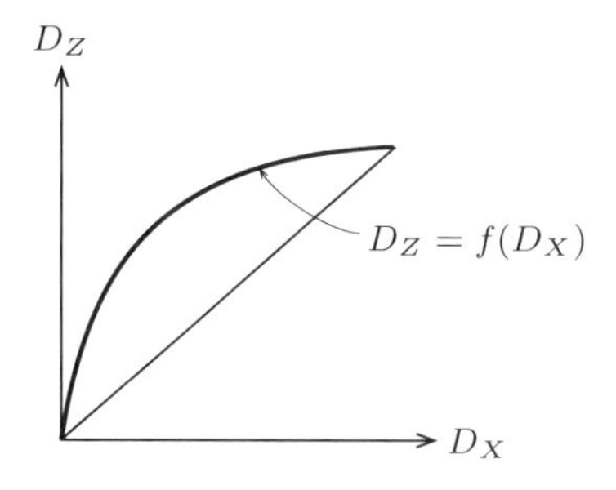

図 3.3 ランダム回路の距離の法則

であるから，入力の空間は初期の $\overset{1}{d}$ から始まってどんどん大きくなっていく．これは最初の $\overset{1}{d}$ 次元の入力空間が，l 層では多次元の空間に挿入されていることを意味する．しかも出力 (3.1) は非線形だから曲がってしまう．とくに，$\mathcal{X}$ が 1 より大きければ，2 つの信号の距離は拡大していくが，このためには空間がどんどん曲がるしかない．そこで，Poole らは，層を超える毎にどのように曲がっていくか，**曲率**を論じた．

これらの点については私の『深層学習と統計神経力学』に詳しいので，ここでは詳述しない．この $\mathcal{X}$ は，実は学習のバックプロパゲーションの時も大変重要な役割を果たす．これについては後述する．拡大率 $\mathcal{X}$ を最初に見出したのは私であったが，これは世に知られていない．

では，出力信号 $\boldsymbol{z}$ をそのまま入力側にフィードバックした再帰結合の回路（図 3.4）では何が言えるだろう．この場合 $m = n$ である．時刻 t での活動度 $X(t)$ は，1 時刻経つと

$$X(t+1) = F\left\{WX(t) + S(t)\right\} \tag{3.25}$$

に変わり，これがダイナミクスである．ここで $S(t)$ は外部からの時刻 t での入力の巨視的な値である．S を一定とすれば，その平衡状態は

$$\overline{X} = F\left(W\overline{X} + S\right) \tag{3.26}$$

を満たし，ここに収束する．

活動度の力学 (3.25) は，マクロなパラメータ W（結合 w_i や閾値 h_i の強さの平均値やその分散などの統計量）による．S が定数のときに，これが**単安定**であれば，$X(t)$ は一定値 $\overline{X}$ に収束する（図 3.5 (a)）．しかし，図 3.5 (b) のように平衡状

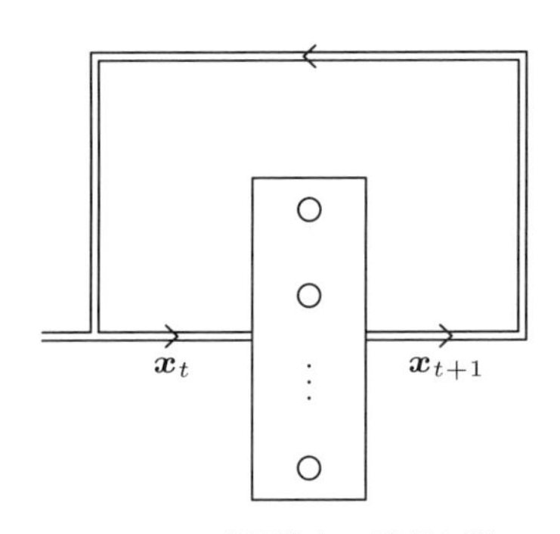

図 3.4　再帰結合の神経回路

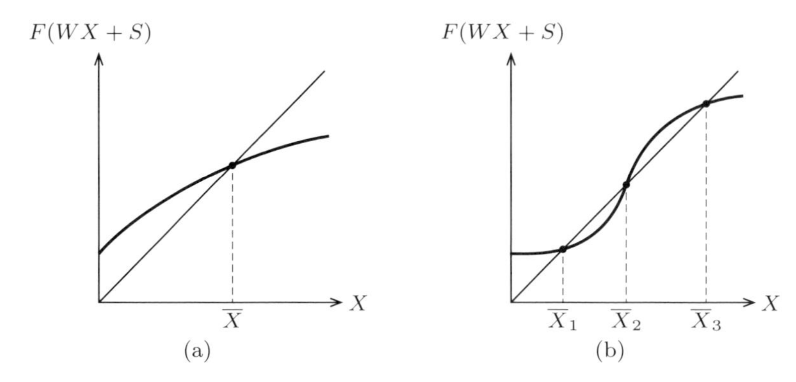

図 3.5　平衡状態 $\overline{X}$．(a) 単安定．(b) 双安定．

態が 3 つある場合がある．このとき，大きい方の平衡状態 $\overline{X}_3$ を**活性状態**，小さい方 $\overline{X}_1$ を**静止状態**と呼ぼう．$\overline{X}_2$ は不安定である．これらは S の強さに依存する．このような 2 つの安定状態を持つことを**双安定**と呼ぶ．

S が大きな負の値であれば，回路は単安定になる．平衡状態 $\overline{X}$ を S の関数として書いてみよう（図 3.6）．S が小さいときは $\overline{X}$ は低い平衡状態にとどまる．ここから S を大きくしていくと，**多安定**の状況に至るが，それでも活動度は低いままである．しかし，さらに大きくすると，単安定になり，今度は高い安定状態に遷移する．ところが，ここから S を下げていっても，高い活性状態を維持し，S がさらに低くなって単安定の領域に入ると，今度は低い静止状態に遷移する．**ヒステレシス**である．

これは**作業記憶**の基礎になるもので，神経回路はこうして活動を一時的に蓄えることができる．これは後で述べる，連想記憶モデルの基礎になるし，神経場の興奮力学もこの拡張である．

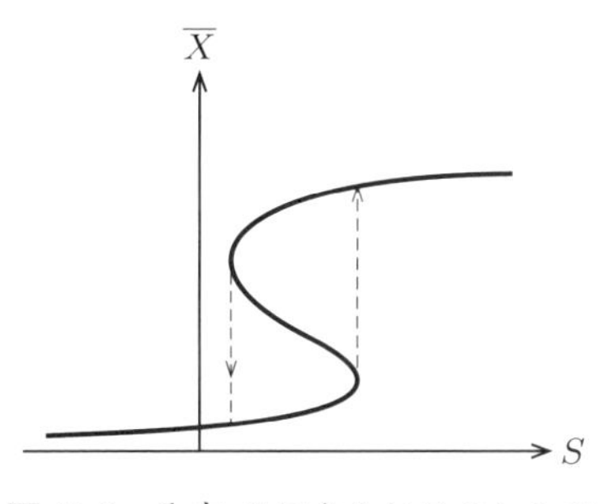

図 3.6　入力 S によるヒステレシス

3.3 神経集団の力学

これまで述べてきた神経集団は，ニューロン間の結合の重みが独立ですべて同一の確率分布を持つ同質のニューロンからなる集団であった．実際には興奮性ニューロン，抑制性ニューロンなど，性質の違うニューロンが数十種類もある．これらを十把一絡げにしてしまうのでは単純過ぎる．統計神経力学の方法はもっと一般的に活用できる．

k 個の神経集団 $A_1, \cdots, A_k$ を考えよう（図 3.7）．A_l の各ニューロンから A_m の各ニューロンへの結合の重み $w_{ji}^{(ml)}$ は，(m, l) によって決まる独立で同一の確率分布に従うものとする．ただし，$w_{ji}^{(ml)}$ は集団 A_l の i 番目のニューロンから集団 A^m の j 番目のニューロンへの結合の重みである．同様に閾値 h_i^m の分布も集団 A^m 毎に定まる．これらすべての確率変数は独立であるとする．

このとき，巨視的な変数として，各集団 A^m の活動度

$$X_m = \frac{1}{n_m}\sum_{i=1}^{n_m}(x_i^m)^2 \tag{3.27}$$

を取ろう．n_m は集団 A^m のニューロン数である．すると，時刻 t での巨視的なダイナミクス

$$X^m(t+1) = F\left\{\sum_l W^{ml}X^l(t) - H^m\right\} \tag{3.28}$$

のような式が成立する．ここで，W^{ml}, H^m などはミクロな重みや閾値の分布から決まる巨視的な量であり，F はシグモイド状の関数である．連続時間モデルを用い

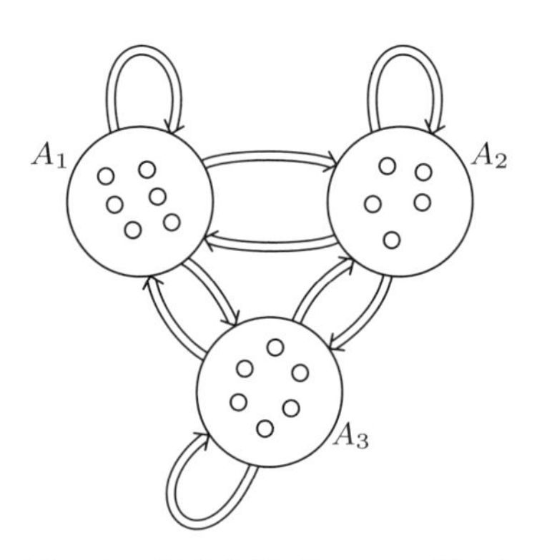

図 3.7 神経集団（$k = 3$ の場合）

て，状態ベクトル $\boldsymbol{X}(t)$ の変化を時間 t を連続にして微分方程式

$$\frac{d\boldsymbol{X}(t)}{dt} = \boldsymbol{F}\{W\boldsymbol{X}(t) - \boldsymbol{H}\} \tag{3.29}$$

で表した方がすっきりするかもしれない．ただし W は行列で，$\boldsymbol{F}$ は成分ごとに関数 F を用いるものとする[22],[23]．これからは連続時間モデルを用いる．

活動度 X^m は有界であるから，この力学系は有界領域に閉じ込められている．このとき，t が大きくなると，系は次のような状況に移行する．

(1) 安定平衡状態

(2) リミットサイクル

(3) カオス

平衡状態は，

$$\frac{d\boldsymbol{X}}{dt} = \boldsymbol{F}(W\boldsymbol{X} - \boldsymbol{H}) = 0 \tag{3.30}$$

を満たす巨視的状態 $\boldsymbol{X}$ のことである．この中で安定平衡状態とは，$\boldsymbol{X}$ が $\boldsymbol{X} + \delta\boldsymbol{X}$ に微小変動したときの $\delta\boldsymbol{X}$ の方程式

$$\frac{d}{dt}\delta\boldsymbol{X} = \partial_{\boldsymbol{X}}\boldsymbol{F}\delta\boldsymbol{X} \tag{3.31}$$

の解 $\delta\boldsymbol{X}(t)$ が 0 に収束すること，すなわち行列 $\partial_{\boldsymbol{X}}\boldsymbol{F}$ のすべての固有値の実部が負となることである．そうでなければ，不安定である．0 固有値を含む中立安定というものもある．これは後で神経場の理論のところで述べる．

リミットサイクルというのは，(3.29) の解となる閉軌道を指す．これは存在するとは限らない．これが存在し，その軌道の近傍から出発すれば解が閉軌道に漸近するとき，安定リミットサイクルと呼ぶ．

カオスは，いわゆるカオス解のことで，解の軌道が安定平衡点やリミットサイクルに落ち着くのではなくて，**カオスアトラクター**と呼ばれるフラクタル状の部分をめぐる．当時カオスは知られていなかった．実はランダム回路のコンピュータシミュレーションを当時大学院生だった馬被健次郎が行って，変な行動が見られると言った．これがカオスであったのだが，不思議とは思ったものの，追究できなかった．不覚である．

方程式 (3.29) はニューロン集団の力学であると言ったが，集団の代わりに一個一個のアナログニューロンを用いても，同じような式が成立する．だから，神経回路のミクロな方程式と言ってもよい．これがいわゆる広義の Hopfield ネットワークであるが，それまでにも皆が使っていた方程式であって，なぜ Hopfield の名が

つくのかわからない．もちろん，Hopfield は，回路の多安定性を利用して，これが問題解決のニューロモデルであるとし，巡回セールスマン問題がこれで解けるとした．さらに，連想記憶モデルもこれで作った．これらは，素晴らしい業績である．

安定平衡状態，安定リミットサイクル，カオス解は共存していてもかまわない．ここでは興奮性ニューロン集団と抑制性ニューロン集団の2種類のニューロンからなる系で単安定や多安定が起こり得るとともにリミットサイクル，つまり振動が生じ得ることを示す．2次元系であるから，カオスは存在しない．

興奮性ニューロンの活動度を X_E，抑制性のそれを X_I とし，方程式 (3.29) を書き下ろすと

$$\tau_E \dot{U}_E = -U_E + W_{EE}F(U_E) + W_{EI}F(U_I) + S_E, \tag{3.32}$$

$$\tau_I \dot{U}_I = -U_I + W_{IE}F(U_I) + W_{II}F(U_I) + S_I \tag{3.33}$$

となる．ここでは時定数 τ を入れておいた．また外部入力の S は閾値の項も含んでいるとする．W_{EE} などの意味は明らかであろう．もちろん W_{EE}, W_{IE} は正で，W_{EI}, W_{II} は負である．状態空間（相空間ともいう）は2次元で有界である．平衡状態が1つしかなく，それが不安定であれば，リミットサイクルに行くしかない（カオスは2次元では起こらない）．こうしてリミットサイクル，つまり振動現象の存在がわかる[22]．

私は始めに離散モデルで，次いで連続モデルで[23] シミュレーションをも行い，これを実証した．ほぼ同じ時期，H. R. Wilson と J. Cowan が同様のモデルを考えた．これは少しの差で私の方が古い．しかし Wilson と Cowan のモデルは，不応期の影響を取り込むとして関数 F はシグモイド状ではなく，始めに増加して後に減衰し0に至る関数を用いていた．後に彼らは書き改めて，いまでは私のものと同じものを用いている．しかし何とこれが Wilson-Cowan の**ニューロオッシレータ**として世に流布している．日本人までが，皆 Wilson-Cowan モデルと呼ぶのであるから，どうしようもない．

3.4 統計神経力学の基礎

話は少しさかのぼる．私がランダム神経回路の論文をアメリカの IEEE に投稿した後のことである．東大の応物系の図書室で，アメリカ発行のロシアの学術誌 "Automation and Remote Control" の翻訳版を見つけた．ここに L. I. Rozonoer の書いた Random logical nets I なる論文が掲載されていたのである．ロシア語の

文献をアメリカで英訳して公表したものである．

読んでみると，まさしく**ランダム神経回路網の巨視的理論**ではないか．私の話と重なる部分もあったが，それは大したことではない．驚いたことは，その基礎をもっと深く掘り下げていたのである．私は深い感銘を受け，論文の続編である II と III も読みたくなった．我が応物系の図書室では何とそのロシア語の原版を購入していた．ロシア語はわからないながら，数式はわかる．夢中になって読んだ．以下でこのことについて述べたい．

1 次元の巨視的な力学の方程式

$$X(t+1) = F\{X(t)\} \tag{3.34}$$

を見よう．これは微視的なベクトル $\boldsymbol{x}$ の方程式

$$\boldsymbol{x}(t+1) = f\{W\boldsymbol{x}(t) - \boldsymbol{h}\} \tag{3.35}$$

から巨視的な量 X を導いたもので，ランダム変数 (w_{ij}, h_i) の独立性を使って，大数の法則と中心極限定理を用いている．時刻 t で微視的な状態 $\boldsymbol{x}(t)$ を固定しよう．すると，そこから“ほぼ確実”に $X(t+1)$ が $X(t)$ の関数として得られる．

$t=0$ の初期値から次の $t=1$ を導くのはこれでよい．しかし，$t=2$ のときは実は問題がある．なぜならば，$t=1$ のときの微視的状態 $\boldsymbol{x}(1)$ はすでに確率変数 $\omega=(w_{ij}, h_i)$ に依存している．だから，$t=1$ から 2 へ移るときに，微視的活性値

$$u_i(2) = \sum_j w_{ij} x_j(1) - h_i \tag{3.36}$$

の計算で，u_i と u_k $(i \neq k)$ が独立であるとした仮定は成立しない．$(\boldsymbol{w}_i, h_i)$ と $(\boldsymbol{w}_k, h_k)$ は独立であるが，$\boldsymbol{x}(1)$ の中に共通の ω がさらに含まれているからである．

とは言え，素子数 n が大きいときに $\boldsymbol{x}(1)$ の中に入っている w_{ij}, h_i たちは，多数足し算されているので，個々の w_{ij} に対する寄与は希薄になっている．こんなものは無視してよいだろうと思える．

ところが，t が大きくなっていくうちに，ランダム変数間の少しの相関が積もってついには無視できなくなるかもしれない．私はうかつにもこんなことは考えていなかった．実はランダム回路の力学のシミュレーションも行ったのであるが，問題はないように見えた．

しかし，これには統計物理学の歴史が絡んでいた．統計力学の黎明期に L. E. Boltzmann は統計力学を創始し，エントロピーは常に増大するという熱力学の第

2法則を統計力学から導こうとした．気体の力学を考え，始めの時刻に多数の分子がランダムな位置にランダムの速度を持って分布しているとした．ランダム変数は互いに独立であるとする．

さて，気体分子は衝突する．このとき，ニュートン力学に従って位置と速度を変える．1回の衝突で，微視的な配置の関数であるエントロピー H がどう変わっていくかを追跡した．これはそう難しい式ではなくて我々でもフォローできる．何とエントロピーは衝突によって増大する．これが **Boltzmann の H 定理**で，世紀の大発見である．学界も驚いたろうが，Boltzmann も狂喜したに違いない．

しかし2つの観点から異議が出る．一つはニュートン力学からである．ニュートン力学の方程式は，時間的に可逆である．つまり，現在の状態から出発して粒子の初期速度を負に反転すれば，これは時間を負にして方程式を追跡するのと同じで過去を再現する．したがって，ニュートン力学でエントロピーの増大が出るのならば，時間を負にして出発すれば（すなわち，現在の分子の位置をそのままにして速度だけを反転して出発すれば），エントロピーが減少することになる．時間可逆系から H 定理のような非可逆な話が出るはずがない．

もう一つの反論は数学の力学系理論から出た．この種の力学系は，閉じた保存系である．保存系ではある状態から出発して時間がたつと，もとの状態のいくらでも近くへ状態が必ず再帰する．したがって，エントロピーが増大するだけということはあり得ない．

この反論に Boltzmann は怒った．「ふん，時間を逆転できるものならしてみろ．再帰だって？ そんな長い時間誰が待つと言うのだ」と．これは私が言うのではない．M. Kac の本にまことしやかなエピソードとして載っている．では何が間違っていたのであろう．衝突を繰り返すごとに，気体分子の位置と速度に生ずる相関が積もり，これが断ち切れなかったのである．一回の衝突でエントロピーが増大するのはよいが，このとき気体分子の位置と速度の分布にかすかな相関が残る．気体が衝突を繰り返すにつれてこれが大きくなり，独立性の仮定がくずれる．

でも，しばらくの時間は独立性が保たれるならこれでよいのではないか．時間を十分に大きい $t = T$ まで考え，H の増大を示す巨視的方程式を解く．ここで時素子数 n を十分大きく取れば，解が正しいことが証明できたとする．これを**エントロピーに関する統計力学の弱法則**と呼ぼう．

一方本当に知りたいのは，n を固定したままで t をどこまでも大きくするときの様子である．後から n を無限に大きくした場合に，そのときの解が正しく成立するか否かというものである．これを**エントロピーに関する統計力学の強法則**という．

両者の違いは

$$\lim_{t\to\infty}\lim_{n\to\infty} H(t) = \lim_{n\to\infty}\lim_{t\to\infty} H(t) \tag{3.37}$$

が成立するか否かにある．上式の極限は，一様収束でない限り2つの lim をひっくり返してはいけない．

気体の力学では，希薄流体であれば，弱法則が成立するという．では神経回路網ではどうであろう．Rozonoer も私もこれは解けなかった．ただ，私たちはいろいろと考え，弱法則が成立する条件，強法則が成立する条件を考えて論文とした[25],[33]．強法則が成立するとすれば，面白いことがいろいろ言える．しかし，強法則は成立しないことが後に豊泉太郎らの論文で示されている．

神経回路網の研究には後に物理の学者が大勢参入した．彼らはこの問題に気づきはしたものの気にしない．平均場近似と称して相関を断ち切るのに慣れている．平均場近似をすると言えば，それで一応納得はする．しかし，実は気にしている．なお，弱法則が成立することは，たとえば豊泉と L. F. Abbott らの論文の手法で示される．

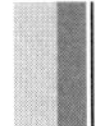

3.5　連想記憶モデル

私の次の研究テーマは**連想記憶モデル**であった．これは南雲研の同僚であった中野馨さんが持ち込んだ．中野さんは私の囲碁の好敵手であり（当時私より強かった），また多くの優れた弟子たちを育て上げた．彼が連想記憶の論理モデルなるものを研究室で報告した．私はそれは神経モデルで考えるともっとすっきりしたものになると指摘し，彼はそれに従って有名な**アソシアトロン**の論文を発表し，装置を実際に作り上げた．

私はこれには満足せず，数理的にもっと深く解析して連想記憶の理論を打ち立てたいと考えた[32]．神経集団の力学の多安定性を用いるのである．± 1 の2状態を取るニューロンモデルを考える．ニューロンは互いに結合しているので，再帰結合のある1層の回路である．離散時間のダイナミクスを，T を状態遷移演算子として

$$\boldsymbol{x}(t+1) = T\boldsymbol{x}(t) = \mathrm{sgn}\left(W\boldsymbol{x}(t)\right) \tag{3.38}$$

と書こう．$W = (W_{ij})$ は結合の行列で，

$$\boldsymbol{x} = (x_1 \cdots x_n)^T. \tag{3.39}$$

（^{T} は転置を表す．）これは閾値 h_i を 0 とする大変簡単なモデルである．

これを連想記憶モデルに使う．いま，

$$\boldsymbol{\xi}_1, \cdots, \boldsymbol{\xi}_p \tag{3.40}$$

の p 個の記憶したいパターンがあったとする．各パターン $\boldsymbol{\xi} = (\xi_1 \cdots \xi_n)$ は成分は $1, -1$ の2値である．このとき，これらのパターンがダイナミクスの安定平衡状態になれば，

$$T\boldsymbol{\xi}_i = \boldsymbol{\xi}_i, \quad i = 1, \cdots, p \tag{3.41}$$

であって，しかも $\boldsymbol{\xi}_i$ の近傍から出発した状態は $\boldsymbol{\xi}_i$ へ収束する．つまり，雑音 $\boldsymbol{n}$ を含むいい加減なパターン $\widetilde{\boldsymbol{\xi}}_i = \boldsymbol{\xi}_i + \boldsymbol{n}$ から，

$$T\widetilde{\boldsymbol{\xi}}_i = \boldsymbol{\xi}_i, \quad i = 1, \cdots, p \tag{3.42}$$

と正しいパターン $\boldsymbol{\xi}_i$ を想起する．1回で想起しなければ，T を何回か働かせる．

結合の重み行列 W をどう設計すればこんなことができるのだろう．私は

$$W = \frac{1}{p}\sum_{i=1}^{p} \boldsymbol{\xi}_i \boldsymbol{\xi}_i^T \tag{3.43}$$

とおくことを提案した．もし，$\boldsymbol{\xi}_1, \cdots, \boldsymbol{\xi}_p$ が互いに直交していれば

$$\boldsymbol{\xi}_i^T \boldsymbol{\xi}_j = n\delta_{ij} \tag{3.44}$$

であるから，$W\boldsymbol{\xi}_j = n\boldsymbol{\xi}_j$ で，確かに，(3.41) は成立する．だから，直交でなくても結構いい線をいくだろうと考え，収束のための条件などを議論した．たとえば，パターン $\boldsymbol{\xi}_1, \cdots, \boldsymbol{\xi}_p$ がランダムに作られているとしよう．このとき，2つのパターンはほぼ直交する．正確に言うと

$$\frac{1}{n}\boldsymbol{\xi}_i^T \boldsymbol{\xi}_i = \begin{cases} 1, & i = j, \\ O(\frac{1}{\sqrt{n}}), & i \neq j \end{cases} \tag{3.45}$$

であり，n が大きければ直交条件がほぼ成立する．記憶パターンをランダムに設定したのは実は私ではなくて，これから述べる J. Hopfield の業績であり，卓見であった．

私の論文はこれだけではなくて，**時系列の連想記憶**とその想起も扱っている．我々は物事を覚えるだけでなく，むしろその系列をよく覚える．百人一首でも，上の句を読み上げると次から次へと，それに続く言葉が出てくるし，歌でも同じであ

る．これは逆順には言えない．そこで，パターンの系列

$$\boldsymbol{\xi}_1 \to \boldsymbol{\xi}_2 \to \cdots \to \boldsymbol{\xi}_p \tag{3.46}$$

を与える．これに対して連想記憶回路の結合を

$$W = \frac{1}{p-1} \sum_{2}^{p-1} \boldsymbol{\xi}_i \boldsymbol{\xi}_{i-1}^T \tag{3.47}$$

としてみよう．すると，初期値として $\boldsymbol{\xi}_1$ を与えれば，

$$T\boldsymbol{\xi}_{i-1} = \boldsymbol{\xi}_i, \quad i = 2, 3, \cdots \tag{3.48}$$

と次から次へとパターンが想起されてくる．パターンの途中から出発してもよい．パターン $\boldsymbol{\xi}_i$ たちが互いに直交していれば，これが成立するし，ランダムに選ばれているなら疑似直交だからある程度はうまくいくだろう．

多数の記憶パターン列を同じ仕組みで覚えることもできる．静的の記憶は，多数の自己回帰列 $\boldsymbol{\xi}_i \to \boldsymbol{\xi}_i$ の記憶であるから，時系列記憶の特殊な場合とみなすこともできる．

パターン間の直交性を仮定するのは確かに安易に過ぎる．ランダムパターンはこの難点を救う．記憶を司る海馬などではその前段階に直交化回路があって，連想モデルに移行する前にパターンの疑似直交化を行っているという．Hopfield は，初めからパターンはランダムに作られたとした．慧眼（けいがん）である．彼のモデルは私のものと全く同じであるが，ここが違う（彼は私の論文を引用してはいるのだが，それは連想記憶と何の関係もない別の論文であった）．

彼の偉大なところは，ランダムな記憶パターンを学習して，いくつまでのパターンなら同時に記憶できるか，記憶容量の問題を提起したことである．コンピュータシミュレーションによって，ニューロン数を n とすれば，記憶できるパターンの数 p は，およそ

$$p = 1.4n \tag{3.49}$$

であることを示した．

$$C = \frac{p}{n} \tag{3.50}$$

を**記憶容量**という．後で述べる第 2 次ニューロブームの真っ最中のことである．多くの物理学者がこの問題に参入した．

記憶容量 C を理論的に出してみたい．こうして使われたのが，統計物理学のスピングラスの解析で用いられた**レプリカ法**である．これにより，

$$C \doteqdot 0.13 \tag{3.51}$$

が導出されたが，良い近似ではあるが，厳密なものではない．またスピングラスの理論では，時系列の連想記憶は扱えない．なぜならば，時系列の場合には記憶行列 W が対称にならないからである．

Hopfieldのモデルが有名になり，世間に流布した．このとき，同僚の馬被健次郎が，いまさら連想記憶などを研究するのは馬鹿らしい，と言った．私は，つまらない研究者がやればそれはくだらないが，良い研究者ならばまだ面白い研究ができると言った．そこで，馬被さんはコンピュータシミュレーションを実行し，その結果を持ってきた．それは，ある初期パターン $\boldsymbol{x}$ から出発して，記憶パターン $\boldsymbol{\xi}$ にたどり着くまでのダイナミクスである．図3.8を見て欲しい．横軸は時間で，縦軸がパターン $\boldsymbol{x}$ と $\boldsymbol{\xi}$ の一致度 $\boldsymbol{\xi}\cdot\boldsymbol{x}(t)/n$ である．ある初期値 $\boldsymbol{x}(0)$ から出発すると，ダイナミクスを進める毎に $\boldsymbol{x}(t)$ は $\boldsymbol{\xi}$ に近づき，その一致度が上がり，ついには記憶パターンに一致するようになる．これが想起である．

一致度がある程度より低い初期パターン $\boldsymbol{x}(0)$ から始めると，一致度が初めのうちは上がっていく．これはいいなと思うと，さにあらず，途中で草臥（くたび）れてしまい，一致度がどんどん下がり出して想起に失敗する．これは図3.8の下の方の線である．これは，いままでに知られていなかった新しい現象である．これを解明する理論を作ろうということになった[79]．

再び図3.8を見てみよう．想起に成功するには閾値があって，$\boldsymbol{x}(0)$ と $\boldsymbol{\xi}$ の一致度がある値以上のところから出発しないと失敗する．この閾値が記憶パターン $\boldsymbol{\xi}$ の

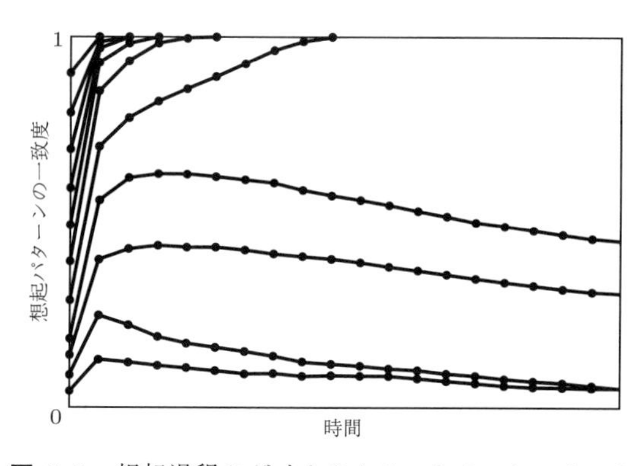

図 3.8　想起過程のダイナミクス：シミュレーション

アトラクター領域を示す．ところが想起に失敗する例では，初めは閾値以下にあっても，それでもアトラクターに近づいていき，閾値を超えて**アトラクター領域**に入る．いったんは入ったにもかかわらず，そこから出てしまう．そこがこの結果の面白いところである．したがってアトラクター領域は実は図 3.9 に示すように，ところどころ切り込みがあって，フラクタル状をしているのではないか．また，ダイナミクスの状態変数は一致度だけでは閉じていなくて，他の変数を必要とすることになる．これは，単純な平均場近似では扱えない．記憶パターン $\boldsymbol{\xi}_1, \cdots, \boldsymbol{\xi}_p$ のランダム性に起因する相関を断ち切る近似が使えず，相関の積もり具合に問題があるようである．

想起のダイナミクスから始めよう．一般性を失うことなく，記憶パターンの一つを $\boldsymbol{\xi}_1 = (\xi_1, \cdots, \xi_n)$，他の記憶パターンを $\boldsymbol{\xi}_2, \cdots, \boldsymbol{\xi}_p$ としよう．初期値 $\boldsymbol{x}(0)$ から出発して，ダイナミクス $\boldsymbol{\xi}_1$ へ近づく

$$\boldsymbol{x}(t) = T\boldsymbol{x}(t-1) = \mathrm{sgn}\,(W\boldsymbol{x}(t)) \tag{3.52}$$

を考える．このとき，$\boldsymbol{x}(t)$ と $\boldsymbol{\xi}_1$ との一致度

$$a(t) = \frac{1}{n}\boldsymbol{\xi}_1 \cdot \boldsymbol{x}(t) \tag{3.53}$$

がどう変化していくかを考える．

$\boldsymbol{x}(t)$ から $T\boldsymbol{x}(t)$ を計算するために，W のうちの $\boldsymbol{\xi}_1$ の項とそれ以外の項を別に分けて

$$W\boldsymbol{x} = \frac{1}{n}\left\{\boldsymbol{\xi}_1(\boldsymbol{\xi}_1 \cdot \boldsymbol{x}) + \sum_{i=2}^{p}\boldsymbol{\xi}_i(\boldsymbol{\xi}_i \cdot \boldsymbol{x})\right\} \tag{3.54}$$

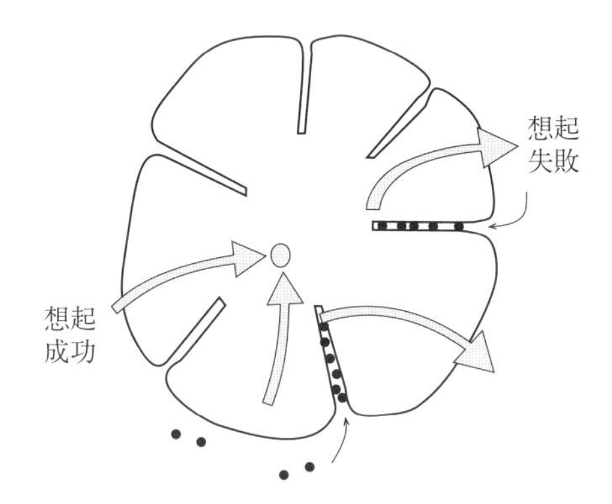

図 3.9　想起の収束領域

を求める．ここで

$$N = \frac{1}{n}\sum_{i=2}^{p} \boldsymbol{\xi}_i \cdot \boldsymbol{x} \tag{3.55}$$

とおこう．(3.54) 式に $\boldsymbol{\xi}_1$ を内積して n で割ると，

$$a(t+1) = \operatorname{sgn}\left(a(t) + N\right) \tag{3.56}$$

が得られる．N は平均 0，分散 σ_t^2 のガウス分布に従うとすれば，

$$F(u) = \int_{-u}^{u} \frac{1}{\sqrt{2\pi}} \exp\left\{-\frac{u^2}{2}\right\} dv \tag{3.57}$$

として，

$$a(t+1) = F\left(\frac{a(t)}{\sigma_t}\right) \tag{3.58}$$

が得られる．$t = 1$ のとき，$\boldsymbol{x}(0)$ は $\boldsymbol{\xi}_i$ とは独立だから

$$\sigma_1^2 = \frac{p-1}{n} \tag{3.59}$$

が成立する．

しかし，$t = 2$ 以降は $\boldsymbol{\xi}_i$ と $\boldsymbol{x}(t)$ とは独立ではない．正規性を仮定したままで σ_t^2 を求めると，

$$\sigma_{t+1}^2 = \frac{p}{n} + 4\left[\varphi\left(\frac{a_t}{\sigma_t}\right)\right]^2 + 4\frac{p}{n}\frac{a_t}{\sigma_t}\varphi\left(\frac{a_t}{\sigma_t}\right)F\left(\frac{a_t}{\sigma_t}\right) \tag{3.60}$$

という複雑な式が得られる．ただし $\varphi(u)$ は標準ガウス分布の関数である．

この式の導出は私と馬被さんの論文[79] にあり難しいが，いまではもっと簡単な導出ができる．これより (a_t, σ_t) を状態変数として，想起過程のダイナミクス (3.58), (3.59) が連立で得られた．この式で，想起のダイナミクスを計算すると，図 3.10 のようになる．想起が途中で挫折する不可思議な仕組みはこれで十分にわかるが，定量的にはまだ合わない．これは N をガウス分布で近似したところに問題があった．

こうして，想起ダイナミクスの不可思議を説明する理論の建設にある程度成功した．しかし，これは相関による N の分布の近似を途中で打ち切っているので，正確な理論ではない．なお，時系列の想起のモデルでは相関が断ち切れて，この理論が漸近的に正しいと，イギリスの T. Coolen が言っている．

東大にいる岡田真人教授は，大阪大学（以後，阪大と略す）にいたときに，N の

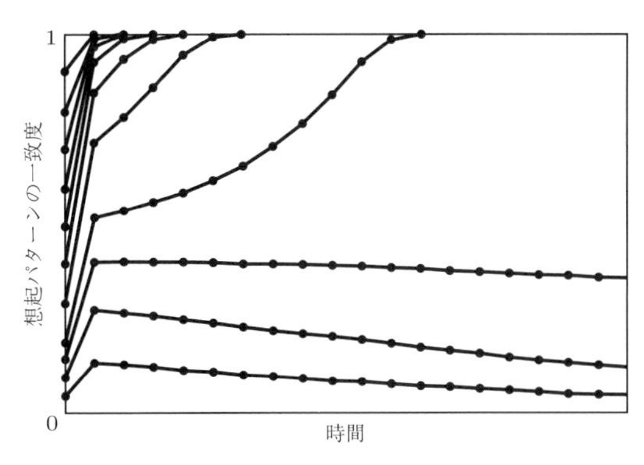

図 3.10　想起過程のダイナミクス：理論

分布の高次のキュムラントを用いてさらに精度を上げる理論を提出した．彼がその理論を発表したときに，私はこれは素晴らしいと絶賛した．実はそのとき彼は，甘利-馬被理論は不十分であるとして，それを超える理論を出したということで，私に叱られはしまいかとビビっていたそうである．良いものは良い．

連想記憶モデルは，いまでは Hopfield モデルの名前で定着している．日本人もそう呼んでいる．ところが，ずっと後になってイタリアの D. Amit 教授が私の部屋を訪れた．レプリカ法で連想記憶容量を求めたユダヤ系の研究者の一人である．彼が言うには，「私が文献を調べたら，お前の言う通り Hopfield モデルと全く同じものをお前が先に提出している．これは **Amari-Hopfield モデル**と呼ぶべきものである．私が編集する学術誌では，これからはその名でなければ通さない」．その後物理の雑誌で，Amari-Hopfield モデルの名が表れ始めたが，彼が心臓発作で没してしまったためにもとに戻った．なお，彼はお詫びのしるしにとイタリア製の素晴らしい赤いネクタイを贈ってくれた．

いま，生成 AI が全盛である．これは深層神経回路網を用いるが，言語などの時系列を扱う際には，トランスフォーマーとアテンション機構が大きな役割を果たしている．これは連想記憶を一般化した一般化 Hopfield モデルであるという論説が出だした．要素間の重要性を紐づけるのは，連想記憶の一種であるという．いま，パターン $\boldsymbol{\xi}_1, \cdots, \boldsymbol{\xi}_p$ があったときに，結合の重み行列 W を，係数 c_{ik} を用いて

$$W = \frac{1}{n} \sum_{i,k} \boldsymbol{\xi}_i c_{ik} \boldsymbol{\xi}_k^T \tag{3.61}$$

とする．もとの $\boldsymbol{\xi}_1, \cdots, \boldsymbol{\xi}_p$ の連想記憶ならば，$c_{ik} = \delta_{ik}$ であった．私の示した時系列の記憶は $c_{ik} = \delta_{i-1,k}$ とおくものである．大規模言語モデルはこれをもっと一

般化し，$\boldsymbol{\xi}_k$ から c_{ik} の度合いに応じて $\boldsymbol{\xi}_i$ を想起するもので，この際の係数 c_{ik} が，2つの事項間に紐をつけ，その関連の強さになる．私の時系列連想記憶は，時間的に前後するパターンに紐がついている．これをもっと一般化して，多重のパターンからの紐づけをしたのがアテンション機構である．

Hopfield はもちろん偉大な学者である．しかし，彼の悪口を書いたついでにもう少し付け加えてしまおう．Hopfield に謝辞を掲げた論文が現れた．Hopfield と D. Tank が，巡回セールスマン問題を解いたときのプログラムをもらって，その追試をした研究者がいた．その論文の謝辞でプログラムを快く提供してくれた Hopfield に感謝している．さて，彼がプログラムを走らせてみると，そうはうまく解けないことがわかった．Hopfield らも，必ず解けるわけではなく悪い局所解に落ち込むことがあるとは述べてはいる．しかし多くの場合，最適解に近いと思われる非常に良い解を与えるとした．ところが実際にプログラムを実行してみると，悪い局所解に落ち込むことが多い．この論文の Conclusions（結論）の部分は，Hopfield らが選んだ初期値は，たまたまとても良かったのだろう，彼らはよほど幸運だったに違いないという皮肉の言葉で結ばれていた．

多くの場合にうまくいかないとしても，Hopfield の功績が減るわけではない．しかしいまなら，これは研究倫理の観点で問題にされるだろう．よく知られている例に Mendel の法則がある．エンドウ豆の遺伝の例で，彼は表現型が3対1になることを突き止め，データとともに発表した．ところが後に R. A. Fisher がこのデータを用いて統計的検定を行った．もちろん遺伝子のランダムな組合せで起こることであるから，ぴったり3対1になるはずはない．データもそこから少しずれている．しかし，そのずれがあまりにも小さい．Fisher はこんなことが起こる確率はとても小さく，このデータは仮説検定によって棄却できるとしたのである．

でもこれを捏造（ねつぞう）とは言わなかった．遺伝の法則は正しい．ただ，人々を納得させるために，都合良いデータだけを多く集めたのであろう．いまなら許されない．でも Mendel を悪く言う人はいない．偉大な発見である．

Hopfield にはもう一つ問題があった．アメリカの AT&T の研究所と組んで，神経回路モデルを特許として申請したのである．このニュースに学界は憤激した．これは皆が使っている神経回路網のダイナミクスで，いくらアメリカの特許が先出願主義だからと言って，それはない．これはさすがに特許として成立しなかったのだと思う．

AT&T は同じ時期に N. Karmarkar と組んで，LP（線形計画法）の特許を出願した．これは特許としてアメリカで成立し，日本にも出願された．東京工業大学（以後，東工大と略す）にいた今野浩教授が特許庁に異議を申し立てた．理由は，1)

内点法はずっと以前にロシアで発明されていて，公知の事実である，2) 書類に数式的な誤りがあって，その通りに計算すれば問題は解けない（多分法律家が書き違えたのであろう），の 2 点である．

驚くべきことに，一審では今野教授は敗訴となる．彼は上告した．この頃 AT&T はあまりの評判の悪さに特許をあきらめて放棄した．LP の内点法は当時もいまも皆が使っている公知の方法である．

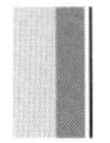

3.6 初めてのアメリカ

神経回路網の数理の研究はまだまだ続くが，話が専門的である．ここで，息抜きに私の初めてのアメリカ行きの話を述べておきたい．

どこかの協会が主催して，東京で講演会があった．その演者の一人がアメリカの M. Arbib 教授である．私が講演のコメンテータを頼まれた．講演の後で，彼は私の論文はよく読んでいると言ってくれた．それからしばらくして Arbib から手紙が舞い込んだ．アメリカの州立大学であるマサチューセッツ大学に COINS（Computer and Information Science）学科を創設した．研究の外部資金もついたので，その中に Brain Science Center を設置したいと思う．ここでポスドク研究者を 4 名募集したい．お前のところから優秀な若手研究者を寄こして欲しい，こんな話であった．

Arbib について触れておこう．彼はイギリス生まれでオーストラリアで育ち，大変な秀才であったらしい．大学の数学科を卒業後，直ちにアメリカに渡り MIT の博士課程を 3 年で終了して学位を得たという．その後スタンフォード大学の助教授を務め，マサチューセッツ大学が計算機と情報の学科を新設するにあたって，中心となる教授として彼を引き抜いた．彼は数理全般に興味を持つが，とくに脳の原理を研究したいと，Brain Science Center を設置する．

さて，私は 39 歳になっていたが，まだアメリカに行ったことがなかったし，だいたい英語が大変に苦手である．多くの工学系の学科では，なりたての助教授にアメリカの大学のポストを紹介し，1 年ないし 2 年の留学をあっせんする．しかし，数理コースにはそんな伝統はなく，まして近藤教授は大のアメリカ嫌いである．私は英語ができないままの負け犬として縮こまっているよりは，この機会に乗って自分が行こうと意を固めた．ポスドクのポジションで 9 カ月，給与は月 1,000 ドルであった．でも当時 1 ドルは 300 円，これでも東大の助教授の給料より良いくらいである．

まず航空便を予約しなければならない．幼い娘3人を連れて家族5人である．安い便を探そうと，日本航空に電話をかけ，チャーター便，団体便などがないかを問い合わせた．向こうの答えは，「運輸省の通達により，その種の問い合わせにはお答えできません」ときた．人に聞くと，大韓航空が安い航空券を出しているという．大韓航空の事務所に行くと，なるほど安い．それを購入したが，念書を書いてくれという．この料金については口外しませんというものだ．チケットを手に入れると，そこには何と正規の運賃が印刷されている．安売りは違法だったからである．

羽田空港（まだ成田空港はない）まで，仲間が見送りに来てくれた．機上で映画を上映しているが，これにはイヤホーン代として3ドルを払わなければならない．英語の練習にと，これを払って映画を見たが，さっぱりわからない．帰りの便ではこれが解消して英語がよくわかるはずと，心に言い聞かせた．ボストンの空港までArbibが迎えに来てくれていて，タウンハウスまで送ってくれた．タウンハウスには冷蔵庫に簡単な食品やビールまで用意してあった．暖かい心遣いに感激した．

マサチューセッツ大学は州立大学で，ボストンから80キロ足らず離れた地方都市アマーストにある．ここは大学都市で，“Boys be ambitious!”で有名なクラーク博士が学長であった名門アマースト大学，女子大の名門スミス大学など5大学がある，過ごしやすい町であった．子供は上の2人は地元の小学校に通った．すぐに友達もできた．ここは大学の教育実験校でもあり，5年生の長女には，大学院の学生が週2日来て世話を焼いてくれた．下の娘はnursery（保育園）に通わせた．先生の名前は何と言うのと妻が聞くとMaryannと答える．あー，マリアンね，と言うとそれは違うと言って納得しない．しばしやり取りがあり，4歳の娘が考えた挙句，お母さん流に言うならメロリアンだ，と言ったのを覚えている．子供たちはすぐに溶け込んだ．

私の方はそう簡単ではなかった．セミナーなどは何とかわかったが，私が講演すると，途中で学生が早口で質問をする．それが何度聞き直してもさっぱりわからない．教授が，この学生はこういう質問をしていると通訳してくれる始末である．研究の時間はたっぷりあり，充実した時を過ごした．帰国後に，神経場や神経自己組織化の理論ができたのもそのおかげである．

大学にForeign Student Officeというところがあり，無料で英語の指導をしてくれるという．私もこれを受けた．南米系の学生を主に対象にした日常会話である．あるとき，書き英語も学ばなくてはいけないと，文章題で“Correct the errors if any”というテストがあった．これは私にとってはいとやさしい，日本の大学入試はもっとずっと難しい．私がスラスラと満点で答えると，皆あっけにとられていた．

大学でも，教授の講義で何回かお前が話をしてくれと頼まれたし，プリンストン大学やコーネル大学へ行ってセミナーもした．日常それほど困ることはなかったが，英語はさっぱり上達しない．子供たちはペラペラになった．ある時ボストンに出かけた．港に帆船が係留してあり，これが独立戦争のときに活躍した船で，いまは名目上のアメリカ海軍の旗艦になっているという．これが博物館になっていて，無料で誰でも入れる（と案内書に書いてあった）．入ろうとすると水兵に止められた．べちゃくちゃと話してきてどうやら駄目らしい．仕方ないからそこを離れたら，娘が「お父さん駄目ねー，いま少し込んでいるから 30 分ほどしたらまた来てくれと言ったのよ」という有様である．

大学で学生新聞を見ていると，“Go-club meeting”という案内を見つけた．思い切って連絡先に電話すると何とか通じて，お前碁ができるのか，何 K か，と聞いてきた．K とは級のことかと思って，俺は段だ，4 段はあると答えた．向こうは驚いた声でデーン（段）と聞いてくる．さっそく会合に出かけた．幹事役が俺が一番強い，6K だと言うから，そうかそれなら星目置け（事前に 9 子石を置くこと）と言うと，みんなあっけにとられた．これを撃破してやっつけると，お前は magician ではないかということになった．私が任期を終えて，これが最後だという碁の会では，可愛い女子学生が花束を贈ってくれた．

また，数学科の若手助教授が俺は碁は初心者だが教えてくれないかという．やはり星目から始める．任期の終わりごろ，電話がかかってきた．碁盤を持って来てくれないかという．どこへだと問うと，実は数学の試験をしていて，教室で監督をしているからそこへ来てくれという．碁盤を持って，教室で試験中に碁を打った．彼は後にカリフォルニア大学バークレー校の教授になり，私がスタンフォード大学で講演をしたときにそこに来てくれて，次の日には車を出して一日カリフォルニア見物に付き合ってくれた．またも“芸は身を助く”である．

アメリカの大学は日本と違って開けている．世界から学者が講演に来て，見分が広がる．人事なども公開されていて，この講演者は教授候補であるから，大学院生でも意見のある人は述べて欲しいという．日本は人事は機密で，全く公開しない．また，この頃，人工知能の第 2 次ブームが進行中で，エキスパートシステムなど，多くの話がセミナーで出てきた．日本に帰るとこれが輸入されて一年遅れでブームが始まった．話は私が熟知していることばかりであった．

国際性にあふれる実り豊かな 9 カ月であった．Arbib は，ポスドクのポジションだがお前は fellow（客員）として遇すると言ってくれた．さらにお前の航空運賃を大学が出すから，チケットを提出しろと言うので提出した．ここには正規運賃（いまで言えばビジネスクラス）が印刷されている．ありがたくこれをいただいた．帰国の時が来た．帰りは車で大陸横断を決行した．タウンハウスの住人が大勢見送って，名残をおしんでくれたのにには感激した．アメリカに来る前に日本で，「アメリカは訴訟の国である．何かあったら“I am sorry”とは決して言うな．すべてに用心しろ」こう言われた．私も身構えていた．ところが皆親切である．人間はどこでも皆同じ，良い人なんだと実感したのが大きな収穫である．2週間かけて車で大陸横断を行い，方々の名所を回りながら，ロサンゼルスに着いた．そこからハワイに寄り帰国である．帰りの大韓航空では意気揚々と3ドル払ってイヤホーンを借りた．映画を見ると，何とさっぱりわからない．やっぱり駄目か，というわけである．でも悟りを開いた．英語は達者でなくてもよい，通じさえすればそれでよいのである．これで英語が怖くなくなった，というのはウソであるが，劣等感は払拭できた．

Arbibとは後に日米セミナーを開く約束をした．日米双方12名ずつの若手中心の学者を集め，集中したテーマで国際会議を開く．日本とアメリカで各一回開くことになっている．帰国後しばらくしてこれに応募した．テーマは「神経回路網における協調と競合」とした．理論系と実験系の脳研究者を半々に集めた．無事採択され，1988年に京都で，2年後にサンディエゴで開催した．

医学系の若手は，伊藤正男に推薦を頼んだ．彦坂興秀，丹治順，宮下保司などの若手が参加し，その後の日本の脳研究を牽引する中心人物になった．理論系では川人光男，篠本滋，三村昌泰などが参加している．アメリカからは，まだ大学院生であったB. Ermentrout，それに後に物議をかもすA. Pellioniszなども参加した．

Ermentroutは帰りに我が家に立ち寄った．ちょうどひな祭りでひな壇を飾った．ずっと後に国際会議でErmentroutと一緒になったときに，彼は講演の初めに，俺は甘利を昔から知っているのだと，ひな壇に皆が集まっているそのときの写真を見せた．

Pellioniszはハンガリー出身の学者で，このとき小脳のテンソル理論なるものを唱えていた．小脳は反変ベクトルである感覚信号を受けて，これを運動指令信号である共変ベクトルに変換する装置であり，計量テンソルがここに収まっているというのである．私はもちろん微分幾何に詳しかったから，それは形式論で実質が何もないと思った．彼は川人光男の講演に，あなたの扱う信号は反変ベクトルか，共変ベクトルか，と妙な質問をして，川人さんが目を白黒させたのを覚えている．このときは私が，反変か共変かは基底の取り方次第で決まるものであり，その質問は意味がないと反論した．

後にアメリカで小脳テンソル理論を巡って，PellioniszがArbibと衝突し，Arbib

からテンソル理論批判の論説を共著で書こうと持ちかけられ，承諾した．これを根に持ったのであろう，インターネットが普及し，神経回路網理論のメールグループができたときに，彼が突如，甘利への公開質問状なるものを提出した．

彼の主張は，「甘利は情報幾何なるものを唱え，テンソル理論を展開している．それなのに，テンソル理論の元祖である私（Pellionisz）を引用していない．これは仁義に反する」．この主張がナンセンスであることは一目瞭然なのに，なぜかネット上で議論が盛り上がった．それは彼が「日本は模倣の国であり，日本では先人の創始した独創的な業績を引用しない文化がある」と断じたからである．折りしもバブル経済の最盛期，世界で日本叩きが始まろうとしていた．議論は盛り上がり炎上した．皆は「甘利の意見をぜひ聞きたい，彼はなぜ沈黙しているのか」と言い出した．私はこのグループに参加していなかったから，議論が盛り上がっていることを全く知らなかった．これを教えてくれた人がいて，直ちにグループに参加して反論を書いた．「情報幾何は独創的な理論であるが，小脳の理論とは全く関係ない．これは統計・確率に関する基礎理論である．議論に参加している人は，私の論文をぜひ一読して欲しい．日本には独創的な研究が多々あり，先人の業績を尊重しながら新しい世界を開拓しようとしている」．この反論で，議論は一挙に解消し，Pellionisz の没落が始まる．誰も彼の言うことを信用しなくなったのである．

時代は進む．この頃から認知科学の世界に，コネクショニズムが進行しつつあった．これが第 2 次ニューロブームとして花開くのはもう少し先のことである．

3.7　神経場のパターン力学

ニューロンを 2 次元の場に並べて連続化したものを考えよう，大脳皮質などはこのような構造を持っている．場の中のニューロンは互いに結合していて，ニューロンの興奮が場の中でダイナミクスによって伝播していく．興奮場の研究は N. Wiener と A. Rosenblueth のモデルにまでさかのぼる．彼らは持続した自己再生興奮波がここに起こることを示し，これを脳や心臓の興奮波のモデルとした．

Wilson-Cowan は，納得のいく神経場のモデルを提示し，そこでの非線形のダイナミクスが数々の面白い現象を生み出すことをコンピュータシミュレーションにより示した．私は**神経場の理論**を建設したかった．話を単純化して場を 1 次元とし，場に座標軸 ξ を設定する（図 3.11）．場所 ξ' にあるニューロンから ξ にあるニューロンの結合の重みを $w(\xi,\xi')$ としよう．また場所 ξ にあるニューロンへは外部から刺激 $s(\xi)$ が入るものとし，閾値 h の項もここに含めてしまう[34]．

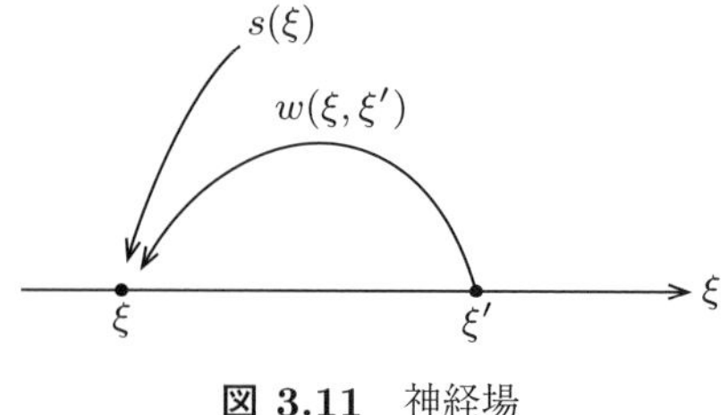

図 3.11　神経場

場の興奮を表すダイナミクスは，$u(\xi,t)$ を場所 ξ のニューロンの時間 t での活性度として

$$\frac{\partial}{\partial t}u(\xi,t) = -u(\xi,t) + \int w\left(\xi,\xi'\right) f\left[u\left(\xi',t\right)\right] d\xi' + s(\xi,t) \tag{3.62}$$

のように書ける．時定数は $\tau = 1$ とした．式を書くだけなら簡単である．しかしこれは非線形偏微積分方程式で，とても解けるものではない．ここであきらめてしまえば，私の嫌いなシミュレーションしか研究の方法がない．ここでどんな現象が生ずるか，その性質を理論的に解明する方法はないものだろうか．

まず，方程式を単純化しよう．出力関数 $f(u)$ はシグモイド関数であるが，これを $0,1$ の 2 値を取るヘヴィサイド関数としてしまう．すると各ニューロンは，$u > 0$ か $u \leq 0$ に応じて興奮か非興奮かの 2 状態を取る．また，場は一様で左右対称とし，$w(\xi,\xi')$ は $\xi - \xi'$ の偶関数とする．しかも，その形状は**自己興奮相互抑制型**，つまり $|\xi - \xi'|$ が小さい範囲では正でニューロンは協調して興奮を保持しようとするが，離れたところでは負で，互いに抑制しあうものとする．図 3.12 のような形である．

こうすると，場は $u(\xi)$ に応じて興奮している領域

$$R = \{\xi |\ u(\xi) > 0\} \tag{3.63}$$

と非興奮（静止）の領域

$$\overline{R} = \{\xi |\ u(\xi) \leq 0\} \tag{3.64}$$

に 2 分割される．さらに**局在興奮**を考える．これは図 3.13 に示すように区間 $[a_1, a_2]$ の中のニューロンだけが興奮している状態である．

時間が経つと，ダイナミクスによって局在興奮区間は方程式 (3.62) に従って変化し，その大きさを変えながら動いていくだろう．まず，興奮区間 $[a_1, a_2]$ に対してその幅を

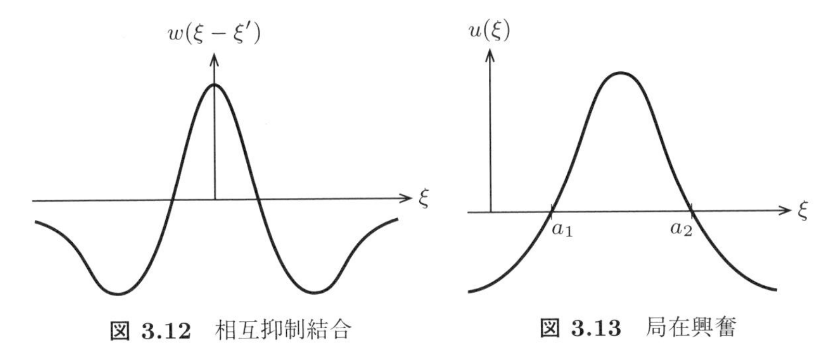

図 3.12 相互抑制結合　　**図 3.13** 局在興奮

$$a = a_2 - a_1 \tag{3.65}$$

とおく．すると，

$$u(a_i, t) = 0, \quad i = 1, 2, \tag{3.66}$$

$$\frac{\partial}{\partial t}u(\xi, t) = -u(\xi, t) + \int_{a_1}^{a_2} w(\xi - \xi')\, d\xi' + s \tag{3.67}$$

が成立する．時間が経って，$t + dt$ になったとしよう．このとき，興奮区間も変動する．その区間を $[a_1 + da_1, a_2 + da_2]$ としよう．これは興奮の境界であるから，

$$u(a_i + da_i, t + dt) = 0 \tag{3.68}$$

を満たす．上式をテイラー展開すれば

$$\frac{\partial u(a_i, t)}{\partial \xi} da_i + \frac{\partial u(a_i, t)}{\partial t} dt = 0, \quad i = 1, 2, \tag{3.69}$$

これより境界点の動きを支配する方程式

$$\frac{da_i}{dt} = -\frac{\partial u(a_i, t)}{\partial t} \bigg/ \frac{\partial u(a_i, t)}{\partial \xi} \tag{3.70}$$

が得られる．ここで，興奮波の波形 $u(\xi, t)$ の，その境界点における立ち上がり（微係数）を

$$\alpha = \frac{\partial u(a_1, t)}{\partial \xi}, \tag{3.71}$$

$$\beta = -\frac{\partial u(a_2, t)}{\partial \xi} \tag{3.72}$$

とおいてみよう．これはもちろん未知の $u(\xi, t)$ を ξ で微分して得られる．ただ，

$$\alpha > 0, \quad \beta > 0 \tag{3.73}$$

を満たすことは言える．また，$w(\xi)$ を積分して

$$W(\xi) = \int_0^{\xi} w\left(\xi'\right) d\xi' \tag{3.74}$$

とおいてみよう．これは，区間 $[0,\xi]$ にあるニューロンが興奮しているときの，ξ にあるニューロンが受ける興奮領域からの出力の重み付き和である（図 3.14）．すると興奮区間の端 a_1, a_2 にあるニューロンが，興奮区間 $[a_1, a_2]$ にあるニューロンから受け取る刺激の重み付き和は $W(a)$ となる．このとき，

$$\frac{\partial u\left(a_1, t\right)}{\partial t} = -\frac{1}{\alpha}W(a) + s, \tag{3.75}$$

$$\frac{\partial u\left(a_2, t\right)}{\partial t} = -\frac{1}{\beta}W(a) + s \tag{3.76}$$

が成立する．

したがって，幅 $a(t)$ に注目すれば，

$$\frac{da(t)}{dt} = \left(\frac{1}{\alpha} + \frac{1}{\beta}\right)\{w(a) + s\} \tag{3.77}$$

が成立する．これは常微分方程式である．しかし，偏微分方程式が常微分方程式になるなど，そんなうまい話があるはずがない．実は未知の α, β が式の中に入っている．だから問題が解けるわけではない．

ところが，**局在興奮の幅** a に関しては，平衡状態ではこれが

$$W(a) = -s \tag{3.78}$$

を満たすことがわかる．何と，偏微積分方程式を解かなくとも解が得られる．何たるマジック，私は狂喜した．この解を見るために，$W(\xi)$ を図示しよう（図 3.15）．

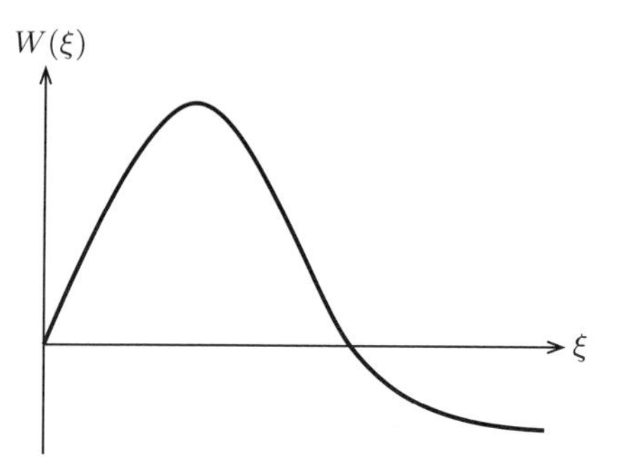

図 3.14 幅 ξ の局在興奮の影響

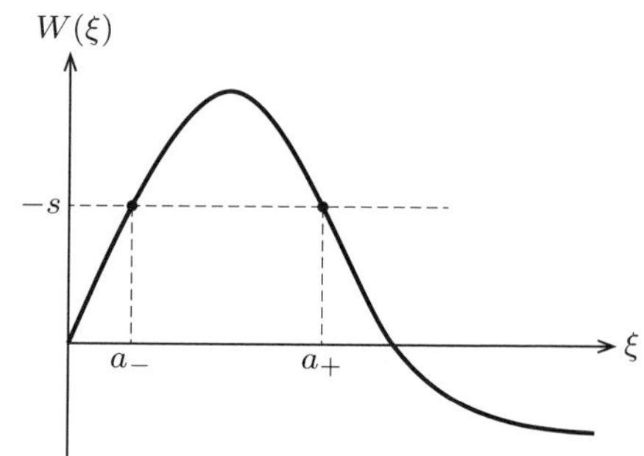

図 3.15 局在興奮の安定解と不安定解

外部入力 s（実は $s-h$ のことであった）がこれと等しい点が方程式の解である．これは s に依存し，s が小さ過ぎれば解はない．つまり，興奮状態は起こらない．s がある程度大きいと，ここで解は 2 つになる．このとき，小さい方の解 a_- が不安定で，大きい方の解 a_+ が安定であることが容易にわかる．つまり，幅が a_- より小さい局在興奮状態があっても，ダイナミクスによって幅が縮まり興奮は消失する．一方，これより大きい局在興奮解は成長し，幅 a_+ の解に落ち着く．a_+ より大きくても興奮の幅は縮小し，この解に落ち着く．

なお，場は一様であるから，興奮波はどこに立ってもよい．つまり平行移動ができる．これは安定と言っても中立安定であり，ダイナミクスの固有値の一つが 0 である．このようなものを S. Seung は**ラインアトラクター**と呼んだ．

これで偏微積分方程式が解けたわけではないが，局在安定解が存在することがわかった．これは外部入力 s の強さに依存する．s は定数であるとして解いた．s が図 3.15 のようにある場所で最大値を持ったら何が起こるだろう．局在興奮の両端での s の値が違えば，値が大きい方の端は成長し，小さい方は縮小する．結果として，興奮波は s の最大値の方へ移動し，そこで止まる．つまりこの神経場は**最大値検出機能**を持つ．ここで s が消えて，局在興奮を許すある定数（たとえば $-h$）にとどまれば，場はこのとき s の極大値の位置を記憶する．これは**作業記憶**のプリミティブなモデルとして使える．

もちろん，これですべてがわかったとは言わない．たとえば，場の離れたところに局在興奮がいくつか立ってもよい．数学者はまともに方程式を解こうとするが，これは解けない．数理工学は抜け道を探す．後にアメリカの大学を訪問したときに，数学の大学院生が，あなたの論文は私が最も感銘を受けたものの一つである，と言ってくれた．彼はその後この分野で活躍する．

話はこれでは終わらない．ここでは興奮性ニューロンも抑制性ニューロンもいっしょくたにして扱った．当然 2 つに分けて，興奮性ニューロンの場と，抑制性ニューロンの場の 2 つからなる系を考えるべきである．このとき，ランダム回路でやったように振動が生じ得る．また，局在興奮波が進行波となって伝わる**進行波解**が存在する．

さらに場を 2 次元にしよう．簡単のため $w(\boldsymbol{\xi})$ は 2 次元の回転対称性のある結合構造としよう．もちろん円形の局在興奮波は存在するが，ある条件の下ではそれが不安定となってしまう．このとき，3 つの波形が三つ組となって安定な解を作るなど，華麗な興奮パターンが存在する．大きさを変えながら振動し呼吸する局在周期解，渦巻き状に進行する解など，極めて多彩なパターン形成能力を持っている．同じように多彩なパターン形成能力を有する反応拡散系は，$w(\boldsymbol{\xi})$ の結合の幅を 0 に近づける極限として，ここから導くことができる．

私はこの仕事が気に入ったが，欧米はニューロの冬の時代であった．この仕事は全く引用がなく，無視されて時が流れた．10 年ほどしてドイツの知覚の研究者 M. A. Giese が私の論文を引用して知覚に関する論文を書き，それが引き金となって多くの研究論文が現れた．後年，神経場の数理に関する国際会議がフランスで開かれて，私も始祖の一人として招待された．この分野はいまは私を超えて成長し，高度な理論が発展している．私の論文は，脳の生理学者からの引用もあるのが自慢である．

3.8　神経回路網の自己組織化

脳の神経回路網は，ニューロン間の結合の重みを環境との相互作用で変え，自己組織化する．これで環境の情報構造に自己を合致させる．一番簡単な例は，両眼立体視であろう．我々は両眼の信号を融合し，その視差を利用して立体視ができる．1 つのニューロンは両眼から情報を受けそれを統合する．生後間もない猫の片目を覆っておくと，ニューロンは**両眼視**ができなくなる．閉じた方の目から刺激が来ないから，その結合の重みが縮退してしまうということで，これは簡単に理解できる．ところが話は驚くべき展開を遂げる．片方の目を遮蔽して，1 分後にこれを開け，これに代わりもう片方の目を遮蔽する．また 1 分後に今度は初めの目を遮蔽する．こうすると，ニューロンには両眼からの情報が入ってはくる．ただ，両眼からの情報が同時に入ることはない．

単に，結合の重みは入力の来ないときは縮退するというだけの単純な話なら，この場合は両眼視ができるはずである．ところがある時期（臨界期，生後 5 週間目）にこのような環境に置くと，猫の脳の視覚系のニューロンは両眼視ができず，各ニューロンはどちらかの目に特化して，そちらからの信号のみに反応して活動する．どちらの目に対してもこうしたニューロンは存在するが，両方の目の信号に反応する両眼視のニューロンはなくなってしまうという．これは有名な実験で，それを実際にやった N. Spinelli 教授がマサチューセッツ大学の Arbib のところにいた．その猫も見せてもらった．

理論家にとっては，**神経回路網の自己組織化**の仕組みを理解する格好の題材ではないか．私は良いモデルを作りたいと一生懸命考えたがうまくいかなかった．他の理論家も失敗している．その後，興奮性だけでなく抑制性のシナプスもその重みを変えるようにすればよいことに気がついた．少し一般化してこれを述べよう．**自己**

組織化の理論である[41].

外界 X に k 個の入力信号 $\boldsymbol{x}_1, \cdots, \boldsymbol{x}_k$ があるとしよう（k は無限大でもよい）. 両眼視の場合ならば，$\boldsymbol{x} = (x_1, x_2)$ は 2 次元で，x_1 は右目，x_2 は左目から来る信号である．両眼視をしているときは，入力信号 $\boldsymbol{x}$ は何も入らない $(0,0)$ か，左右の両眼からの信号が入る $(1,1)$ のどちらかである．片眼遮蔽（左眼遮蔽）の異常環境下では，入力信号 $\boldsymbol{x}$ は $(0,0)$，$(1,0)$ の 2 種類である．ところが，交代で片目を遮蔽したときには，入力信号 $\boldsymbol{x}$ は $(0,0), (1,0), (0,1)$ の 3 種類であり，$(1,1)$ 信号は来ない．この環境下で自己組織化すれば，ニューロンはどうなるかが問題である．

一個のニューロンが信号 $\boldsymbol{x} \in X$ と同時に，抑制性の信号 x_0 も受けるとする．簡単のため，その強さは常に一定であるとしよう．そこで図 3.16 のようなモデルを考える．このニューロンの入力 $\boldsymbol{x}$ に対する重みベクトルを $\boldsymbol{w}$，抑制性の信号 x_0 に対する重みを w_0 としよう．入力 $(\boldsymbol{x}, x_0)$ に対して，ニューロンの出力は 0 か 1 で，f をヘヴィサイド関数として

$$z = f(\boldsymbol{w} \cdot \boldsymbol{x} - w_0 x_0) \tag{3.79}$$

となる（簡単のた閾値 h は 0 とした）.

入力信号 $\boldsymbol{x}$ は情報源

$$X = \{\boldsymbol{x}\} \tag{3.80}$$

から来るものとし，信号 $\boldsymbol{x}$ は確率分布 $p(\boldsymbol{x})$ に従って発生するとする．X は有限集合でも無限集合でもよい．

教師信号はとくになくて，学習は Hebb の方式で，自分の出力 z を学習信号として，$z = 1$，つまり自分が興奮したときに，そのときの入力の強さに比例して $\boldsymbol{w}$ と w_0 を増加させる．式で書くと時間微分を $\dot{}$ として，学習方程式は

$$\tau \dot{\boldsymbol{w}} = -\boldsymbol{w} + cz\boldsymbol{x}, \tag{3.81}$$

$$\tau' \dot{w}_0 = -w_0 + c' z x_0 \tag{3.82}$$

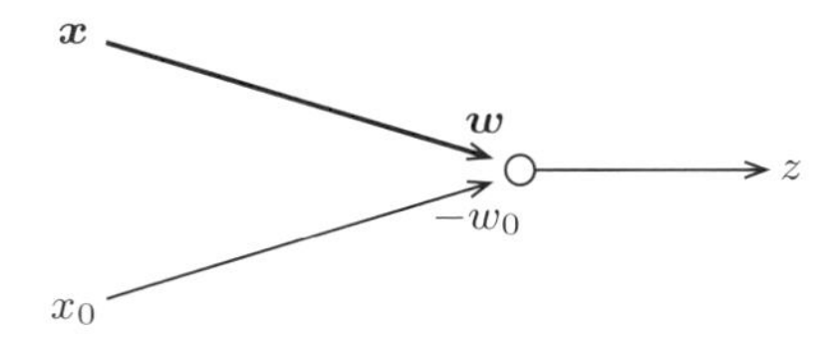

図 3.16　自己組織化ニューロンのモデル

となる．c, c' は学習の効率を表す定数である．$\boldsymbol{x}$ は確率分布 $p(\boldsymbol{x})$ に従ってランダムに到来する．だから，$p(\boldsymbol{x})$ による平均を $\langle \quad \rangle$ で表すと，入力に対して平均化した学習方程式は次のように書ける．

$$\tau \dot{\boldsymbol{w}} = -\boldsymbol{w} + c\langle z\boldsymbol{x} \rangle, \tag{3.83}$$

$$\tau' \dot{w}_0 = -w_0 + c'\langle z x_0 \rangle. \tag{3.84}$$

ただし

$$\langle z\boldsymbol{x} \rangle = \sum_{\boldsymbol{x}} p(\boldsymbol{x}) z(\boldsymbol{x}) \boldsymbol{x} \tag{3.85}$$

である．学習の結果，$\boldsymbol{w}$ と w_0 は平衡状態

$$\overline{\boldsymbol{w}} = c\langle z\boldsymbol{x} \rangle, \tag{3.86}$$

$$\overline{w}_0 = c'\langle z x_0 \rangle \tag{3.87}$$

に収束する．

この自己組織化学習によって何が起こるかを見よう．いま，信号空間に部分信号 $A \subset X$ があって，学習の結果 A に属する信号 $\boldsymbol{x} \in A$ が来ればニューロンが興奮し，それ以外の $\boldsymbol{x} \notin A$ に対しては興奮しないものとする（図 3.17）．つまり

$$\overline{\boldsymbol{w}} \cdot \boldsymbol{x} - \overline{w}_0 x_0 > 0, \quad \boldsymbol{x} \in A \text{ のとき}, \tag{3.88}$$

$$\overline{\boldsymbol{w}} \cdot \boldsymbol{x} - \overline{w}_0 x_0 < 0, \quad \boldsymbol{x} \notin A \text{ のとき} \tag{3.89}$$

となるとき，このニューロンを信号群 A の**検出細胞**と呼ぶ．学習は多安定であっ

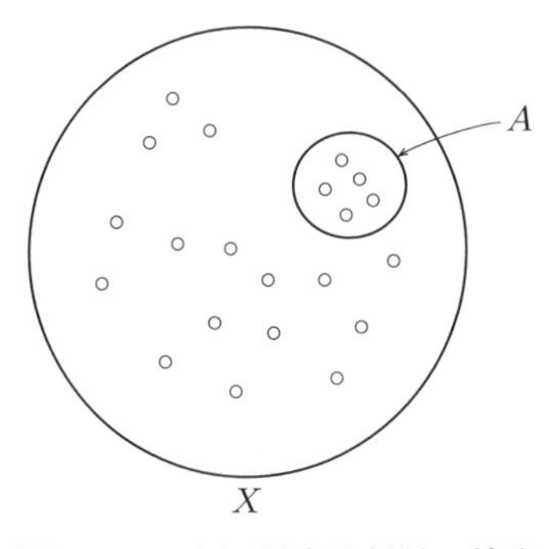

図 3.17 A に属する信号の検出

て，いろいろな信号群に対してその検出細胞が形成されてよい．

いま A がこの方程式の安定状態（正確には中立安定でよい）の一つになっていたとすると，A を検出する細胞の解は，(3.86)，(3.87) より

$$\overline{\boldsymbol{w}}_A = c p_A \boldsymbol{x}^A, \tag{3.90}$$

$$\overline{w}_A = c' p_A x_0 \tag{3.91}$$

を満たすことがわかる．ここに

$$p_A = \sum_{\boldsymbol{x} \in A} p(\boldsymbol{x}), \tag{3.92}$$

$$\boldsymbol{x}^A = \frac{1}{\sum_{\boldsymbol{x} \in A} p(\boldsymbol{x})} \sum_{\boldsymbol{x} \in A} p(\boldsymbol{x}) \boldsymbol{x}, \tag{3.93}$$

つまり $\boldsymbol{x}^A$ は A に属する信号の平均値である．

(3.90)，(3.91) が満たされるならば，確かに $\boldsymbol{x} \in A$ に対して (3.88)，(3.89) が成立し，このニューロンは興奮する．次は $\boldsymbol{x} \notin A$ に対しては，このニューロンが興奮しないことを示す必要がある．このための条件を求めよう．

信号 $\boldsymbol{x}_\alpha$ と $\boldsymbol{x}_\beta$ の類似度を内積

$$k_{\alpha\beta} = \boldsymbol{x}_\alpha \cdot \boldsymbol{x}_\beta \tag{3.94}$$

で表し，信号 $\boldsymbol{x}_\alpha$ と信号群 A との類似度を

$$k_{\alpha A} = \boldsymbol{x}_\alpha \cdot \boldsymbol{x}^A \tag{3.95}$$

とする．このとき，次の定理が成立する．

定理 3.1　情報源 X に対して，信号群 A を表現するニューロンが形成できるための必要十分条件は，学習のときの定数 c, c', x_0 が

$$\lambda = \frac{c'}{c} x_0^2 \tag{3.96}$$

として次の条件を満たすときである．

$$\boldsymbol{w}_A \cdot \boldsymbol{x}_\alpha > \lambda, \quad \boldsymbol{x}_\alpha \in A, \tag{3.97}$$

$$\boldsymbol{w}_A \cdot \boldsymbol{x}_\beta < \lambda, \quad \boldsymbol{x}_\beta \notin A. \tag{3.98}$$

つまり，A に属する信号どうしは比較的似ていて $\boldsymbol{x}_A$ に近いが，A に属さない信

号は $\boldsymbol{x}_A$ とは少し離れているということである．定数 λ を分解能と呼ぶ．

両眼視，単眼視の場合に学習はどうなるか，その例を書いておく．

両眼条件：

$$X = \{(0,0),(1,1)\}, \tag{3.99}$$

単眼条件（左目は閉じる）：

$$X = \{(0,0),(1,0)\}, \tag{3.100}$$

交代性条件：

$$X = \{(0,0),(1,0),(0,1)\}. \tag{3.101}$$

このそれぞれの場合に，学習方程式を解いてみよう．話は極めて簡単である．両眼条件における学習の微分方程式の振舞いは，w_0 を省略して w_1 と w_2 の相図を書けば，図 3.18 のように，両眼性の解と 0 に収束する解からなる．つまり，初期の $\boldsymbol{w}$ が小さ過ぎると，解はいつも 0 に収束し視覚を失うが，それ以外は両眼性の正常な解に収束する．

単眼性の環境での学習方程式の相図を図 3.19 に示す．図に見るように，初期値の w_1 が抑制性の w_0 より大きければ，無事単眼性の解に収束する．ただし抑制性 w_0 の方が大き過ぎると，解は 0 に収束してしまい，視野を失う．

興味があるのは，交代性単眼条件である．この場合の相図を，w_1, w_2 を座標として提示すると，図 3.20 のようになり，自己組織学習の安定平衡解は 3 つある．一つは視野を失う 0 解で，これは初期値が小さいときに起こる．それ以外は $w_1 > w_2$ か $w_1 < w_2$ に応じて，単眼性の解の一つが安定になるが，両眼性の解は不安定である．こうして，この興味ある実験事実を説明する理論が得られた．

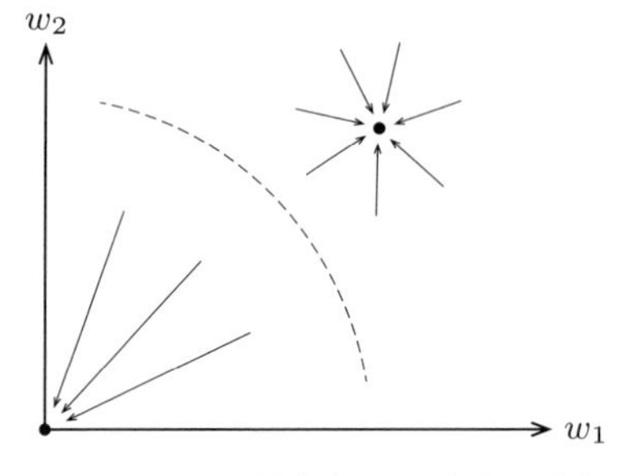

図 3.18　両眼性条件での安定平衡解

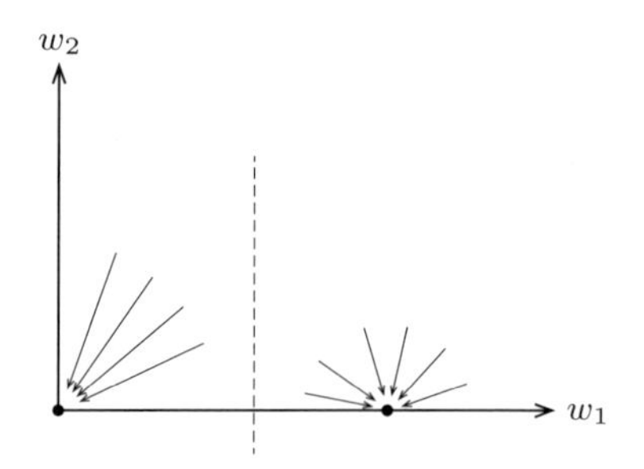

図 3.19　単眼性条件での安定平衡解

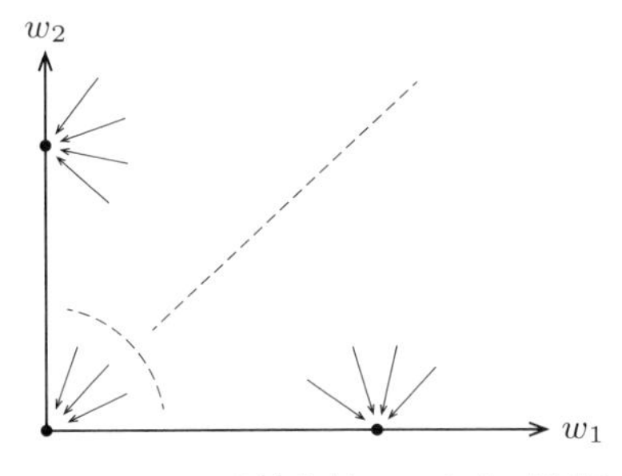

図 3.20　両眼性条件での安定平衡解

ここで鍵となったのが，**抑制性シナプスの可塑性**（学習）であった．当時，生理学者に聞いても，海馬と小脳では興奮性シナプスの学習は実証されているが，抑制性シナプスの可塑性の証拠はないと相手にしてくれなかった．しかし，いまでは，自己組織に抑制性シナプスの可塑性が主要な役割を果たすことが実験でも実証されている．これを最初に提起した私の論文[41]についての引用はない．提案の時期が少し早過ぎたから，仕方がないのかもしれない．

ところが私に少し遅れて，ノーベル物理学賞受賞者 L. Cooper（高温超伝導の機構を説明するクーパーペアを提唱した）らが論文を書いた．自己組織化について彼らが提案したモデルは，抑制性の入力のシナプス学習ではなくて，ニューロンの閾値 h を学習によって変えようというものであった．しかし，ニューロンの活性値は

$$u = \boldsymbol{w} \cdot \boldsymbol{x} - w_0 x_0 \tag{3.102}$$

である．だから閾値 h を変えることと，x_0 は一定として w_0 を変えることは全く同値である．私の論文は数理的な解析を行い，安定性などの理論を打ち立てているが，彼らはシミュレーションで結果を示したに過ぎず，理論がない．

それにもかかわらず彼らのモデルは，著者 3 人の名前をとって **BMC モデル**と呼ばれ，世に広まった．多くの日本の研究者もこれを BMC モデルと呼んだ．彼らの提唱する可変閾値（sliding threshold）が目新しかったわけだが，これは抑制性ニューロンによって調整するのが自然である．つまり抑制性シナプスの学習が重要である．

第 2 次ニューロブームの最中の 1980 年代，日本はバブル景気の最中で経済が好調であった．Cooper は日本を訪れ，ノーベル賞受賞者ということで，方々で講演を行った．その中で，「日本人は器用で模倣とその改良が上手である．これで世界制覇をしようとしている．しかし真の独創性に欠けるところが問題である．日本の研究も同じである」と説いて回った．私の論文は，彼らの論文が出たときに彼のと

ころに送っておいたのだが，全く無視された．いまは昔の話である．

3.9　神経場の自己組織化

ここまで，外部から入る信号 $X = \{\boldsymbol{x}\}$ が確率分布 $p(\boldsymbol{x})$ で表現される情報構造を持つとき，1 個のニューロンがこれに適合してどう自己組織化するかを見てきた．しかし，ニューロンは多数あり，相互に結合して場をなしている．相互作用するニューロン集団が外部の信号を受けて自己組織化するときに，外界の情報構造がニューロン集団の構造にどう表現されるかが問題である．Word2vec のように，構造を持つ外界の単語の集まりを，高次元のベクトル空間で表現するのも，このような自己組織化の一種と見てよい．

もっと昔から議論されてきた話題が**レチノトピー**で，網膜上に表現された外界の 2 次元の信号構造が，神経場でも表現される自己組織化機構である．外界の情報が，視覚野の神経場でトポロジーを保ちながら表現されることをレチノトピーと呼ぶが，この種の構造は音の場合はトノトピーと呼ばれ，その他にも数多く見られる．これらは発生の初期に外界からの信号の刺激を受けて，脳が自己組織化して完成することが知られている．これを神経モデルとして最初に解析したのが，C. von der Malsburg である．後に出た T. Kohonen の**自己組織マップ**もこの流れを汲んでいる．

ここでは，**神経場の自己組織化理論**を扱い，外界の信号のトポロジーに合った構造が神経場に形成されるとともに，それがときに不安定になり，コラム構造などの離散化マップが形成されることを見る．蜂の巣の形をした海馬のグリッド細胞の配列も，同種の仕組みで安定に得られるものと考えたい．ここではもっとも単純な 1 次元のものに限ってモデルを解析する[45]~[47]．

ニューロンが 1 次元状に並んだ神経場 X があり，外部の 1 次元の信号場 Y からの信号を受けるものとする（図 3.21）．X は視覚野の神経場，Y はレチナ（網膜）と考えてよい．Y に与えられる信号 $a(y)$ は，勝手な点 y_0 を中心とする場の局在興奮波 $a(y - y_0)$ の形のものであるとし，波形 $a(y)$ は，$|y|$ の関数で，ある小さい c に対して $|y| \geq c$ のときは $a(y) = 0$ とする．Y の 1 次元トポロジーはこのような多数の信号 $a(y - y_0)$ によって表現されている．

場所 x にある神経場 X のニューロンは Y からの刺激を受けるが，その結合の重みを $s(x, y)$ とする．また，これとは別に一定の強さ a_0 の抑制性の信号を受け取り，その抑制性シナプスの重みを $s_0(x)$ とする．これまで，結合の重みには w を

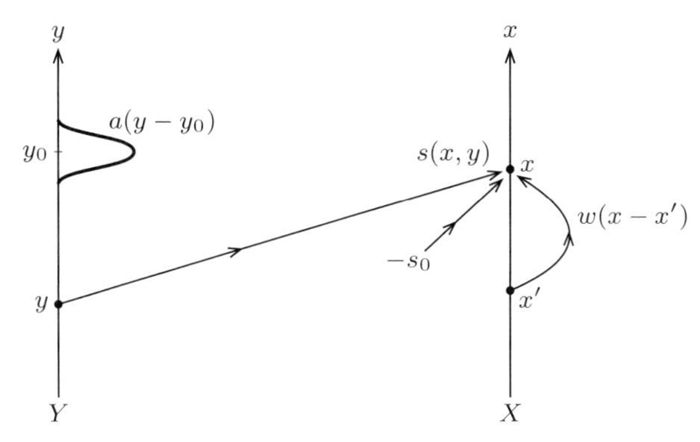

図 3.21 自己組織神経場

用いてきたが，ここでは神経場の内部の結合に w を用い，これと区別するために s を用いた.

神経場 X には内部で相互抑制型の結合があるものとし，場所 x' から場所 x への結合の強さを $w\left(x-x'\right)$ とする．これは対称な関数で，$\left|x-x'\right|$ が小さければ正，大きいときは負の値であるとする（相互抑制型結合）．神経場 X に起きる興奮の方程式は

$$\tau \frac{\partial u(x,t)}{\partial t} = -u(x,t) + w * f(u) + S\left(x, y_0\right) \tag{3.103}$$

である．ここで, x 点への入力刺激 $S(x)$ は Y の場所 y_0 を中心とする刺激 $a\left(y-y_0\right)$ に起因するものとし，そのときの外部刺激の総和を $S\left(x, y_0\right)$ とおいた．これは

$$S\left(x, y_0\right) = \int s(x,y) a\left(y-y_0\right) dy - s_0(x) a_0. \tag{3.104}$$

また場 X の内部の相互作用は

$$w * f(u) = \int w\left(x-x'\right) f[u(x',t)] dx' \tag{3.105}$$

である.

自己組織化は，Y から X への結合 $s(x,y)$ と抑制性の結合 $s_0(x)$ とで，Hebb の方式で起こる．式で書けば

$$\tau' \frac{\partial s(x,y)}{\partial t} = -s(x,y) + cf[u(x,t)] a\left(y-y_0\right), \tag{3.106}$$

$$\tau' \frac{\partial s_0(x)}{\partial t} = -s_0(x) + c' f[u(x,t)] a_0. \tag{3.107}$$

c と c' は学習の効率を表すパラメータで，学習の時定数 τ' は，興奮のダイナミク

スの時定数 τ に比べれば十分に大きいものとする．したがって，場 Y に y_0 点を中心とする刺激が起こり，これをもとに場 X に興奮が起こるとき，この興奮はすぐに (3.103) の平衡状態 $U(x, a_0)$ に達してしまうとしてよい．平衡状態は

$$U(x, y_0) = \int w(x, x') f\left[U(x', y_0)\right] dx' + S(x, y_0) \tag{3.108}$$

を満たす．

さらに，場所 $y = y_0$ を中心とする入力場 Y での刺激の入力であるが，これは確率 $p(y_0)$ で場所 $y = y_0$ を中心として起こるものとする．各場所を平均すると，自己組織化方程式は

$$\tau' \frac{\partial s(x,y)}{\partial t} = -s(x,y) + c\langle f\left[U(x, y_0)\right]\rangle a(y - y_0), \tag{3.109}$$

$$\tau' \frac{\partial s_0(x,t)}{\partial t} = -s_0(x) + c'\langle f\left[U(x, y_0)\right]\rangle a_0 \tag{3.110}$$

のようになる．ただし $\langle \quad \rangle$ は場所 y_0 についての平均である．(3.108)-(3.110) を連立して解けば場の自己組織化の解が得られる．こんなものはなかなか解けないと思った．しかし，頑張れば道は開けるものである．

Y から X への結合の重み $s(x,y)$ と $s_0(x)$ とに注目するのではなく，自己組織化の結果起こる，場 X の x 点での外部入力（Y からの刺激入力）$S(x,y;t)$ に着目しよう．すると，(3.109)，(3.110) をまとめて，S の変化を表す方程式

$$\tau' \frac{\partial S(x,y;t)}{\partial t} = -S(x,y;t) + \int k(y - y') f\left[U(x, y') p(y') dy'\right] \tag{3.111}$$

が得られる．ただし，

$$k(y - y') = c \int a(y - y'') a(y'' - y') dy'' - c' a_0 \tag{3.112}$$

で，これは y'' を中心とする興奮 $a(y - y'')$ と y' を中心とする興奮 $a(y - y')$ が場 Y の中でどのくらい重なっているかを表すから，2点間の“近さ”を表現し（図3.22），場 Y の1次元トポロジーはこれで定まる．

ここで式の表示を簡単にするために，(3.105) のコンボリューション演算子 $*$ の他に，もう一つの演算子 $\circ$ を導入し，

$$k \circ f(U) = \int p(y') k(y - y') f\left[U(x, y')\right] dy' \tag{3.113}$$

とする．すると解くべき基本方程式は

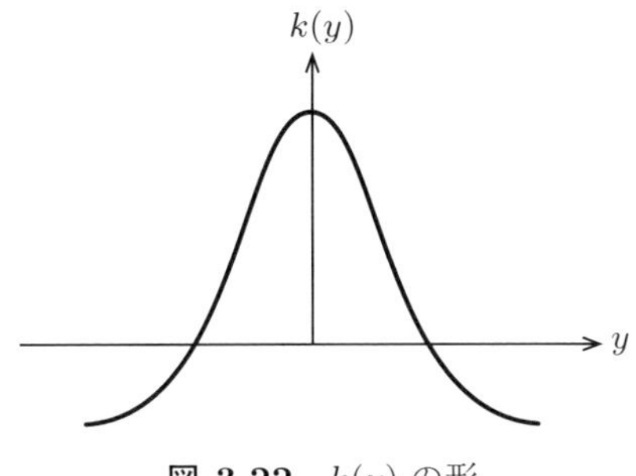

図 3.22　$k(y)$ の形

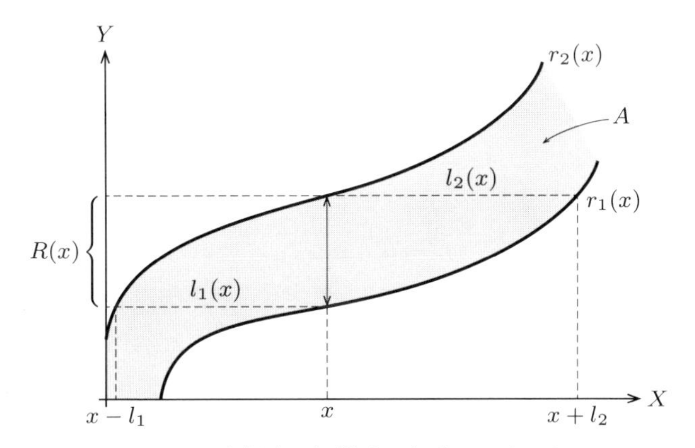

図 3.23　興奮領域：網掛けの部分が $U(x,y)>0$

$$U\left(x,y'\right)=W*f[U]+S\left(x,y'\right), \tag{3.114}$$

$$S\left(x,y'\right)=k\circ f[U] \tag{3.115}$$

となる．これで準備が整った．

しかしこれで解けたわけではない．苦難の道はまだまだ続く．前に神経場の局在興奮波解を求めたときに，局在興奮の境界にだけ着目した．同種のトリックを使う．場の方程式 (3.114)，(3.115) の平衡解で，$U(x,y)$ が正になる領域，すなわち，y を中心とする入力が入ったときに興奮する X の領域を

$$A=\{(x,y)|U(x,y)>0\} \tag{3.116}$$

とおく（図 3.23）．場所 $x\in X$ にあるニューロンの**受容域** $R(x)$ とは，x にあるニューロンを興奮させるような刺激の中心の場所 y の集合で，

$$R(x)=\{y|U(x,y)>0\}. \tag{3.117}$$

これは Y の区間

$$R(x) = (r_1(x), r_2(x)) \tag{3.118}$$

であるとする（図 3.23）．受容域の幅は

$$r(x) = r_2(x) - r_1(x) \tag{3.119}$$

である．

逆に，y 点を中心とする刺激を Y に与えれば，神経場のどこが興奮するか，つまり y 点における刺激の**影響域**を

$$E(y) = \{x|U(x,y) > 0\} = [x_1(y), x_2(y)] \tag{3.120}$$

とする．ここで

$$x_1(y) = r_2^{-1}(y), \quad x_2(y) = r_1^{-1}(y). \tag{3.121}$$

これらはそれぞれ，$U(x,y)$ を縦に切った切り口と，横に切った切り口になっている．図 3.23 で，曲がった帯状につながる領域が $U(x,y)$ である．図を見ると，$y_1 = r_2(x)$ を中心とする刺激が入れば $[x - l_1, x] \in X$ が興奮し，$y_2 = r_1(x)$ を中心とする刺激に対しては $[x, x + l_2] \in X$ が興奮することがわかる．ただし，

$$l_1 = x - r_2^{-1}\{r_1(x)\}, \tag{3.122}$$

$$l_2 = r_1^{-1}\{r_2(x)\} - x. \tag{3.123}$$

興奮領域の平衡状態 $U(x,y)$ は，S の自己組織化学習とによって変化するから，これにつれて受容域 $R(x)$ も変化する．前と同様に境界 $r_1(x), r_2(x)$ に着目して，その変化を追う方程式を立てれば，

$$\frac{\partial U(x,y)}{\partial x}\frac{\partial r_i(x,y)}{\partial t} + \frac{\partial U(x,r_i;y)}{\partial t} = 0, \quad i = 1,2 \tag{3.124}$$

が得られる．これより，前と同様に境界 r_1 と r_2 の変化を規定する方程式

$$\tau'(\alpha_1 + \beta_1)\frac{\partial r_1(x,t)}{\partial t} - \tau'\beta_1\frac{\partial r_2(x - l_1,t)}{\partial t} = -W(l_1) - K(r) - s, \tag{3.125}$$

$$\tau'(\alpha_2 - \beta_2)\frac{\partial r_2(x,t)}{\partial t} - \tau'\beta_2\frac{\partial r_1(x + l_2,t)}{\partial t} = -W(l_2) - K(r) - s \tag{3.126}$$

が得られる．ただし，

$$W(l) = \int_0^l w(x)dx, \tag{3.127}$$

$$K(r) = \int_0^r k(y)dy, \tag{3.128}$$

$$\alpha_i = \frac{\partial U(x, r_i, t)}{\partial y}, \quad i = 1, 2, \tag{3.129}$$

$$\beta_1 = -w(l_1) \Big/ \frac{\partial r_2(x - l_1, t)}{\partial x}, \tag{3.130}$$

$$\beta_2 = -w(l_2) \Big/ \frac{\partial r_1(x + l_2, t)}{\partial x} \tag{3.131}$$

とおいた．証明はごちゃごちゃするから省略する．難しくはないが，これ以上読者にごちゃごちゃに付き合ってもらうのはやめよう．流れをつかんでもらえればよい．

最後に平衡解を求めたい．それは

$$\overline{U}(x, y) = w * f\left[\overline{U}\right] + \overline{S}, \tag{3.132}$$

$$\overline{S}(x, y) = k \circ f\left[\overline{U}\right] \tag{3.133}$$

を満たす．確率分布 $p(y)$ を一様とし，場の境界条件を無視しよう（たとえば，X, Y はともに長さ 1 のリングとする）．すると平衡解 $\overline{U}(x, y)$ は図 3.24 に示すように 2 直線で囲まれた領域で

$$r_1(x) = x + c, \tag{3.134}$$

$$r_2(x) = x + c + \overline{r} \tag{3.135}$$

で，$\overline{r} = r(x)$ は定数となる（**注意**：これ以外にも平衡解はあるが，無視する）．これで確かにレチノトピー（場 X と場 Y の 1 対 1 対応）が確立した．

これでめでたしめでたしと思った．ところがそうはいかなかった．竹内彰一君が修士の論文を書くにあたって，この理論のシミュレーションを実行し，その正しさを確認する段取りとなった．すると竹内君がやってきて，「先生の理論は正しくない，シミュレーションではレチノトピー解が得られないときがある」と言ってきた．そのときに彼が示したのが，図 3.25 のような解で，受容野が離散の区間に分かれている．「これは面白い，君の修士論文はこれでできた」と私は言った．竹内君は頑張って，受容野を与える平衡解 $\overline{U}(x, y)$ の安定条件を求めた．

それには，

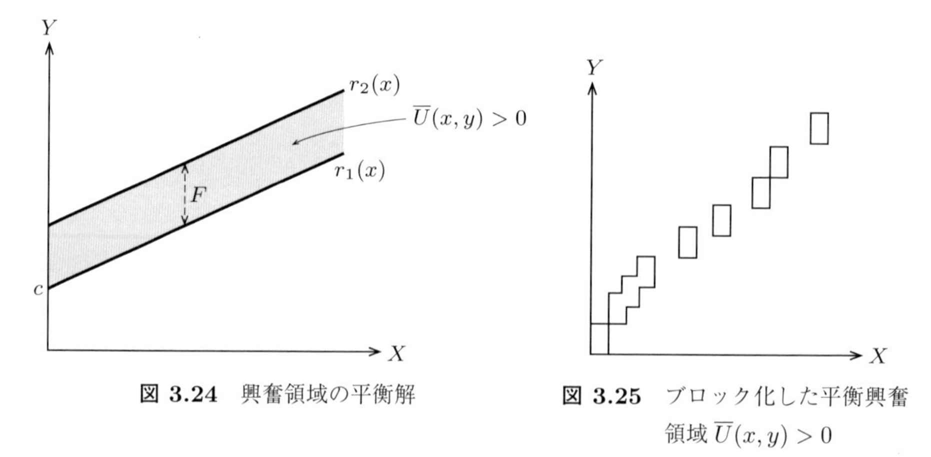

図 3.24　興奮領域の平衡解

図 3.25　ブロック化した平衡興奮領域 $\overline{U}(x,y)>0$

$$r_1(x,t) = x + c + \varepsilon v_1(x,t), \tag{3.136}$$

$$r_2(x,t) = x + c + \bar{r} + \varepsilon v_2(x,t) \tag{3.137}$$

として，受容域の境界を微小変動し，もとの方程式 (3.125)，(3.126) に代入して変分方程式を立てる．このとき，$v_i(x,t),\ i=1,2$ をフーリエ変換して，各フーリエ成分ごとにその方程式の安定論を展開した．細かい式を追うのはやめよう．結論は次のようになった．

定理 3.2　連続の受容域の解は

$$k\left(\bar{r}\right) < 0, \quad w\left(\bar{l}\right) < 0 \tag{3.138}$$

を満たすときに安定で，そうでなければ不安定になる．

　では不安定になるなら，どんな解に行き着くのか．これは変分方程式からは得られない．シミュレーションによれば，そのとき受容域が離散化して，図 3.26 のような区分化された解に行き着く．我々は喜んだ．これは**コラム構造**の解ではないか．2 次元のレチナ Y で，入力として各場所にいろいろな方向の線分が出現するとしよう．入力空間 Y の情報は位置を表す 2 次元 $\mathbb{R}^2$ と線分の方向を表す 1 次元の S^1 の直積 $\mathbb{R}^2 \times S^1$ の 3 次元構造をしている．これを 2 次元の神経場 X に写像しなければならない．このとき，視覚野はコラム構造を持ち，位置ごとに離散化したコラムの中に，方向が連続して埋め込まれる（図 3.26）．確かに，3 次元の $\mathbb{R}^2 \times S^1$ を視覚野の 2 次元構造にレチノトピーを保ちながら埋め込むのに，これはうまい構造である．その基礎が我々の理論で与えられたと考えたのだ．

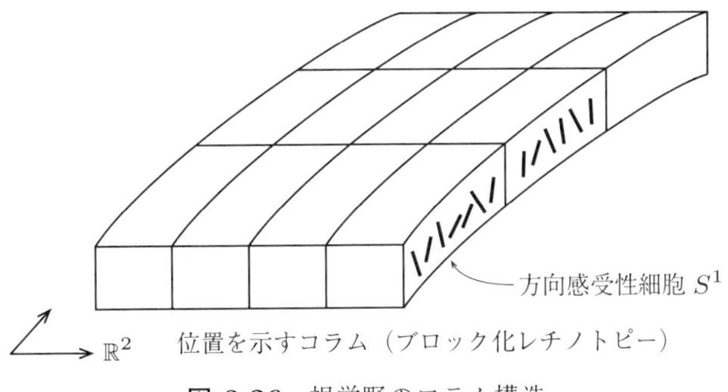

図 3.26 視覚野のコラム構造

私の数理脳科学の理論の中では，これが最も出来が良いと私は気に入っている．しかし，世の中ではほとんど引用されない．残念である．

3.10 統計神経力学

本章の最後に，一般の出力関数 $\varphi(u)$ の下での層状神経回路における巨視的変数とその変換法則をまとめて書いておこう．これは私の最近の著書からとったものである．層状回路への 2 つの入力，$\boldsymbol{x}$ と $\boldsymbol{x}'$ とを考える．それぞれの入力に対する回路の微視的な出力 $\boldsymbol{z}$ と $\boldsymbol{z}'$ は，ニューロン i の活性度

$$u_i = \boldsymbol{w}_i \cdot \boldsymbol{x} - h_i, \tag{3.139}$$

$$u_i' = \boldsymbol{w}_i \cdot \boldsymbol{x}' - h_i' \tag{3.140}$$

の関数で

$$z_i = \varphi\left(u_i\right), \tag{3.141}$$

$$z_i' = \varphi\left(u_i'\right) \tag{3.142}$$

である．

巨視的変数として，入力側で

$$A_X = \frac{1}{n}\sum x_i^2, \quad A_X' = \frac{1}{n}\sum x_i'^2, \tag{3.143}$$

$$D_X = \frac{1}{n}\sum (x_i - x_i')^2 \tag{3.144}$$

の 3 つを考えよう．出力側でも同様にして

$$A_Z = \frac{1}{m}\sum z_i^2, \quad A_{Z'} = \frac{1}{m}\sum z_i'^2, \tag{3.145}$$

$$D_Z = \frac{1}{m}\sum (z_i - z_i')^2 \tag{3.146}$$

を考える．このとき，入力側の巨視変数 (A_X, A'_X, D_X) が出力側の巨視変数 (A_Z, A'_Z, D_Z) にどう変換されるかを見る．

確率変数 (u_i, u_i') は，各 i については独立で，また u_i と u_i' とは相関のあるガウス変数で，その平均値は 0，分散と共分散は行列 Σ

$$\mathrm{E}\left[u_i\right] = \mathrm{E}\left[u_i'\right] = 0, \tag{3.147}$$

$$\Sigma = \begin{bmatrix} \sigma_w^2 A + \sigma_h^2 & \sigma_w^2 C_X + \sigma_h^2 \\ \sigma_w^2 C_X + \sigma_h^2 & \sigma_w^2 A' + \sigma_h^2 \end{bmatrix}, \tag{3.148}$$

である．ただし C_X は 2 つの微視的な信号 $\boldsymbol{x}$ と $\boldsymbol{x}'$ の間の相関で

$$C_X = \frac{1}{n}\boldsymbol{x} \cdot \boldsymbol{x}', \tag{3.149}$$

これは距離 D_X と関連していて

$$D_X = A_X + A'_X - 2C_X \tag{3.150}$$

である．

(u_i, u_i') の確率分布がわかった．これによって出力側の巨視的変数の値は大数の法則により，それぞれ

$$A_Z = \mathrm{E}\left[\varphi(u_i)^2\right], \quad A'_Z = \mathrm{E}\left[\varphi(u_i')^2\right], \tag{3.151}$$

$$C_Z = \mathrm{E}\left[\varphi(u_i)\varphi(u_i')\right] \tag{3.152}$$

となる．ここから D_Z も導かれる．

距離の法則に着目しよう．簡単のため活動度 A_X は一定値にあるものとする．すると距離の変換法則は，図 3.27 に示すようになる．ここで，2 つの信号 $\boldsymbol{x}$ と $\boldsymbol{x}'$ が非常に近く，

$$\boldsymbol{x}' = \boldsymbol{x} + d\boldsymbol{x} \tag{3.153}$$

のときを考える．すると出力側ではこの差は

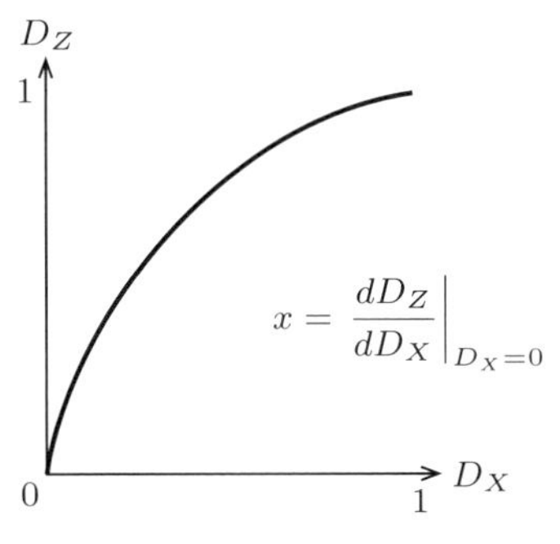

図 3.27 距離の変換

$$\boldsymbol{z}' = \boldsymbol{z} + d\boldsymbol{z} \tag{3.154}$$

となる．ここで変換の行列 $X = \left(X_i^j\right)$

$$X_i^j = \frac{\partial z_j}{\partial x_i} = \varphi'(u_j)\, w_{ji} \tag{3.155}$$

を用いると，微小距離の変換法則は

$$d\boldsymbol{z} = X d\boldsymbol{x} \tag{3.156}$$

と書ける．微小距離の 2 乗は

$$ds_X^2 = \frac{1}{n} d\boldsymbol{x} \cdot d\boldsymbol{x}, \tag{3.157}$$

$$ds_Z^2 = \frac{1}{m} d\boldsymbol{z} \cdot d\boldsymbol{z} \tag{3.158}$$

であるが上式の i については独立変数の和を取ることから，これを大数の法則によって期待値で置き換えると

$$ds_Z^2 = d\boldsymbol{x}^T \left(X^T X\right) d\boldsymbol{x} = \sum_{i,j,k} \varphi(u_i)^2\, w_{ij} w_{ik} dx_j dx_k. \tag{3.159}$$

ここで u_i は多数の w_{ij} を含む項の和であり，平均化されてしまって u_i と $w_{ij}w_{ik}$ の項との相関は無視できるとしよう．これが無視できることは証明することもできるが，単に平均場近似という曖昧な言葉でお茶を濁しておいてもよい．そうすると，(3.159) の期待値を 2 つの期待値の積

$$\mathrm{E}\left[\varphi'(u_i)^2\right] \mathrm{E}\left[w_{ij}, w_{ik}\right] \tag{3.160}$$

に分けられる．ここで

$$\mathcal{X} = \sigma_w^2 \mathrm{E}\left[\varphi'(u_i)^2\right] \tag{3.161}$$

とおくと

$$ds_Z^2 = \mathcal{X} ds_X^2 \tag{3.162}$$

となる．この $\mathcal{X}$ が微小距離の拡大率である．

$\varphi(u)$ を与えれば $\mathcal{X}$ を具体的に計算できる．たとえば，φ として誤差積分関数を用いれば

$$\mathcal{X} = \frac{\sigma_w^2}{2\pi} \frac{\sigma_w^2 A + \sigma_h^2}{\sqrt{1 + (\sigma_w^2 A + \sigma_h^2)}} \tag{3.163}$$

のように陽に書ける．

この $\mathcal{X}$ が深層学習で重要な役割を果たすのは，後に Poole らの論文からわかった話である．

こぼれ話 4　外国旅行の想い出

初めてアメリカへ行ったものの，当時は外国旅行など普段はとてもできるとは思えなかった．ところが時代は変わり，その後，私は 200 回ぐらい外国へ行っただろうか．ずっと後の理研時代に予算が自由に使えたことが大きい．少し先走るが，旅の思い出を勝手気ままに順不同でいくつか記してみたい．

1. クルーガー国立公園

アメリカに本拠を置く学会 IEEE の情報理論の部会で，南アフリカのクルーガー国立公園でシンポジウムを開くという案内が来た．こんな機会はまたとない，逃すべからずと参加を申し込んだ．ここは南アの中部にある四国ほどの面積を有する国立公園で，原生動物がそこに生活している．人間はと言えば，ところどころに厳重な柵で囲った区域があり，ここに建つホテル以外には居場所がない．外にはキリン，ライオン，ワニ，シマウマなどがうじゃうじゃいる．

ところで，南アには蚊が媒介するマラリア病がある．現地は冬ではあったが油断できないという．さっそく予防注射をしなければと調べると，注射は日本ではできない．何でも，マラリアにかかって死亡する人よりもその予防注射で死ぬ人の方が多くなって，禁止されているという．IEEE で予防薬を販売するというのでこれを買い，蚊取り線香をたくさん仕入れ恐る恐る出かけた．物見高い日本人が何人も参加した．

会議は厳重な囲いの中のホテルで行われる．3 年ほど前に隙を見つけたヒョウが忍び込み，3 人ほど食われたという．こんなところまで来る物好きな参加者は，私も含めて他に目的がある．会議中には廊下に業者が来て，ゲームに行こうと誘う．ゲームとはサファリ

のことで，ジープに乗って猛獣見学である．皆さぼってゲームに行くから，会議はガラ空きである．私も当然ゲームに参加した．

少し大きめの無蓋のジープに 10 人ぐらいの見物客が乗り，前には運転手と銃を持ったガイドが乗る．ガイドは「猛獣のできるだけ近くまで行くから，絶対に奇声を上げてはいけない」と言う．キリン，シマウマ，ゾウなどはうじゃうじゃいる．サイ，カバ，ライオンなどにも行き会った．あるところでは，前にゾウがいたが，ガイドが「少し待て，あのゾウはいらだっていておかしい」と車を止めてバックした．そこで見ていると横からライオンがやってきて，ゾウと互いに横目で睨み合いながらすれ違った．両者とも互いを警戒するが，闘うことはないという．

夜ホテルの庭から見上げる星空は素晴らしかった．ところが蚊は確かに飛んでいた．東京へ帰って，少し熱が出た．さてはマラリアか，びっくりしたが単なる鼻かぜで事なきを得た．こんな良い思いをするなんて，学者冥利に尽きるし，皆さんには申し訳ない．

2. 花の都パリ

フランスは何度も訪れた．パリ大学の客員教授を 3 回ほどやり，いずれも 3 カ月ほど滞在したのである．学位論文の審査を頼まれたときもある．若いお嬢さんの論文で，何か質問もしなければと手を挙げて聞くと，何とフランス語で返事が返ってきた．これには困ったが，とにかく内容は良いと審査に合格し，おめでとうと言うと審査員全員にキスしてくれた．

この他にもフランスは数多く訪問し，多くは女房を伴って，彼女はここが大いに気に入ったらしい．一度は日本館という文部省所管の宿舎に泊まったが，ここが官僚的で，新聞は朝 10 時から午後の 4 時まで図書室で読めますという．こんな時間にいるはずがないから読めない．それでも館長が言うには，ここはもともと日本人が来ても事前の面倒な手続きを東京でしてこないと泊まれない，いつもガラガラであったが，私は規則を緩めて多くの日本人が泊まれるようにしたのだそうだ．

あるときセーヌ川の畔，ノートルダム大聖堂の近くの 2 つ星のホテルを取った．こじんまりとしていて落ち着いた良いホテルで，現地の学者が紹介してくれた．2 つ星なのは，主が英語を話せないからで，息子は何とか通じる．ここへ，我が家の娘 3 人が訪れたいという（娘の話は後でする）．宿に話すと大歓迎すると言って，部屋を取ってくれた．夜になって 3 人が着いたのだが食事を済ませていなかった．そこで下の通りに面した居酒屋をかねた食堂へ行った．そうしたら，親父が肉や海産物を盛った大皿を出してくれて，無事について良かった，宿のおごりだという．フランスでもこんな粋なはからいをするのかと気に入った．

またあるときはレンタカーを借りて，ロワール地方のシャトーホテルに泊まり，シャトー巡りをした．アウトバーンでは娘が張り切って車を 150 キロほどで飛ばす．見ていると，普通の車は 130 キロほど，そして速い車は 140 キロほどで走っていて，それを追い抜いていく高速の車が結構いる．私も 150 キロほどを出した．これが私の車の速度の最高記録である．

気に入った場所は，たとえば南西部カカソンである（日本語の案内ではカルカソンヌと書かれている）．ここはキリスト教の異端カタリ派の聖地で，綺麗な丘の上に要塞都市があり，昔の城と城下町が復元されている．中世のローマ法王が異端と断じ，ここを軍事攻略した．どうも私は学問でも正統派よりは異端が好きで，はるか昔に想いを馳せながら，ここは大いに気に入った．

3. 神経回路網教授

第2次ニューロブームもたけなわの頃，1980年代の話である．ベルギーのルーヴェン・カトリック大学がニューラルネットワーク講座を設けることを決めた．これには外部から教授を招聘（しょうへい）するという．第1回はJ. Hopfieldが務め，2年目に私を招待したいと言ってきた．年に3カ月ほど滞在してくれればよいと言う．喜んで承諾した．

この大学はブリュッセル近郊のルーヴェンという町にあり，1425年創立という欧州きっての名門大学である．大学は古いお城の中にある．ここは第2次大戦でナチに協力した貴族が所有していて，戦後に罪に服するかそれとも城と領地を国に寄付するかと迫られ，寄付を選んだ．ここにルーヴェン・カトリック大学が移転した．

ヨーロッパの古い大学のしきたりで，正式に教授に就任するときには，教授就任演説をしなければならない．もちろん全学の行事であるから，数理の話だけをするわけにもいかない．大学の大講堂でこれをこなすと，会場にシャンパンが用意され，お嬢さんが恭しく花束を贈呈してくれて新教授を祝う．ヨーロッパの古い大学にはこうした伝統が今でもある．

ベルギーはビール作りが名物で盛んである．町のビアホールへ行けば，ビールのメニューが何ページにもわたって載っていて，どれかを頼むとその銘柄が入った独特のグラスに注いでくれる．しかもビールはアルコール度数の低いものから，30度近くもある高いものまで，驚くほど多彩なのである．一番安いのは隣のビール工場からパイプで引いてできたてのものを出すという．これが美味い．修道院ビールも有名だし，チェリービールまであって大いに楽しんだ．

4. 温泉場での驚き

ドイツで数理神経科学のシンポジウムを開くということで，招待された．喜んで参加を承諾した．会場はフランクフルトの近郊の町Bad Homburgという名の通りの温泉場である．ここにJapanische bad（日本式温泉）という施設があった．行ってみると，入場料を取る大温泉施設で，流れるプール風の大温泉浴場，泡の立つ温泉，ジェット風呂，その他多くの施設がある．よく見ると2階に上る階段がある．行ってみると脱衣籠が置かれている．とは言っても施設の入り口の脱衣場で着替えていて，海水パンツ1つである．

これを脱いで，先へ行くとまず水銀灯浴の開けた場があり，ここでは一糸まとわぬ姿で仰向けになったりうつぶせになったりして寝転んでいる人達がいる．もちろん男女ともに混ざっている．さらに進むとサウナがある．ここも混浴である．これは「日本式」ではないなと思いながらも思わぬ眼福にあずかった．

もっともドイツのサウナは混浴が珍しくない．一流ホテルのサウナ室でも，Herren, Frau, Gemisch と札を掲げた 3 室があった．私が迷うことなく Gemisch（mixed）を選んだのは言うまでもない．ギリシアのロードス島を訪れたときは，ホテルの屋外プールで大勢が日光浴をしていたが，何とここも生まれたままの姿であった．

5. グルジアなど——旧ソ連圏の国

グルジアを訪れたのは，まだソ連が崩壊していない最後の時代であった．日ソ確率論シンポジウムというのがあり，ここに誘われた．これは定期的に持たれていたが，日本からはなぜ統計学者が参加しないのかという疑問がソ連側から出された．日本では純粋数学尊重で確率論は幅を利かせていたが，統計学など数学ではない単なる応用に過ぎないという扱いであった．これに慌てた日本側が，東大の竹内啓教授と私とをメンバーに加えたのである．情報幾何を創始した N. Chentsov も参加するというので，私は喜んだ．Chentsov は温厚な紳士で，奥さん，お嬢さんも数学者であった．

会場はグルジアの首都トビリシだったが，ここは平和な都市で，公衆温泉場もある．大阪市立大の森本治樹教授と一緒に街をブラつき，温泉に入っていい気分になると，外に飲み屋がある．そこでのどを潤そうとすると，隣のおっさんがお前達どこから来たかと問うから，日本だと答える．それは良い，歓迎のしるしに一杯おごろうと言って，コップ一杯のウォッカを出された．恐る恐るなめると，「おまえらはウォッカの飲み方を知らないのか，ウォッカとはこう飲むのだ」とグーと一気飲みである．郷に入れば郷に従え，私も一気飲みした．これで胃を壊してしまった．

グルジアの料理は美味しかった．トマトやキュウリなど新鮮で絶品である．豚も美味しかったのだが，「そうだろう，これはモスクワの豚のように小屋で飼われたものではなく，広い野原で放し飼いにしているのだ」と言う．モスクワに対する敵愾心（てきがいしん）が強いのには驚いた．なるほどグルジア語はロシア語とは全く系統が違うわけである．

街で地下鉄に乗ろうと切符の自動販売機でもたついていると，綺麗なお嬢さんがさっと買ってくれる．慌ててお金を出そうとすると，いいから持って行きなさいと言う．市の中心の近くに丘があって，大きな銅像が建っている．何と右手に剣を左手に盃を持っている．「友には盃を，敵には剣を」を標語とする．ここに登るときに中学生ぐらいの子供が案内をしてくれた．お礼にとお金を渡そうとすると，それは受け取れないと言う．慌てて手持ちのボールペンを出したら，受け取ってくれた．グルジアは平和で豊かで親切な国だった．ここにもその後ロシアが出兵し，いまは親ロシア派が政権を握っているという．

ウズベク共和国の首都タシュケントへは，統計学と確率論の世界大会で招待され，ウズベクアカデミーの招待ということで，他の招待者と一緒にアカデミーのホテルに泊めていただいた．毎朝パトカーに先導されたバスがホテルに着いて，会場まで送ってくれる．これが何とサイレンを鳴らしながら赤信号を突破して突っ走る．こんな待遇は我々の国ではできないねと，一同驚いた．

街は平和で，日本人と同じような顔つきの人も多く，茶店では畳のござに座って人々が緑茶を飲んでいる．私もお邪魔して手真似で話をした．

ベラルーシへは，ソ連崩壊後に訪れた．ここも街は明るく，人々はロシアから独立して活気にあふれていた．ただ，研究者達は口々に，大統領がロシア寄りの政策を取ることを不満としていた．多くの人たちはロシアが嫌いなのである．いま，ロシアはウクライナをベラルーシ化したいのであろう．大変心配である．

6. 風光明媚の地

数多い旅行の中でも，鞄を盗まれた嫌な思い出や，飛行機の乗り継ぎがうまくいかなかったなど，苦労は多い．でもこれは忘れてしまえばよい．風光明媚な景色は永く思い出に残る．

中国は広い．清華大学の副学長をしていた呉教授が，中国アカデミーとしてお前を招待したいという．喜んで引き受けた．清華大学での講演を皮切りに，西安大学，上海の復旦大学を巡る旅である．西安からは，桂林の川下りを行った．大学院生を支援にと付けてくれた．桂林の川下りの景色は忘れられない．この他，広州大学へ行った折の九寨溝への一泊の旅も，息をのむような景色で忘れがたい．

トルコでは何と言ってもカッパドキアである．まるでおとぎの国に迷い込んだ想いだった．ここはワイン発祥の地でもあるという．カッパドキアワインを買って帰った．

カナダのレイクルイーズ湖はロッキー山脈の氷河ハイウェイの途中にあり，湖畔にホテルが一軒建ち，国立公園なので他には何もない．湖畔から氷河が連なる山を見上げるこの景色が，まさに絵に描いたようで飽きない．ホテルロビーの一角で，アフタヌーンティーを取った．シャンパンに始まる豪華な食事で，これも良い思い出である．あとは，アメリカで車で大陸横断をした時に寄ったブライスキャニオン国立公園であろうか．思い出すときりがない．

情報幾何の始まりと展開　4

4.1　情報幾何のできるまで

東大に戻って 11 年ほどが経った．ある日のこと，統計学専攻の大学院生の西尾敦君がやってきた．「先生が Fisher 情報行列がどうの空間の曲率がどうのと言っていましたが，B. Efron が統計の曲率に関する論文を書いています」と言う．さっそく読んだが，統計学をよく知らないせいかさっぱりわからない．スコアとかスコアリングとか，統計学のジャーゴンが多過ぎる．西尾君に言うと，さっそく統計学の講義をしてくれて，参考書も教えてくれた．

私は神経回路網の数理を 10 年夢中で研究し，『神経回路網の数理』なる著書を書き終え，少し飽きが来ていたのだろうか．この分野の専門家になったと感じたが，専門家とは職人でもある．神経回路の論文ならまだいくらでも書ける．でも，職人としての専門家では満足できない．数理工学を考究する自分の可能性はもっと他にもあるのではないだろうか．長年の夢でもあった統計の微分幾何学に新しい可能性を見出せるかもしれない．

Efron の論文は，統計学のパラメータ推定に関する**高次漸近理論**である．データの観測数 n が大きいときの統計的推論を扱うのが漸近理論である．パラメータを推定するときの 2 乗誤差が，Fisher 情報行列の逆行列を n で割ったものよりは良くできないというのが，有名な Crámer-Rao の定理であり，最尤推定はこの限界を漸近的に満たすことはよく知られている．誤差の $1/n$ の項だけでなく，$1/n^2$ の項まで計算してみればどうなるか，その頃この理論が世界では流行っていた．高次漸近理論である．ドイツ，インド，ロシア，そして日本では竹内啓と赤平昌文がこの理論を完成させていた．

実はかの Fisher 自身もこれに興味を持ち，いろいろと密かに計算していた．その遺稿に書いてある計算を復元し，高次の誤差項が曲率で表現できる，と喝破したのが Efron である．それにはリーマン幾何の普通のやり方（Levi-Civita 接続）ではなくて，新しい指数型接続というアファイン接続を導入する必要があった．Efron

の論文には discussions という付録がつき，多くの研究者がコメントを述べていた．その一人が A. P. David である．彼は，**Efron の曲率**は**指数型曲率**（指数型接続を用いる）と呼ぶべきもので，これとは別に**混合型曲率**（混合型アファイン接続を用いる）を定義できることを述べた．これは私をいたく啓発した．

こうして，私の統計学の微分幾何的研究が始まった．数式の複雑な計算が多く，とても難しかった．当時，推定誤差の高次の項，つまり $1/n^2$ の項は 3 つの項の和に書ける結果が示されていた．その一つが Efron の曲率項である．これは，確率モデルが指数型分布族からどの程度ずれているか示す量で，指数型分布族では 0 になる．まさに指数型曲率の名にふさわしい．私は，さらにもう一つの項を計算した．これは推定量として何を採用するか，その取り方に依存する．最尤推定量を取ればこれは 0 にできる．これが混合型曲率である．第 3 の項はパラメータの取り方による接続の項で，これは局所的にはパラメータをうまく取れば 0 にできる．

苦闘 2 年，何とか論文が完成した．この間，ピンポンのやり過ぎでぎっくり腰になり，苦しかった．スキー場で行う神経回路の恒例の研究会で，皆は昼間はスキーを滑りに行ってしまう．私はぎっくり腰でできない．こたつに籠って朝から計算である．他の研究には手をつけず，ひたすらこればかりを考えた．やっと完成したと思った．「伊理さん，ちょっと話を聞いてください」と，最初に話したのは，伊理正夫である．手応えを感じた．統計学の研究室に出向いて，話を聞いてもらった．これが 1 回では終わらず，続きのハイライトを次週に持ち越すと，そこに表れたのが竹内啓と赤平昌文である．竹内さんは，「こう言う話は普通の統計の人にはわからない，私が真贋を鑑定しましょう」と言った．

話を聞いて彼は絶賛してくれて，数学会の統計学分科会ですぐに発表しなさいと，後押ししてくれた．数学会に入会し発表するや，素人が何を偉そうなことを言うかと，統計の専門家から意地の悪い質問が続出した．私にはとても答えられない．ところが竹内さんが応援して，これに全部答えてくれた．

論文を投稿し，統計の一流専門誌 “Journal of Mathematical Statistics” に採録されたが[54]，このときの査読のコメントを見て驚いた．「お前は知らないだろうが，統計の微分幾何はロシアの N. N. Chentsov がすでにやっている．これを参照すべきである」．査読者の一人は S. Lauritzen であった．彼は Chentsov のロシア語の本を自分で勉強して，個人的に英訳した草稿を作ったと，手書きの翻訳の一部分を送ってくれた．Chentsov は A. Kolmogorov の弟子で，Kolmogorov の示唆でこの研究を始めたという．彼は**不変性**を原理に据えて，確率分布族の空間に導入すべきリーマン計量は，Fisher 情報行列以外にあり得ないことを証明している．ただ，残念なことに（私にとっては幸運だった）曲率の計算をしていない．曲率は高次漸近理論で初めて現れる．当時は統計学ではまだ高次漸近理論が研究されていなかった．

こうして私の論文は世に出た．その後，竹内さんが，統計学の世界の第一人者 D. Cox 卿を日本に招待した．Cox は統計学への貢献で英国の一代貴族に叙され，Sir Cox となった．このとき Cox が私の理論を聞いてくれて，不思議そうな顔をしていたのを覚えている．ところが彼が帰国して 3 カ月ほどで，手紙が来た．「お前の話は，もしかすると統計学に新しい道を拓くものかもしれない．こういう話は世界的に検討すべきである．よって，ロンドンで統計の微分幾何のワークショップを開催したい．お前には必ず来て欲しい．」

他に誰か招待したい学者がいるかと聞かれたので，迷うことなく Chentsov の名を挙げた．ところが当時は冷戦の真っ最中で，ワークショップは NATO の資金援助で開催するという．共産圏の人は残念ながら招待できないのであきらめてくれ，とのことであった．その後私はロシアを訪れて，Chentsov にも 2 回ほど会えた．学会の懇親会の折に，彼は Kolmogorov に私を紹介してくれた．大先生と握手したときは手が震えた．

ロンドンの会議は大成功で，C. R. Rao，B. Efron，A. P. Dawid，その他超一流の統計学者が集まった．このため「統計の微分幾何」はあっという間に世界に広まった．また Cox が強く後押しをしてくれて，統計の著名な国際会議には，数ある統計学者をさしおいて，私をプレナリー講演者として推薦してくれた．統計学の分野では，私は信じられないほどの幸運のスタートを切った．これも竹内啓，Cox など，多くの統計学者のおかげである．

この研究は統計の微分幾何であったが，私はあえて「**情報幾何**」の名前に固執した．これは統計学を超えて，もっと多くの情報科学の方法論になるべきだと考えたからである．この命名が成功して，今日の情報幾何の隆盛があるのは嬉しい．

情報幾何の歴史について簡単に触れておこう．一般には Rao の 1945 年の記念碑的論文が始まりとなっている．実はその前に埋もれた前史があった．1928 年，統計学の微分幾何学的な研究を目指して，アメリカの H. Hotelling がイギリスの Fisher に会いにロザムステッド農事試験場を訪れている．統計的推論の基礎理論を Fisher とともに建設しようとしたのである．1 年以上にわたる共同研究を行ったが，共著論文にはならなかった．意見が合わなかったのかもしれない．何しろ Fisher は名うての変人で，J. Neyman と衝突し，彼とは口も利かない状態であった．Hotelling は 1929 年にアメリカの数学会の大会で論文を単名で発表する．しかし本人は都合で出席できず，代読となった．この論文は学術誌に投稿されなかったが，その草稿が残っている．それは素晴らしいもので，統計モデルの作る確率分布族の空間に Fisher 情報行列によるリーマン空間を導入し，location-scale モデルはその曲率が負の定数となる定曲率空間であることなどを計算している．これは後に私が大学院時代に計算して感激したものより一般的なものである．残念なことに，この業績は埋もれてしまい，その後 80 年，世に知られないままになった．

これとは独立に，インドの若き俊英 C. R. Rao は統計学史上有名な論文を 1945 年に著す．いわゆる **Crámer-Rao の定理**，Rao-Blackwell の定理など，歴史に残る統計学の大業績がここで発表された．その中で彼は統計モデルの空間に **Fisher 情報行列**をリーマン計量として持ち込む構想を提案し，ガウス分布については計量とともに測地線なども具体的に計算している．Rao は 2021 年に 100 歳を迎え，その記念の行事を行った．私も記念招待論文を寄稿した[325]．残念なことに 2023 年に 102 歳で没した．

Rao の論文以降，この構想を広げる試みはいくつかあったが，成功をおさめたとは言いがたい．しかし，Kolmogorov の示唆で始めた N. N. Chentsov の仕事は，Fisher 情報量を根底から見直して，なぜそれが一意に決まるのかを問う本格的なものであった．それには表現によらない不変な構造を求めるという，新しい観点が導入された．彼はさらに不変性の観点から 3 階のテンソル（cubic テンソル）を導入し，新しい一連のアファイン接続を導入した．α 接続である．しかし，残念なことにこの仕事は広がらなかった．それを使えば統計的推論の何がわかるのか，統計学への応用が当時は見られなかったのである．これには高次漸近理論の勃興を待たなければならない．Chentsov の興味はその後**量子情報幾何学**に向かう．

B. Efron の仕事は，Fisher の業績を受け継いで，高次漸近理論の仕組みを明らかにするものであった．ここでは指数型曲率が主役を演ずるが，それに深入りはしない．後に Efron は私への手紙の中で，「私がもう少し若ければ微分幾何をきちんと勉強するのに」と述べている．とは言え，幾何学，とくに曲率の重要性を初めて示したのは Efron であった．A. P. David が混合型接続の可能性を指摘し，それを受けて私の仕事が続く．そして，双対性をもとに情報幾何学を仕上げたのが，長岡浩司と私の仕事[55] である．ロンドンワークショップを経てこの仕事が広まり，以後多数の国際会議が開催され，多くの研究が発表されるに至る．いまでは Springer 社から学術誌 Information Geometry が刊行されている．

では今日の立場から，情報幾何についての私の研究を解説してみたい．

4.2 確率分布族のなす空間——リーマン空間と双対接続

正則な確率分布族

$$S = \{p(\boldsymbol{x}, \boldsymbol{\theta})\} \tag{4.1}$$

を考えよう．$\boldsymbol{x}$ が確率変数ベクトル，$\boldsymbol{\theta}$ は分布を指定するベクトルパラメータで，$p(\boldsymbol{x}, \boldsymbol{\theta})$ は確率密度である．「正則」とは，モーメントの存在，微分可能性，無駄なパラメータを含まない，などの良い性質を持つことであるが，ここでは深入りせず，単に“おまじない”のようなものだと考えておこう．確率分布族 (4.1) のなす空間 S の座標系（局所座標系でよい）を

$$\boldsymbol{\theta} = (\theta^1, \cdots, \theta^n) \tag{4.2}$$

とする．この空間にリーマン計量を導入しよう．それは 2 階の正定のテンソル（行列）

$$g(\boldsymbol{\theta}) = \{g_{ij}(\boldsymbol{\theta})\}, \quad i, j = 1, \cdots, n \tag{4.3}$$

である．Hotelling と Rao は，これを Fisher 情報行列で与えるのが自然であると考えた．リーマン計量 $g(\boldsymbol{\theta})$ を与えると，ここから Levi-Civita 接続 Γ_{ij}^k が自然に導入できる（4.3 節で述べる双対平坦空間では，アファイン接続は 0 になるから，ここでの話は読み飛ばしてもよい）．

$$\overset{0}{\Gamma}{}_{ij}^k = \frac{1}{2} g^{km} (\partial_i g_{jm} + \partial_j g_{im} - \partial_m g_{ij}). \tag{4.4}$$

しかし，接続は他にも定義できる．$T_{ijk}(\boldsymbol{\theta})$ を 3 階のテンソルとしよう．すると，Levi-Civita 接続にこれを加えた

$$\Gamma_{ij}^k = \overset{0}{\Gamma}{}_{ij}^k + g^{mk} T_{ijm} \tag{4.5}$$

は接続の条件を満たす．T として反対称のテンソル S を用い，これが電磁気の場を表すとしたのが Einstein の統一場理論の構想であった．これは連続体力学で転位の場をうまく表現することを見た．我々の空間 S で T として自然に決まる対称なものを探してみよう．

確率密度 $p(\boldsymbol{x}, \boldsymbol{\theta})$ の対数

$$l(\boldsymbol{x}, \boldsymbol{\theta}) = \log p(\boldsymbol{x}, \boldsymbol{\theta}) \tag{4.6}$$

を**対数尤度**という．エントロピーは対数尤度の期待値を負にしたものである．統計学では，尤度をもとに推論を行うことを**尤度原理**といい，Fisher の築いた近代統計学の核心をなす．与えられた N 個の観測データ $\boldsymbol{x}_1, \cdots, \boldsymbol{x}_N$ に対して，対数尤度を最大にする $\boldsymbol{\theta}$ を探すのが最尤推定で，最も尤もらしい $\boldsymbol{\theta}$ と言える．対数尤度のパラメータ $\boldsymbol{\theta}$ の成分 θ^i による微分を**スコア**と呼ぶ．スコアはベクトルである．

$$\boldsymbol{s}(\boldsymbol{x}, \boldsymbol{\theta}) = (\partial_i l(\boldsymbol{x}, \boldsymbol{\theta})), \quad i = 1, \cdots, n. \tag{4.7}$$

確率変数 $\boldsymbol{x}$ を 1 対 1 で微分可能な写像によって

$$\boldsymbol{y} = \boldsymbol{k}(\boldsymbol{x}), \quad \boldsymbol{x} = \boldsymbol{k}^{-1}(\boldsymbol{y}) \tag{4.8}$$

に変換してみよう．$\boldsymbol{y}$ は確率変数 $\boldsymbol{x}$ の別の表現とみなせる．このとき，$\boldsymbol{y}$ の確率分布は

$$\widetilde{p}(\boldsymbol{y}, \boldsymbol{\theta}) = p(\boldsymbol{x}, \boldsymbol{\theta}) \left| \frac{\partial \boldsymbol{k}^{-1}(\boldsymbol{y})}{\partial \boldsymbol{y}} \right| \tag{4.9}$$

に変わる．上式で $|\quad|$ の部分は変換 (4.8) のヤコビ行列式である．しかし対数尤度は

$$\widetilde{l} = l + \log \left| \frac{\partial \boldsymbol{k}^{-1}}{\partial \boldsymbol{y}} \right| \tag{4.10}$$

に変わるだけで，これをパラメータ $\boldsymbol{\theta}$ で微分したスコアは

$$\widetilde{\boldsymbol{s}}(\boldsymbol{y}, \boldsymbol{\theta}) = \boldsymbol{s}(\boldsymbol{x}, \boldsymbol{\theta}) \tag{4.11}$$

となり不変である．つまり確率変数 $\boldsymbol{x}$ の表現によらない．

これを用いて，この意味で不変なテンソル

$$g_{ij}(\boldsymbol{\theta}) = \mathrm{E}[\partial_i l(\boldsymbol{x}, \boldsymbol{\theta}) \partial_j l(\boldsymbol{x}, \boldsymbol{\theta})], \tag{4.12}$$

$$T_{ijk}(\boldsymbol{\theta}) = \mathrm{E}[\partial_i l(\boldsymbol{x}, \boldsymbol{\theta}) \partial_j l(\boldsymbol{x}, \boldsymbol{\theta}) \partial_k l(\boldsymbol{x}, \boldsymbol{\theta})] \tag{4.13}$$

を定義する．g は Fisher 情報行列であり，T は 3 階の対称テンソルであって，これを **cubic テンソル**と呼ぼう（Lauritzen はこれを当初 skewness テンソルと呼んだが，skew は反対称を示唆するので具合が悪い）．アファイン微分幾何でもこのような量を cubic テンソルと呼んでいた．

この時 α を実パラメータとして，**$\boldsymbol{\alpha}$ 接続**

$$\overset{\alpha}{\Gamma}{}^k_{ij} = \overset{0}{\Gamma}{}^k_{ij} - \frac{\alpha}{2} T^k_{ij}, \tag{4.14}$$

$$T_{ij}^k = g^{km} T_{ijm} \tag{4.15}$$

を導入する．$\alpha = 0$ の場合は **Levi-Civita 接続**で，この場合は普通のリーマン空間が得られる．$\alpha = 1$ のときは

$$\overset{e}{\Gamma}{}_{ij}^k = \overset{0}{\Gamma}{}_{ij}^k - \frac{1}{2} T_{ij}^k. \tag{4.16}$$

これを**指数型接続**（**exponential 接続**，***e* 接続**）と呼ぶ．Efron が用いた接続である．$\alpha = -1$ のときが**混合型接続**（**mixture 接続**，***m* 接続**）で

$$\overset{m}{\Gamma}{}_{ij}^k = \overset{0}{\Gamma}{}_{ij}^k + \frac{1}{2} T_{ij}^k, \tag{4.17}$$

と書ける．α 接続は Chentsov がすでに導入していた．

接続を決めれば，空間の点 $\boldsymbol{\theta}$ における接ベクトル $\boldsymbol{X}$ を，他の点 $\boldsymbol{\theta}'$ へ，この 2 点を結ぶ経路 $\boldsymbol{c}(t)$ に沿って，平行移動できる（図 4.1）．Levi-Civita 接続は，平行移動によって接空間のベクトルの長さを変えない．これを式で書けば，Π を平行移動，$\langle \ \ \rangle$ を内積として

$$\langle \boldsymbol{X}, \boldsymbol{Y} \rangle = \langle \Pi^0 \boldsymbol{X}, \Pi^0 \boldsymbol{Y} \rangle, \tag{4.18}$$

ただし Π^0 は $\alpha = 0$ 接続（Levi-Civita 接続）による平行移動である．これを微分の形で書けば

$$\nabla_{\boldsymbol{\theta}} \langle \boldsymbol{X}, \boldsymbol{Y} \rangle = \langle \overset{0}{\nabla} \boldsymbol{X}, \boldsymbol{Y} \rangle + \langle \boldsymbol{X}, \overset{0}{\nabla} \boldsymbol{Y} \rangle \tag{4.19}$$

となる．ここで，$\nabla_{\boldsymbol{\theta}}$ は $\boldsymbol{\theta}$ による微分 $(\partial/\partial\boldsymbol{\theta})$ で勾配のことで，$\overset{0}{\nabla}$ は接続 $\overset{0}{\Gamma}$ を用いた共変微分である．α 接続は上式を満たさない．ところが，α と $-\alpha$ が組になって長さを保存するという，双対性がある．これを式で書くと

$$\langle \boldsymbol{X}, \boldsymbol{Y} \rangle = \langle \Pi^\alpha \boldsymbol{X}, \Pi^{-\alpha} \boldsymbol{Y} \rangle, \tag{4.20}$$

微分の形では

$$\nabla_{\boldsymbol{\theta}} \langle \boldsymbol{X}, \boldsymbol{Y} \rangle = \langle \overset{\alpha}{\nabla} \boldsymbol{X}, \boldsymbol{Y} \rangle + \langle \boldsymbol{X}, \overset{-\alpha}{\nabla} \boldsymbol{Y} \rangle. \tag{4.21}$$

α と $-\alpha$ がペアとなって内積を保持することで話が閉じる．こうして**双対接続**を持つリーマン構造が確率分布族の空間に導入される．

計量 g_{ij} と接続 Γ_{ijk} が定義された空間で，曲線 $\boldsymbol{x}(t)$ を考えよう．曲線の接ベクトル $\dot{\boldsymbol{x}}(t) = d\boldsymbol{x}(t)/dt$ が曲線に沿った平行移動で変わらないもの，すなわち

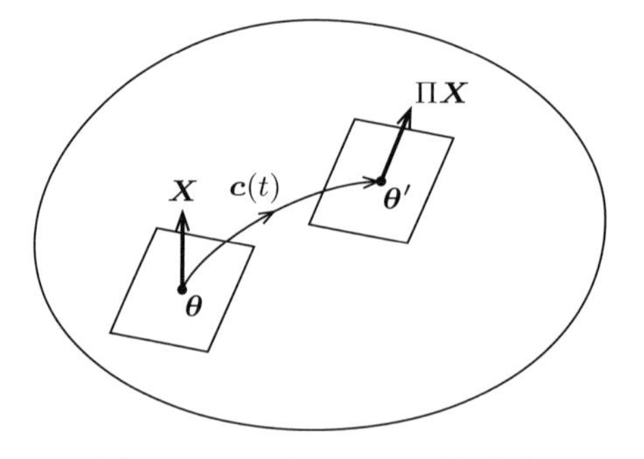

図 4.1 ベクトル $\boldsymbol{X}$ の平行移動

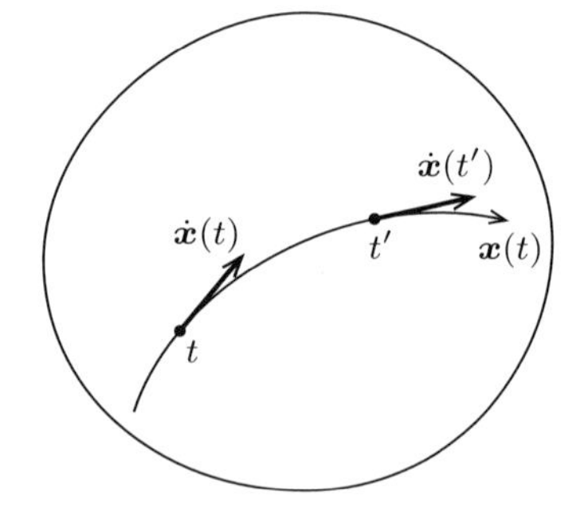

図 4.2 測地線 $\boldsymbol{x}(t)$ と速度ベクトル $\dot{\boldsymbol{x}}(t)$

$$\Pi\dot{\boldsymbol{x}}(t) = 0 \tag{4.22}$$

を満たすものを考える（図 4.2）．これは，∇ を接続 Γ から決まる共変微分として

$$\nabla\dot{\boldsymbol{x}}(t) = 0 \tag{4.23}$$

を満たす．このとき $\boldsymbol{x}(t)$ を**測地線**と呼び，また $\dot{\boldsymbol{x}}(t)$ を速度ベクトルと呼ぶ．これは書き直せば，

$$\frac{d^2x^i}{dt^2} + \Gamma^i_{jk}\frac{dx^j}{dt}\frac{dx^k}{dt} = 0 \tag{4.24}$$

となる．

少し遅くなったが Chentsov の大定理について述べる．なぜ Fisher 情報量を用いるのがよいのか，その必然性を Chentsov は考えた．話を単純化して，x は $0, \cdots, n$ の整数値を取る確率変数としよう．

$$p_i = \mathrm{Prob}\{x = i\}, \quad i = 0, 1, \cdots, n \tag{4.25}$$

とする．このときの確率分布 $p(x, \boldsymbol{\theta})$ は，たとえば $\boldsymbol{\theta} = (p_1, \cdots, p_n)$ をパラメータとする n 次元空間 S_n をなし，これは $n+1$ 次元の空間 $p = (p_0, p_1, \cdots, p_n)$ に埋め込まれた $\sum_{i=1}^{n} p_i = 1$ を満たすシンプレックスである（図 4.3）．

$n > m$ として S_n と S_m の関係を見よう．S_n の中に，たとえば $p_1 = 0.4p_2$ のような線形束縛があったとしよう．このとき，束縛を満たす $\boldsymbol{p}$ は S_n の中で次元が 1 つ下がった平坦な部分空間をなす．ここで，

$$q_1 = p_1 + p_2, \tag{4.26}$$

$$q_2 = p_3, \tag{4.27}$$

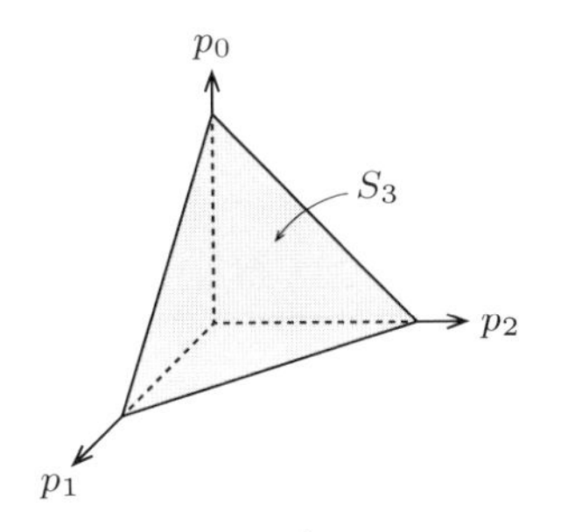

図 4.3　シンプレックス S_3

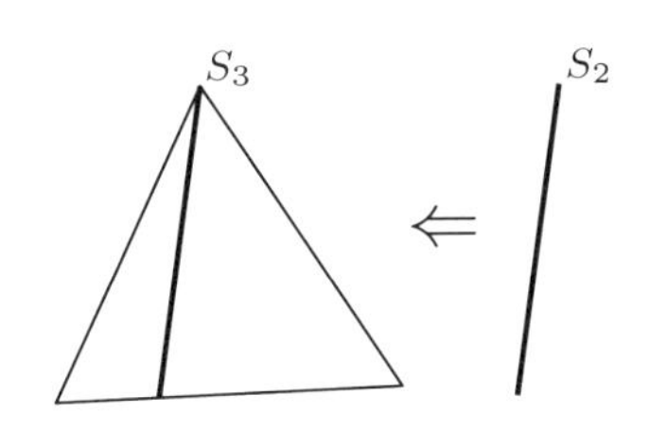

図 4.4　マルコフモルフィズム $S_2 \to S_3$

$$q_{n-1} = p_n \tag{4.28}$$

とおけば，x_1 と x_2 とをまとめて新しい $\overline{x}_1 = x_1 + x_2$ とおいて，ここでの推論は $\overline{x}_1, x_3, \cdots, x_n$ を用いて $\boldsymbol{q}$ を S_{n-1} で推論するのと同じで，S_{n-1} での確率分布 $\boldsymbol{q} \in S_{n-1}$ が得られる．このとき，$(\overline{x}_1, x_3, \cdots, x_n)$ は S_{n-1} で $(x_1, x_2, \cdots, x_n)$ を用いて推論するときの十分統計量である．つまり，S_{n-1} が S_n に線形に写像され，その線形部分空間になる（図 4.4）．このような線形束縛は多数あってよく，これによって，S_m は S_n にその線形部分空間として写像される．これを**マルコフモルフィズム**と呼び，その像を $M(S_m) \subset S_n$ としよう．とくに $m = n$ のときは，$M(S_n)$ は p_i の添字 i のパーミュテーション（置換）である．

S_n の中に g_{ij} や T_{ijk} のような幾何学量が定まったとしよう．すると，S_m でも同様に，g_{ij} や T_{ijk} が定まる．これは S_n の一部分として埋め込まれた $M(S_n)$ で生ずる幾何学と同じであることを要請する．これをマルコフモルフィズムによる不変性という．

高い次元の空間 S_n での幾何構造は，マルコフモルフィズムによってその部分空間として挿入された S_m に移るが，それはもとの S_n の幾何構造に等しいという原理を導入する．これがマルコフモルフィズムによる**不変性の原理**である．

Chentsov の大定理　マルコフモルフィズムの下で不変性を満たす 2 階および 3 階の対称テンソルは，定数倍を除いて，Fisher 情報行列 g および cubic テンソル T に限られる．

この証明は，たとえば日本語の著書なら，

藤原彰夫,『情報幾何学の基礎』, 牧野書店, 共立出版 (2021)

藤岡敦,『入門 情報幾何』, 共立出版 (2021)

などに丁寧に紹介されているし面倒なのでここでは述べない．

しかし，なぜ当たり前に見えるこんな簡単なことで，幾何構造が一意に決まってしまうのだろう．その秘密は，以下のような仕掛けである．まず S_n の重心の点 $p_1 = \cdots = p_{n+1} = 1/(n+1)$ を考えよう．ここでは，添字のパーミュテーションによる不変性から，幾何学が等方的に決まってしまう．ところが，S_m の重心は，$M(S_m)$ では S_n の重心とは違う．だから S_n の重心ではないこの点における幾何学が，マルコフモルフィズムの下での不変性によって決定されるという仕掛けになっている．

連続の確率変数 $\boldsymbol{x}$ の場合には，この証明は直接には当てはまらない．しかし，これを十分統計量という観点から見よう．$p(\boldsymbol{x}, \boldsymbol{\theta})$ に従う $\boldsymbol{x}$ の関数 $\boldsymbol{s}(\boldsymbol{x})$ が十分統計量とは，$\boldsymbol{x}$ の確率分布が

$$p(\boldsymbol{x}, \boldsymbol{\theta}) = q\{\boldsymbol{s}(\boldsymbol{x}), \boldsymbol{\theta}\} r(\boldsymbol{x}) \tag{4.29}$$

のように，$\boldsymbol{s}$ による部分と $\boldsymbol{\theta}$ を含まない $r(\boldsymbol{x})$ の部分に分離しているときである．このとき，スコア $\partial_i \log p(\boldsymbol{x}, \boldsymbol{\theta})$ を計算すると $r(\boldsymbol{x})$ の項は消失する．したがって統計的推論は十分統計量 $\boldsymbol{s}$ のみを用いて行えばよい．Chentsov の定理の場合も，S_n の中での $M(S_m)$ という限られた部分で行う推論は，十分統計量を用いているということに他ならない．前の例では，x_1, x_2 の代わりに

$$\overline{x} = x_1 + x_2 \tag{4.30}$$

が**十分統計量**である．連続変数の場合に，$\boldsymbol{x}$ の十分統計量 $\boldsymbol{s}(\boldsymbol{x})$ を取ると，その確率分布族空間の計量と cubic テンソルは，もとの空間のものと等しい．

Chentsov の定理は次のように一般化できる．

定理 4.1 確率分布空間において，その構造が十分統計量 $\boldsymbol{s}(\boldsymbol{x})$ のみに依存して決まるとすると，その計量と cubic テンソルは (4.12)，(4.13) で与えられる．

普通の $\boldsymbol{x} \in \mathbb{R}^n$ に対しては，十分統計量 $\boldsymbol{s}$ とは，その可逆な座標変換 $\boldsymbol{s} = \boldsymbol{s}(\boldsymbol{x})$ になるから，この不変性は $\boldsymbol{x}$ の座標変換に関する不変性と言ってもよい．このもとで，g と T の一意性が証明できる．これはたとえば N. Ay らの著書

N. Ay, J. Jost, H. V. Le and L. Schwachhöfer, information Geometry, Springer, 2017.

に詳しい．

4.3　ダイバージェンスと情報幾何

不変性をもとに計量 g と双対接続 $\overset{\alpha}{\Gamma}$, $\overset{-\alpha}{\Gamma}$ を導いてきた．これには**不変なダイバージェンス**である KL ダイバージェンスや f ダイバージェンスが重要な役割を果たす．これらについては後に述べる．不変性にこだわることなく，空間 S に一般のダイバージェンスが定義されているとき，ここから g と T，そして双対接続のリーマン空間を導く話は，江口真透教授が始めた．彼は当時阪大大学院修士の学生で，統計学を専攻していた．私が大阪市立大で行った情報幾何の集中講義の講義ノートを友人から借り受けて，勉強を始めたという．確率分布空間に 2 つの確率分布空間の違いを表す**ダイバージェンス**（コントラスト関数ともいう）を考える．

分布 $p(\boldsymbol{x},\boldsymbol{\xi})$ と $p(\boldsymbol{x},\boldsymbol{\xi}')$ のダイバージェンス $D[\boldsymbol{\xi}:\boldsymbol{\xi}']$ を次の 3 つの要請を満たすものと定義する．

(1)　$D[\boldsymbol{\xi}:\boldsymbol{\xi}'] \geq 0$.

(2)　$D[\boldsymbol{\xi}:\boldsymbol{\xi}'] = 0$, ただし $\boldsymbol{\xi} = \boldsymbol{\xi}'$ のとき，そのときに限る．

(3)　$\boldsymbol{\xi}$ と $\boldsymbol{\xi}'$ の違いが微小であるとき，D はテイラー展開できて

$$D[\boldsymbol{\xi}:\boldsymbol{\xi}'] = \frac{1}{2}g_{ij}(\boldsymbol{\xi})\left(\boldsymbol{\xi}^i - \boldsymbol{\xi}'^i\right)\left(\boldsymbol{\xi}^j - \boldsymbol{\xi}'^j\right) + O\left(|\boldsymbol{\xi}-\boldsymbol{\xi}'|^3\right). \tag{4.31}$$

ダイバージェンスを用いて，$\boldsymbol{\xi}$ を座標として持つ空間にリーマン計量と双対接続の対を導こう．いま，新しい記法として，ダイバージェンス $D[\boldsymbol{\xi}:\boldsymbol{\xi}']$ に関して，第 1 の変数の $\boldsymbol{\xi}$ の成分 ξ^i についての微分を

$$\partial_{i\cdot} = \frac{\partial}{\partial \xi^i} \tag{4.32}$$

のように書き，第 2 の変数 $\boldsymbol{\xi}'$ の成分 ξ'^j に関する微分を

$$\partial_{\cdot j} = \frac{\partial}{\partial \xi'^j} \tag{4.33}$$

のように書く．両者を混ぜた微分を，たとえば

$$\partial_{i;j} = \frac{\partial^2}{\partial \xi^i \partial \xi'^j} \tag{4.34}$$

のように書く．

ダイバージェンス $D[\boldsymbol{\xi}:\boldsymbol{\xi}']$ から次の量を計算しよう：

$$g_{ij}(\boldsymbol{\xi}) = -\partial_{i;j} D[\boldsymbol{\xi}:\boldsymbol{\xi}']_{\boldsymbol{\xi}'=\boldsymbol{\xi}}, \tag{4.35}$$

$$\Gamma_{ijk} = -\partial_{ij;k} D[\boldsymbol{\xi} : \boldsymbol{\xi}']_{\boldsymbol{\xi}'=\boldsymbol{\xi}}, \tag{4.36}$$

$$\Gamma^*_{ijk} = -\partial_{i;jk} D[\boldsymbol{\xi} : \boldsymbol{\xi}']_{\boldsymbol{\xi}'=\boldsymbol{\xi}}. \tag{4.37}$$

これらは，空間にリーマン計量 $g_{ij}(\boldsymbol{\xi})$ と 2 つの双対なアファイン接続 $\Gamma_{ijk}(\boldsymbol{\xi}), \Gamma^*_{ijk}(\boldsymbol{\xi})$ を定義する．このとき cubic テンソルは

$$T_{ijk} = \partial_{ij;k} D[\boldsymbol{\xi} : \boldsymbol{\xi}']_{\boldsymbol{\xi}'=\boldsymbol{\xi}} - \partial_{i;jk} D[\boldsymbol{\xi} : \boldsymbol{\xi}']_{\boldsymbol{\xi}'=\boldsymbol{\xi}} \tag{4.38}$$

で与えられる．

注意：$D[\boldsymbol{\xi} : \boldsymbol{\xi}']$ より得られる幾何構造は，(4.35)-(4.37) からわかるように，D の $\boldsymbol{\xi} \approx \boldsymbol{\xi}'$ の局所的な値のみに依存して決まる．

定理 4.2 Γ_{ijk} と Γ^*_{ijk} は計量 g_{ij} に関して双対である．

ダイバージェンスが，確率変数 $\boldsymbol{x}$ の可逆変換に対して不変であるならば，それを不変なダイバージェンスと呼ぶ．不変なダイバージェンスからは不変な Fisher 情報計量 g と e 接続 $\overset{e}{\Gamma}$，m 接続 $\overset{m}{\Gamma}$ が得られる．

大学院生であるのにもかかわらず，統計学の一流専門誌に掲載された江口さんの論文は，研究者の目を引いた．彼は Cox の主催したロンドンの国際会議にぜひ出席したいと言った．この機会に，Cox の紹介で彼と一緒にイギリスを回った．彼は英語がからきし駄目で，私も覚束ない．とくに D. Titterrington 教授に会いにグラスゴーを訪れたときのことである．英語のなまりが強くて駅で話が全く通じないのである．これではならじと江口さんはその後イギリスへ留学し研鑽を積み，私よりうまくなった．後に，Springer から発刊する国際学術誌 Information Geometry の初代 editor-in-chief を務めてくれた．

確率分布族の不変なダイバージェンスについて触れておこう．典型的なダイバージェンスは **KL ダイバージェンス**（Kullback-Leibler divergence）で，

$$D_{\mathrm{KL}}\left[p(\boldsymbol{x}) : q(\boldsymbol{x})\right] = \int p(\boldsymbol{x}) \log \frac{p(\boldsymbol{x})}{q(\boldsymbol{x})} d\boldsymbol{x} \tag{4.39}$$

で定義される．これは統計学，情報理論，物理学などでよく使われる．これを一般化した **$\boldsymbol{\alpha}$ ダイバージェンス**は，α を実パラメータとして

$$D_\alpha\left[p(\boldsymbol{x}) : q(\boldsymbol{x})\right] = \frac{4}{1-\alpha^2}\left\{1 - \int p(\boldsymbol{x})^{\frac{1+\alpha}{2}} q(\boldsymbol{x})^{\frac{1-\alpha}{2}} d\boldsymbol{x}\right\} \tag{4.40}$$

のように書ける．上式で $\alpha \to 1$ の極限が KL ダイバージェンス，$\alpha \to -1$ の極限がその双対である．

これをもっと一般化したものが **$\boldsymbol{f}$ ダイバージェンス**で，後に大阪市立大名誉教授になった森本治樹が定義し，I. Csiszár が深く研究した．標準化した f ダイバージェンスは

$$f(1) = 0, \tag{4.41}$$

$$f'(1) = 0, \tag{4.42}$$

$$f''(1) = 1 \tag{4.43}$$

を満たす凸関数 f を用いて

$$D_f\left[p(\boldsymbol{x}) : q(\boldsymbol{x})\right] = \int p(\boldsymbol{x}) f\left\{\frac{q(\boldsymbol{x})}{p(\boldsymbol{x})}\right\} d\boldsymbol{x} \tag{4.44}$$

のように書ける．α ダイバージェンス（したがって KL ダイバージェンス）はその特殊な場合であり，

$$f_\alpha(u) = \begin{cases} \dfrac{4}{1-\alpha^2}\left(1 - u^{\frac{1+\alpha}{2}}\right), & (\alpha \neq \pm 1), \\ u \log u, & (\alpha = 1), \\ -\log u, & (\alpha = -1) \end{cases} \tag{4.45}$$

とおいたものである．f ダイバージェンスは不変なダイバージェンスで，そこから得られる幾何構造は，$\pm\alpha$ 構造である．(4.45) 式で，$\alpha = \pm 1$ のときの結果が，$\alpha \to \pm 1$ の極限で得られないことが気持ち悪いという読者もいるかもしれない．実は $f_\alpha(u)$ と

$$\overline{f_\alpha}(u) = \frac{4}{1-\alpha^2}\left(1 - u^{\frac{1+\alpha}{2}} + c_\alpha(1-u)\right) \tag{4.46}$$

とは同じダイバージェンスを与えるから，c_α をうまく定めれば，(4.45) はまとめた 1 つの式とその極限で書ける．

定理 4.3　f ダイバージェンスが与える幾何構造は，Fisher 情報行列をリーマン計量とし，双対な $\pm\alpha$ をアファイン接続とする．ただし，α は

$$\alpha = 2f'''(1) + 3 \tag{4.47}$$

で与えられる．

なお，f_α の双対となる関数は $f_{-\alpha}$ で，

$$D_\alpha[p : q] = D_{-\alpha}[q : p] \tag{4.48}$$

が成立する．

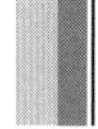

4.4　双対平坦空間と Bregman ダイバージェンス

4.4.1　Bregman ダイバージェンス

ここで確率分布族を離れて，凸関数について述べたい．$\boldsymbol{\theta}$ の凸関数 $\psi(\boldsymbol{\theta})$ が与えられたときに，ここから空間 $S = \{\boldsymbol{\theta}\}$ にダイバージェンス

$$D[\boldsymbol{\theta} : \boldsymbol{\theta}'] = \psi(\boldsymbol{\theta}) - \psi(\boldsymbol{\theta}') - \nabla\psi(\boldsymbol{\theta}') \cdot (\boldsymbol{\theta} - \boldsymbol{\theta}') \tag{4.49}$$

を導くことができる．これはロシアの L. Bregman が最適計画に関連して導いたものである．図 4.5 に示すように，凸関数は上向きにどんどん曲がっていくから，ある点で接平面を描くと，関数自身はいつも平面の上にある．$\boldsymbol{\theta}$ 点で引いた接平面を $\boldsymbol{\theta}'$ 点で見たときに，関数が接平面からどのくらい離れるか，これがダイバージェンスを与える．ここから得られる幾何は実は双対平坦なリーマン空間であることを示そう．

定理 4.4　Bregman ダイバージェンスは双対平坦なリーマン構造をもたらす．

証明　まずリーマン計量を調べる．(4.35) より (4.49) を用いて g_{ij} を計算すれば

$$g_{ij}(\boldsymbol{\theta}) = \partial_i \partial_j \psi(\boldsymbol{\theta}) \tag{4.50}$$

が得られる．ψ は凸関数であるから，これは正定行列である．

次に接続を計算する．(4.36) より (4.49) を用いて，

$$\overset{e}{\Gamma}_{ijk}(\boldsymbol{\theta}) = 0 \tag{4.51}$$

が容易に導ける．ちなみに双対接続 $\overset{m}{\Gamma}_{ijk}$ も (4.37) より計算できるが，これはすぐ

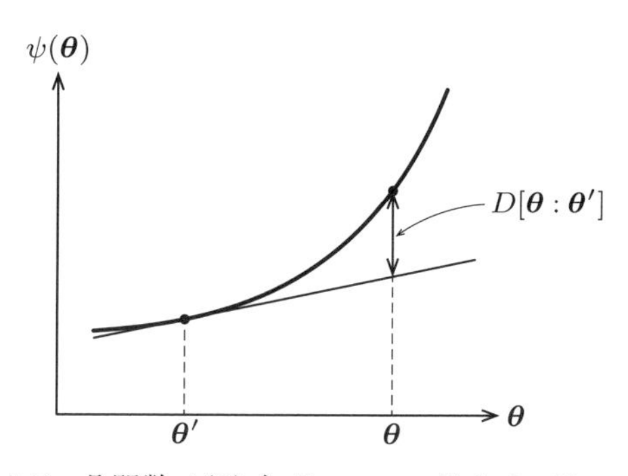

図 4.5　凸関数 $\psi(\boldsymbol{\theta})$ と Bregman ダイバージェンス

に述べるルジャンドル変換を用いて計算した方が簡単である．なお，上付きの e と m とは，指数型分布族の e 接続，混合型分布族の m 接続に由来する．

(4.24) より，測地線 $\boldsymbol{\theta}(t)$ は，$\boldsymbol{a}, \boldsymbol{b}$ を定数ベクトルとして

$$\boldsymbol{\theta}(t) = \boldsymbol{a}t + \boldsymbol{b} \tag{4.52}$$

のようにパラメータ t の 1 次式であることがわかる．このような座標系 $\boldsymbol{\theta}$ を e アファイン座標系と呼ぶ．e アファイン座標系は一意に決まるわけではなくて，A を非退化定数行列，$\boldsymbol{b}$ を定数ベクトルとして

$$\widetilde{\boldsymbol{\theta}} = A\boldsymbol{\theta} + \boldsymbol{b} \tag{4.53}$$

もまたアファイン座標系である．このとき凸関数は

$$\widetilde{\psi}\left(\widetilde{\boldsymbol{\theta}}\right) = \psi(\boldsymbol{\theta}) \tag{4.54}$$

より定まる． □

4.4.2 ルジャンドル変換

座標系を $\boldsymbol{\theta}$ とする空間を考え，その上に微分可能凸関数 $\psi(\boldsymbol{\theta})$ があったとしよう．その微分

$$\boldsymbol{\eta} = \partial_{\boldsymbol{\theta}}\psi(\boldsymbol{\theta}) \tag{4.55}$$

を求めると，$\boldsymbol{\theta}$ と $\boldsymbol{\eta}$ は 1 対 1 に対応している．したがって $\boldsymbol{\eta}$ を新しい座標系として用いることができる．これを**ルジャンドル変換**という．

$\boldsymbol{\eta}$ から $\boldsymbol{\theta}$ への逆変換を求めるために，$\boldsymbol{\eta}$ の関数

$$\varphi(\boldsymbol{\eta}) = \max_{\boldsymbol{\theta}'}\left\{\boldsymbol{\theta}' \cdot \boldsymbol{\eta} - \psi\left(\boldsymbol{\theta}'\right)\right\} \tag{4.56}$$

を定義しよう．とくに，上式で最大値を実現する $\boldsymbol{\theta}'$ は $\boldsymbol{\eta}$ の関数として求まる．これを $\boldsymbol{\theta}(\boldsymbol{\eta})$ と書こう．すると，

$$\varphi(\boldsymbol{\eta}) = \boldsymbol{\theta} \cdot \boldsymbol{\eta} - \psi(\boldsymbol{\theta}) \tag{4.57}$$

が成立する．ただし上式の右辺の $\boldsymbol{\theta}$ は $\boldsymbol{\theta}(\boldsymbol{\eta})$ で定まる $\boldsymbol{\eta}$ の関数である．

(4.57) を微分すれば，(4.55) と $\boldsymbol{\theta}$ と $\boldsymbol{\eta}$ が一対一で対応していることから

$$\begin{aligned}\partial_{\boldsymbol{\eta}}\varphi(\boldsymbol{\eta}) &= \boldsymbol{\theta} + \partial_{\boldsymbol{\eta}}\boldsymbol{\theta} \cdot \boldsymbol{\eta} - \partial_{\boldsymbol{\eta}}\psi(\boldsymbol{\theta}) \\ &= \boldsymbol{\theta} + \partial_{\boldsymbol{\eta}}\boldsymbol{\theta} \cdot \boldsymbol{\eta} - \partial_{\boldsymbol{\eta}}\boldsymbol{\theta} \cdot \boldsymbol{\eta}\end{aligned} \tag{4.58}$$

となるから，$\boldsymbol{\eta}$ から $\boldsymbol{\theta}$ への変換（ルジャンドル変換の逆変換）は

$$\boldsymbol{\theta} = \partial_{\boldsymbol{\eta}}\varphi(\boldsymbol{\eta}) \tag{4.59}$$

のように，新しい関数 φ の微分で与えられる．この関数が凸であることは次のようにわかる．すなわち $\varphi(\boldsymbol{\eta})$ を 2 階微分をしてみれば

$$\partial_{\boldsymbol{\eta}\boldsymbol{\eta}}\varphi(\boldsymbol{\eta}) = \partial_{\boldsymbol{\eta}}\boldsymbol{\theta} = (\partial_{\boldsymbol{\theta}}\boldsymbol{\eta})^{-1} = (\partial_{\boldsymbol{\theta}}\partial_{\boldsymbol{\theta}}\psi)^{-1}, \tag{4.60}$$

だからこれは正定である．凸関数 $\varphi(\boldsymbol{\eta})$ をもとに，2 点 $\boldsymbol{\eta}$ と $\boldsymbol{\eta}'$ の間にダイバージェンスを導入できる．このとき，

$$D_{\psi}[\boldsymbol{\theta} : \boldsymbol{\theta}'] = D_{\varphi}[\boldsymbol{\eta}' : \boldsymbol{\eta}] \tag{4.61}$$

が成立する．さらに $\boldsymbol{\theta}$ と $\boldsymbol{\eta}$ を併用して

$$D[\boldsymbol{\theta} : \boldsymbol{\theta}'] = \psi(\boldsymbol{\theta}) + \varphi(\boldsymbol{\eta}') - \boldsymbol{\theta}\cdot\boldsymbol{\eta}' \tag{4.62}$$

が成立する．$D_{\varphi}[\boldsymbol{\eta} : \boldsymbol{\eta}']$ をもとに，座標系 $\boldsymbol{\eta}$ で幾何学的計量を求めれば

$$g^{ij}(\boldsymbol{\eta}) = \partial^i\partial^j\varphi(\boldsymbol{\eta}), \tag{4.63}$$

$$\overset{m}{\Gamma}{}^{ijk}(\boldsymbol{\eta}) = 0 \tag{4.64}$$

が成立する．ここで $\boldsymbol{\eta} = (\eta^i)$ であり，この座標でのインデックスの位置は上下が逆になる．

$$g_{ij} = \partial_i\partial_j\psi(\boldsymbol{\theta}), \tag{4.65}$$

$$g^{ij} = \partial^i\partial^j\varphi(\boldsymbol{\eta}). \tag{4.66}$$

だから，これは正定行列である．実は (g^{ij}) は (g_{ij}) の逆行列になっている．

4.4.3 双対平坦空間

Bregman ダイバージェンスから導かれる幾何学構造は**双対平坦**である．これをまとめて次の定理の形にしておこう．

定理 4.5　凸関数 $\psi(\boldsymbol{\theta})$，そのルジャンドル双対関数 $\varphi(\boldsymbol{\eta})$ は，$\boldsymbol{\theta}, \boldsymbol{\eta}$ をそれぞれのアファイン座標とする双対平坦をなし，次式が得られる．

$$g_{ij} = \partial_i\partial_j\psi(\boldsymbol{\theta}), \quad g^{ij} = \partial^i\partial^j\varphi(\boldsymbol{\eta}), \tag{4.67}$$

$$\overset{e}{\Gamma}_{ijk}(\boldsymbol{\theta}) = 0, \quad \overset{m}{\Gamma}{}^{ijk}(\boldsymbol{\eta}) = 0, \tag{4.68}$$

$$T_{ijk} = \partial_i \partial_j \partial_k \psi, \quad T^{ijk} = \partial^i \partial^j \partial^k \varphi. \tag{4.69}$$

また α 接続は

$$\overset{\alpha}{\Gamma}_{ijk} = -\alpha T_{ijk} \tag{4.70}$$

となる．

次の定理が重要である．

定理 4.6 双対平坦の空間があったとし，その e 平坦座標系を $\boldsymbol{\theta}$，m 平坦座標系を $\boldsymbol{\eta}$ とおく．すると 2 つの双対な凸関数 $\psi(\boldsymbol{\theta}), \varphi(\boldsymbol{\eta})$ が存在し，それぞれがアファイン座標系をなす．これらの凸関数が与えるダイバージェンスは，もとの双対平坦構造である．

この 2 つの双対座標系はそれぞれの接続の観点から見て，平坦な座標系，つまりアファイン座標系である．一方の観点から見れば他方は曲がっている．興味深いのは，実はこの 2 つの座標系は，それぞれが直交していて双直交座標系をなすことである．つまり，座標軸 $\boldsymbol{\theta}$ の接ベクトルを $\boldsymbol{e}_i, i = 1, \cdots, n$，座標軸 $\boldsymbol{\eta}$ の接ベクトルを $\boldsymbol{e}^i, i = 1, \cdots, n$ としよう．これらは，それぞれ内積を取れば計量行列

$$g_{ij} = \boldsymbol{e}_i \cdot \boldsymbol{e}_j, \tag{4.71}$$

$$g^{ij} = \boldsymbol{e}^i \cdot \boldsymbol{e}^j \tag{4.72}$$

を与える．

ところが双対系のベクトルの内積は

$$\boldsymbol{e}_i \cdot \boldsymbol{e}^j = \begin{cases} 0, & i \neq j \\ 1, & i = j \end{cases} \tag{4.73}$$

であり，相互に直交している（図 4.6）．つまり，これらの座標系は**双直交系**である．これは，空間 S の中で，各 i について $\theta^i = \text{const.}$ という超曲面の集まりを考えれば，空間を e 平坦な超曲面群で分ける葉層化（フォリエーション）を与えるし，$\eta_j = \text{const.}$ で切り刻めば，空間を m 平坦な超曲面群で分ける**葉層化**を与える（図 4.7）．しかも，これらの超平面は互いに直交している．だから，**双直交葉層化**になっている．

双対平坦空間においては，次のピタゴラスの定理と射影定理が重要である．

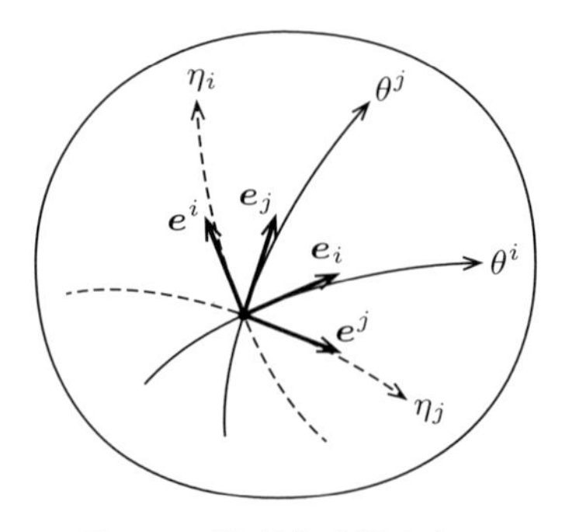

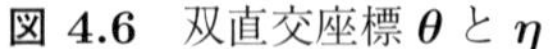
図 4.6　双直交座標 $\boldsymbol{\theta}$ と $\boldsymbol{\eta}$

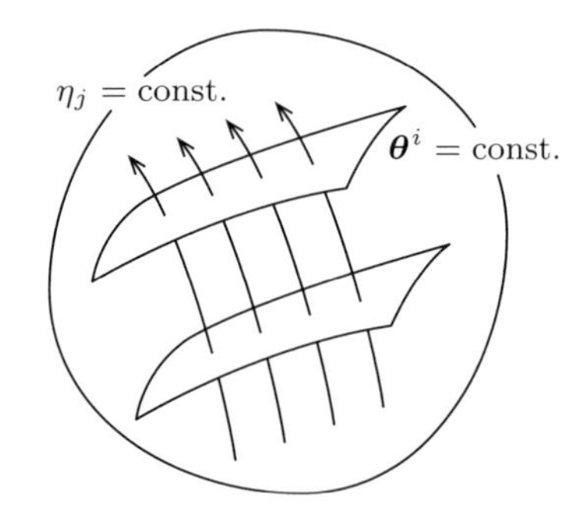

図 4.7　S の双直交葉層化

定理 4.7（一般化ピタゴラスの定理）　双対平坦な空間で，3 点 P, Q, R を取る．PQ を結ぶ m 測地線と，QR を結ぶ e 測地線が直交しているとする．このとき

$$D[P:R] = D[P:Q] + D[Q:R]. \tag{4.74}$$

これと双対に，PQ を結ぶ e 測地線と，QR を結ぶ m 測地線が直交しているとする．このとき

$$D[R:P] = D[R:Q] + D[Q:P]. \tag{4.75}$$

証明　図 4.8 を見ていただきたい．凸関数を用いたダイバージェンスの定義から計算すると

$$D[P:Q] + D[Q:R] - D[P:R] = (\boldsymbol{\theta}_P - \boldsymbol{\theta}_Q) \cdot (\boldsymbol{\eta}_Q - \boldsymbol{\eta}_R) \tag{4.76}$$

が成立する．ここで P と Q を結ぶ測地線は

$$\boldsymbol{\theta}(t) = (1-t)\boldsymbol{\theta}_P + t\boldsymbol{\theta}_Q, \tag{4.77}$$

であり，その接ベクトルは

$$\dot{\boldsymbol{\theta}}(t) = \boldsymbol{\theta}_Q - \boldsymbol{\theta}_P \tag{4.78}$$

である．一方 Q と R を結ぶ双対測地線は

$$\boldsymbol{\eta}(t) = (1-t)\boldsymbol{\eta}_Q + t\boldsymbol{\eta}_R \tag{4.79}$$

であり，その接ベクトルは

$$\dot{\boldsymbol{\eta}}(t) = \boldsymbol{\eta}_R - \boldsymbol{\eta}_Q \tag{4.80}$$

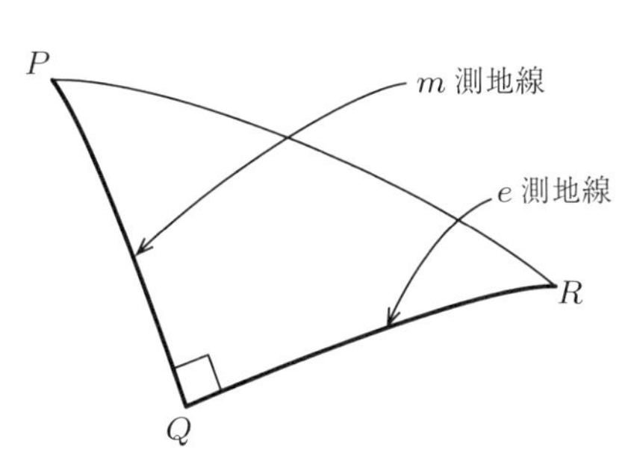

図 4.8 一般化ピタゴラスの定理

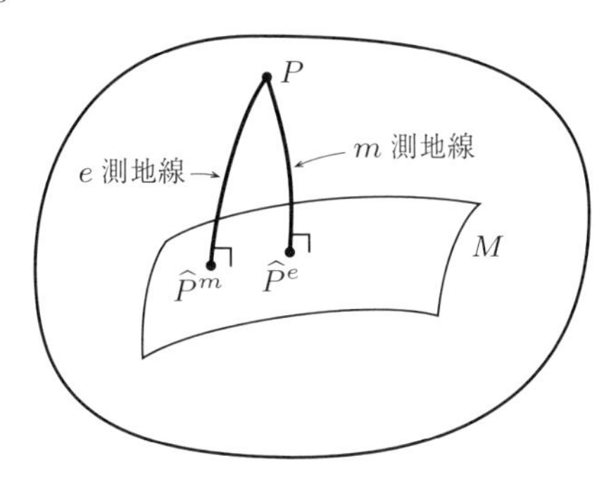

図 4.9 m 射影と e 射影

である．2 つの接ベクトルが直交することから

$$(\boldsymbol{\theta}_P - \boldsymbol{\theta}_Q) \cdot (\boldsymbol{\eta}_Q - \boldsymbol{\eta}_R) = 0. \tag{4.81}$$

これより定理を得る． □

ピタゴラスの定理から**射影定理**が導ける．まず，S の中に滑らかな部分空間 M を考える．M に含まれない点 P が与えられたとき，

$$\widehat{P}^e = \min_{Q \in M} D[P : Q] \tag{4.82}$$

を P の M への $\boldsymbol{e}$ **射影**と呼ぶ（図 4.9）．

定理 4.8（射影定理） $P\widehat{P}^e$ を結ぶ m 測地線は M と直交する．$P\widehat{P}^m$ を結ぶ e 測地線は M と直交する（図 4.9）．

これを双対に

$$\widehat{P}^m = \min_{Q \in M} D[Q : P] \tag{4.83}$$

を P の M への $\boldsymbol{m}$ **射影**と呼ぶ．これよりピタゴラスの定理を用いれば，$\widehat{P}^e$ および $\widehat{P}^m$ は，(4.82)，(4.83) の最小値を達成する解であることがわかる．

注意：e 射影，m 射影は一般には一意的とは限らず，(4.82)，(4.83) の最小値とは限らない極値を達成するものになっている．

$\widehat{P}^m$ および $\widehat{P}^e$ はそれぞれ，点 P を M に属する点で近似するときの最適解を与える．この性質は，多くの最適化理論で有用であり，双対平坦空間の威力を示す．

双対平坦空間はルジャンドル変換で結ばれた 2 つの凸関数 ψ, φ を持つ．ここから得られるダイバージェンスを**カノニカルダイバージェンス**と呼ぶ．

定理 4.9 双対平坦な確率分布族のカノニカルダイバージェンスは KL ダイバージェンスである.

KL ダイバージェンスは統計学,情報理論,物理学でよく使われる.しかし,それは天下りに与えられて,なぜこの量が重要かの議論は難しかった.この定理は,双対平坦構造から KL ダイバージェンスが自動的に定まることを示している.

では平坦ではない双対接続の空間で,カノニカルダイバージェンスが定義できないか? $\alpha=0$ のリーマン空間ならば,リーマン距離の 2 乗がその役を演ずる.この問題は N. Ay と一緒に調べたが,満足のいく結果は得られなかった.射影双対平坦の空間に関しては,黒瀬俊の優れた研究があり,さらに T.-K. L. Wong によってカノニカルダイバージェンスが導かれ,ここで拡張ピタゴラスの定理が証明されている.これは黒瀬の**幾何学的ダイバージェンス**と実は同等のものであり,Rényi エントロピーに関連している.

4.5 統計的推論の高次漸近理論

話を統計的推論に戻そう.これが情報幾何の出発点であった.しかし,計算がごちゃごちゃするので,細かい式は省き方針のみを記すことにする.

4.5.1 指数型分布族

確率分布のモデルの中でも,**指数型分布族**は一番素直なものである.その族の幾何は双対平坦であり,ここで一般化ピタゴラスの定理が成立する.離散分布,ガウス分布など,多くのよく知られた分布族がここに属する.

$\boldsymbol{\theta}$ をベクトルパラメータとし,$\boldsymbol{z}$ を確率変数とする分布族で,その確率密度が

$$p(\boldsymbol{z},\boldsymbol{\theta})=\exp\left\{\boldsymbol{\theta}\cdot\boldsymbol{k}(\boldsymbol{z})-\psi(\boldsymbol{\theta})\right\} \tag{4.84}$$

と書けるものを指数型分布族と言う.ただし,$\boldsymbol{\theta},\boldsymbol{k}(\boldsymbol{z})$ はともに n 次元のベクトルとする.ここで,新しい確率変数 $\boldsymbol{x}$ を導入し,これを改めて

$$\boldsymbol{x}=\boldsymbol{k}(\boldsymbol{z}) \tag{4.85}$$

とおく.また,$\boldsymbol{x}$ の空間に新しい測度を導入しよう.すると指数型分布族は,$\boldsymbol{x}$ の測度 $\mu(\boldsymbol{x})$ に対する確率密度

$$p(\boldsymbol{x},\boldsymbol{\theta})=\exp\left\{\boldsymbol{\theta}\cdot\boldsymbol{x}-\psi(\boldsymbol{\theta})\right\} \tag{4.86}$$

を持つような標準形に書ける.ここで $\exp\{-\psi(\boldsymbol{\theta})\}$ は正規化定数であるが,実は

分布のキュムラントを生成する関数になっている．物理学ではこの量を**自由エネルギー**と呼んでいる．

まず，手始めにガウス分布

$$p(z;\mu,\sigma)=\frac{1}{\sqrt{2\pi}\sigma}\exp\left\{-\frac{(z-\mu)^2}{2\sigma^2}\right\} \tag{4.87}$$

が指数型分布族をなすことを示しておこう．(4.86) と (4.87) は，似ても似つかない形に見えるが，実はそうではない．それを示すために，ここで新しい確率変数ベクトル $\boldsymbol{x}$ として

$$\boldsymbol{x}=\left(z,z^2\right)^T \tag{4.88}$$

を導入する（z^2 は z の 2 乗である．θ^2 の 2 はインデックスであり，まぎらわしい）．また分布を指定するパラメータとして (μ,σ) の代わりに，新しく

$$\boldsymbol{\theta}=\left(\theta^1,\theta^2\right), \tag{4.89}$$

$$\theta^1=\frac{\mu}{\sigma^2}, \tag{4.90}$$

$$\theta^2=-\frac{1}{2\sigma^2} \tag{4.91}$$

を導入しよう．すると，

$$-\frac{(z-\mu)^2}{2\sigma^2}=(\boldsymbol{\theta}\cdot\boldsymbol{x})-\frac{\mu^2}{2\sigma^2} \tag{4.92}$$

となる．この結果，ガウス分布の確率密度は

$$p(\boldsymbol{x},\boldsymbol{\theta})=\exp\left\{\boldsymbol{\theta}\cdot\boldsymbol{x}-\psi(\boldsymbol{\theta})\right\} \tag{4.93}$$

$$\psi(\boldsymbol{\theta})=\frac{\mu^2}{2\sigma^2}+\log\sqrt{2\pi\sigma}=-\frac{(\theta^1)^2}{4\theta^2}-\frac{1}{2}\log(-\theta^2)+\frac{1}{2}\log\pi \tag{4.94}$$

のように標準形に書ける．

x が $0,1,2,\cdots,n$ の $n+1$ 個の値を取り，それぞれの確率が p_i, $i=0,1,\cdots,n$ である離散分布の族 S_n を考えよう．これは

$$k_i(x)=\delta_i(x),\quad i=1,\cdots,n \tag{4.95}$$

$$\theta^i=-\log\frac{p_i}{p_0},\quad i=1,\cdots,n \tag{4.96}$$

を用いると

$$p(x, \boldsymbol{\theta}) = \exp\left\{\theta^i x_i - \psi(\boldsymbol{\theta})\right\}, \tag{4.97}$$

$$\psi(\boldsymbol{\theta}) = -\log p_0 = \log\left\{1 + \sum_i \exp\left(\theta^i\right)\right\} \tag{4.98}$$

と書けるから，指数型分布族である．この他，多項分布，ベータ分布，ガンマ分布，ポアソン分布など，多くのよく知られた分布が指数型分布族に入る．

指数型分布族で，確率変数 $\boldsymbol{x}$ の期待値を

$$\boldsymbol{\eta} = \mathrm{E}[\boldsymbol{x}] \tag{4.99}$$

とおき，これを求めよう．そのために，(4.93) を $\boldsymbol{\theta}$ で微分して $\boldsymbol{x}$ で積分すると

$$\int (\boldsymbol{x} - \partial_{\boldsymbol{\theta}}\psi)\, p(\boldsymbol{x}, \boldsymbol{\theta}) d\boldsymbol{x} = 0 \tag{4.100}$$

となる．これより $\boldsymbol{\eta} = \mathrm{E}[\boldsymbol{x}]$ はパラメータ $\boldsymbol{\theta}$ の関数として，

$$\boldsymbol{\eta} = \partial_{\boldsymbol{\theta}}\psi(\boldsymbol{\theta}) \tag{4.101}$$

である．

ψ は凸関数であるから，この関係はルジャンドル変換になっていて，$\boldsymbol{\theta}$ と $\boldsymbol{\eta}$ とは 1 対 1 に対応している．

4.5.2　指数型分布族における推定

指数型分布族 $S = \{p(\boldsymbol{x}, \boldsymbol{\theta})\}$ において，$\boldsymbol{\eta}$ 座標を取ろう．いま，同一の分布から N 個の独立な観測値 $\boldsymbol{x}_1, \cdots, \boldsymbol{x}_N$ が得られたとする．これらの同時確率分布は独立性から積となり

$$p(\boldsymbol{x}_1, \cdots, \boldsymbol{x}_N, \boldsymbol{\theta}) = \exp\left\{\left(\sum_i \boldsymbol{x}_i\right) \cdot \boldsymbol{\theta} - N\psi(\boldsymbol{\theta})\right\}, \tag{4.102}$$

したがって $\boldsymbol{x}_i$ の算術平均を

$$\overline{\boldsymbol{x}} = \frac{1}{N}\sum_i \boldsymbol{x}_i \tag{4.103}$$

とおけばその関数になり，

$$p\left(\boldsymbol{x}_1, \cdots, \boldsymbol{x}_N, \boldsymbol{\theta}\right) = \exp\left\{N\left(\overline{\boldsymbol{x}} \cdot \boldsymbol{\theta} - \psi(\boldsymbol{\theta})\right)\right\} \tag{4.104}$$

となる．つまり，$\overline{\boldsymbol{x}}$ が十分統計量であり，推論は $\overline{\boldsymbol{x}}$ のみに基づいて行えばよい．分

布 (4.104) をよく見ると，もとの確率分布 (4.86) と同じ形である．

最尤推定 $\widehat{\boldsymbol{\theta}}$ は，十分統計量 $\overline{\boldsymbol{x}}$ に対してその確率の対数尤度

$$l = \overline{\boldsymbol{x}} \cdot \boldsymbol{\theta} - \psi(\boldsymbol{\theta}) \tag{4.105}$$

を最大にする $\boldsymbol{\theta}$ であるから，微分した

$$\partial_{\boldsymbol{\theta}} \psi\left(\widehat{\boldsymbol{\theta}}\right) = \overline{\boldsymbol{x}} \tag{4.106}$$

の解である．このとき，パラメータとして $\boldsymbol{\eta}$ を用いれば，

$$\widehat{\boldsymbol{\eta}} = \overline{\boldsymbol{x}} \tag{4.107}$$

と書けるから，何のことはない，十分統計量である観測値の平均 $\overline{\boldsymbol{x}}$ 自体でよい．

そこで，真の値を $\boldsymbol{\eta}$ として，推定の誤差を

$$\boldsymbol{e} = (\overline{\boldsymbol{x}} - \boldsymbol{\eta}) \tag{4.108}$$

とおこう．誤差 $\boldsymbol{e}$ の平均，分散，さらに高次のモーメントを求める．もちろん

$$\mathrm{E}[\boldsymbol{e}] = 0, \tag{4.109}$$

つまり誤差の期待値が 0，したがって $\widehat{\boldsymbol{\eta}}$ が**不偏推定量**であることがわかる．同様に，

$$\mathrm{E}\left[x_i x_j\right] = g_{ij} \tag{4.110}$$

であるから，誤差の分散が

$$\mathrm{E}\left[e_i e_j\right] = \frac{1}{N} g_{ij} \tag{4.111}$$

を満たすことがわかる．さらに誤差の 3 次のモーメントが

$$\mathrm{E}\left[e_i e_j e_k\right] = \frac{1}{N\sqrt{N}} T_{ijk} \tag{4.112}$$

であることもわかる．誤差のモーメントが，基本量 g と T で表せる．

推定量 $\widehat{\boldsymbol{\eta}}$ は (4.103) より多数の独立同一分布に従う確率分布からの変数の和であるから，中心極限定理によってガウス分布に漸近する．

ここで，(4.110) によって，$\boldsymbol{\eta}$ 座標を取ったときには $\widehat{\boldsymbol{\eta}}$ は Crámer-Rao の不等式を等号で達成する「最良」の推定量であることがわかる．逆に Crámer-Rao の不等式を厳密に等号で達成するのは，指数型分布族で $\boldsymbol{\eta}$ 座標系を取ったときに限られる

ことも証明できる．パラメータ $\boldsymbol{\theta}$ を用いれば

$$\mathrm{E}\left[\frac{1}{N}\left(\widehat{\theta}^i-\theta^i\right)\left(\widehat{\theta}^j-\theta^j\right)\right]=g^{ij}+O\left(\frac{1}{N}\right) \tag{4.113}$$

となり，Crámer-Rao の不等式を漸近的に達成する．

4.5.3 曲指数型分布族における推論

m 次元のパラメータ $\boldsymbol{u}$ で指定される確率分布族 $M=\{q(\boldsymbol{x},\boldsymbol{u})\}$ が，指数型分布族 $S=\{p(\boldsymbol{x},\boldsymbol{\theta})\}$ に

$$q(\boldsymbol{x},\boldsymbol{u})=p(\boldsymbol{x}\cdot\boldsymbol{\theta}(\boldsymbol{u})-\psi\{\boldsymbol{\theta}(\boldsymbol{u})\}) \tag{4.114}$$

のような形で埋め込まれたものを，**曲指数型分布族**という．$m<n$ である場合，

$$M\subset S \tag{4.115}$$

で，M の点 $\boldsymbol{u}$ は S のうちで $\boldsymbol{\theta}(\boldsymbol{u})$ で与えられ，S の m 次元の部分空間をなしている（図 4.10）．多くの知られた確率分布族が，曲指数型分布族になっている．その一例を次に示す．

平均 1，分散 1 のガウス分布に従う 1 次元信号 x を u 倍するシステムがある．観測された信号

$$y=ux \tag{4.116}$$

は，平均 u，分散 u^2 のガウス分布に従う．これは 2 次元のガウス分布の空間 $N\left(\mu,\sigma^2\right)$ に埋め込まれた 1 次元モデルであり，曲指数型分布族をなす（図 4.10）．この簡単な例を念頭におきながら，以下に推論の仕組みを説明する．なお，曲指数型分布族で言えることは，多くの場合，もっと一般の正則な分布族でも証明できる．

観測から得られるデータの平均値 $\overline{\boldsymbol{\eta}}=\overline{\boldsymbol{x}}$ はモデル M においても十分統計量である．その確率分布は，S の中で計算できた．M での推定とは，観測量 $\overline{\boldsymbol{\eta}}$ をモデル M に写像して，そこでの値 $\widehat{\boldsymbol{u}}$ を求めることである．M の各点 $\boldsymbol{u}$ に対して，$n-m$ 次元の部分空間 $A(\boldsymbol{u})\in S$ を考え，$\overline{\boldsymbol{\eta}}$ が $A(\boldsymbol{u})$ の中にあるとき，推定量 $\widehat{\boldsymbol{u}}$ を $\widehat{\boldsymbol{u}}=\boldsymbol{u}$ とする（図 4.11）．写像によって $\boldsymbol{u}$ になるような部分空間 $A(\boldsymbol{u})$ を考えよう．これが $\overline{\boldsymbol{\eta}}$ から推定量 $\widehat{\boldsymbol{u}}$ を得る方法であり，各点 $\boldsymbol{u}\in M$ で，これに付随する $A(\boldsymbol{u})$ を定めれば，観測点 $\widehat{\boldsymbol{\eta}}$ から推定量 $\widehat{\boldsymbol{u}}$ が得られる．$A(\boldsymbol{u})$ を**推定多様体**と呼ぶ．$A(\boldsymbol{u})$ は互いに交わらず，その集まりは S をすべて覆うとする．

各部分空間 $A(\boldsymbol{u})$ に座標系 $\boldsymbol{v}$ を導入しよう．これは $n-m$ 次元である．すると，

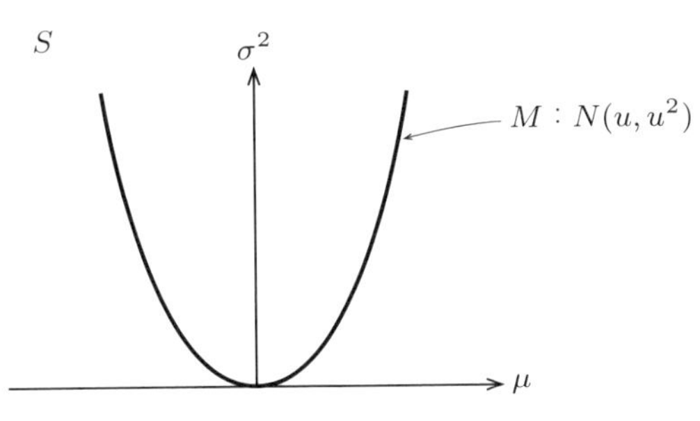

図 4.10 曲指数型分布族における推定と推定多様体 $A(\boldsymbol{u})$

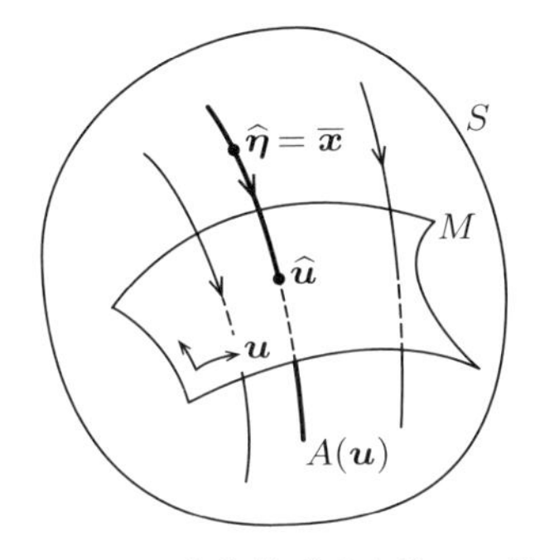

図 4.11 曲指数型分布族の一例

指数型分布族 S に新しい座標系

$$\boldsymbol{w} = (\boldsymbol{u}, \boldsymbol{v}) \tag{4.117}$$

を導入できる．点 $\boldsymbol{w} = (\boldsymbol{u}, \boldsymbol{v})$ に対応する S の $\boldsymbol{\eta}$ 座標を

$$\boldsymbol{\eta} = \boldsymbol{f}(\boldsymbol{u}, \boldsymbol{v}) \tag{4.118}$$

と書く．なお，$A(\boldsymbol{u})$ 上での $\boldsymbol{v}$ の座標系は，この点が M 上にあるときに原点 $\boldsymbol{v} = 0$ となるように定めるものとする．つまり $\boldsymbol{v}$ は $A(\boldsymbol{u})$ に沿っての M からのずれを表す．なお，$A(\boldsymbol{u})$ は M 上の $\boldsymbol{u}$ 点から出ているように取るのが自然であるが，これが必ずしも成立しなくてもよい．ただ，$\widehat{\boldsymbol{u}}$ が漸近一致推定量であるためには，観測数 N が大きくなれば $A(\boldsymbol{u})$ は M 上の点 $\boldsymbol{u}$ の十分に近くで M と交わることが必要である．このときは N に依存する $A_N(\boldsymbol{u})$ を考えることになる．

図 4.12 は簡単のため $\boldsymbol{u}, \boldsymbol{v}$ をそれぞれ 1 次元 u, v としたときの，M と A の図である．一般の場合はどちらも多次元である．観測データ $\overline{\boldsymbol{\eta}}$ は $\boldsymbol{\eta}$ 座標系で与えられているが，これを $\boldsymbol{w} = (\boldsymbol{u}, \boldsymbol{v})$ 座標系で表すことにすると，座標変換の式は

$$\overline{\boldsymbol{\eta}} = \boldsymbol{f}(\boldsymbol{u}, \boldsymbol{v}) \tag{4.119}$$

となる．分布の真の点 $\boldsymbol{u}$ は M 上にあるから，$\boldsymbol{v} = 0$ である．

$$\boldsymbol{w} = (\boldsymbol{u}, \boldsymbol{v}) \tag{4.120}$$

とおいたとき，観測データ $\overline{\boldsymbol{\eta}}$ に対して推定値 $\widehat{\boldsymbol{u}}$ は

$$\overline{\boldsymbol{\eta}} = \boldsymbol{f}(\widehat{\boldsymbol{u}}, \widehat{\boldsymbol{v}}) \tag{4.121}$$

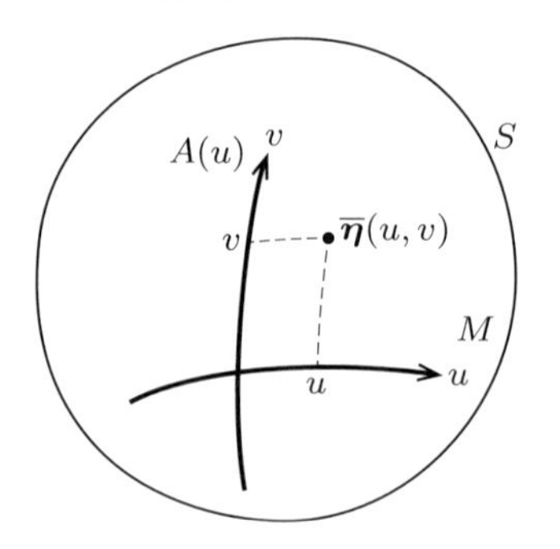

図 4.12 十分統計量 $\boldsymbol{\eta}$ の (u, v) 座標

の関係になる．これを $(\widehat{\boldsymbol{u}}, \widehat{\boldsymbol{v}})$ について解けば，$\widehat{\boldsymbol{u}}$ が推定値，$\widehat{\boldsymbol{v}}$ は単に $\overline{\boldsymbol{\eta}} \in A(\widehat{\boldsymbol{u}})$ 点の M からのずれを表す．

$\boldsymbol{u}$ を真の値として

$$\widehat{\boldsymbol{u}} = \boldsymbol{u} + \boldsymbol{e}_u \tag{4.122}$$

とおく．$(\boldsymbol{e}_u, \widehat{\boldsymbol{v}})$ は小さいから，(4.121) を $(\boldsymbol{u}, 0)$ 点回りでテイラー展開してみよう．これを線形近似して第1項だけを取り，

$$\boldsymbol{e} = \frac{\partial \boldsymbol{f}}{\partial \boldsymbol{u}} \cdot \boldsymbol{e}_u + \frac{\partial \boldsymbol{f}}{\partial \boldsymbol{v}} \cdot \widehat{\boldsymbol{v}} \tag{4.123}$$

$$B_{ia} = \frac{\partial f_i}{\partial u^a}, \quad B_{i\kappa} = \frac{\partial f_i}{\partial w^\kappa} \tag{4.124}$$

とおけば

$$\boldsymbol{e}_a = (B_{ia}), \quad \boldsymbol{e}_\kappa = (B_{i\kappa}) \tag{4.125}$$

と書け，$\boldsymbol{e}_a$ は M の u^a 方向の接ベクトル（$a = 1, \cdots, m$），$\boldsymbol{e}_\kappa$ は A の w^κ 方向への接ベクトル（$\kappa = m+1, \cdots, n-m$）を表す．行列 B は座標系を $\boldsymbol{w}$ から $\boldsymbol{\eta}$ へ変えるときのヤコビ行列である．

S の $\boldsymbol{\eta}$ 座標における計量 g^{ij} を $\boldsymbol{w}$ 座標で表せば

$$g_{ab} = B_{ai} B_{bj} g^{ij}, \tag{4.126}$$

$$g_{\kappa\lambda} = B_{\kappa i} B_{\lambda j} g^{ij}, \tag{4.127}$$

$$g_{a\kappa} = B_{ai} B_{\kappa j} g^{ij} \tag{4.128}$$

のように表せる．

M と A とが直交するならば

$$g_{a\kappa} = 0 \tag{4.129}$$

となる．

一致推定量 $\widehat{\boldsymbol{u}}$ の誤差の 2 乗は，分散行列の逆であって，

$$\mathrm{E}\left[e^a e^b\right] = \left[g_{ab} - g_{a\kappa} g_{b\lambda} g^{\kappa\lambda}\right]^{-1} \tag{4.130}$$

のように書ける．

したがって，S と A が直交するとき，すなわち $g_{a\kappa} = \boldsymbol{e}_a \cdot \boldsymbol{e}_\kappa = 0$ のとき，$\widehat{\boldsymbol{u}}$ の誤差は最小になり，そのときの誤差分散は漸近的に

$$\mathrm{E}\left[\left(\widehat{u}^a - u^a\right)\left(\widehat{u}^b - u^b\right)\right] = \frac{1}{N} g^{ab} \tag{4.131}$$

で与えられる．

まず **1 次の漸近理論**を述べよう（これが通常の漸近理論である）．観測数 N が十分に大きければ，観測点 $\overline{\boldsymbol{\eta}}$ は真のパラメータ $\boldsymbol{u}$ に十分に近く，この点の周りで微小な誤差 $\boldsymbol{e}$ を含んで分布する．真の点を $\boldsymbol{w} = (\boldsymbol{u}, 0)$ とする．すなわち，M 上での $\boldsymbol{u}$ 点で $\boldsymbol{v} = 0$ である．この点で S の接空間（つまり近傍のこと）を考え，$\boldsymbol{u}$ の座標軸に沿った接ベクトルを

$$B_{ia} = \partial_a f_i(\boldsymbol{u}), \tag{4.132}$$

$\boldsymbol{v}$ の座標軸に沿った接ベクトルを

$$B_{i\kappa} = \partial_\kappa f_i(\boldsymbol{u}) \tag{4.133}$$

とおく．観測点 $\overline{\boldsymbol{\eta}}$ は $\boldsymbol{f}(\boldsymbol{u}, 0)$ に近いから，$\overline{\boldsymbol{\eta}}$ を $\boldsymbol{w}$ 座標で表せば

$$\widehat{\boldsymbol{u}} = \boldsymbol{u} + \boldsymbol{e}_u, \quad \boldsymbol{v} = \widehat{\boldsymbol{v}} \tag{4.134}$$

となる．$(\boldsymbol{e}_u, \widehat{\boldsymbol{v}})$ は $\boldsymbol{w}$ で定まる点の接空間上にあるものとして，$\overline{\boldsymbol{\eta}} = \boldsymbol{f}(\boldsymbol{u} + \boldsymbol{e}_u, \widehat{\boldsymbol{v}})$ を展開して推定量 $\widehat{\boldsymbol{u}}$ を求めよう．

定理 4.10 漸近一致推定量 $\widehat{\boldsymbol{u}}$ の誤差の 2 乗は，M と A の計量を用いて

$$\mathrm{E}\left[\left(\widehat{u}^a - u^a\right)\left(\widehat{u}^b - u^b\right)\right] = \frac{1}{N} \overline{g}^{ab} + O\left(\frac{1}{N^2}\right) \tag{4.135}$$

で与えられる．ただし $\overline{g}^{ab}$ は

$$\overline{g}_{ab} = g_{ab} - g^{\kappa\lambda} g_{a\kappa} g_{b\lambda} \tag{4.136}$$

の逆行列である．最尤推定量 $\hat{\boldsymbol{u}}_{\mathrm{mle}}$ においては M と A は直交する．このとき誤差の 2 乗は

$$\mathrm{E}\left[\left(\hat{u}^a - u^a\right)\left(\hat{u}^b - u^b\right)\right] = \frac{1}{N} g^{ab} + O\left(\frac{1}{N^2}\right) \tag{4.137}$$

で与えられる．

証明　いままでの議論から，最尤推定量は観測点 $\boldsymbol{\eta}$ を m 測地線により M に射影する量であった．したがって M と A は直交する．

これが通常の漸近理論であり，普遍的に成立する．それは接空間の線形理論だからである．　□

推定誤差の分散は $1/N$ のオーダーであった．これを $1/N^2$ のオーダーの項まで求めようというのが高次漸近理論である．方針は簡単である．(4.121) から $\hat{\boldsymbol{u}}$ を求めるのに，$\overline{\boldsymbol{\eta}}$ の $\hat{\boldsymbol{u}}, \hat{\boldsymbol{v}}$ による展開を 2 次の項まで取ればよい．すると B の微分，つまり $\boldsymbol{\eta}$ の $\hat{\boldsymbol{u}}, \hat{\boldsymbol{v}}$ によるテイラー展開の 2 次の項までが必要になる．これを我慢強く実行し，項を整理し，求めればよい．忍耐強くやれば誰にでも実行できるのだが，私は何度も間違えて途中で投げ出したくなった．だから，ここで読者を苦難の道に引き込むのはやめる．方針は明快であろう．結果だけを示す．

そのためには部分空間 M と A の曲率を定義しておかなければならない．これは部分空間 M と A がどう曲がっているかを示す．それには $\boldsymbol{e}$ **曲率**と $\boldsymbol{m}$ **曲率**がある．M の e 曲率は，M の接ベクトル B_{ia} が，$\boldsymbol{u}$ 点が変化するときどのように変わるか，その変化を示す $\boldsymbol{f}$ の 2 階微分

$$B_{iab} = \frac{\partial}{\partial u^b} B_{ia} \tag{4.138}$$

の，M と垂直の方向の成分で，次式が与えられる．

$$H_{ab\kappa} = B^i_\kappa B_{iab}. \tag{4.139}$$

一方，A の m 曲率は，A の接ベクトル $B_{i\kappa}$ が，M 上の $v=0$ の点が，点が v 方向に進むときにさらにどう変化するかを表す．これは $B_{i\kappa}$ の v による微分 $\partial_\lambda B_{i\kappa}$ の，A に垂直な M 方向の成分で表せる．すなわち

$$H_{\kappa\lambda a} = B^i_a \partial_\kappa B_{i\lambda}. \tag{4.140}$$

この他に，座標系 $\boldsymbol{u}$ の m アファイン接続 $\overset{m}{\Gamma}_{abc}$ が関係する．これらの量の 2 乗が必要である．

高次の漸近理論を展開するにあたっては，さらに**バイアス補正**という手続きが必要になる．一般に，1 次有効な推定量 $\widehat{\boldsymbol{u}}$ でも，そのバイアスを計算すると，これは漸近的には 0 になるものの，$1/N$ のオーダーのバイアス項を含む．このままでは，これが推定誤差 $\boldsymbol{e}_u$ の 2 乗の期待値に $1/N^2$ のオーダーの項として出てきてしまう．これを避けるために，1 次有効な推定量 $\widehat{\boldsymbol{u}}$ に対してそのバイアスを補正して

$$\widehat{\boldsymbol{u}}^* = \widehat{\boldsymbol{u}} - \mathrm{E}\left[\widehat{\boldsymbol{u}}\right] \tag{4.141}$$

を用いることにする．バイアス項は $1/N$ のオーダーであるが，これは $\widehat{\boldsymbol{u}}$ の関数として漸近的に計算でき，補正できる．$\widehat{\boldsymbol{u}}^*$ をバイアス補正 1 次有効推定量と呼ぶ．

定理 4.11　バイアス補正した 1 次有効推定量 $\widehat{\boldsymbol{u}}^*$ の誤差の 2 乗は漸近的に

$$\mathrm{E}\left[\left(\widehat{u}^{*a} - u^a\right)\left(\widehat{u}^{*b} - u^b\right)\right] = \frac{1}{N}g^{ab} + \frac{1}{N^2}\left[\left(\overset{e}{H}_M\right)^{2ab} + \left(\overset{m}{H}_A\right)^{2ab} + \left(\overset{m}{\Gamma}_M\right)^{2ab}\right] \tag{4.142}$$

である．ここに，

$$\left(\overset{e}{H}_M\right)^{2ab} = \overset{e}{H}_{ce}{}^{\kappa}\overset{e}{H}_{df}{}^{\lambda}g_{\kappa\lambda}g^{cd}g^{ea}g^{fb} \tag{4.143}$$

は M の e 曲率の 2 乗を表し，M 自体が指数型分布族であるときに 0 になる．

$$\left(\overset{m}{H}_A\right)^{2ab} = \overset{m}{H}_{\kappa\lambda}{}^{a}\overset{m}{H}_{\mu\nu}{}^{b}g^{\kappa\mu}g^{\lambda\nu} \tag{4.144}$$

は推定多様体 A の m 曲率の 2 乗で，これは最尤推定量を用いるときに 0 となり，最小である．同様に $\left(\overset{m}{\Gamma}_M\right)^{2ab}$ は M のパラメータ $\boldsymbol{u}$ の m 接続の 2 乗で，これは推定量に関係しない．

こうして，推定の高次漸近理論が完成した．とは言っても，この結果は数式的にはすでに世界的に知られていた．私が示したのは，この 3 項の和のそれぞれが幾何学的な意味を持つことである（Efron は e 曲率の項の意味を示した）．

しかし，日本での統計学者の評判はあまり良くなかった．素人が突然乗り込んできて，行儀作法も知らずに偉そうに発表するのが気にくわないのであろう．甘利の理論は私たちが知っていることを微分幾何の言葉で言い換えただけだ，という批判

が強かった．確かにそうではある．それではと，当時統計学者の手が届いていなかった，**検定の高次漸近理論**に手をつけた[53], [57], [58]．これは大学院生の公文雅之君と一緒にやった．

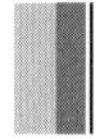

4.6 検定の高次漸近理論

一番単純なモデルとして，1 次元曲指数型分布族

$$q(\boldsymbol{x}, u) = \exp\left[\boldsymbol{\theta}(u) \cdot \boldsymbol{x} - \psi\{\boldsymbol{\theta}(u)\}\right] \tag{4.145}$$

を考える．このとき，一点 u に対して，N 個の観測データ $\boldsymbol{x}_1, \cdots, \boldsymbol{x}_N$ を観測して，帰無仮説

$$H_0 : u = u_0 \tag{4.146}$$

を，対立仮説

$$H_1 : u > u_0 \tag{4.147}$$

の下で検定する（$H_1 : u \neq u_0$ としてもよい．この場合を両側検定と呼ぶ）．検定に使う統計量 $t(\overline{\boldsymbol{x}})$ として，多くのものが知られていた．たとえば，尤度比検定，Rao 検定，Wald 検定，局所最有力検定などである．

検定は水準 α をまず定める．これは，u_0 が真であるときに，仮説 H_0 が棄却されてしまう確率で，これが α 以下であることを要請する．その上で，真の分布が $u \neq u_0$ であったときに，仮説 H_0 が棄却される確率 $P(u)$ を求める．$P(u)$ を検出力曲線と呼ぶ．

仮説を検定するために，棄却域 R を定める．これは空間 S の領域で，観測した十分統計量 $\overline{\boldsymbol{x}}$ がここに入っていれば仮説を棄却し，そうでなければ受容する（図 4.13）．棄却域と受容域の分かれ目は R の境界になる超曲面 A である．R や A はサンプル数 N に依存してもよい．検定は検定統計量 $t(\overline{\boldsymbol{x}})$ を用いて行う．たとえば尤度比検定であれば，データからの最尤推定 $\widehat{u}$ を用いて尤度比の対数

$$t(\overline{\boldsymbol{x}}) = \log \frac{q(\overline{\boldsymbol{x}}, u_0)}{q(\overline{\boldsymbol{x}}, \widehat{u})} \tag{4.148}$$

を計算し，これがある定数 c より大きければ仮説は受容，さもなくば棄却とする．定数 c は，水準 α に応じて決める．

検出力曲線を

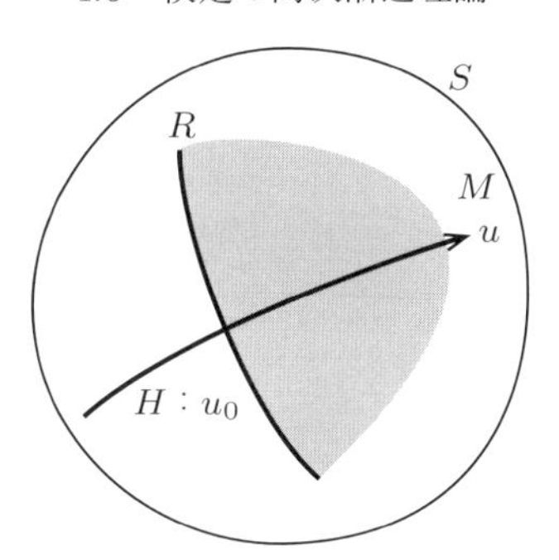

図 4.13 検出の棄却域 R

$$P(u) = P_0(u) + \frac{1}{N}P_1(u) + \frac{1}{N^2}P_2(u) + O\left(\frac{1}{N^3}\right) \tag{4.149}$$

のように展開しよう．他の検定方式の検出力 $\overline{P}(u)$ に比べてすべての u で $P(u) \geq \overline{P}(u)$ になる検定方式があれば，これを**一様最強力検定**という．上式が $1/N$ の項まで成立するならば，それは **1 次一様最強力検定**である．

検定の良さは，検出力曲線 $P(u)$ で決まる．これは，棄却域 R をどう取るかで定まるから，R と A の境界 ∂R の幾何学的形状による．これを定理の形で示しておく．

定理 4.12 ∂R が M に漸近的に直交するとき，検定は 1 次一様最強力である．2 次の検出力は ∂R の m 曲率と，漸近直交する ∂R と M の角度とによる．1 次一様最強力検定は，各点 u でそれぞれ優劣の異なる 2 次の検出力曲線を持つ．2 次一様最強力検定は存在しない．

証明は難解であるからしない．しかし，これで 1 次有効な各検定方式がどのような特徴を持ち，どんな検出力曲線を持つか，計算ができる．図 4.14 は各検定方式で，検出力がどの u 点でどの程度落ちるかを示した．検出力損失 ΔP とは，u_0 と u を固定したときの一番良い検出法である．Neyman-Peason の検定に比べて，検出力がどの程度落ちるかを示すものである．ちなみに Neyman-Peason の検定とは，指数型分布族の空間の 2 点 $\boldsymbol{\theta}, \boldsymbol{\theta}'$ に対して，尤度比

$$t(\overline{\boldsymbol{x}}) = \log \frac{p(\overline{\boldsymbol{x}}, \boldsymbol{\theta})}{p(\overline{\boldsymbol{x}}, \boldsymbol{\theta}')} \tag{4.150}$$

を検定統計量として検定する方式で，このときの棄却域の境界 ∂R は M に直交する m 平坦な超曲面になっている．

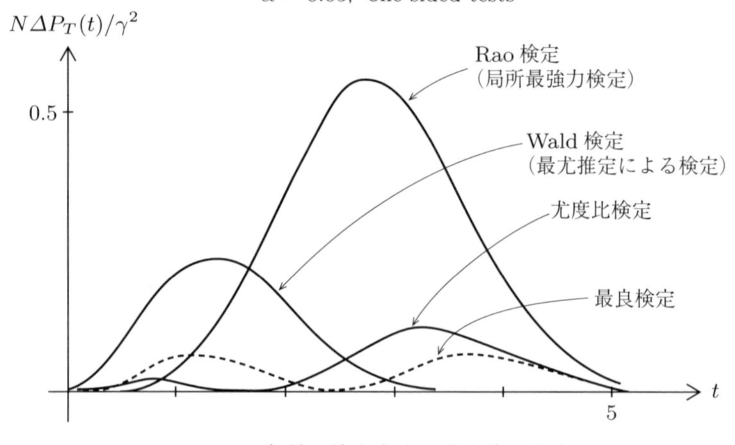

図 4.14 各種の検定方式の高次検出損失

4.7 高次漸近理論は有効か，最尤推定は最良か？

高次漸近理論は大変難しい．でもそれが役に立つのならその苦労は報われる．ところが，それは無用であることがわかってくる．1 次漸近理論は $1/N$ の項を議論する．$N = 10$ なら，これは 1/10 の量である（比例係数はかかる）．2 次の項となると 1/100 のオーダーである．まして，N が 100 にでもなれば，2 次の補正を用いてもその効果は何と一万分の一でしかない．こんなものを計算してどうなるのか．実用上意味がない．

統計学はその後ベイズ推論も含めて統計科学として栄え，AI によるデータ科学の時代を迎える．その前に，古典統計学がやることがなくなって行き着いた袋小路に咲いた徒花，それが高次漸近理論だったのかもしれない．当時は最先端の統計学であったものが，いまでは見向きもされない．学問にも栄枯盛衰はある．私は，情報幾何は時代を超えて生き残ると期待している．

Fisher は，正則の統計モデルにおいて，最尤推定が最も良いと信じていた．これは尤度原理の核心の一つである．ところが，いろいろな変わったモデルで，最尤推定は必ずしも良くないという例は，いくつも得られていた．しかし，正則な統計モデル，とくに曲指数型分布族 M では，これは最良のものではないかという信念があった．

1 次漸近理論では，最尤推定が推定誤差の 2 乗期待値の意味でもっとも良いものの一つであることが証明されている．高次漸近理論は，2 次補正ではバイアス補正をして最尤推定が最も良いものの一つであることを証明した．快挙である．では，

3 次の高次漸近理論を計算したらどうであろう．多くの研究者はこれに期待した．実は私も密かに計算したが，複雑で歯が立たなかった．

その後，Rao が最尤推定量の 3 次の有効性を証明したと，私に言ってきた．その証明には何ページにも及ぶ式が必要で，学術誌の editor がその部分は全部は載せきれないから一部省略してくれないかとまで言ってきたという．私は自分の経験から，それは正しくないと思い，Rao にもそう言った．やはり後になって Rao から手紙が来て（メールはまだない），残念なことにあれには誤りがあり，論文は撤回したと言ってきた．

そんな折である．統計学セミナーで阪大の狩野裕教授が，最尤推定量は 3 次有効ではないことを証明する話をすると聞いた．学部を超えた統計学のセミナーは，当時竹内さんが主宰し，私もそれを補佐して，良いコンビでセミナーは進んでいた．私は，そんなに簡単にできるはずはない，これはイカサマだから退治せねばならぬと，密かに期待してセミナーに出席した．ところがこちらが退治されてしまった．狩野さんの計算が正しい．私もセミナー後に直ちに部屋に籠って計算を再開し，彼が正しいことを確認した．

かくして Fisher の夢は破れた．

4.8　時系列と線形システムの情報幾何

情報幾何の枠を広げたいと思った．これまで，確率変数 x は毎回 iid，つまり同一独立分布から出るものとして，古典統計学を扱ってきた．しかし，時間を追って相関のある確率変数を取り扱うことも多い．**時系列モデル**である．情報幾何はここでも役に立つはずである[73]．

スカラー変数 x の時系列 $\cdots, x_{-1}, x_0, x_1, x_2, \cdots$ を考えよう．それぞれは平均 0 の確率変数で，相関があってよい．もっとも簡単な例は，相互に相関のない $\cdots, \varepsilon_{-1}, \varepsilon_0, \varepsilon_1, \cdots$ で，これが平均 0 の独立なガウス分布であるとき，**白色ガウス雑音**という．とくに，分散が 1 の場合を考える．すなわち

$$\mathrm{E}[\varepsilon_i] = 0, \tag{4.151}$$

$$\mathrm{E}[\varepsilon_i \varepsilon_j] = \delta_{ij}. \tag{4.152}$$

線形システムとは，入力時系列を出力時系列に変換する線形システムで（図 4.15），その動作が時間によらず同一であるとする．このとき，入力時系列 $\cdots, \varepsilon_{-2}, \varepsilon_{-1}, \varepsilon_0, \cdots$ に対して，出力時系列は

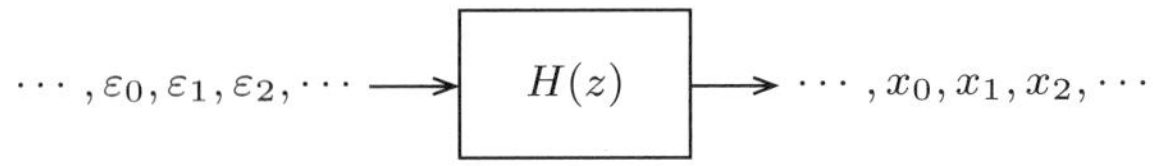

$$\cdots, \varepsilon_0, \varepsilon_1, \varepsilon_2, \cdots \longrightarrow \boxed{H(z)} \longrightarrow \cdots, x_0, x_1, x_2, \cdots$$

図 4.15　線形システム

$$x_t = \sum_{i=0}^{\infty} h_i \varepsilon_{t-i} \tag{4.153}$$

のように，パラメータ

$$\boldsymbol{h} = (h_0, h_1, h_2, \cdots) \tag{4.154}$$

を使って書ける．ここに $\boldsymbol{h}$ は**インパルス応答**と呼ばれ，時刻 0 に入力に 1 を入れて，それ以外の入力は 0 とするときの出力 x_t の系列である．ここでエネルギー有限の制約

$$\sum_i h_i^2 < \infty \tag{4.155}$$

を仮定する．

時間をずらす演算子 z を導入すると便利である．すなわち

$$z x_t = x_{t+1}, \quad z^{-1} x_t = x_{t-1} \tag{4.156}$$

とする．すると，演算子

$$H(z) = \sum_{i=0}^{\infty} h_i z^{-1} \tag{4.157}$$

を導入すれば，システムの動作 (4.153) は

$$x_t = H(z) \varepsilon_t \tag{4.158}$$

のように簡単に書ける．$H(z)$ はシステムの**遷移関数**と呼ばれている．

時系列 $\{x_t\}$ をフーリエ変換してみよう．すなわち，

$$X(\omega) = \lim_{T \to \infty} \frac{1}{\sqrt{2T}} \sum_{t=-T}^{T} x_t e^{i\omega t} \tag{4.159}$$

のようにフーリエ変換を定義する．これは複素数値を取るが，その絶対値

$$S(\omega) = |X(\omega)|^2 \tag{4.160}$$

を**パワースペクトル**と呼ぶ．これは時系列 $x(t)$ のフーリエ成分の周波数 ω の強さを表す．なお，$S(\omega)$ は $\boldsymbol{h}$ または $H(z)$ によって決まり，もはや確率変数ではないが，複素数 $X(\omega)$ の位相は一様分布のランダム変数になる．遷移関数を使えば

$$S(\omega)=\left|H\left(e^{i\omega}\right)\right|^2 \tag{4.161}$$

と書ける．$S(\omega)$ を与えても，これを実現する $H(z)$ は一意には決まらない．ここでは，その中で一意に決まる**最小位相システム**のみを考える．

線形モデルの空間 $L=\{S(\omega)\}$ に，計量と双対接続を導入しよう．これにはダイバージェンスを定義すればよい．この空間はフーリエ領域で考えれば，確率変数 $\{x_t\}$ の代わりに，フーリエ変換した確率変数 $X(\omega)$ の空間と考えてよい．ただし，$X(\omega)$ は複素数値を取る平均 0 のガウス変数である．ところが，$\omega \neq \omega'$ ならば，$X(\omega)$ と $X(\omega')$ は独立で，

$$\mathrm{E}[X(\omega)X(\omega')]=\begin{cases} S(\omega), & \omega=\omega', \\ 0, & \omega\neq\omega' \end{cases} \tag{4.162}$$

が成立する．

話は無限次元の空間になるから注意を要するが，そのことにあまりこだわらなければ，L の一点 $S(\omega)$（すなわち一つのシステム，または時系列）をパラメータとして，$X(\omega)$ の確率分布は

$$p(X,S)=\exp\left\{-\frac{1}{2}\int_{-\pi}^{\pi}\frac{|X(\omega)|^2}{S(\omega)}d\omega-\psi(S)\right\} \tag{4.163}$$

のようにガウス分布の形で書ける．

これは指数型分布族で，e 座標系は $\theta=\theta(\omega)$ という ω の関数で，

$$\theta=\frac{1}{S(\omega)} \tag{4.164}$$

で与えられる．このとき m 座標系は，$\eta=\eta(\omega)$ という関数で

$$\eta=-\frac{1}{2}\mathrm{E}\left[|X(\omega)|^2\right]=-\frac{1}{2}S(\omega). \tag{4.165}$$

(4.163) を書き直すと

$$p(X,\theta)=\exp\left\{-\frac{1}{2}\int\theta(\omega)|X(\omega)|^2d\omega-\psi(\theta)\right\}. \tag{4.166}$$

ここで，ルジャンドル変換で結ばれた双対な凸関数は

$$\psi(\theta) = \frac{1}{2}\int \log S(\omega)d\omega - \frac{\pi}{2}, \tag{4.167}$$

$$\varphi(\eta) = -\frac{1}{2}\int \log S(\omega)d\omega - \frac{\pi}{2} \tag{4.168}$$

で与えられる．

リーマン計量は ψ を 2 階微分して

$$g(\omega,\omega') = \frac{\partial^2\theta}{\partial\theta(\omega)\partial\theta(\omega')}\psi(\theta) = \begin{cases} \frac{1}{2}S^2(\omega), & \omega = \omega', \\ 0, & \omega \neq \omega' \end{cases} \tag{4.169}$$

で対角形になる．微小線素 $\delta\theta$ の 2 乗の長さは

$$\|\delta\theta(\omega)\|^2 = \frac{1}{2}\int S^2(\omega)\{\delta\theta(\omega)\}d\omega = \frac{1}{2}\int \{\delta \log S(\omega)\}^2 d\omega. \tag{4.170}$$

だからリーマン計量は実はユークリッド的である．cubic テンソル $T(\omega,\omega',\omega'')$ も同様にして，ψ の 3 階微分より求められる．

e 座標系は $1/S(\omega)$ であったが，これをフーリエ展開して

$$\frac{1}{S(\omega)} = \sum_{t=0}^{\infty} r_t e_t(\omega) \tag{4.171}$$

としよう．同様に m 座標系 $S(\omega)$ をフーリエ展開して，

$$S(\omega) = \sum_{t=0}^{\infty} r_t^* e_t(\omega) \tag{4.172}$$

とする．ただし，基底関数はこの場合，

$$e_0(\omega) = 1, \tag{4.173}$$

$$e_t(\omega) = 2\cos\omega t, \quad t = 1, 2, \cdots \tag{4.174}$$

である．

得られる 2 つの系列 $\{r_t\}, \{r_t^*\}$ は，それぞれ e および m 平坦座標の線形変換であるから，やはり双対な平坦座標系の対，すなわち L の双対直交アファイン座標系をなす．ここで，$s = t$ のときに r_t と r_s^* は直交すること，すなわち r_t 軸に沿った接ベクトル $\boldsymbol{e}_t$ と r_s^* 軸に沿った接ベクトル $\boldsymbol{e}_s^*$ は

$$\langle \boldsymbol{e}_t, \boldsymbol{e}_s^* \rangle = 0 \tag{4.175}$$

となることが重要である．

r_t^* は，t だけずれた x_t の相関，すなわち s によらず

$$r_t^* = \mathrm{E}\left[x_s x_{s-t}\right] \tag{4.176}$$

のように書けるので，これは**自己相関係数**と呼ばれる．これに対して $\{r_t\}$ は，逆システム $S^{-1}(\omega)$ の自己相関係数である．これを**逆自己相関係数**と呼ぶことがある．

KL ダイバージェンスと α ダイバージェンスは，以下のように書ける．

定理 4.13 KL ダイバージェンスは

$$D_{\mathrm{KL}}\left[S_1 : S_2\right] = \frac{1}{2\pi}\int_{-\pi}^{\pi}\left(\frac{S_1}{S_2} - 1 - \log\frac{S_1}{S_2}\right)d\omega, \tag{4.177}$$

α ダイバージェンスは

$$D_\alpha[S_1 : S_2] = \begin{cases} \frac{1}{2\pi\alpha^2}\int_{-\pi}^{\pi}\left(\frac{S_2}{S_1} - 1 - \alpha\log\frac{S_2}{S_1}\right)d\omega, & \alpha \neq 0, \\ \frac{1}{4\pi}\int_{-\pi}^{\pi}\left(\log\frac{S_2}{S_1}\right)^2 d\omega, & \alpha = 0 \end{cases} \tag{4.178}$$

で与えられる．

よく知られた，有限次元の時系列モデルに触れておこう．これは**有理型線形システム**のモデルでもある．p 次 **AR**（**自己回帰**）**モデル**は，

$$x_t = -\sum_{i=1}^{p} a_i x_{t-i} + \varepsilon_i \tag{4.179}$$

のように書ける時系列モデルである．これは p 次元のパラメータ $\boldsymbol{a} = (a_1, \cdots, a_p)$ で決まるモデルで，L の有限次元の部分空間 $AR(p)$ をなす．その遷移関数は

$$H(z, \boldsymbol{a}) = \frac{1}{1 + \sum_i a_i z^{-i}}, \tag{4.180}$$

パワースペクトルは

$$S(\omega, \boldsymbol{a}) = \left|1 + \sum_i a_t e^{i\omega t}\right|^{-2}. \tag{4.181}$$

明らかに p 次の AR モデルは，$a_p = 0$ のとき $(p-1)$ 次の AR モデルになるので

$$AR(p) \supset AR(p-1) \supset \cdots \supset AR(0) = S_0. \tag{4.182}$$

ここで S_0 は $\boldsymbol{a} = 0$ であるから白色雑音 $\boldsymbol{\varepsilon}$ である．$AR(p)$ の e 座標系は，逆自己

相関係数 $\boldsymbol{r}$ である．

$AR(p)$ モデルは，明らかに (4.179) より

$$\mathrm{E}\left[x_t x_{t-k}\right] = 0, \quad k > p \tag{4.183}$$

を満たす．したがってその自己相関係数は，双対座標系の線形制約

$$r_k^* = 0, \quad k > p \tag{4.184}$$

で特徴づけられる．e 座標系 $\boldsymbol{r}$ の p 次までの項を $\boldsymbol{r}_p$ とすれば，これを超えた係数 $r_{p+1}, r_{p+2}, \cdots$ は 0 ではないが，これらは p までの $\boldsymbol{r}_p$ の関数として決まってしまう．

同様にして q 次 **MA（移動平均）モデル** $MA(q)$ は，

$$x_t = \sum_{i=1}^{q} b_i \varepsilon_{t-i} \tag{4.185}$$

で定義される．その m 座標系は自己相関係数 $\boldsymbol{r}$，これは $(r_1, \cdots, r_q)$ で定まり，

$$r_k = 0, \quad k > q \tag{4.186}$$

となる．これも階層的で $MA(q) \supset MA(q-1) \supset \cdots \supset MA(0) = S_0$．これらは m 平坦な部分空間である．

ARMA モデルは

$$x_t = -\sum_{i=1}^{p} a_i x_{t-i} + \sum_{i=1}^{q} b_i \varepsilon_{t-i} \tag{4.187}$$

で決まる．この遷移関数は

$$H(z) = \frac{\sum_i b_i z^{-i}}{1 + \sum_i a_i z^{-i}}, \tag{4.188}$$

パワースペクトルは

$$S(\omega, \boldsymbol{a}, \boldsymbol{b}) = \left| \frac{\sum_i b_i z^{-i}}{1 + \sum_i a_i z^{-i}} \right|^2 \tag{4.189}$$

のように書ける．

(4.188) のように，遷移関数が z の有理多項式で書けるシステムは有理多項式モデルと呼ばれ，制御系のモデルとして多用されている．

最後にエントロピー最大原理とその相対である最小原理に触れておく．与えられたシステム $S(\omega)$ を，p 次の AR モデルを用いて近似しよう．とくに，p 次までの自己相関係数 $(r_1^*, \cdots, r_p^*)$ の値がもとの $S(\omega)$ と等しいようにする．これは空間 L の中で，S を部分空間 $AR(p)$ に射影するものである．AR モデルと MA モデルの直交性から，次の最大エントロピー原理が成立する．

定理 4.14 AR モデルによる確率実現は，エントロピーを最大にするものである．

証明 一般のシステムのパワースペクトルを $S(\omega)$，その自己相関係数を $\boldsymbol{r}^*$ としよう．この中で，p 次までの自己相関係数 $\boldsymbol{r}_p^*$ が等しく，$r_{p+1}^*, \cdots$ は任意でよいような任意のシステムの集まりは，m 平坦な部分空間をなす（図 4.16）．また，$AR(p)$ による確率実現を S_p とする．図に示すように，S, S_p, S_0 は SS_p を結ぶ m 測地線と，S_pS_0 を結ぶ e 測地線が直交する．したがって，ピタゴラスの定理により，

$$D_{\mathrm{KL}}[S : S_0] = D_{\mathrm{KL}}\left[S : S_p^{AR}\right] + D_{\mathrm{KL}}\left[S_p^{AR} : S_0\right]. \tag{4.190}$$

一方，簡単な計算によって

$$D_{\mathrm{KL}}[S : S_0] = -2H(S) + \mathrm{const}. \tag{4.191}$$

となる．これより AR モデルによる確率実現は，エントロピーを最大にするものであることがわかる．これは**最大エントロピー原理**として知られている． □

これと双対に，**最小エントロピー原理**が，$\boldsymbol{r}$ の確率実現について言える．これはあまり知られていないが，面白い定理である．

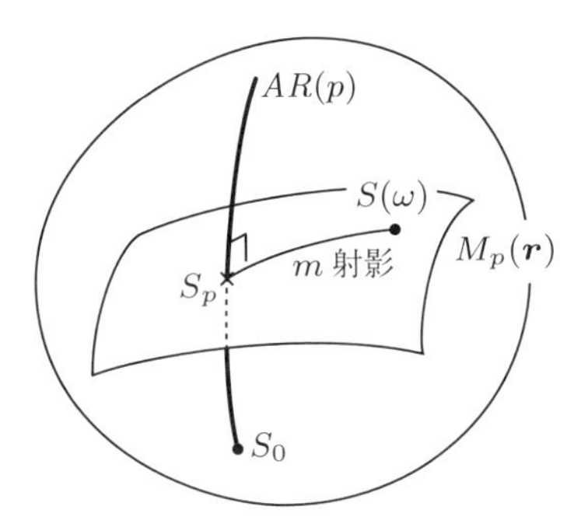

図 4.16 $M_p(\boldsymbol{r})$ の確率表現と最大エントロピー原理

定理 4.15 与えられた $S(\omega)$ の逆自己相関係数が $\boldsymbol{r}^*$ の p 次までの項を保存するシステムの中で，エントロピーを最小にするものは MA モデルによる実現である．

このシステムの空間に，$\pm\alpha$ 接続を導入することができる．興味深いことに，L はユークリッド的計量を持ち，しかもすべての α に関して L は双対平坦になる．したがって，上記の議論は任意の α について展開することができる．

定理 4.16 L は任意の α に対して双対平坦空間である．このときのポテンシャル関数は

$$\psi_\alpha(\theta) = \begin{cases} \frac{2}{\alpha}H - \frac{1}{2\alpha^2}, & \alpha \neq 0, \\ \frac{1}{4\pi}\int \{\log S(\omega)\}^2 d\omega, & \alpha = 0, \end{cases} \tag{4.192}$$

$$\varphi_\alpha(\theta) = \psi_{-\alpha}(\theta) \tag{4.193}$$

で与えられる．

ARMA モデルは，有限次元のパラメータ $\boldsymbol{a}, \boldsymbol{b}$ で指定される．$\boldsymbol{a}$ が p 次元，$\boldsymbol{b}$ が q 次元のとき，これを $ARMA(p,q)$ と書く．しかし p, q 次の有理多項式モデルの全体は，素直な多様体にはならず，特異点を含む．例として，もっとも簡単な $(1,1)$ システム

$$x_t = ax_{t-1} + \varepsilon_t + b\varepsilon_{t-1} \tag{4.194}$$

を考えよう．遷移関数は

$$H(z) = \frac{1+b(z)}{1+a(z)} \tag{4.195}$$

のようになる．(a,b) を座標軸に取れば，安定なシステムは

$$|a| < 1, \quad |b| < 1 \tag{4.196}$$

の正方形の内部である（図 4.17）．しかし，$a = b$ を満たす対角線上では，(4.195) で約分が行われ，a, b の値にかかわらずすべて同一のシステムで，$p = q = 0$ の ARMA モデル

$$H(z) = 1 \tag{4.197}$$

に等しくなる．つまり，対角線上はすべて同値で，この線は図 4.17 に示すように一点に縮んでしまい，ここが特異点になっている．これは一般の有理型モデルでも

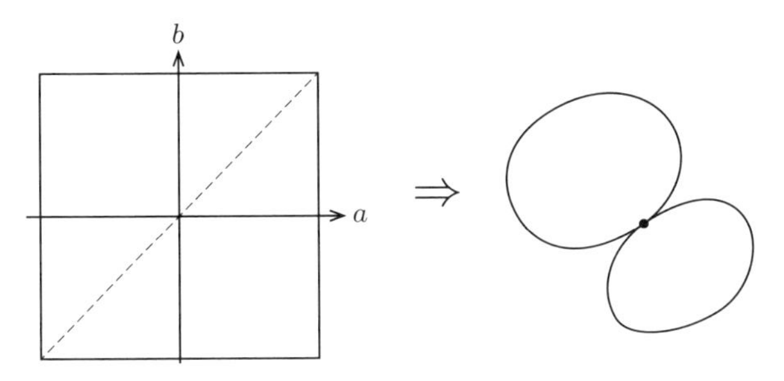

図 4.17 $ARMA(1,1)$ と特異構造

起こることで，分子と分母が共通の項を含めばそこで約分が行われ，それらが縮退して次元が下がる．つまり特異点が発生する．

この事実は R. Brockett が指摘した．彼は (p,q) 有理型システムの空間は，いくつかの分離した部分からなることを指摘した．慧眼(けいがん)である．しかし，それらが次元の低い部分空間で癒着していて，この意味でつながっていることを見抜いていない．こうした特異点を含む多様体のモデルは，多層神経回路で現れる．これについては後に述べよう．

また情報幾何の発展に関しては，さらにセミパラメトリックモデルの幾何，階層モデルの話がある．それらについては後の章で述べる．

こぼれ話 5　長岡浩司の幻の論文

α 接続に関する双対構造を考えてきたのが私であるが，満足のいく答えがなかなか得られなかった．ところが長岡浩司が現れた．長岡君と私の論文[55] で，満足のいくように，それを定式化できたのである．長岡君は私のところで統計の微分幾何を卒業論文として研究した．しかしさっぱりわからなかったという．そんなことはないだろうが，これをしっかり極めようと，中野馨さんの研究室に入って修士の 2 年間，双対性にかかわるこの話題を追究した．私とも何度か議論したが，ある日，先生できましたと言って彼が現れた．話を聞くと素晴らしい構想で，すべてがうまく収まる．双対平坦空間の構造を定式化したのである．

しかし，世の中はそううまくはいかない．彼は修士論文の審査会に遅刻して，プレゼンも下手で顰蹙(ひんしゅく)をかった．私が，この論文はここ数年の修士論文の中でも最高のできである，と弁護して合格にはなった．その後，彼は阪大の大学院の博士課程に進むことになっていたから，この研究を続けるわけにはいかないと言ってきた．そこで彼の構想を私が整備し，力を込めて論文を書き上げた．これが幻の長岡-甘利の論文[55] である．

これを，Annals of Probability に投稿した．自信満々であった．しかるに 1 年ほどして，editor から手紙が来た．お前の論文を7人の査読者に送ったが，誰もきちんとした意見を言ってくれなかった．論文が悪いとは言わないが，確率論の多くの研究者にとって興味が薄いとは言えるだろう．reject するわけにはいかないので，投稿を引っ込めてくれないかというものであった．仕方がない．

確率論について言うならば，その後のあるとき，東大の数学科の研究室で情報幾何のセミナーを行った．そのときの数学者のコメントの一つは，「これは確率論ではありません，統計学です．確率論は一つの確率分布，たとえば確率過程の性質を深く極めるものです．確率分布族をひとまとめにしてその属としての性質を極めるのは統計学です」．なるほどそうには違いないかもしれない．しかし，学問というのはそんなに狭くてよいものだろうか．私は視野を広く持ち，数理として面白いものは何でもやろうとしていたから，これは意外であった．

確率論が駄目なら仕方がない，ドイツの統計学の国際誌 Zeitschrift für Angewandte Mathematik und Mechanik に投稿した．ところが，その返事はひどいものだった．「統計学と微分幾何はそもそも関係のない別物である．それにここで使っている微分幾何は教科書に書いてあるものとは違う．こんなものは受け入れられない.」こうしているうちに2, 3年が経ってしまった．そこで，今度は IEEE Transactions on Information Theory に投稿した．IEEE の情報理論ソサイエティは理論と言えば Shannon 流で固まっていて，Shannon 流から外れる新しいものを嫌う査読者が多かった．いわく，この理論はすでに有名になっているから，いまさら載せるまでもないだろう，ということであった．私はその頃，渾身の力をふり絞って，Springer Lecture Notes in Statistics に“Differential Geometry of Statistics”を上梓した後であり，ロンドンでの国際会議もあって，情報幾何は確かに有名になりつつあった．長岡君はその後，量子情報幾何で独自の境地を拓き，この分野の重鎮として大活躍している．彼を慕う弟子も多い．私は長岡君には大変申しわけないことをしたと，いまでも思っている．

こぼれ話6　ロシアの科学と私

私は，不思議とロシアの科学に縁があった．ロシアの科学がそれほど欧米に知られていなかったこともあるだろう．学位論文では信号の変換を情報空間の理論として扱ったが，後で知ったことだが，信号の空間の変換に関する理論はすでに V. A, Kotel’nikov が提出していた．Shannon 以前である．彼の著書の英訳が出版されていて，私は後からこれを知って驚いた．帯域の限定された空間での標本化定理なども，Shannon より前に議論していた．サンプリング定理は，だからときに Shannon-染谷-Kotel’nikov の定理とも呼ばれる．

Kotel’nikov は旧ソ連で最高会議の議長まで務めた大物研究者であった．私の学位論文は，雑音をもとに信号空間をリーマン空間として捉えたものだから，この部分では Kotel’nikov のさらに先を行ったと言えないことはない．

次は L. I. Rozonoer である．ランダム結合の神経回路網で，彼が巨視的状態方程式が成立するか否かについて，Boltzmann の統計力学と対比しながら本格的な議論を行っていた．これは私の発想にはなくて，ロシア語の論文を見て大変興奮した話は前に述べた．機械学習の確率的勾配降下法については，Y. Z. Tsypkin がいる．これも後で知ったことだが，彼の著書ではそのうちの一章を割いて私の理論を紹介している．当時ロシアでは日本もなかなかやるなと，私の理論が評判になったという．彼らの理論は，主にロシアの雑誌 Automation and Remote Control 誌に発表されていた．この雑誌は英訳が 1 年遅れで出るので，私は目を離さなかった．

最後は N. N. Chentsov である．彼は Kolmogorov の弟子で，本格的な数学者である．情報空間で Fisher 情報計量がなぜ必要なのか，他に適当な計量はないのか，この本格的な問いに挑み，これを解明したのが Chentsov あった．温厚な紳士であり，情報幾何の始祖の一人である．私はロシアで 2 度ほど会った．早逝したのは学界にとって大きな損失である．彼は会議で Kolmogorov を私に紹介してくれた．見ていると，弟子どもが挨拶に来ては去っていく．つまり，偉過ぎて近寄りがたく，皆が敬遠しているのが面白かった．大先生とはかくなるものであろうか．

ロシアの科学は，高度で独自の地位を保っていた．これに比べれば，足の引っ張り合いをする欧米の科学は浅薄な部分が抜けきれていない．でも，民主的ではある．ロシアの重厚な科学の伝統が消失してしまったことは残念でならない．

こぼれ話 7　秘書列伝

教授には秘書が一人つき，書類のコピーを始めいろいろな雑用をこなしてくれる．助教授の時代，これがとてもうらやましかった．晴れて教授に昇進し，正式に秘書が持てるようになった．初めての秘書は新谷公子さんである．彼女は近藤先生の後を継いだ大島信徳教授の秘書であり，私はそこの助教授であったから，もちろんよく知っている．教授になるまでには教授選考委員会が立ち上がり，そこで決まるまでに結構時間がかかる．新谷さんに，どこか秘書を探している教授のところを世話しようかと言ったら，「私は先生の秘書をやりたいのです」との返事をもらって，大変嬉しかった．新谷さんが私の最初の秘書となり，とてもよくやってくれた．

彼女が結婚し出産で辞めてから，何回か秘書が代わった．いずれも大変よくやってくれた．その後，アメリカ留学中の教え子の一人，浜川君にアメリカで会って，彼の家でご馳走になった．そのとき会ったのが夫人の浜川ゆかりさんである．彼女はエレクトーンの先生をしていて，帰国したらどこかへ勤めたいという．聞けば，TEX（テフ）がこなせるというので，帰国後さっそく来てもらった．彼女は大姉御で，あっという間に大学院生を手なずけ，研究室の中心に君臨した．

私は主義として自分でできないことを秘書に頼むのは邪道で，自分でできることを秘書に手伝いとして頼むのが筋であると考えていた．だが TEX は違った．私ができないのに浜川さんが TEX で全部打ってくれる．だが，これが私の数多くある失敗の一つで，私はいまだに TEX ができず苦労している．私が理研に移るときにも，浜川さんに週2回アルバイトとしてしばらく理研に来てもらった．TEX のためである．

理研では新しい研究室を立ち上げ，理研関連の派遣会社からの秘書候補を面接した．浪岡恵美さんが秘書で来てくれて，以後二十数年，秘書の仕事をやってくれている．浪岡さんは負けず嫌いの努力家である．「私もテフを勉強します」と言って，頑張って TEX が打てるようになった．彼女は熱心で，研究員だった村田昇君（現早大教授）にいろいろと教えを乞うたらしい．

私はコンピュータが駄目で，コンピュータが変になってしまうと，村田君を呼んだ．「こうこうで，コンピュータがおかしくなってしまった．」「はい，私が直しておきます」と村田君が言うから，「違う違う，どう直したらよいか，そのやり方を私は聞いているのだ」．彼は迷惑そうな顔をしたが，こうこうするのですと，丁寧に教えてくれた．その時も浪岡さんがそばにいて，一緒に聞いてメモを取っていた．

ところが数カ月して，また同じような不具合が生じた．この時も同様にしたが，さすがに3度目にもなると，頼みにくい．仏の顔も三度というし，あいつはアホかと思われてしまうのも困るので仕方がない，不具合が生ずるとすべて村田君に任せた．だから私はいまでもコンピュータがわからず，大嫌いである．

しかし，浪岡さんはぐんぐんと実力を上げていった．よく働くのに理研の給料（人材派遣会社から出る）は安い，私は人材派遣会社に電話を入れて，浪岡さんの給与を上げて欲しい，と申し入れた．ところが先方は，「人材派遣の秘書は理研と一括契約していて，理研の人事の許可がなければ上げられない」と言う．らちがあかないので，次年度から派遣会社との契約を打ち切って，理研の契約職員として直接来てもらうことにした．

浪岡さんは可愛いらしい女性であったが，そのうちにすごく綺麗になった．おりしも「イルカ」の名曲「なごり雪」が流行っていた．春が来て君は去年よりずっと綺麗になった，という歌である．さては，という私の予感通り「私，結婚します．勤めはこのまま継続したい」との申し出があった．その後2度の産休があったが，とても手放せない人材になった．私はいまでも理研でお世話になっていて，私の手書きの汚いぐちゃぐちゃの原稿を全部 TEX にしてくれるし，コンピュータのちょっとした不具合の面倒も見てくれる．本書の原稿段階の仕上げももちろん彼女による．

5 世界への進出——ニューロブーム，バブル期とその崩壊

5.1　第2次ニューロブームの到来

世の中は動いている．ニューロとAIの冬の時代を超えて，アメリカでは激動が始まっていた．**コネクショニズム**の台頭である．

1960年代，心理学の主流は行動主義であった．これは心理学を客観的な科学として確立させるために，「心」などというブラックボックスを排除し，生物の行動を入力とそれに対する応答という基本的な関係だけに絞って，記述しようとするものである．

これは客観的な心理学を標榜して成功を収めたが，ここでは心はタブーとされ議論できなかった．この桎梏（しっこく）を打破すべく認知科学が台頭した．これは人間の認知を主題として扱う科学で，人間の知能の基礎を**記号処理**と**論理推論**に求め，AIと協力することで大きな流れを作ってきた．**認知革命**である．

ところが1970年代末，認知科学の内部で反逆が始まった．人間の認知や知能を解明するのに，記号と論理から出発するのではなくて，その基盤となる脳の仕組みに着目しなければいけないと考えるのである．これが神経回路網である．情報はこの上に分散して表現され，相互作用の並列のダイナミクスで処理されていく．並列分散の情報処理を中心に掲げ，これをコネクショニズムと呼び，自らをコネクショニストと称する流派が勢いを増しつつあった．

もちろん，これまでのニューロモデルの研究も，脈々として底流を流れていた．ここに物理学者が参入した．J. Hopfieldは，連想記憶モデルと並列問題解決のニューロ力学で一躍有名になり，その理論的な基礎を求めて物理学の多くの優れた人材がここに結集した．さらに，コネクショニズムの旗頭の一人であるD. Rumelhartたちを中心とするグループは，多層パーセプトロンの新しい学習法として**誤差逆伝播法**，いわゆる**バックプロパゲーション**を引っ提げて，PDP（Parallel Distributed Processing）という上下2巻の大著を著し，世の中に大きな流れを作った．第2次ニューロブームの到来である．

1986年のある日，東大の電話交換台から突然に電話がかかり，アメリカから国際電話です，おつなぎしてよいですかと言ってきた．英語は嫌だ，とは言えない，しぶしぶながらつないでもらった．これによると「来年にサンディエゴでニューロの国際会議を開催する，お前にはぜひ参加して欲しい，旅費などの費用はすべてアメリカ側で負担する」という招待であった．嫌も応もない，引き受けたが，気が動転していて，誰が電話をしてきたのかもわからない，お前は誰だと聞き返したら，R. Hecht-Nielsen であった．彼はその後ニューロのベンチャービジネスを立ち上げ，この会社が急成長した．彼も日本に来る度に私のところへ寄るようになった．

会議は1987年にサンディエゴで行われ，2000人以上を集めて大成功であった．日本からは私と後に阪大教授となるNHK技研の福島邦彦が招待者として参加した他，大勢の大学の研究者とともに，民間企業からの参加も目立った．もちろん，日本はこの分野の先進国で，欧米の冬の時代にも優れた業績を挙げていた．会議の参加費は高く，6万円ほどしたと思う．主催のIEEEサンディエゴ支部は，大儲けをした．

そこで次回の開催のために，これを主催する国際神経回路学会（**International Neural Network Society，INNS**）の結成が議論された．ここが国際会議を毎年開催することが決まり，B. Widrow が会長に推挙される．INNS が発足し，私と福島さんは理事に決まった．また，S. Grossberg の活躍があって，INNS の機関学術誌として Neural Networks 誌を Pergamon Press（後の Elsevier 社）から発行することも承認され，S. Grossberg, T. Kohonen, 私の3人が共同の editors-in-chief を務めることになった．国際社会での私の初めての大役である．

5.2　学界の国際政治の暗部

しかし，世の中はそう甘くはない．問題はニューロブームが巻き起こったせいで，国際会議開催が利益の上がる事業になったことである．ここからもめごとが始まる．国際会議を1つ開催すると，2000万円もの利益が出るとは何ごとか，私やヨーロッパの学者は会議の参加費の大幅値下げを主張した．しかし，アメリカの流儀ではこれは受け入れられなかった．IEEE はこんな利権が手放せるかと，継続してニューロの国際会議を開催することになる．我々が憂慮する中で，INNS と IEEE の大会が分裂して行われ，どちらもしばらくは盛況であった．

国際会議開催で，INNS は財政的には大変潤った．ところがアメリカである．管理会社が乗り出し，学会の運営事務をすべて請け負うという．その管理費として年間何と2000万円を支払えという．管理会社の言い分は，会社はワシントンの政府筋にコネを持ち，これを使ってそれ以上の研究助成金を引き出せるというものであった．こんな議案がなぜ INNS の理事会で承認されたのだろう．私などは，お恥ずかしいことに早口でまくしたてる英語がよくわからなかった．ヨーロッパ勢もアメリカの風習に従うとしたのであろう，承認となった．これがとんでもない食わせ会社で，蓄えの豊かだった INNS は 3 年もたたず赤字に転落し，やっていけない．この会社を切るのが一騒動であった．

一方，Neural Networks 誌は大成功であった．編集長は INNS の理事会が決めることになっていたが，交代の時期が来ても Grossberg がこれを手放さない．業を煮やして Kohonen が反旗を翻す．ヨーロッパで **ENNS**（**European Neural Network Society**）を結成する．そして出版社と直接交渉して，Neural Networks 誌を，INNS，ENNS そして日本を巻き込んで日本の **JNNS**（**日本神経回路学会**）の共同編集の機関誌にしようと画策した．私もこの案に積極的に関与し，これが認められた．出版社との契約には利益の払い戻し条項が含まれていて，JNNS は財政的に潤うこととなった．

国際会議の分裂開催は，研究者の中では不評嘖々(さくさく)であった．それに数年もたたずに大会はもはや営利の源ではなくなり，通常の国際会議になりつつあった．IEEE と INNS が共同の大会を開くという提案が両者の間で合意し，しばらくうまくいったが，これも長くは続かなくて再び分裂する．学界と言えばすべて協調し，合理的に運営されるかと言えばとんでもない．権謀術数の世界なのである．

私は 1996 年に INNS の会長に推挙され，選挙で当選した．しかし，英語の下手な私にとっては，英語で話す理事会は大変な苦労であった．何とか 1 年間の任期を乗り切って，ホッと安心した．私が INNS の会長に就任したときに，再び IEEE との合同の大会開催を提案し，Grossberg の猛反対を押し切って採択され，**IJCNN**（**International Joint Conference of Neural Networks**）となる．これが現在でも続いている．

それより前の，まだ合同の会議が続いていた 1990 年代の初頭，国際会議の日本開催案が提起された．両学会が持ち回りで順番に主催する取り決めで，このときは IEEE が幹事であった．その前年の国際会議の折りに，豊橋技術科学大学の臼井支朗教授がやってきて，「甘利さん，大変です．今夜 IEEE の Neural Network Society の理事会が開かれ，そこで日本開催の具体案が討議されます．案では，名大の某教授が general chair となってすべてを牛耳ることになります．これを阻止してください」．名大の某教授は，ニューラルネットワークの論文は 1 つもなく，彼は流行しそうなテーマにはすべて口を出すいわゆる会議屋である．IEEE の情報関係のソサイエティの理事を務めていて，ここに自分を売り込んだ．

私は臼井さんに従ってこの理事会に出席し，日本開催の議題のときにオブザーバーとして意見を述べた．「日本での開催を歓迎する．日本はニューラルネットワークに関する長い研究の歴史と実績のある先進国であり，日本の研究者の意向を無視した開催は認めがたい．会議は日本の研究者が主体的に計画し，運営するべきである．」

IEEE は日本の研究者の中心に某教授がいると勘違いしていたらしい．日本が主体となって計画を練る正論には同意した．そして某教授を general chair とすることは，ここで決定とはしないがこれを支持するという結末になった．

翌 1993 年の日本開催は JNNS が主催，電子情報通信学会が共催することとし，私が議長になり研究者を結集した．某教授は副議長に収まった（IEEE の解釈では共同議長）．この会議の開催準備は大変であった．玉川大学の塚田稔教授が中心となり細部を取りまとめ，企業からの募金を指揮した．日本ではバブルが崩壊していたが，まだ余力はあったのだろう，すべてがうまくいき，名古屋市で開催したこの大会は大成功となった．ただ，この直前に IEEE が INNS とは合同の会議を行わないことを再び決めた．このため，この会議は我々日本側の単独主催とし，INNS，ENNS，IEEE に共催者として参加するかどうかを問うた．彼らは皆賛成して，我々に従った．会議は大成功で剰余金まで出し，その一部はこれらの団体にも配ることができた．学界での国際政治は，良い面も悪い面も含めてそれからも進んでいく．一方国内では，バブルとその崩壊を経て，大きな流れがあった．

5.3　ヒューマン・フロンティア・サイエンス・プログラム

国内へ目を転じよう．面白くてやりがいがあるのは研究であるが，これは少し後回しにする．しばらく待ってもらいたい．

ニューロブームが世界に吹き荒れたとき，日本はちょうどバブル景気の最盛期で，経済は好調（加熱），大変盛り上がった．私も方々から講演を頼まれるようになり，忙しさがいや増しした．実は計数工学科での講義も，1 学期 15 週しなければならないのに休講が続き，何とか 10 回は開講したいと努力した．いまでは考えられない時代であった．しかし，講義の一回一回には力を込めた．

大学院の講義では，他学部からのもぐりの聴講者も多かったという．講義で熱がこもると，シーンとして針一本落ちても音が聞こえるという，そんな場面が何回かあった．これは講師冥利に尽きる．演劇演出家の P. Brook は京都賞の受賞公演で，演劇とは舞台で役者が演じるだけのものではないと言った．公演とは，演者と観客が一体となって場を創り上げるものだと言う．授業もまさにこれである．こうした感激を何度か味わったことは，講義をなりわいとするものにとっての忘れがたい思い出である．

それはさておき，世の中は動いていた．官庁の 2 つのプロジェクトが幕を開ける．まずは**ヒューマン・フロンティア・サイエンス・プログラム**である．これは通商産業省（以後，通産省と略す）と科学技術庁（以後，科技庁と略す）とが一体となって企画推進したもので，基礎科学の分野で日本が世界的な貢献をしたいと名乗り出たものであった．中曽根康弘が総理大臣になり，サミットで日本から提案して世界の賛同を得たいという．そのための準備会が開かれ，脳科学とゲノム科学の国際研究を支援する世界的なプログラムを立ち上げることになった．これはまっとうな学術の計画であり，日本が中心になってその費用を負担するという．

通産省と科技庁が主体となって事務局を立ち上げ，多くの学者を結集して準備の会合が何回も持たれた．私も委員の一人として参画した．この計画を中心になって牽引したのは通産省と科技庁の 2 人の課長補佐であった．彼らの熱意と仕事ぶりにはすさまじいものがあった．

会議は何回も開かれ，構想が具体化すると，世界的な承認を得るために賢人会議（Wisemen's Congress）を開催するという．日本でこの会を開催したときにノーベル化学賞受賞者の I. Prigogine と私は隣になった．この縁で，ベルギーで開催される「日本週間」の行事の一つとして彼が主催する複雑系の国際シンポジウムに招待された．本田財団が費用をサポートするという．事務局から，「ファーストクラスの旅費を準備しています，チケットをお渡ししましょうか，それとも現金の支給がよいですか」との問い合わせがあった．もちろん現金で頂戴して，女房と 2 人でエコノミーで出かけて，お釣りがたくさん出た．この会議で，Prigogine が「ベルギーの王様は俺の友達だ」と言う．みんなが冷やかすと，翌日のバンケットにはベルギーの国王と王妃が出席し，私は国王と同じテーブルについた．国王は自由闊達な方だった．そのとき，いまの天皇が皇太子としてベルギーに滞在していて，彼も出席し，国王は客人を連れてきたと言い私に紹介してくれた．これがいまの天皇との最初の出会いである．女房は王妃と同じテーブルになり，王妃が「タンポポ」という日本映画が面白いと言ったという．日本に帰って調べたら，伊丹十三のラーメン屋の映画でなるほど面白かった．しかし王妃がこんな下世話な映画も見るのかと，びっくりした．

賢人会議はその後アメリカとフランスで開かれ，その度にファーストクラスのチケットを出してくれた．パリではジョルジュサンクという凱旋門のすぐ近くの超豪華なホテルに宿を取った．何か偉くなった様な気がしたが，そんなことはもちろんない，バブル期の賜物である．ともかくヒューマン・フロンティア・サイエンス・プログラムはうまくスタートし，フランスのストラスブールに1989年本拠を構えて，国際協力，国際共同研究の基礎科学のプログラムとして，いまもよく機能している．バブル期の日本はこんな貢献もできた．

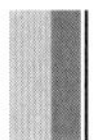

5.4　リアルワールドコンピューティング計画

もう一つは通産省の**リアルワールドコンピューティング計画**というプログラムである．第5世代コンピュータ計画が10年経って終了し，次のプロジェクトを模索していた．1992年ごろである．ここではニューロやファジィを含む新しい柔軟な情報処理の開発，それを支える超並列コンピュータ，光コンピュータの3課題を主題として取り組むことが決まった．その主査を私がまかされた．新しい情報処理の方式を現実世界の中で追求し，それを支える革新的なハードウェア技術を追求すべく，産官学の研究者を結集し，目標を明確に掲げて研究を推進することになった．

実のところ私はこうしたプロジェクトには向いていない．実現すべき技術課題について確固とした理念と見通しを持っていないのである．一研究者として，研究は自由気ままに行うべきだという信念と，自分の好きな研究をしたいという欲求があるだけである．だから，プロジェクトでは皆が自由にのびのびと研究ができるようには気を配った．しかし「俺について来い」，という気概を持った指導者ではなかった．

そのうちにペレストロイカでソ連が崩壊した．私はこの機にロシアの優秀な研究者を招聘（しょうへい）すべきであると主張したが，通産省に受け入れられなかった．COCOMという枠があり，アメリカとの関係で共産圏の学者は招聘できないという．しかし当のアメリカは柔軟で，次から次へとロシアの優秀な学者がアメリカへ流出した．

そうこうするうちに5年が過ぎ，プロジェクトを再編することになり，主査を交代する話が出た．実のところ私はホッとして，喜んで辞任した．こうしたことに私は向いていない．大した成果も生み出さないままに，10年のプロジェクトは幕を閉じた．バブル経済は崩壊し，ニューロブームも過ぎ去り，日本の半導体技術も没落した．失われた30年の始まりの一幕である．私も責任を負わねばならない．

話を戻そう．ニューロブームのおかげで，電気関連の企業ともお付き合いをするようになり，委任経理金がもらえるという．これは一件50万から100万円ぐらいを大学での研究に自由に使えるように寄付金として出してくれるもので，使途は私の自由になる．これを数社からもらうと，外国出張が自由にでき，国際会議にはいつでも行ける．私の研究は紙と鉛筆だけで十分であったから，ありがたかった．さらに，外国から学者が来たときなどは，講演の後で飲み屋に連れて行って，研究室の一同と談話飲食を楽しんだ．近くの飲み屋のおかみさん（お婆さん）と親しくなった．あるときなど，早稲田大学の偉い先生が一緒に飲みに来て，先に帰っていった．お婆さんが後で言うには，あの先生がいくらかお金を出そうとしたから「うちの先生に恥をかかせないでください」と受け取らなかった，とのことである．

5.5 文部省の重点研究

バブル期の崩壊と日本の没落が始まるこの時期ではあるが，学問の世界では重要な進展があった．1990 年に日本神経回路学会を立ち上げ，理論脳科学の旗を揚げた．計算論的神経科学と言ってもよい．その前から文部省は特定領域研究という制度を作り，大型の共同研究の助成を開始していた．伊藤正男東大教授がリーダーとなって脳科学の総合研究を開始する．私もここへ入れていただいた．その後，大脳生理学者の久保田競京大教授がリーダーとなる．理論系は言わば付録のような形で参加していた．

これが一段落すると，次は理論系が主体となって**重点領域研究**に応募し，理工系においても脳の研究体制を確立しようと言う話になる．医学系は外山敬介京都府立医科大学教授が中心になり，若手を中心に脳の重点領域研究を立ち上げる準備をしていた．ところが，理工系に提出した私の提案も，生物系に提案した外山さんの提案も，両方とも採択に至らずあえなく敗退する．既得領域を守る学界の壁は厚い．

私と外山さんが，そこで伊藤教授に呼びつけられた．「お前らは何を馬鹿なことをやっているのだ，理論と実験を切り離して脳科学が成立すると思うのか，両者が一体となって共同で切り拓くことこそがこれからの脳科学であろう．次年度に向けて両者を統合した計画を直ちに練りなさい．そのための準備費用が必要ならば，事前調査費という制度があるから，これをつける．」

大変尤もな嬉しい話で，もっと壮大な脳科学を夢見なければいけなかった．かくして両者共同で理論と実験をつなぐ新しい脳科学の構想を練り，再度文部省に申請した．私がリーダーとなり生物系に提出し，その審査会で審議が進んだ．審査委員の前で計画を説明し，理論と実験が一体となって研究を進めれば，もう夜明けは近い，まさに脳の秘密の解明前夜であると結んだ．そこで質問があった．「甘利先生，夜明けは近いと言ったが，いつ明けるのですか.」これには困った．内心は脳の解明にはまだまだ何十年もかかると思っていたからである．

しかし，この提案は無事採択となり，新しい総合研究がスタートした．蓼科(たてしな)での研究会ではテニスのレクリエーションもあり，私も負けてはならじとテニスを始めた．冬はスキー場で研究会を行った．4年の研究計画は無事に成功したが，夜は明けなかった．しかし，理論系と実験系の交流が進み，これが終わると外山さんを中心とする大型研究が続いて採択され，さらにその後も，3期12年もこれが続くことになる．

理論系と実験系の研究者を結びつけるための立案と調整に大活躍したのが，玉川大の塚田稔教授であった．塚田さんとの出会いは古い．まだ私が30代の初め，東大に戻ったときの電子通信学会の研究会でのことである．塚田さんは，脳科学と情報理論とを結びつけて神経パルスの特性を解明する研究を行っていた．海馬のニューロンを使って理論と実験を行うのである．そこへ古参教授が何かわけのわからない質問をして，意地悪をした．私が立ち上がって，いや塚田さんの研究の方向は素晴らしい，神経パルスの時空間構造を多元情報構造として，もっともっと進めていただきたいとエールを送った．

少し脱線する．塚田さんは現代のダ・ヴィンチと呼ぶような多彩な学者である．一方では社交ダンス，テニスなどのスポーツをよくこなし，さらに洋画を描く大家でもある．いまは日本画府（日府展）という画壇の副理事長を務めている画伯であり，その絵は1号（はがき一枚大）で15万円もするという．私も那須の山荘に，彼の150号の絵画を飾っている（もちろんタダでせしめた）．

彼が，日本の理論脳科学の推進，とくに理論と実験の融合に中心的な役割を果たし，後で述べる脳の世紀運動を主導した．後に，文部科学省（以後，文科省と略す）の21世紀COEという新しいプログラムが発表され，玉川大から塚田教授が応募する．私も全力でこれを支援した．これが私学では珍しく採択され，玉川大に脳科学研究所が出来上がり，多くの優秀な研究者が結集している．

5.6　Boltzmann 機械と情報幾何

バブル期の最中で忙しいとは言え，研究には精を出した．できれば，2つに分かれた私の研究テーマ，ニューロモデルと情報幾何を結びつける研究をしたい．まず，D. H. Ackley，G. Hinton，T. Sejnowski が取り上げた **Boltzmann 機械**に目をつけた．これは名前が大げさだが，$0, 1$ 変数の再帰結合確率的動作の神経回路

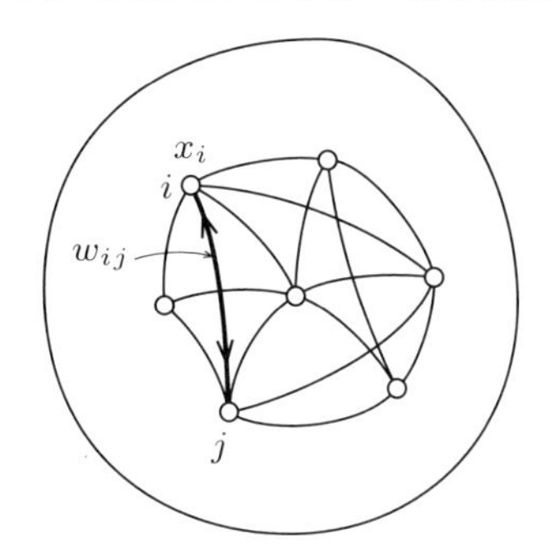

図 5.1 Boltzmann 機械

の一番取り扱いやすい確率モデルと言える．物理で言えば相互作用するスピン系のモデルである．このモデルで，観測されない隠れ変数が一部にあるときの統計的推論を取り上げた．これは，倉田耕治，長岡浩司との共同の研究であった[102]．

n 個のニューロンがあり，相互作用をしているとしよう．神経回路の現在の状態をベクトル $\boldsymbol{x} = (x_1, \cdots, x_n)$ で表す．ニューロン i と j の結合の強さを w_{ij}，ニューロン i の閾値(しきいち)を h_i とする．ここで $w_{ij} = w_{ji}$ とする．すると，ニューロン i の活性度は，

$$u_i = \sum_j w_{ij} x_j - h_i \tag{5.1}$$

のようになる（図 5.1）．ニューロン i は次の時間に u_i に基づいて発火するかどうか（出力 x_i が 1 であるか 0 であるか）を確率的に決めるものとし，発火の確率はシグモイド関数

$$f(u) = \frac{1}{1 + \exp\{-u/T\}} \tag{5.2}$$

であるとする．T が大きければ，発火の確率はいつも 1/2 に近づき，T が 0 に近づけば，f はヘヴィサイド関数となり，発火は u の正負に応じて 1, 0 の値を取る決定論的なものになる．ここでは，$T = 1$ に固定する．

回路の次の状態 $\boldsymbol{x}'$ は，まずランダムにニューロンを 1 つ選び，これを i としてその状態 x'_i（出力）を上記の u_i で決まる確率に応じて更新する．これを繰り返す．状態 $\boldsymbol{x}$ から，次の時間に状態が $\boldsymbol{x}'$ になる確率が，パラメータ (w_{ij}, h_i) を与えれば定まる．この状態遷移過程はマルコフ的で，状態遷移は**定常マルコフ過程**をなす．このとき，**定常確率分布** $p(\boldsymbol{x})$ が存在して，初期状態がどんな分布から出発しても，状態の確率は $p(\boldsymbol{x})$ に収束する（これは非同期に動作させるからで，すべて

のニューロンをこの確率で一挙に同期して更新してしまってもよさそうであるが，そのときは周期2の振動が存在するので，非同期とする）．

定常確率分布は，簡単な計算によって

$$q(\boldsymbol{x}) = \exp\{-E(\boldsymbol{x}) - \psi\} \tag{5.3}$$

のように書けることがわかる．ここに

$$E(\boldsymbol{x}) = \frac{1}{2}\sum_{ij} w_{ij}x_i x_j - \sum_i h_i x_i \tag{5.4}$$

で ψ は規格化定数に対応する自由エネルギーである．w_{ij} は対称で，$w_{ii} = 0$ である．$E(\boldsymbol{x})$ は統計物理学に従って，**エネルギー関数**と呼ばれ，$\boldsymbol{x}$ の2次関数である．統計力学の Boltzmann 分布のような形であるので，これを Boltzmann 機械と呼んだ．Boltzmann 機械の定常確率分布の全体を $B = \{q(\boldsymbol{x})\}$ で表そう（図5.2）．ここで $q(\boldsymbol{x})$ は (5.3) の形の分布で (w_{ij}, h_i) を定めれば決まる．

この分布は指数型分布族をなし，

$$\theta^{ij} = -w_{ij}, \tag{5.5}$$

$$\theta^{i} = -h_i \tag{5.6}$$

とおけば，

$$p(\boldsymbol{x}, \boldsymbol{\theta}) = \exp\left\{\sum_{ij}\theta^{ij}x_i x_j - \sum_i \theta^i x_i - \psi(\boldsymbol{\theta})\right\} \tag{5.7}$$

のような標準形に書ける．対応する η 座標は

$$\eta_{ij} = \mathrm{E}\left[x_i x_j\right], \tag{5.8}$$

$$\eta_i = \mathrm{E}\left[x_i\right] \tag{5.9}$$

で，$\psi(\boldsymbol{\theta})$ はまさしく物理学の自由エネルギーに対応する．(5.3) からわかるように，エネルギー E の大きい $\boldsymbol{x}$ の出現確率は小さく，E の小さい $\boldsymbol{x}$ は出現する確率が高い．この度合いを支配するのが温度パラメータ T であるが，ここではそれを1に固定した．

状態 $\boldsymbol{x}$ は 2^n 個ある．その上の確率分布 $p(\boldsymbol{x})$ の全体は $(2^n - 1)$ 次元の確率分布族をなす．これを S とおくと，$X = \{\boldsymbol{x}\}$ 上の確率分布族は，前に見たように $(2^n - 1)$ 次元のシンプレックス $S_{2^n - 1}$ で，これは指数型分布族であり，

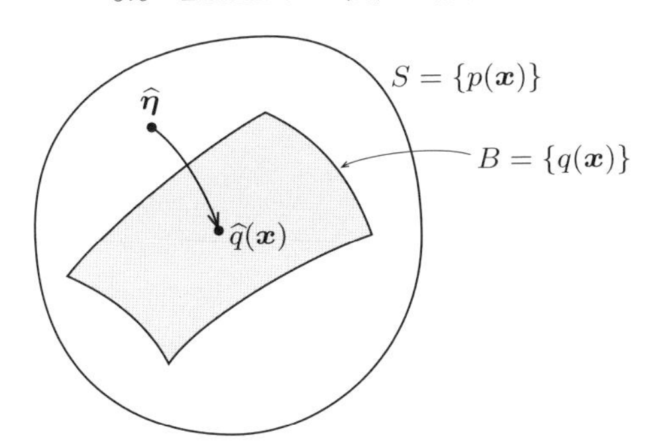

図 5.2 Boltzmann 機械の定常確率分布 B

$$p(\boldsymbol{x}) = \exp\left\{\theta^i x_i + \theta^{ij} x_i x_j + \theta^{ijk} x_i x_j x_k + \cdots + \theta^{1\cdots n} x_1 \cdots x_n - \psi\right\} \tag{5.10}$$

と書ける．ただし和の記号 $\sum$ は省略している．Boltzmann 機械の定常確率の分布族 $B = \{q(\boldsymbol{x})\}$ は 3 次以上の θ を 0 とおいたもので，$S = \{p(\boldsymbol{x})\}$ に含まれる $n(n+1)/2$ 次元の e 平坦な部分空間である（図 5.2）．なぜなら相互作用が 2 つのニューロン間に限られていて，3 重，さらにもっと多重の直接の相互作用がないからである．

さて，与えられた確率分布 $q(\boldsymbol{x})$ が，Boltzmann 機械の定常確率分布 $p(\boldsymbol{x})$ となるように (w_{ij}, h_i) を定めたい．もちろん，$q(\boldsymbol{x})$ が B に入っていなければこれは不可能であるが，入っていないときには B に入っているものの中で q に最も近いもので近似したい．これを $q(\boldsymbol{x})$ が発生するデータを用いて学習で実現したい．分布間の近さとして KL ダイバージェンス

$$D_{\mathrm{KL}}\left[q(\boldsymbol{x}) : p(\boldsymbol{x})\right] = \sum q(\boldsymbol{x}) \log \frac{q(\boldsymbol{x})}{p(\boldsymbol{x})} \tag{5.11}$$

を用いることにする．

Ackley，Hinton，Sejnowski が素晴らしいアイデアを出した．KL ダイバージェンスを減らすべく，$D_{\mathrm{KL}}[q : p]$ を w_{ij} および h_i で微分して勾配を求める．たとえば w_{ij} で微分すると

$$\frac{\partial D_{\mathrm{KL}}}{\partial w_{ij}} = p_{ij} - q_{ij} \tag{5.12}$$

となる．ただし

$$p_{ij} = \mathrm{E}_p\left[x_i x_j\right], \tag{5.13}$$

$$q_{ij} = \mathrm{E}_q\left[x_i x_j\right] \tag{5.14}$$

となる．したがって，現在の w_{ij} を変えるのに，p の下での $x_i x_j$ の期待値 p_{ij} と，q の下での期待値 q_{ij} を用いれば，

$$\Delta w_{ij} = -\eta\left(q_{ij} - p_{ij}\right). \tag{5.15}$$

h_i についても同様にできる．したがって**Boltzmann 機械の学習**によって，その定常分布 $p(\boldsymbol{x})$ を与えられた分布 $q(\boldsymbol{x})$ に近づけることができる．

ところで，Boltzmann 機械で，興奮，非興奮が直接に観測できるニューロンと，観測できないニューロンがあったとしよう．たとえば，入出力に直接関係するニューロンは観測可能ニューロンと考えてよい．他方，観測できないニューロンを**隠れニューロン**と呼ぼう．隠れニューロンは多くのモデルで大事な役割を果たしているものの，その値は直接には見えない．

このとき我々が知るのは，**観測可能ニューロン**からの情報だけである．これを用いて，回路のパラメータ w_{ij} や h_i を推定できないだろうか．統計の立場で言えば，これは可能である．**観測可能な変数**を集めた部分ベクトルを $\boldsymbol{x}_V$，**隠れ変数**からなるベクトルを $\boldsymbol{x}_H$ とし，$\boldsymbol{x} = (\boldsymbol{x}_V, \boldsymbol{x}_H)$ と分割する．このとき，確率モデルは $p(\boldsymbol{x}_V, \boldsymbol{x}_H; \boldsymbol{\theta})$ と書けるから，これを $\boldsymbol{x}_H$ について積分（離散値の場合は加算）してしまえば，観測可能変数に基づく確率分布

$$p\left(\boldsymbol{x}_V, \boldsymbol{\theta}\right) = \sum_{\boldsymbol{x}_H} p\left(\boldsymbol{x}_V, \boldsymbol{x}_H; \boldsymbol{\theta}\right) \tag{5.16}$$

が得られる．だからこれを用いて，観測可能変数の観測値をもとにパラメータを推定すればよい．しかし，多くの場合，もととなる確率分布 $p\left(\boldsymbol{x}_V, \boldsymbol{x}_H; \boldsymbol{\theta}\right)$ は指数型分布族のような簡単な形をしていても，隠れ変数について積分した観測可能変数の確率分布は複雑な形をしている．

このような場合については統計学では研究が進んでいて，**EM（Expectation-Maximization）アルゴリズム**がよく知られていた（実は，私は知らなかった）．それを述べる前に，この問題を幾何学的に考察しておこう．確率分布族の空間 S の中に，確率分布族の部分空間 B を考える．S が指数型分布族の場合，B は一般には曲指数型分布族であるが，多くの場合これも指数型分布族になる．Boltzmann 機械の定常分布 B の場合がそうである．確率変数がすべて観測できれば，観測データは S の中の一点 $\widehat{\boldsymbol{\eta}}$ を指定する（図 5.2）．これは十分統計量である．しかし，$\boldsymbol{x}$

の一部が観測できなければ，それには，$q(\boldsymbol{x}_H|\boldsymbol{x}_V)$ という条件付確率分布を考え，$\boldsymbol{x}_V$ に従って $\boldsymbol{x}_H$ のサンプルを作ってしまう．このようなデータはいくらでも作れるが，それは観測されたデータに縛られている．だからこれらを集めればそれらは S の部分空間上に乗っていて，観測されたデータ $\boldsymbol{x}_V$ に依存する**観測多様体**

$$D = \left\{ q(\boldsymbol{x}_V, \boldsymbol{x}_H) = \hat{q}(\boldsymbol{x}_V)\, q(\boldsymbol{x}_H|\boldsymbol{x}_V) \,\middle|\, q(\boldsymbol{x}_H|\boldsymbol{x}_V) \text{ は任意} \right\} \tag{5.17}$$

が与えられる．$\hat{q}(\boldsymbol{x}_V)$ は観測されたデータからの $\boldsymbol{x}_V$ の経験分布である．何のことはない，これは観測されなかったデータを勝手に補ったものである．観測多様体の中の 2 点 $q_1(\boldsymbol{x}_H|\boldsymbol{x}_V)$ と $q_2(\boldsymbol{x}_H|\boldsymbol{x}_V)$ を m 測地線で結んだ線分は，まだこの観測多様体に含まれるから，D は m 平坦な部分多様体である．こうして S の中に 2 つの部分多様体 D と B が定まる（図 5.3）．

このとき，EM アルゴリズムは次のように進む．まず，隠れ変数 $\boldsymbol{x}_H$ を勝手な値に想定して，D の中に観測点 $\boldsymbol{\eta}$ を作ろう（$\boldsymbol{\eta}$ の中の $\boldsymbol{\eta}_V$ の部分は固定）．これを $\boldsymbol{\eta}_t$ として，$t = 1, 2, \cdots$ と進む．

(1) M ステップ：$\boldsymbol{\eta}_t$ 点から，最尤推定で B のパラメータ $\boldsymbol{\theta}_t$ を決める．これは $\boldsymbol{\eta}_t$ から B への m 射影である．

(2) E ステップ：$\boldsymbol{\theta}_t$ から，観測されていない隠れ変数の値を推定する．これは，真の値を $\boldsymbol{\theta}_t$ としたときの，隠れ変数の条件付期待値（観測された変数を条件とする）

$$\boldsymbol{x}_H = \mathrm{E}\left[\boldsymbol{x}_H \,|\boldsymbol{x}_V, \boldsymbol{\theta}_t\right] \tag{5.18}$$

でよい．

このアルゴリズムを図 5.4 に示す．これは収束するとは限らないが，最尤推定量はこのアルゴリズムの解になっている．I. Csiszár と G. Tusnády は，これを幾何

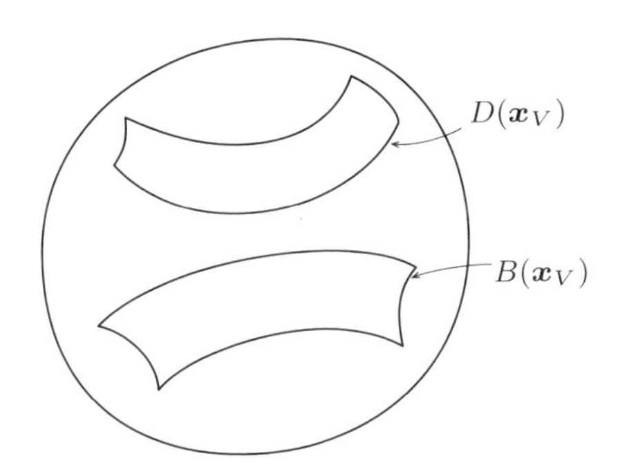

図 5.3 $\boldsymbol{x}_V$ をもとにする観測多様体 D

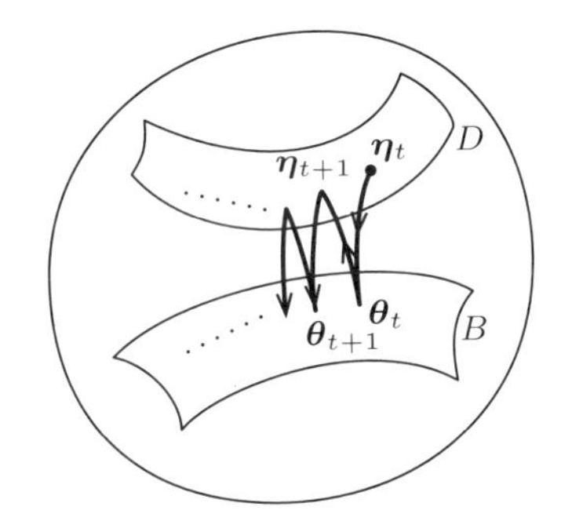

図 5.4 EM アルゴリズム

学的に解釈した最初の研究者である．しかし，彼らの論文は会議で発表されたものの，学術誌に載らなかった．EM アルゴリズムは手間がかかり過ぎて意味がないとは査読者の弁であったと，Csiszár が口惜しそうに言った．学術誌に掲載されるか否かが，査読者の軽率な判断で決まってしまういまの学術誌の在り方には疑問があるし，まして学術誌の商業主義がこれに拍車をかけて，憂うべき事態を招いている．

それはともかく，私たちが Boltzmann 機械の情報幾何を展開したときに，不覚にも Csiszár らの論文も，そのもとの EM アルゴリズムも知らなかった．不勉強の至りである．でも知っていれば，我々の "em アルゴリズム" は生まれなかったかもしれない．EM アルゴリズムに対応する幾何学的なアルゴリズムを提示しよう．

em アルゴリズム：

(1)　m ステップ：D の中に条件付確率 $q_t = q\left(\boldsymbol{x}_H|\boldsymbol{x}_V\right)$ が定まっていたとしよう．これは D の一点 $\widehat{q}\left(\boldsymbol{x}_V\right) q\left(\boldsymbol{x}_H|\boldsymbol{x}_V\right)$ を指定する．この点から B への m 射影によって $\boldsymbol{\theta}_t$ を求める．

(2)　e ステップ：$\boldsymbol{\theta}_t \in B$ から，D への e 射影によって $q\left(\boldsymbol{x}_H|\boldsymbol{x}_V, \boldsymbol{\theta}_t\right)$ を求め，これを $q_{t+1}\left(\boldsymbol{x}_H|\boldsymbol{x}_V, \boldsymbol{\theta}_t\right)$ とする．

m ステップは，M ステップと同じである．では e 射影を具体的に求めよう．これは，与えられた $\boldsymbol{\theta}_t$ に対して，

$$\begin{aligned} &D_{\mathrm{KL}}\left[\widehat{q}\left(\boldsymbol{x}_V\right) q\left(\boldsymbol{x}_H|\boldsymbol{x}_V\right) : \widehat{q}\left(\boldsymbol{x}_V\right) p\left(\boldsymbol{x}_H|\boldsymbol{x}_V, \boldsymbol{\theta}_t\right)\right] \\ &= \mathrm{E}_{\widehat{q}\left(\boldsymbol{x}_V\right)}\left\{D_{\mathrm{KL}}\left[q\left(\boldsymbol{x}_H|\boldsymbol{x}_V\right) : p\left(\boldsymbol{x}_H|\boldsymbol{x}_V, \boldsymbol{\theta}_t\right)\right]\right\} \end{aligned} \tag{5.19}$$

を最小にする関数 $q\left(\boldsymbol{x}_H|\boldsymbol{x}_V\right)$ を求める問題である．$q\left(\boldsymbol{x}_H|\boldsymbol{x}_V\right)$ は

$$\sum_{\boldsymbol{x}_H} q\left(\boldsymbol{x}_H|\boldsymbol{x}_V\right) = 1 \tag{5.20}$$

を満たさなければならないから，ラグランジュの未定係数 λ を用い，また，$\widehat{q}\left(\boldsymbol{x}_V\right)$ は勝手な関数でよいから

$$\delta\left[D_{\mathrm{KL}}\left[q\left(\boldsymbol{x}_H|\boldsymbol{x}_V\right) : p\left(\boldsymbol{x}_H|\boldsymbol{x}_V\right) - \lambda \sum_{\boldsymbol{x}_H} q\left(\boldsymbol{x}_H|\boldsymbol{x}_V\right)\right]\right] = 0 \tag{5.21}$$

を計算すると，

$$\sum_{\boldsymbol{x}_H} \log \frac{q\left(\boldsymbol{x}_H|\boldsymbol{x}_V\right)}{p\left(\boldsymbol{x}_H|\boldsymbol{x}_V, \boldsymbol{\theta}_t\right)} = \lambda \tag{5.22}$$

が得られる．これより求める e 射影は

$$q\left(\boldsymbol{x}_H|\boldsymbol{x}_V\right)=p\left(\boldsymbol{x}_H|\boldsymbol{x}_V,\boldsymbol{\theta}_t\right) \tag{5.23}$$

と陽に求まる．

これは e 射影を特徴づけるので，定理の形で書いておく．

定理 5.1　B から D への e 射影は，条件付確率 $p\left(\boldsymbol{x}_H|\boldsymbol{x}_V,\boldsymbol{\theta}_t\right)$ を不変に保つ．

これは D の条件付確率 $q\left(\boldsymbol{x}_H|\boldsymbol{x}_D\right)$ を定める．条件付確率を使って条件付期待値

$$\widehat{\boldsymbol{x}}_H=\mathrm{E}_q\left[\boldsymbol{x}_H\right] \tag{5.24}$$

により隠れ変数 $\widehat{\boldsymbol{x}}_H$ を求め，これを D の点とするのが EM アルゴリズムである．EM アルゴリズムと em アルゴリズムは Boltzmann 機械の場合は一致する．E ステップの条件付期待値を e 射影で置き換えたのが e ステップである．

両者は，条件付期待値が e 射影であるときに一致する．ほとんどの場合そうなるが，そのためには次の条件が必要である．

(1)　D が m 平坦であること．

(2)　データ $\boldsymbol{\eta}$ を十分統計量として 2 つの部分，$\boldsymbol{\eta}_V,\boldsymbol{\eta}_H$ に分割したときに，条件付期待値

$$\boldsymbol{\eta}_H=\mathrm{E}\left[\boldsymbol{x}_H|\boldsymbol{x}_V,\boldsymbol{\theta}\right] \tag{5.25}$$

が $\boldsymbol{x}_V$ について線形であること．

em アルゴリズムは次の定理で特徴づけられる．

定理 5.2　2 つの多様体 D と B との KL ダイバージェンスを

$$D_{\mathrm{KL}}[D:B]=\min_{q\in D,p\in B}D_{\mathrm{KL}}\left[q(\boldsymbol{x}):p(\boldsymbol{x})\right] \tag{5.26}$$

で定義する．このとき，em アルゴリズムの収束点は，KL ダイバージェンスの最小値を定める $\overline{\boldsymbol{\eta}},\overline{\boldsymbol{\theta}}$ である．また，各ステップの段階で KL ダイバージェンスは次のように単調に減少する：

$$D_{\mathrm{KL}}\left[q_t:p_t\right]\geq D_{\mathrm{KL}}\left[q_{t+1}:p_t\right]\geq D_{\mathrm{KL}}\left[q_{t+1}:p_{t+1}\right]. \tag{5.27}$$

部分多様体を用いた近似については，変分ベイズ法がよく知られている．

5.7　機　械　学　習

東大最後の10年，どんな研究をしていたのだろう．実は研究すべき課題はいろいろあった．機械学習の初期の時代であったが，**汎化誤差**と**訓練誤差**の関係を論ずる**学習曲線**の理論をいろいろと作った．村田昇早大教授がまだ大学院生だったときに，彼と一緒に，AIC（赤池情報量規準）を神経回路網に合うように一般化するNIC（神経情報量規準）なども作った[100],[115],[117],[128],[130]．

村田君がある日，論文を書いて持ってきた．パーセプトロンで，中間層のニューロンの数を無限大にして，何が起こるかを見るというのである．いまでいえば中間層の神経場理論である．大変良い論文で私は驚いた．村田君には，これは君の仕事であるから，君の単著論文として発表しなさいと言った．理研に移ってからもこの方針は変わらない．研究員が自分で考えた仕事は，私抜きで発表する方針を貫いている．村田君は，NTTに就職が決まっていたが，それを延期してもらって助手として東大に残ってもらった．それどころか私が理研に移る時も，ついて来てくれて理研での研究室の立ち上げ，運営に大変な貢献をしてくれた．

ある国際会議の折に，若い研究者が話しかけてきた．博士の学位が取れるので，その後東大の私の研究室へ来たいという．私には研究員を雇用する費用は全くないと言うと，旅費も含めてすべての費用はEC（欧州共同体）が負担するという．こうしてドイツからはKlaus Müllerがポスドクとしてやってきた．実は彼の奥さんが日本文学（俳句）の専攻で，早稲田大学で学ぶという，彼はそれについて来たのである．奥さん（Klaudia）は日本語がペラペラで，あるとき研究室で蓼科にスキーに行こうという話になった．この時「蓼（たで）」とはどんな字なのですかと聞くから，いや難しい漢字だというと，彼女は「ああ，蓼食う虫も好きずき」の蓼ですね，と言って皆を驚かせた．Müllerは私の最初の外国人ポスドクであり，スキーを始めいろいろと教えてもらった．

Klaus Müllerはその後ドイツで大活躍し，良い弟子を輩出し，カーネル学習に関する第一人者になり，その後も衰えを知らず素晴らしい活躍をしている．ドイツの最若年のアカデミー会員にも推挙された．私が文化功労者になったときは，彼はドイツから祝賀会に駆けつけてくれた．

さて話がそれたが学習曲線については，京大の篠本滋博士との共同研究があり[99]，さらにいろいろな条件に応じていくつかの論文を発表した[106],[108]．この分野で先駆的な研究をしたと思っている．また，物体認識に関しても，2次元に写った画像の変化から，物体の3次元構造と運動を求める議論も展開している[75]．書き出すときりがない充実した時間を過ごした．

一方，解けなかった問題もある．あるとき，情報理論の大御所，T. Berger がやってきた．面白い問題があって考えているが，未解決だという．これは多元情報理論と統計的推論を結ぶ問題で，世界でもいろいろに議論されたがいまだに完全に解決したわけではない．私もこの問題にずいぶん時間を使い，悔し紛れにいくつもの論文を書いた[89], [124], [156], [279]．しかしまだ納得のいく解は得られていない．これについてはまた別にコラムで書こう．

5.8 局外母数のある統計モデルと Neyman-Scott 問題：セミパラメトリック確率モデルの幾何

5.8.1 局外母数のある統計モデルと推定関数

この頃，機械学習だけではなく，情報幾何の発展についてもいろいろと考えた．情報幾何は高次漸近理論以外にもっと広く使えるはずである．確かに，高次漸近理論では空間の曲率が主要な役割を果たす．でも，情報幾何の自然な構造は，他の問題でもいくらでも使えるものと考えた．

Cox 卿が日本を訪れたときに，彼は統計学の未解決の問題として，いくつかの例を挙げた．その一つが **Neyman-Scott 問題**である．これは，簡単なモデルでありながら，最尤推定が必ずしも良くはならない例である．とくに観測数 N を増やしても最尤推定量が真の値に収束しない，つまり一致性がない例として，話題を呼んだ．これは 20 年以上もの間，理論統計学者を惹きつけた難問であった．情報幾何で解明できれば嬉しい．

この問題を述べるにあたって，まず，局外母数（攪乱（かくらん）母数ともいう）を含む統計モデルから始めよう．確率分布族を指定するパラメータとして，2 種類のベクトルパラメータ，$\boldsymbol{\theta}$ と $\boldsymbol{\xi}$ があったとする．そして，確率分布が

$$S = \{p(\boldsymbol{x}, \boldsymbol{\theta}, \boldsymbol{\xi})\} \tag{5.28}$$

の形で書けたとしよう．観測データ $\boldsymbol{x}_1, \cdots, \boldsymbol{x}_N$ をもとに，パラメータ $\boldsymbol{\theta}$ を推定したいが，$\boldsymbol{\xi}$ の値については興味がなく，どうでもよいとする．このとき，$\boldsymbol{\theta}$ を**関心母数**（parameter of interest），$\boldsymbol{\xi}$ を**局外母数**（nuisance parameter）という．

簡単な例を挙げておこう．x がガウス分布 $N(x, \mu, \sigma^2)$ に従うとき，独立な N 個の観測データ $x_1, \cdots, x_N$ から μ の値を推定したい．最尤推定は算術平均で，

$$\widehat{\mu} = \frac{1}{N} \sum_i x_i \tag{5.29}$$

でよい．この場合は σ^2 は何の役割も果たさず，あってもなくてもよいから局外母数である．

$\boldsymbol{\theta}$ と $\boldsymbol{\xi}$ をまとめて1つのベクトルパラメータ $\boldsymbol{w} = (\boldsymbol{\theta}, \boldsymbol{\xi})$ と書く．とくに $\boldsymbol{\theta}$ の成分をインデックス a で $\boldsymbol{\theta} = (\theta^a)$ のように表す．$a = 1, 2, \cdots, n$ とする．n は関心母数 $\boldsymbol{\theta}$ の次元である．局外母数 $\boldsymbol{\xi}$ の成分はインデックス κ を用いて $\boldsymbol{\xi} = (\xi^\kappa)$ のように書く．その次元を m とすれば，$\kappa = n+1, \cdots, n+m$ のようになる．まとめて $\boldsymbol{w}$ の座標は $\boldsymbol{w} = (w^\alpha)$ のように α を使う．$\alpha = 1, \cdots, n+m$ である．このとき，モデル $S = \{p(\boldsymbol{x}, \boldsymbol{w})\}$ は $\boldsymbol{w}$ をパラメータとし，その Fisher 計量行列は，$l = \log p(\boldsymbol{x}, \boldsymbol{w})$ として

$$g_{\alpha\beta} = \mathrm{E}\left[\partial_\alpha l \partial_\beta l\right], \quad \partial_\alpha = \frac{\partial}{\partial w^\alpha} \tag{5.30}$$

である．行列 $g_{\alpha\beta}$ を $\boldsymbol{\theta}$ に関する部分と $\boldsymbol{\xi}$ の部分に分割すれば

$$g_{ab} = \mathrm{E}\left[\partial_a l \partial_b l\right], \quad \partial_a = \frac{\partial}{\partial \theta^a}, \tag{5.31}$$

$$g_{a\lambda} = \mathrm{E}\left[\partial_a l \partial_\lambda l\right], \quad \partial_\lambda = \frac{\partial}{\partial \xi_\lambda}, \tag{5.32}$$

$$g_{\lambda\kappa} = \mathrm{E}\left[\partial_\lambda l \partial_\kappa l\right] \tag{5.33}$$

とおいて，行列の成分 $(g_{\alpha\beta})$ は

$$g_{\alpha\beta} = \begin{bmatrix} g_{ab} & g_{a\lambda} \\ g_{a\kappa} & g_{\kappa\lambda} \end{bmatrix} \tag{5.34}$$

のように小行列に分割した形で書ける．

$\boldsymbol{\xi}$ を $\boldsymbol{\xi} = \boldsymbol{\xi}_0$ に固定すれば，$\boldsymbol{\theta}$ のみをパラメータとする n 次元モデル $M_{\boldsymbol{\xi}_0} = \{p(\boldsymbol{x}, \boldsymbol{\theta}, \boldsymbol{\xi}_0)\}$ が得られる．全体のモデル S の中で，$\boldsymbol{\xi} = \boldsymbol{\xi}_0$ を変える毎に少しずつずれる層状のモデル群を作る（図5.5）．$M(\boldsymbol{\xi})$ の接空間のベクトルは，スコア

$$\boldsymbol{s}_a(\boldsymbol{x}) = \partial_a l(\boldsymbol{x}, \boldsymbol{\theta}, \boldsymbol{\xi}), \quad a = 1, \cdots, n, \tag{5.35}$$

$$\partial_a = \frac{\partial}{\partial \theta^a} \tag{5.36}$$

で張られる．$\boldsymbol{s}_a(\boldsymbol{x})$ は θ^a 方向の接ベクトルを確率変数 $\boldsymbol{x}$ で表現したものであり，$a = 1, \cdots, n$ の各々に対して $\boldsymbol{x}$ の関数という意味でベクトルである．これらの内積 $\boldsymbol{s}_a(\boldsymbol{x}) \cdot \boldsymbol{s}_b(\boldsymbol{x})$ は

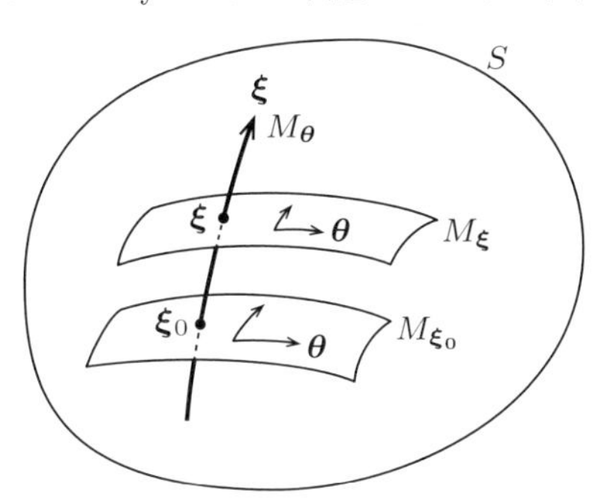

図 5.5　局外母数を含む統計モデル

$$\boldsymbol{s}_a(\boldsymbol{x}) \cdot \boldsymbol{s}_b(\boldsymbol{x}) = \mathrm{E}\left[\boldsymbol{s}_a(\boldsymbol{x})\boldsymbol{s}_b(\boldsymbol{x})\right] \tag{5.37}$$

と書けて，Fisher 情報行列 g_{ab} である．

他方 $\boldsymbol{\theta}$ を $\boldsymbol{\theta} = \boldsymbol{\theta}_0$ に固定すれば，局外母数 $\boldsymbol{\xi}$ をパラメータとするモデル $M_{\boldsymbol{\theta}_0} = \{p(\boldsymbol{x}, \boldsymbol{\theta}_0, \boldsymbol{\xi})\}$ が得られる．局外母数方向のスコアは，

$$\boldsymbol{s}_\kappa(\boldsymbol{x}) = \partial_\kappa l(\boldsymbol{x}, \boldsymbol{\theta}_0, \boldsymbol{\xi}), \quad \kappa = n+1, \cdots, n+m, \tag{5.38}$$

$$\partial_\kappa = \frac{\partial}{\partial \xi^\kappa} \tag{5.39}$$

で張られる．全体のモデル S の Fisher 計量行列は

$$g_{\alpha\beta} = \mathrm{E}\begin{bmatrix} \boldsymbol{s}_a\boldsymbol{s}_b & \boldsymbol{s}_a\boldsymbol{s}_\lambda \\ \boldsymbol{s}_a\boldsymbol{s}_\kappa & \boldsymbol{s}_\kappa\boldsymbol{s}_\lambda \end{bmatrix} = \begin{bmatrix} g_{ab} & g_{a\lambda} \\ g_{a\kappa} & g_{\kappa\lambda} \end{bmatrix} \tag{5.40}$$

のようにスコアを用いて書ける．もし $\boldsymbol{s}_a$ と $\boldsymbol{s}_\kappa$ とが直交していれば，Fisher 情報行列はブロック対角行列

$$g_{\alpha\beta} = \begin{bmatrix} g_{ab} & 0 \\ 0 & g_{\kappa\lambda} \end{bmatrix} \tag{5.41}$$

になる．

(5.40) の Fisher 情報行列の逆行列は

$$g^{\alpha\beta} = \begin{bmatrix} \overline{g}^{ab} & \overline{g}^{a\lambda} \\ \overline{g}^{a\kappa} & \overline{g}^{\kappa\lambda} \end{bmatrix} \tag{5.42}$$

のように分割形で書ける．ここで，$\left(\overline{g}^{ab}\right)$ は部分小行列 (g_{ab}) の逆行列 $\left(g^{ab}\right) = (g_{ab})^{-1}$ とは異なることに注意．分割行列 (5.40) の逆であるから

$$\overline{g}^{ab} = \left(g_{ab} - g_{a\kappa} g^{\kappa\lambda} g_{\lambda b}\right)^{-1} \tag{5.43}$$

である．

局外母数を特別の扱いをせずに，データからパラメータ $(\boldsymbol{\theta}, \boldsymbol{\xi})$ をまとめて推定してしまえばよいかもしれない．ただここで注目することは，一般に

$$\left(\overline{g}^{ab}\right) \geq \left(g^{ab}\right) \tag{5.44}$$

となることである．$\boldsymbol{\xi}$ も含めて $\boldsymbol{\theta}$ を推定すれば，そのときの推定誤差の 2 乗は $\overline{g}^{ab}/N$ で，$\boldsymbol{\xi}_0$ を知っているときは g^{ab}/N であるから，漸近的に

$$\mathrm{E}\left[\left(\widehat{\theta}^a - \theta^a\right)\left(\widehat{\theta}^b - \theta^b\right)\right] = \frac{1}{N}\overline{g}^{ab} \geq \frac{1}{N} g^{ab} \tag{5.45}$$

である．もし，真の値 $\boldsymbol{\xi}_0$ を知っていて，これをもとにモデル $M_{\boldsymbol{\xi}_0}$ を使って $\boldsymbol{\theta}$ を推定したとしたときの Fisher 情報量は (g_{ab})，推定誤差の 2 乗平均は $\left(g^{ab}\right)/N$ であるから，真の $\boldsymbol{\xi}_0$ を知らなければ，(5.45) の不等式の分だけ誤差が増え，損をしたことになる．つまりデータ $\boldsymbol{x}_1, \cdots, \boldsymbol{x}_N$ の含む情報量の一部を $\boldsymbol{\xi}$ の推定に使用してしまい，$\boldsymbol{\theta}$ の推定で損をする．ただ，$M_{\boldsymbol{\xi}_0}$ が $M_{\boldsymbol{\theta}}$ と直交していれば，等号が成立し，損はない．ガウス分布の例はこの場合になっている．

スコア $\boldsymbol{s}_a$ を $M_{\boldsymbol{\theta}}$ に直交する方向へ射影したものを

$$\boldsymbol{s}_a^* = \boldsymbol{s}_a - g_{a\lambda} g^{\kappa\lambda} \boldsymbol{s}_\kappa \tag{5.46}$$

としよう．これを実効スコアと呼ぶ．このとき，

$$\overline{g}_{ab} = \boldsymbol{s}_a^* \cdot \boldsymbol{s}_b^* \tag{5.47}$$

であり，パラメータ $\boldsymbol{\theta}$ と $\boldsymbol{\xi}$ が直交していれば，$g_{a\lambda} = 0$ で $\boldsymbol{s}_a^* = \boldsymbol{s}_a$，したがって

$$\overline{g}_{ab} = g_{ab} \tag{5.48}$$

で情報損失は起こらない．

局外パラメータ $\boldsymbol{\xi}$ は $M_{\boldsymbol{\theta}}$ の中での座標系である．この座標軸 $\boldsymbol{\xi}$ が $\boldsymbol{\theta}$ と直交していればよい（図 5.6）．直交していなければ各 $\boldsymbol{\theta}$ に応じて $\boldsymbol{\xi}$ の座標変換をして

$$\boldsymbol{\xi}^* = \boldsymbol{\xi}^*(\boldsymbol{\xi}, \boldsymbol{\theta}) \tag{5.49}$$

とし，関数 $\boldsymbol{\xi}^*(\boldsymbol{\xi}, \boldsymbol{\theta})$ をうまく選ぶことにしよう．このとき，$M_{\boldsymbol{\xi}}$ と $M_{\boldsymbol{\theta}}$ が直交するようにできれば，

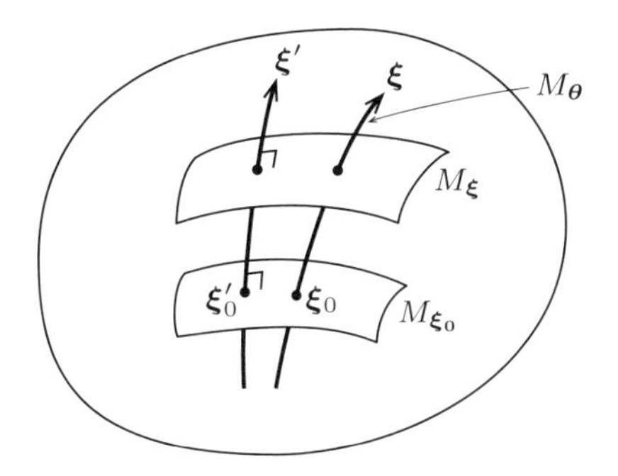

図 5.6 局外母数の直交化

$$\boldsymbol{s}_a \cdot \boldsymbol{s}^*_\kappa = 0 \tag{5.50}$$

で直交化が完了する．$\boldsymbol{\xi}$ が 1 次元のときはこれは常に可能である．ところが $\boldsymbol{\xi}$ が 2 次元以上のときにはこれが一般にはできない．多次元の場合，$M_{\boldsymbol{\xi}}$ の各点 $\boldsymbol{\theta}$ に $M_{\boldsymbol{\xi}}$ の接ベクトル $\boldsymbol{s}_a, a = 1, \cdots, n$ が与えられる．このとき，$\boldsymbol{s}_a$ に直交する方向 $\boldsymbol{s}^*_\kappa$ が定まるが，これらを接ベクトルとする多様体 $M_{\boldsymbol{\theta}}$ が存在するか否かが問題である．このような多様体は一般には存在しない．制約 $\boldsymbol{s}_a \cdot \boldsymbol{s}^*_\kappa = 0$ は一般に非ホロノームになっているからである．非ホロノームがこんなところにも出てきて嬉しい．$\boldsymbol{\xi}$ が多次元のときには，一般には未知の $\boldsymbol{\xi}$ による情報損失が起こる．

5.8.2 推 定 関 数

推定関数の話から始める．局外母数を含む統計モデル $p(\boldsymbol{x}, \boldsymbol{\theta}, k)$ を考える．k は局外母数 $\boldsymbol{\xi}$ のことであるが，ここでは $\boldsymbol{\xi}$ を無限次元にした場合を考え，これを関数自由度を持つ k とする．$k = (\xi_1, \cdots, \xi_m, \cdots, \xi_\infty)$ と考えてもらってよい．このとき，ある n 次元のベクトル関数 $\boldsymbol{f}(\boldsymbol{x}, \boldsymbol{\theta})$ が，k によらずに条件

$$\mathrm{E}_{\boldsymbol{\theta}', k}\left[\boldsymbol{f}(\boldsymbol{x}, \boldsymbol{\theta})\right] \begin{cases} = 0, & \boldsymbol{\theta} = \boldsymbol{\theta}' \\ \neq 0, & \boldsymbol{\theta} \neq \boldsymbol{\theta}' \end{cases} \tag{5.51}$$

を満たしていたとしよう．さらに，行列

$$A = \frac{\partial}{\partial \boldsymbol{\theta}'} \mathrm{E}_{\boldsymbol{\theta}', k}\left[\boldsymbol{f}(\boldsymbol{x}, \boldsymbol{\theta})\right]_{\boldsymbol{\theta}'=0} \tag{5.52}$$

は非退化とする．ここに $\mathrm{E}_{\boldsymbol{\theta}', k}$ は $p(\boldsymbol{x}, \boldsymbol{\theta}', k)$ による期待値である．この条件を満たす関数 $\boldsymbol{f}(\boldsymbol{x}, \boldsymbol{\theta})$ を**推定関数**と呼ぶ．

k を含まない普通の統計モデルでは，スコア関数のベクトル

$$\boldsymbol{s} = \partial_a l(\boldsymbol{x}, \boldsymbol{\theta}) \tag{5.53}$$

は明らかに (5.51) を満たすから，推定関数である．

推定関数を使うと，期待値 E を経験分布による期待値（つまり観測データによる平均）で置き換えて，$\boldsymbol{\theta}$ を求める推定方程式

$$\frac{1}{N}\sum_{i=1}^{N} \boldsymbol{f}\left(\boldsymbol{x}_i, \boldsymbol{\theta}\right) = 0 \tag{5.54}$$

が得られる．この推定量は漸近一致性を持ち，その漸近分散は

$$\mathrm{E}\left[\left(\widehat{\theta}^a - \theta^a\right)\left(\widehat{\theta}^b - \theta^b\right)\right] = \frac{1}{N} A^{-1} \mathrm{E}\left[\boldsymbol{f}\boldsymbol{f}^T\right]\left(A^{-1}\right)^T \tag{5.55}$$

である．

5.8.3 Neyman-Scott 問題

局外母数を含むモデルで，母数 $\boldsymbol{\theta}$ は観測 1 回毎に変わらないが，$\boldsymbol{\xi}$ は 1 回毎に異なる値を取るとしよう．つまり

$$\boldsymbol{x}_i \sim p\left(\boldsymbol{x}_i, \boldsymbol{\theta}, \boldsymbol{\xi}_i\right), \quad i = 1, 2, \cdots, N \tag{5.56}$$

であったとする．これが統計学者を悩ませた，Neyman-Scott モデルと呼ばれる有名なモデルである．まず，一例を挙げよう．

山間の洞窟に入ったところ，奇妙な鉱石がごろごろ転がっていた．これを多数採取したので，その密度 θ を推定したい．i 番目の鉱石の体積と重量を，それぞれ x_i, y_i としよう．真の体積が ξ_i であったとし，測定値 x_i はこれに雑音 ε_i が加わった，

$$x_i = \xi_i + \varepsilon_i \tag{5.57}$$

であるとする．また，重量 y_i は鉱石の密度を θ とすると $\theta\xi_i$ であるが，測定に雑音 ε_i' が加わるから，測定値 y_i は

$$y_i = \theta\xi_i + \varepsilon_i' \tag{5.58}$$

となる．

ここで $\varepsilon_i, \varepsilon_i'$ はすべて平均 0，分散 σ^2 のガウス分布に従うものとする．雑音がなければ

$$y = \theta x \tag{5.59}$$

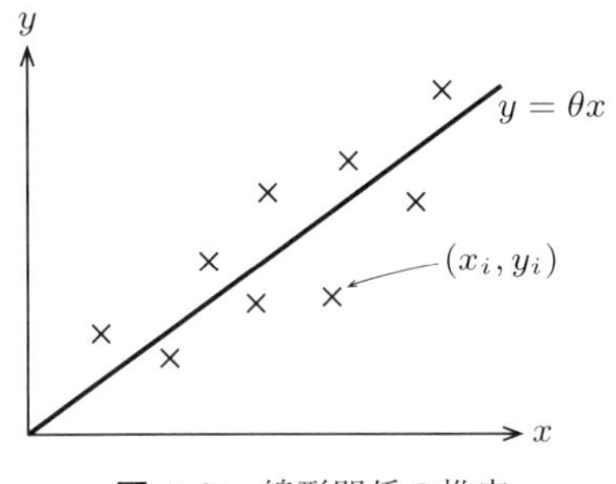

図 5.7 線形関係の推定

という線形関係にあるが，各観測点 (x_i, y_i) には，独立な雑音 $\varepsilon_i, \varepsilon_i'$ が加わっている．この状況で θ の最もよい推定値を得たい．すなわち，局外母数 ξ_i が 1 回毎に異なる値を取るとき，関心母数 θ を推定したい．これが典型的な Neyman-Scott 問題である．

いまの例題は**比例関係の推定**として知られている．図 5.7 に比例関係を示した．未知パラメータ ξ_i は知る必要がないが，共通の θ を推定したい．ところで，観測数 N を増やしていくと，未知パラメータ ξ の数も，$\xi_1, \cdots, \xi_N$ と，N に比例して増えていってしまう．

θ の推定量としてどんなものがあるだろう．まず思い浮かぶのは最小 2 乗推定量で，これは各観測点 (x_i, y_i) が推定直線 $y = \theta x$ から上下にどの程度ずれているか，そのずれを最小にするように $\widehat{\theta}$ を定める．すなわち

$$L = \frac{1}{2} \sum_{i=1}^{N} (y_i - \theta x_i)^2 \tag{5.60}$$

を最小にする $\widehat{\theta}$ である．ところがこれは良くない．N を増やしていっても推定値は真の値に近づかない．つまり意外にもこれは一致推定量にすらなっていない．

それならば，一個一個の観測値からその密度を求め，

$$\widehat{\theta}_i = \frac{y_i}{x_i} \tag{5.61}$$

とし，これらを平均してみよう．

$$\widehat{\theta} = \frac{1}{N} \sum_i \widehat{\theta}_i. \tag{5.62}$$

これは一致推定量を与えるが，大きさの異なる試料を同一に扱うから，それほど良いはずがない．

それよりは，すべての鉱石標本を集め，その総重量を総体積で割った

$$\widehat{\theta} = \frac{\sum y_i}{\sum x_i} \tag{5.63}$$

はどうであろう．これは一致推定量になっていて，もしすべての ξ_i の値がたまたま一致していれば，有効推定量である．

では，最尤推定量 $\widehat{\theta}$ はどうだろう．これは確率モデル (5.57)，(5.58) において，すべてのパラメータ $\theta, \xi_1, \cdots, \xi_N$ をまとめて推定し，そのときの $\widehat{\theta}$ を採用したものである．これは対数尤度を θ で微分したスコアと ξ_i で微分したスコアを連立して 0 とおき，そこから ξ_i を消去して求めればよい．答えは式で書くと

$$\sum_{i=1}^{N} (y_i - \theta x_i)(\theta y_i + x_i) = 0 \tag{5.64}$$

を解いて求まる．これは一致推定量で，多くの場合になかなか良いものである．実はこれは，各観測点 (x_i, y_i) を推定曲線 $y = \theta x$ に正射影したときのずれの 2 乗を最小にするものになっている．これはずれを y 軸方向に測った最小 2 乗とは違い，x 方向および y 方向の両方の雑音によるずれを考慮に入れたもので，全最小 2 乗（total least square, TLS）とも呼ばれる．これもなかなか良い一致推定量である．しかし，一番良い推定量は何だろう．これが難問であった．

問題を少し変形しよう．$\boldsymbol{x}$ は $q(\boldsymbol{x}, \boldsymbol{\theta}, \boldsymbol{\xi})$ に従って発生するというモデルで，$\boldsymbol{\xi}_i$ はある未知の確率分布 $k(\boldsymbol{\xi})$ から生成される，iid（同一独立分布）に従うサンプルであるとする．すると，$\boldsymbol{x}_i$ の確率モデルは，未知関数 $k(\boldsymbol{\xi})$ を局外母数として含むモデル

$$S = \{p(\boldsymbol{x}, \boldsymbol{\theta}, k)\} = \left\{ \int k(\boldsymbol{\xi}) q(\boldsymbol{x}, \boldsymbol{\theta}, \boldsymbol{\xi}) d\boldsymbol{\xi} \right\} \tag{5.65}$$

となり，観測データ $\boldsymbol{x}_1, \cdots, \boldsymbol{x}_N$ はここからの iid データとなる．しかし局外母数が今度は無限次元の関数 k になっているので，問題が簡単になったわけではない．このようなモデルを**セミパラメトリックモデル**と呼ぶ．有限次元の推定したいパラメータ $\boldsymbol{\theta}$ と無限次元の局外母数 k とを含むからである．

5.8.4　セミパラメトリックモデルの情報幾何

セミパラメトリックモデルの情報幾何を展開しよう．ただし，無限次元の関数空間での議論になる．そのため，関数空間のトポロジーをきちんと議論しなければいけない．無限次元の情報幾何は，G. Pistone が指摘するように，注意しなければい

けない点が多い．まず，確率分布の接空間はヒルベルト空間ではなくてバナッハ空間と考えなければならず，複雑な議論が必要である．しかし，N. Ay らの著書，そして Pistone 自身もいろいろと論じているように，有限次元で成立した議論の多くがここで成立する．ただし，そのように条件を整えておくことが必要である．

私自身は恥ずかしいことだが自分ではこれができない．それで，関数空間での厳密な議論はさぼることにして，理論を直観的に組み立てることにする．まず，推定したい $\boldsymbol{\theta}$ と局外母数 $\boldsymbol{\xi}$ の関数 $k(\boldsymbol{\xi})$ をパラメータとして含むモデル

$$S = \{p(\boldsymbol{x}, \boldsymbol{\theta}, k)\} \tag{5.66}$$

を考える．これは無限次元空間である．局外母数 k を 1 つ固定すれば，$\boldsymbol{\theta}$ をパラメータとする通常の統計モデル

$$M_k = \{p(\boldsymbol{x}, \boldsymbol{\theta}, k)\} \tag{5.67}$$

が得られる．$\boldsymbol{\theta}$ の次元は有限であるが，ここでは説明のため 1 次元としておこう．多次元に拡張することは容易である．このとき，M_k は S に埋め込まれた曲線となる（図 5.8）．M_k の接ベクトルはスコア関数（対数尤度の微分）

$$\boldsymbol{s}(\boldsymbol{x}, \theta, k) = \frac{d}{d\theta} \log p(\boldsymbol{x}, \theta, k) \tag{5.68}$$

である．θ が 1 次元だから $\boldsymbol{s}$ も 1 次元で s と書いてもよいが，これは $\boldsymbol{x}$ の関数で M_k の接ベクトルであるから，$\boldsymbol{s}$ と書いた．一方，点 θ を固定して，関数 k を自由に変えると，関数自由度の局外母数モデル

$$M_\theta = \{p(\boldsymbol{x}, \theta, k)\} \tag{5.69}$$

が得られる（図 5.8）．

点 (θ, k) における，S の接空間 T_S を考えよう．これは確率分布の微小変動 $\delta p(\boldsymbol{x}, \theta, k)$ に対応するもので，対数表現を取って

$$\delta l = \frac{\delta p(\boldsymbol{x}, \theta, k)}{p(\boldsymbol{x}, \theta, k)} \tag{5.70}$$

とする．これは

$$\mathrm{E}\left[\delta l(\boldsymbol{x}, \theta, k)\right] = 0 \tag{5.71}$$

を満たす．これにより

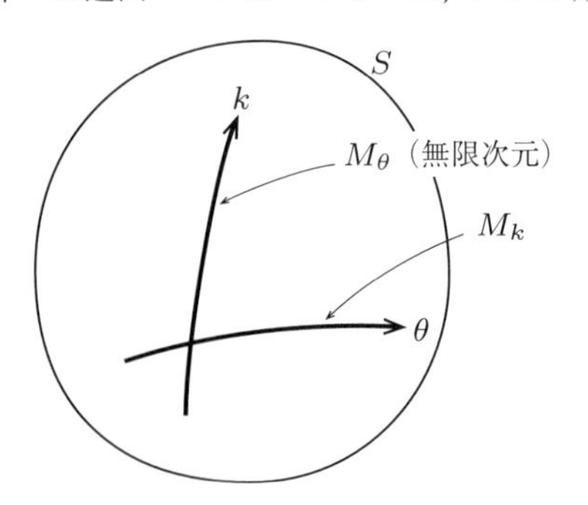

図 5.8　セミパラメトリックモデル S

$$\mathrm{E}_p[r(\boldsymbol{x})] = 0 \tag{5.72}$$

を満たす確率変数 $r(\boldsymbol{x})$ の全体が，(θ, k) 点での S の接空間であると考える．

T_S は k を固定した1次元モデル M_k 方向の接空間 T_M と，無限次元の局外母数の張る（θ 固定）M_θ 方向の接空間 T_K との直和に分けられる．θ 方向の接空間はいまの場合 θ が1次元であるから，

$$T_M = \{\boldsymbol{s}_\theta = \partial_\theta l(\boldsymbol{x}, \theta, k)\} \tag{5.73}$$

である．多次元の場合は $\{\partial_{\theta_i} l(\boldsymbol{x}, \boldsymbol{\theta}, k); i = 1, \cdots, n\}$ で張られる．

一方，**局外接ベクトル空間**は局外母数 $k(\boldsymbol{\xi})$ の微小変化に伴うものである．関数 k の変化を具体的に示すために，パラメータ t を導入して，k の1次元方向に沿った変化を関数 $k(\boldsymbol{\xi}, t)$ で表すことにする．この方向での接ベクトルは，スコア

$$\boldsymbol{s}_t = \frac{d}{dt} \log p\left\{\boldsymbol{x}, \boldsymbol{\theta}, k(\boldsymbol{\xi}, t)\right\} = \frac{\frac{d}{dt}\int p(\boldsymbol{x}, \boldsymbol{\theta}, k(\boldsymbol{\xi}, t))d\boldsymbol{\xi}}{p(\boldsymbol{x}, \boldsymbol{\theta}, k)} \tag{5.74}$$

である．いろいろな曲線 $k(\boldsymbol{\xi}, t)$ の接線によって張られる空間が，局外母数接空間 T_K である．これ以外に，k の変化にも θ の変化にも関係しない方向で，p を微小変化したときの S の接ベクトルもある．これはモデル $p(\boldsymbol{x}, \theta, k)$ が S をはみ出す方向への確率分布の変化に対応する．これを

$$T_A = \{a(\boldsymbol{x}) | \mathrm{E}[a(\boldsymbol{x})] = 0\} \tag{5.75}$$

とおく．ただし，$a(\boldsymbol{x})$ は T_M と T_K に直交するものとする．すると接空間は

$$T_S = T_M \oplus T_K \oplus T_A \tag{5.76}$$

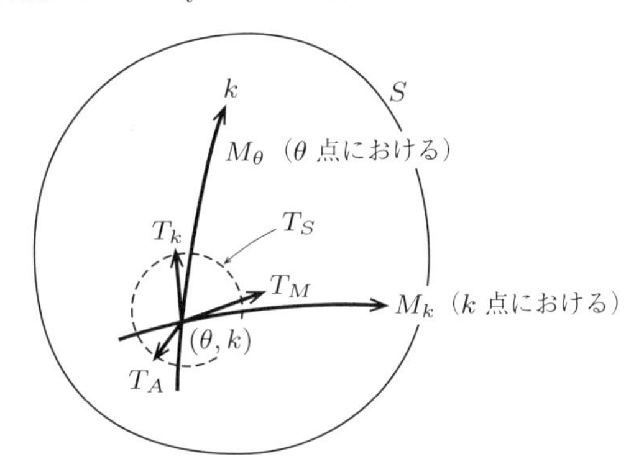

図 5.9　S の $(0, k)$ 点における接空間

のように直和に分解できる（図 5.9）.

接空間のベクトル（接ベクトル）に対し，e 平行移動と m 平行移動を導入する．確率分布のなす関数空間で，m 表現での確率の微小な変化は δp であり，e 表現では δl であった．空間が双対平坦であれば，これはそのままで平行移動になるだろう．しかし，移した先でこれがそのまま接ベクトルになっているという保証はない．つまり接ベクトルの条件 (5.72) を満たさなくてはならない．それには次のようにすればよい．

S の中で点 p から q への，接ベクトル $r(\boldsymbol{x})$ の e 平行移動を

$$\prod\nolimits_p^{e\ \ q} r(\boldsymbol{x}) = r(\boldsymbol{x}) - \mathrm{E}_q[r(\boldsymbol{x})] \tag{5.77}$$

で定義する．これは

$$\mathrm{E}_q\left[\prod\nolimits_p^{e\ \ q} r(\boldsymbol{x})\right] = 0 \tag{5.78}$$

を満たすから，間違いなく q 点の接空間に入っている．

一方，m 平行移動を

$$\prod\nolimits_p^{m\ \ q} r(\boldsymbol{x}) = \frac{p(\boldsymbol{x})}{q(\boldsymbol{x})} r(\boldsymbol{x}) \tag{5.79}$$

で定義する．これは確かに

$$\mathrm{E}_q\left[\prod\nolimits_p^{m\ \ q} \frac{p(\boldsymbol{x})}{q(\boldsymbol{x})} r(\boldsymbol{x})\right] = 0 \tag{5.80}$$

を満たすから，q 点での接空間に入っている．

定理 5.3　e 平行移動と m 平行移動は，

$$\langle \prod_p^{e\ q} r_1(\boldsymbol{x}), \prod_p^{m\ q} r_2(\boldsymbol{x}) \rangle_q = \langle r_1(\boldsymbol{x}), r_2(\boldsymbol{x}) \rangle_p \tag{5.81}$$

を満たし，双対である．

証明　簡単なものはきちんと証明するに限る．よくわかった気がするからである．

$$\langle \prod_p^{e\ q} r_1, \prod_p^{m\ q} r_2 \rangle = \int (r_1(\boldsymbol{x}) - \mathrm{E}_p[r_1]) \frac{p(\boldsymbol{x})}{q(\boldsymbol{x})} r_2(\boldsymbol{x}) d\boldsymbol{x} \tag{5.82}$$

$$= \langle r_1(\boldsymbol{x}), r_2(\boldsymbol{x}) \rangle_p \tag{5.83}$$

推定関数とは幾何学的に見れば何なのかがこれでわかる．　□

定理 5.4　推定関数 $f(\boldsymbol{x}, \boldsymbol{\theta})$ は接空間のベクトルで，局外母数空間に沿った e 平行移動に対して不変であり，局外母数接空間 T_K と直交し，さらに0でない T_M の成分を含む．

証明　推定関数 $f(\boldsymbol{x}, \theta)$ は，θ によって決まる M_K に2点 p, q が含まれるとき，(5.51) より

$$\prod_p^{e\ q} [f(\boldsymbol{x}, \boldsymbol{\theta})] = f(\boldsymbol{x}, \theta) \tag{5.84}$$

である．また，M_K の曲線 $k(\boldsymbol{\xi}, t)$ に対して，(5.51) を t で微分すれば，

$$\int \dot{p}(\boldsymbol{x}, \theta, k(\boldsymbol{\xi}, t)) f(\boldsymbol{x}, \theta) d\boldsymbol{x} = \mathrm{E}\left[\dot{l}_k f(\boldsymbol{x}, \theta)\right] = 0 \tag{5.85}$$

より，$\boldsymbol{f}(\boldsymbol{x}, \theta)$ が T_K に直交することがわかる．さらに (5.51) を θ で微分すると

$$\mathrm{E}\left[\partial_\theta f(x, \theta)\right] + \langle \dot{l}_\theta, f(\boldsymbol{x}, \theta) \rangle = 0. \tag{5.86}$$

しかし $\mathrm{E}[\partial_\theta f] \neq 0$ であるから，f は T_M 成分を含むことがわかる．　□

次に推定関数を具体的に求めたい．これは存在するとは限らず，また1つとは限らない．これが存在するときはそのすべてを求めよう．

まず，(5.51) を θ で微分する．すると

$$\mathrm{E}\left[f'(x, \theta)\right] + \langle \partial_{\boldsymbol{\theta}} l, f \rangle = 0. \tag{5.87}$$

一方，(5.52) より $\mathrm{E}\left[f'\right] \neq 0$ であるから，推定関数 f は，母数方向のスコア関数

$\boldsymbol{s} = \partial_{\boldsymbol{\theta}} l$ の成分を含まなければならない．そこで母数方向のスコア $\boldsymbol{s}$ を，局外母数接空間 T_K に直交する空間に射影した**有効スコア**

$$\boldsymbol{s}^* = \boldsymbol{s} - g_{a\kappa}\overline{g}^{\kappa\lambda}\boldsymbol{s}_\lambda \tag{5.88}$$

を用いよう．

次の定理は推定関数を具体的に求めるのに有用である．

定理 5.5　推定関数は有効スコア $\boldsymbol{s}^*$ が 0 でないとき，このときに限り存在する．$\boldsymbol{a}(\boldsymbol{x})$ を T_A に属する接ベクトルとするとき，推定関数は

$$\boldsymbol{f}(\boldsymbol{x},\boldsymbol{\theta}) = \boldsymbol{s}^*(\boldsymbol{x},\boldsymbol{\theta},k) + \boldsymbol{a}(\boldsymbol{x}), \quad \boldsymbol{a}(\boldsymbol{x}) \in T_A \tag{5.89}$$

と書ける．

これで，すべての推定関数が求まった．具体的には有効スコアを求めればよい．有効スコアは未知の $k(\boldsymbol{\xi})$ によるから，このままではどの $k(\boldsymbol{\xi})$ を用いて射影したらよいかはわからない．ただ，どの $k(\boldsymbol{\xi})$ を用いても，それに勝手な $\boldsymbol{a}(\boldsymbol{x})$ を加えることで，すべての推定関数が得られる．つまり有効スコアを局外母数空間に沿って平行移動しても，単に $\boldsymbol{a}(\boldsymbol{x})$ の項がさらに加わるだけである．

$\boldsymbol{\theta}$ を一般の次元に戻して，推定関数を用いた推定誤差は，もし真の $k_0 = k(\boldsymbol{\xi})$ がわかっていれば，

$$\boldsymbol{s}^* = (\boldsymbol{x},\boldsymbol{\theta},k_0) \tag{5.90}$$

が最良で，そのときの推定誤差は

$$\mathrm{E}\left[\left(\widehat{\boldsymbol{\theta}}-\boldsymbol{\theta}\right)\left(\widehat{\boldsymbol{\theta}}-\boldsymbol{\theta}\right)^T\right] = \frac{1}{N}A^{-1}\mathrm{E}\left[\boldsymbol{s}^*\boldsymbol{s}^{*T}\right]\left(A^{-1}\right)^T. \tag{5.91}$$

もちろん k_0 は実際は未知である．それでも，どの k 点での有効スコアを用いても，これならば一致推定量が得られる．

それらしい $k(\boldsymbol{\xi})$ を選べば，さらに良い推定量が得られる．それらしい $k(\boldsymbol{\xi})$ を選ぶには，データから $k(\boldsymbol{\xi})$ のおおよその姿を推定すればよい．たとえば，$k(\boldsymbol{\xi})$ をガウス分布として，その平均と分散を求めこれを利用する方法がある．

以下では簡単でうまい k を実際に選ぶ方法を示す．比例係数の問題を解くには，さらに難しい計算をもう少ししなければならない．

5.9　比例係数の問題

ここで多くの例に現れる，$q(\boldsymbol{x},\theta,\boldsymbol{\xi})$ を混合したモデル

$$p(\boldsymbol{x},\theta,k)=\int q(\boldsymbol{x},\theta,\xi)k(\xi)d\xi, \tag{5.92}$$

$$q(\boldsymbol{x},\theta,\xi)=\exp\{\xi\alpha(\boldsymbol{x},\theta)+\beta(\boldsymbol{x},\theta)-\psi(\theta,\xi)\} \tag{5.93}$$

の形のものを考える．簡単のため ξ を1次元とした．我々が例として取り扱ってきた比例の問題では

$$\alpha(\boldsymbol{x},\theta)=x+\theta y, \tag{5.94}$$

$$\beta(\boldsymbol{x},\theta)=-\frac{1}{2}\left(x^2+y^2\right) \tag{5.95}$$

であった．ただし $\boldsymbol{x}=(x,y)$ である．セミパラメトリックモデル S は，これを未知の $k(\xi)$ について混合した (5.92) の形で書ける．

まず局外母数接空間 T_K を求めよう．$k(\xi)$ の微小変化に対応した対数尤度の変化は

$$\delta l=\frac{\int q(\boldsymbol{x},\theta,\xi)\delta k(\xi)d\xi}{p(\boldsymbol{x},\theta,k)}. \tag{5.96}$$

これは，$\delta k(\xi)$ として，$\xi=\xi_0$ のところだけ微小量 ε だけ増大するものを考えれば，

$$\delta l=\varepsilon\frac{q\left(\boldsymbol{x},\theta,\xi_0\right)}{p(\boldsymbol{x},\theta,k)} \tag{5.97}$$

となる．したがって接空間 T_K は

$$T_K=\left\{\frac{q\left(\boldsymbol{x},\theta,\xi_0\right)}{p(\boldsymbol{x},\theta,k)}\ :\ \xi_0\ \text{は任意}\right\} \tag{5.98}$$

のような形で書ける．

ところで，確率変数 ξ と $\alpha(\boldsymbol{x},\theta)$ とは (5.93) で示した分布に従うから相互に関連している．そこで，α を条件とした ξ の確率分布 $p(\xi|\alpha)$ を求めてみる．これは

$$p(\xi|\alpha)=\frac{k(\xi)\exp\{\xi\alpha+\beta-\psi\}}{p(\boldsymbol{x},\theta,k)} \tag{5.99}$$

のように書ける．これを用いれば，δk 方向のスコアは

$$\partial_\theta l(\boldsymbol{x},\theta,k)=\mathrm{E}\left[\partial_\theta\alpha(\boldsymbol{x},\theta)\cdot\mathrm{E}[\xi|\alpha]+\partial_\theta\beta(\boldsymbol{x},\theta)-\mathrm{E}\left[\partial_\theta\psi|\alpha\right]\right] \tag{5.100}$$

となる．ここで $\mathrm{E}[\xi|\alpha]$ などは α を条件とした ξ の期待値で，これは α の関数になる．

同様に，k の変化 δk に対応するスコアは

$$s_K = \dot{l}(\boldsymbol{x}, \theta, k) = \mathrm{E}\left[\left.\frac{\delta k(\xi)}{k(\xi)}\right|\alpha\right] \tag{5.101}$$

のように，α の条件付期待値で書ける．つまり α の関数である．

定理 5.6　局外母数接空間 T_K は α の関数の張る空間である．すなわち h を任意関数として，$k(\xi)$ によらず

$$T_K = \left\{h(\alpha)\,;\ h\ \text{は任意関数}\right\}. \tag{5.102}$$

次は有効スコアを計算する番である．母数方向のスコアは

$$\dot{l}_\theta = \frac{1}{p(\boldsymbol{x}, \theta, k)} \int \left\{\xi\alpha' + \beta' - \psi'\right\} \exp\left\{\xi\alpha + \beta - \psi\right\} k(\xi) d\xi \tag{5.103}$$

である．ただし，α', β' などは α, β などの θ による微分である．条件付確率 (5.99) などを用いて書き替えると，スコアは条件付期待値

$$s_\theta = \dot{l}_\theta = \alpha' \mathrm{E}[\xi|\alpha] + \beta' - \mathrm{E}\left[\psi'|\alpha\right] \tag{5.104}$$

で書ける．

次にこれを T_K に直交する方向に射影する．これで有効スコアが得られる．T_K が s の関数で張られることから，この射影は

$$s^* = \frac{y - \theta x}{1 + \theta^2} \mathrm{E}[\xi|\alpha]. \tag{5.105}$$

したがって，h を任意の関数として，推定関数は

$$f(\boldsymbol{x}, \theta) = (y - \theta x) h(\theta y + x) \tag{5.106}$$

と書ける．h を自由に選ぶことで，いろいろな推定関数が得られる．たとえば

$$h(\alpha) = \alpha \tag{5.107}$$

と選べば**全最小 2 乗解**（**TLS**）が得られる．

簡単なものとして，ある定数 c を選んで

$$h(\alpha) = \alpha + c \tag{5.108}$$

とおくものを考える．データから定数 c を決める試みである．このとき，$\xi_1, \cdots, \xi_N$ を用いて，

$$\overline{\xi} = \frac{1}{N}\sum_i \xi_i, \quad \overline{\xi^2} = \frac{1}{N}\sum_i \xi_i^2 \tag{5.109}$$

を利用して，

$$c = \frac{\overline{\xi}}{\overline{\xi^2} - \left(\overline{\xi}\right)^2} \tag{5.110}$$

とおいてみよう．すると，優れた推定値 $\widehat{\theta}_c$ が得られる．これを c 推定値と呼ぼう．これは ξ の1次および2次モーメントの情報を利用したもので，簡単でありながら，多くの場合に大変優れた推定量を与える．こうして，世紀の難問に光があたった．

なお，P. J. Bickel らは関数解析の立場から ξ の分布を推定して用いる，本格的ではあるが極めて難解な理論を提唱している．

5.10　神経パルス列の発火特性

もっと簡単な例題として，**神経細胞の発火の特性**を論じる議論をしよう．この問題を解いたのは，後に私が理研に移ってからの話ではあるがここで書いておく．京大物理の篠本滋さんのところでは神経細胞の発火特性の解析を行い，次々と優れた業績を挙げていた．そこの大学院博士課程の学生，三浦佳二君が，情報幾何を用いて理論を作ってみたいと言ってきた（東大の岡田真人さんの紹介であった）．私は，そうは言っても情報幾何は簡単ではない，その前に君ができるかどうかテストすると言って，いくつかの問題を彼に課した．ところが彼はそれをすべて解いてきた．これは有望であると，研究を開始した．これがセミパラメトリックモデルの問題になることは，奈良先端科学技術大学院大学の池田和司教授がすでに指摘していた．

解析の結果，驚くべきことに，未知の k によらない最適解が得られた．これは篠本さんの解より良い[250]．この論文は NIPS（いまは NeurIPS と改名）の国際会議で，最優秀論文として表彰された．

ニューロンを一つ取ろう．これは入力刺激を受けると発火し，パルスを出す．一度パルスを発生すると絶対不応期があって，しばらくは発火できない．また，相対不応期があって，その後もしばらくは発火しにくくなり，やがて正常に戻る．不応期の長さはニューロンの種類によって異なる．だから，ニューロンの発火パルスの系列を観測してこれを解析すると，いま測定しているニューロンがどんな種類のも

のか，その特性がわかる．

神経発火の時間を $t_1, t_2, \cdots$ とし，発火の時間間隔を

$$T_i = t_{i+1} - t_i, \quad i = 1, 2, \cdots \tag{5.111}$$

としよう．これは，i 番目の発火の時間から，次の $i+1$ 番目の発火までの時間間隔である．もちろん，外部から入る入力刺激が強ければこの間隔は短いし，弱ければ長い．実験から，T_i の確率分布は各 i について独立で，ニューロンの発火率を ξ とすれば

$$q(T, \kappa, \xi) = \frac{(\xi\kappa)^{\kappa}}{\Gamma(\kappa)} \exp\{-\xi\kappa T\} \tag{5.112}$$

のように書けて，**ガンマ分布**がよく合うことが知られている．この時 T の平均と分散は

$$\mathrm{E}[T] = \frac{1}{\xi}, \tag{5.113}$$

$$\mathrm{V}[T] = \frac{1}{\kappa\xi^2} \tag{5.114}$$

である．この分布は 2 つの未知パラメータ κ と ξ を含む．パラメータ ξ は，発火間隔の逆数であるから，外部刺激の強さと言ってよく，時間とともに刻々と変わっていく．知りたい母数 θ はパラメータ κ で，これがニューロンの種類を特徴づける．発火の確率は前の発火とは独立に決まるとする．κ が 1 に等しければ，(5.112) は指数分布になり，これが 1 より小さければ，発火の間隔 T はより規則的になり，逆に 1 より大きければ発火の間隔はよりばらばらになり，不規則性が増す．

我々は指数 κ を知りたい．しかし，実験のときの外界の刺激の強度 ξ は時間とともに変化していくから制御できない．したがって ξ を局外母数と考えよう．各時間の外部刺激の強さ ξ が，毎回未知の確率分布 $k(\xi)$ から決まるとする．すると，発火時間間隔の分布は，各 T_i が独立で，

$$p(T, \kappa, \xi) = \int q(T, \kappa, \xi) k(\xi) d\xi \tag{5.115}$$

に従う．

実を言うと，ξ が毎回ばらばらに決まるときは，κ の推定関数が存在しないことが証明できる．これは，重さの異なる試料を用いて，精度が分散 σ^2 のガウス分布に従う秤（はかり）で毎回測り，未知の秤の精度 σ を決める状況と同じで，同じ試料を最低 2 回以上は測らなければ，誤差の精度 σ を決めようがない．

ここでは，発火の間隔を m 個ずつひとまとめにして，新しくベクトル

$$\boldsymbol{T}_1 = (T_1, \cdots, T_m), \tag{5.116}$$

$$\boldsymbol{T}_2 = (T_{m+1}, \cdots, T_{2m}), \tag{5.117}$$

$$\cdots$$

を考え，各まとまり $\boldsymbol{T}_i$ の中では ξ は一定値 ξ_i を取るものとする．これは「ずる」であるが，仕方ない．このとき，$\boldsymbol{T}$ の確率分布を

$$q(\boldsymbol{T}, \kappa, \xi) = \prod_{i=1}^{m} q(T_i, \kappa, \xi_i) \tag{5.118}$$

とする．

さて準備が整った．ここで前と同様に局外母数スコアと関連母数スコアを計算する．ここで $\kappa = \theta$ とおけば，

$$s_\theta(\boldsymbol{T}) = \frac{d}{d\theta} \log q(\boldsymbol{T}, \theta, \xi), \tag{5.119}$$

$$s_\xi(\boldsymbol{T}) = \frac{d}{d\xi} \log q(\boldsymbol{T}, \theta, \xi) \tag{5.120}$$

である．関連母数スコア s_θ を局外母数スコア s_ξ に直交する方向に射影すればよい．ところが，この場合のモデルは

$$\alpha = -\kappa \sum_{i=1}^{m} T_i \tag{5.121}$$

$$\beta = (\kappa - 1) \sum_{i=1}^{m} T_i, \tag{5.122}$$

が成立している．だから

$$g_\theta^* = s_\theta - \mathrm{E}\left[s_\theta^* | \alpha\right] \tag{5.123}$$

は簡単に計算でき，有効スコアは

$$s_\theta^*(\boldsymbol{T}) = \sum_{i=1}^{m} \log T_i - m\mathrm{E}\left[T_1 | \alpha\right] \tag{5.124}$$

$$= \sum_i \log T_i - m \log\left(\sum_i T_i\right) + m\phi(m\theta) - m\phi(\theta) \tag{5.125}$$

と書ける．なお

$$\phi(\theta) = \frac{d}{d\theta}\Gamma(\theta) \tag{5.126}$$

はディガンマ関数と呼ばれる．これはξを含まないから，ξにかかわらず（すなわち$k(\xi)$によらず）最適な推定関数を与える．これはFisher有効な推定量である．実にめでたい．こんなにうまくいくのかと喜んだ．また，$m=1$では，有効スコアが0になってしまい，推定関数が存在しないことも同時にわかる．

推定方程式を解くには，測定$\boldsymbol{T}_1, \boldsymbol{T}_2, \cdots$に対し

$$\sum_i s_\theta^* \left(\boldsymbol{T}_i, \theta\right) = 0 \tag{5.127}$$

をθについて解けばよい．$m=2$とすれば，このときに統計量として

$$S_i = -\frac{1}{n-1}\sum_i \frac{1}{2}\log\frac{4T_iT_{i+1}}{\left(T_i+T_{i+1}\right)^2} \tag{5.128}$$

が出てくる．これを用いて推定方程式(5.54)を解けばよい．

篠本さんたちは，大変優れた直観と経験から，統計量として

$$L_V = 3 - \frac{12}{n-1}\sum_i \frac{T_iT_{i+1}}{\left(T_i+T_{i+1}\right)^2} \tag{5.129}$$

を用いる方式を提案している．大変な卓見である．これは我々の統計量に近く，我々がlogを取ってから平均したものを，logを取らずにじかに平均している．実際のデータでは両者は極めて近い．ただ，我々の推定量は，セミパラメトリック統計学の情報幾何に基づいていて，この場合が最適であることが証明されている．

セミパラメトリックのモデルの応用は，実は独立成分解析（ICA）で花開く．これは理研に移ってからの大きな研究テーマで，次章に述べる．

こぼれ話8　京都賞

京都賞とは，京セラの創立者である稲盛和夫氏が1985年に創設した世界的な学術の賞であり，受賞者に一人1億円が贈呈される（当初は5000万円）．私がその京都賞とかかわりを持つようになったのは，たまたまの偶然で京大の広中平祐教授と車で一緒になったことにある．彼が言うには，京都賞という世界的な賞を作る，それには3部門があって，基礎科学部門，先端技術部門，思想芸術部門からなるという．基礎科学部門では，第1回は数理科学を表彰したい．ついては甘利さん，20世紀の数理科学者で最高の学者を挙げて欲しいという話になった．私は，3人を挙げた．一人はC. Shannon，もう一人は，R. Kalman，そして3人目はG. B. Dantzigであった．この人たちはどのくらい偉いかと広

中さんが問うから，私はShannonは100年に一人の天才，Kalmanは50年に一人の天才，Dantzigは30年に一人の天才であると答えた．これがどの程度影響したかはわからないが，第1回の受賞として基礎科学部門はShannon，先端技術部門にKalmanが選ばれて嬉しかった．その縁があって，第1回の受賞ワークショップに私も呼ばれ，Shannon列席の下で情報幾何の講演を行い，著書“Mathematical Theory of Communication”をShannonから署名入りでいただいた．

広中さんにはその後も目をかけていただいた．広中さんと言えば，もちろんフィールズ賞を受賞した代数幾何の大御所である．彼は学問の自由を愛し，官僚的な支配を嫌う．その彼が山口大学の学長に選ばれたときのことである．事務局長を文部省が指名し，天下りでやって来るという．彼はこれを拒否して大問題となった．さらに文部省の言うことを聞かず，文部省主催の学長会議にも出ないという．文部省もほとほと困り果てて，報復に出た．

広中さんは，数理科学振興会を作り，1980年から「数理の翼」というセミナーを開催して，大学生，高校生の育成に努めてきた．これはいまでも続いていて，ここの出身者で活躍している学者は各分野に多い．この事務所が手狭になって京都市内で移転した．住所変更届を出したところ文部省が受理しないという．陰湿な嫌がらせである．文部省の嫌がらせは，私もいくつか経験した．その後私は京都賞の審査委員を委嘱され，良い勉強になった．さらに，広中さんの後を継いで，京都賞委員会の委員長を引き受けた．委員長として各部門の審査会にも多く出席した．基礎科学，先端技術，思想芸術の3部門で，真摯な議論が繰り返される．委員会は階層構造になっていて，最終決定の京都賞委員会までに各部門で7回の審査会を行う．ここでの議論は大変に勉強になった．思想芸術部門は，思想はもとより，絵画，演劇，音楽などで選考が行われ，その真摯な議論に大変に目が開けた．多くの優れた人々と知り合いになれたし，視野も広がり，まさに至福の時間を過ごすことができた．

こぼれ話9　私を超えていった研究者：川人光男と合原一幸

これは大勢いるが，その中でとくに大物の川人光男と合原一幸を取り上げよう．

川人さんとは，彼が阪大の基礎工学部生物工学科で鈴木良次教授の大学院生であった頃からの知り合いである．彼は東大の物理学科を卒業したが，脳の魅力に取りつかれ，新設のこの学科に移った．研究会などで，脳のモデルで良い仕事をしているのが私の目についた．私もいろいろと意見を言い，文句もつけた．あるとき，私がArbibの研究室から持ち帰ったある研究者の神経場の論文のコピーが欲しいと言ってきた．当時はゼロックスなどは高価過ぎて使えなかった．研究者仲間の頼みは断れない，私自身がコピー室に一日籠って，自分で安価なリコピーで複写したのを覚えている．

川人さんは計算論的神経回路の研究に没入し，同じく生物工学科の塚原仲晃教授（日航機事故で亡くなられた大物の研究者）の助手となって，本物の神経科学の造詣も深めた．

そこへ降って湧いたのが第2次ニューロブームである．神経回路モデルがもてはやされ，ニューロコンピュータができると言われた．日本では電電公社の民営化が行われ，その資金をもとにATR（国際電気通信基礎技術研究所）という研究機構が生まれた．そこが川人さんに目をつけた．研究室長として直ちに登用され，多くの優れた研究者を傘下に集めて研究を開始した．ATRは気前が良く，彼はあっという間に給料が3倍に増えたとほくそ笑んでいた．

川人さんの研究室から世界に誇る素晴らしい成果が出だした．とくに，小脳の基本モデルとそこでの制御機構の研究，運動制御のジャーク最小モデル，視覚認知における上向情報と下向情報を融合する順逆モデルなど，目を見張る成果を次から次へと出した．これはロボットの学習制御機構につながっていく．私は教授になったときに川人さんに目をつけた．しかし，公務員の給与は民間に比べればずっと低い．東大に助教授で来てくれないかと誘ったのだが，けんもほろろに断られた．彼は計算論的神経科学の世界ではまさに第一人者で，私の数理脳科学をはるかに凌駕してしまった．

その後のATRの再編でATR脳情報科学研究所ができ，そこの所長となり，研究領域を拡大していく．とくに脳情報の解読とそれを用いたフィードバック介入は，脳研究に新しいパラダイムを開くものであった．もっともこれは強力であるだけに，危険な技術でもある．彼はこれを神経疾患の研究や治療，さらにリハビリの手法として用いて，世界的に名を挙げている．単なる理論（外山教授に言わせれば天空の理論）ではなくて地についた本物の神経科学を研究し，しかもこれを情報技術と結び付けた．世界に誇れる人材である．

合原さんは，東大電気工学科の出身である．彼は蝶の採集に凝り，電気工学科の古いイメージに合わない自由気ままに活動する男であった．大学院の修士の頃から私の部屋を訪れ，カオスやカタストロフィーの議論をした．日本にポスドク制度が導入され，文部省が資金を出して，大学院博士課程修了後2年間好きな研究室で修業ができるということになった．あるとき，電気工学科の宇都宮敏男教授（合原さんの指導教授）から話があり，うちの合原が甘利さんのところでポスドクをやりたいと言っている，引き受けてくれないか，ということであった．

宇都宮教授からは，2つの忠告があった．「合原は計算を始めると大型コンピュータを好き放題に使う，研究室の予算があっという間になくなるから，しっかりと管理して制限すること．もう一つ，合原はお酒に目がない．秘蔵の酒など出したら，あっという間に一壜（びん）開けてそれだけでは済まない」．彼もコンピュータは気にして使ったのであろう，そう大したことはしなかった．あるとき研究室の皆が我が家に集まる機会があった．グルジアで買ってきた秘蔵のブランデーが家に2壜あった．1壜は半分ほどの飲みかけ，もう1壜はまだ封を切っていない．女房は空いてない新しい壜を開ければ遠慮してそうは飲まないでしょうと言う．これが間違いのもとで，新しい壜があっという間に空になり，空きかけのものまでもなくなってしまった．

合原さんは非線形力学，とくにカオス力学で名を挙げた．一方で電子技術総合研究所

(以後，電総研と略す）の松本元博士のところへ通い，イカの巨大神経の実験と，Hodgkin-Huxley 方程式の非線系力学の解析に没頭した．こうして実力を高め，独自の学問の世界を築いていく．とくに，連想記憶モデルを一般化して，記憶した事項を回路が安定平衡状態として想起するだけではなくて，いったんその近くに引き込まれてもそこを抜け出して他の記憶事項へとさまようカオス遍歴のモデルを提唱した．これは面白い．彼はこれを一般の最適解の探索問題の解法にも用いている．

時が流れ，私は助教授を探していた．私と同じ研究ではなく，全く違った発想の人材が欲しい．そこで，勝手気ままに研究している合原さんに目をつけた．彼には，研究は全く自由に独自にやれと言った．ある日彼が論文を書いてきて，「見てください，先生の名前を最後に入れてよいですね」と言ってきたから，「これは君の論文で私のではない，これからも論文は自由に独自で書くとよい」と言って，名前は削ってもらった．

合原さんは上に述べたように非線形力学，とくにカオスで独自の世界を築き，カオス制御理論などを創始した．その後も大型のプロジェクトを率いるなどして，東大の看板教授になっている．それだけではない，非線形ダイナミクスを医学にも使い始めて，前立腺癌(がん)の治療にこれを利用して成果を挙げた．医者との共同研究である．それが嵩じて，病気全般の仕組みと予防に進出し，いまはムーンショットプロジェクトを率いて，「未病」の研究を組織している．未病とは，病気になる前兆のような状態で，通常の健康状態から発病状態に至るときに，状態遷移が起こる．非線形力学の特徴であるが，ここで揺らぎが増大し，これが病気の予兆になる．ここを抑えて発病前に手を加えればよい．

医学者を含む多くの分野の研究者を組織し，共同研究として世界的な成果を挙げて，注目されている．役に立つ数理工学として，私などができなかったはるかな高みに上っている．私は大いに期待している．

こぼれ話 10　白タク事件

これもニューロブームの最中での話である．NEC（日本電気）がプリンストンに研究所を開設した．その開所記念シンポジウムに私は招待された．ビジネスクラスを用意してくれて，ワシントンの空港にはリムジンの迎えが待っているという．空港に着いた．リムジンはと探すと見あたらない．そこへ変な男が来て，車だろう，俺が迎えに来たという．どこへ送ってくれるのかと言うと，お前の言うところに行くというが，何とも怪しい．

そこで公衆電話機を探して NEC 研究所に電話をかけようとしたが，うまくつながらない．そのうちに，例の男が戻ってきて，「お前は‘Amaro’だろう，プリンストンまで送る」と言うので信用した．何やらぼろ車に，助手が乗っている．プリンストンまで1時間以上，道々話をした．この男の英語はとてもわかりやすい．彼は「日本人の送り迎えをよくするのだ，この前はワセダのタナカ教授を送った」と言う．すっかり信用した．日本人は金持ちだろうというから，それはそうだが俺は数学者で，数学者は皆貧乏だ，NEC がすべての費用を持つというから，手ぶらで来たと話した．実はこれが良かったのである．

プリンストンの街に入りかかったところで，実は管轄の問題があって，ここで費用800ドルを払ってくれという．プリンストンの研究所で直ちにお前に払い戻す約束になっているというのである．さては怪しいと思った．白タクに引っかかったのである．私は，「NECが払うと言うから一文無しできたのだ，NECが直ちに払うように交渉してやるから，NECの研究所まで行け」と言ったが，らちが明かない．近くの空き地に止めて，脅しにかかって来た．助手を指して，この男は昨日ムショを出てきたばかりだという．さらに，このままでは済まないから，ワシントンに車を戻すという．私も乗りかかった船で引けない，では戻れと言った．

実はドルでも円でもそのくらいは持っていた．でもどう決着するか，頑張れるところまで頑張ってやろうじゃないか，勝負である．そのうち向こうがあきらめたのであろう，ここで降りろというから，ほうほうの体で車を降りた．それからが大変で，車道で車を止めて，どこか電話のかかるところまで連れて行ってくれと言うと，快くすぐ近くのガソリンスタンドまで連れて行ってくれた．さて，どこだろう，“Where am I？”と聞くと“You are here”，これでは話にならない．とにかく公衆電話からNECにcall collectでつながった．幸い日本人の秘書が出てくれた，かくかくしかじか，いまガソリンスタンドにいると言うと，そこならわかるからすぐ迎えを出すという．車が到着して，無事にNECプリンストン研究所に着いた．会議では甘利は白タクに引っかかったが1円も払わなかったと絶賛されたが，それどころではなかった．

帰りはリムジンが空港まで送りにホテルに来た．何とリムジンとはものすごく大きい車で，制服制帽のピカピカの運転手がいる．家について，女房にこの話をしたらすごく怒られた．お金ぐらいあったでしょう，なぜすぐに払わなかったの，刺されたらどうするの，と言うのである．確かにお金はあったし，値切れば半額ぐらいまでは下がっただろうが，ぎりぎりまで駆け引きをしなければ勝負にはならない．私の悪い癖である．

理化学研究所——研究者の天国

6

6.1　理化学研究所へ

年齢も 60 に近づいてきた．東大の正門から奥の路地を抜け，春日へ抜ける急な坂道がある．これを定年坂といい，この坂がきつくなったら定年だという．私にとって坂は一向にきつくはならなかったが，定年は近づいた．その後の行先を考えなければならない．いくつかの大学から誘いがあった．ある宗教に関係した大学からは，「うちへ来てください，給料はどこにも出せない高額を出しましょう．囲碁がお好きなら，囲碁部の顧問になってください，学生が指導します」とまで言われた．家に帰って家族に話すと，全員猛反対，宗教がかったところは駄目，金に目がくらんではいけないという．

その頃，理化学研究所（理研）では伊藤正男教授を中心に，脳科学へ進出する計画が持ち上がっていた．そこでフロンティアサイエンスプログラムを立ち上げ，脳科学を推進したいという．理論脳科学も重要な課題の一つとして取り上げる．「甘利さん，理研は良いところですよ」という伊藤さんの一言で，そこへ行くことに決めた．その後これは脳科学総合研究センターへと発展する．

理研は研究者の天国であるという．私から見れば，まさにそうであった．しかし，その後ここにも規制が及び，いまは煉獄ぐらいであろうか，昔日の面影は薄い．でも，研究者の天国は待っていれば天から降ってくるものではない，どこにいても，自分で努力して作り出すものだと思う．

まず，科技庁に出す予算請求の資料が必要と言われた．とりあえず 1 億円で予算計画を作ってくださいと言われて，私は仰天した．もちろん人件費込みではある．「私は紙と鉛筆だけでよいからパソコンを何台か」と言ったら「そんな安い物では話になりません」ということで，神経回路網模擬大型計算システム一式ということで予算計画とした．東大では，事務部はどちらかと言えば意地悪をする人たちであった．ここでは強力な味方であることを発見した．こうして数理脳科学を標榜する研究室が誕生した．数理脳科学の研究室は世界でもこれが最初ではなかっただろうか．もっとも，研究室の名前は科技庁のお役人が決めるとかで，「思考電流研究チーム」などというわけのわからないものになっていた．

この頃から，脳科学の研究が盛り上がってきた．アメリカは decade of the brain と名づけて，1990 年からの 10 年計画で巨大な予算をつけるという．我々も何とかしなければいけない．そこで伊藤さんを中心に，少し出遅れて活動を開始した．我々はもうすぐ 21 世紀に入るので，10 年ではなくて「脳の世紀」と称して，脳科学者が手弁当で活動を開始した．このときも事務局を引き受け，理論系と実験系をまとめて大活躍したのが，塚田稔教授であった．

何とこれがうまくいった．科技庁が新しい大規模な研究領域を探索していた．研究開発局長が責任者となって諮問委員会を立ち上げ，伊藤さんが座長につき，私や外山敬介教授も委員として参画した．これからの日本の脳科学研究推進の基本方針と体制を議論し，科技庁が中心となってこれを実行するという．

我々の脳の世紀委員会では，「脳を知る領域」，「脳を守る領域」，「脳を創る領域」（後に「脳を育む領域」が加わる）を中心に研究体制を整備し，大規模な予算を獲得しようとしていたから，これと合致する．日本における脳科学研究の方策，見取り図，10 年から 30 年にわたる長期研究計画，そして研究体制を答申した．ここに，脳科学総合研究センターを理研に新しく設置する計画が入った．

予算は総額で年間どのくらい必要かとの質問が来た．私と外山さんが顔を見合わせて，30 億か 50 億円かとつぶやいていると，局長が「科技庁が本気で乗り出すのだから，10 億，20 億などという端(はした)の数字では話にならない」と言う．そこで，伊藤さんが乗り出した．「アメリカの予算などを参考にすると，年間 1000 億円は出して欲しい．」これには局長も絶句した．

答申を提出し，脳の世紀活動が本格的に始まる．理研に脳科学総合研究センターが設置され，伊藤さんがセンター長になる．ここに世界で初めての理論系脳科学，生物系脳科学，精神系脳科学を統合した研究センターが出来上がった．こうした活動を通じて個別にはよく知られていた日本の脳科学が，世界に認知されたと思う．

政府直属の「脳科学委員会」が設置され，脳研究の方策，進行状況を毎年検討する．この委員会には，科技庁のみならず，通産省，文部省，厚生省などの省庁も参加した．一方 JST（科学技術振興機構）は，脳の 3 領域を対象に大型プロジェクトを発足させ，大きな予算がついた．理研では最盛期には年間 100 億円（人件費も含む），JST でも数十億円，その他各省庁の予算や，脳科学委員会直轄の研究予算（振興調整費）などがあり，年間で 200 億円を超える研究予算が出たと思う．伊藤さんの試みは大成功したのである．

しかし，こうした成功は永くは続かない．他の領域の研究者たちから，なぜ脳科学だけがいい目を見るのかという逆風が吹き，数年で脳科学委員会は解散，JST の脳プロジェクトも終了した．理研の脳センター予算はいまはかつての 1/3 に減ってしまった．これも時代の流れではある．その分，文科省の脳プロジェクトで研究費が大学の多くの研究者に行き渡れば，それはいいことだろう．

1987 年に理研脳科学総合研究センターは発足した．私は脳を創る領域のグループディレクターに任命される．ここで，2 グループ 5 チームが発足した．私の研究室（チーム）もスタートした．まずは研究員（ポスドク）の募集である．インターネットを通じて国際的に募集をかけたところ，10 名を超える応募があった．この中から何人かを選んで，面接を行う．旅費などはもちろん理研持ちである．応募した中に A. Cichocki がいた．ドイツにいるポーランド人である．すでに立派な業績があるので，面接の末この人にはチームリーダーとして来てもらい，研究室を持ってもらった．本人はびっくりしたことだろう．でも，後の彼の活躍を見てもそのくらいの実力はある研究者だった．彼がこの時持ち込んだ研究テーマが ICA（独立成分分析）である．

実は私もその数年前に，フランスで開かれた国際会議で，C. Jutten と J. Herault の講演を聞いて，ICA に興味を持っていた．彼らは妊婦の心電図を 2 カ所から測定し，胎児の心電と母体の心電の混合した信号を得る．ここから，胎児の心電と母体の心電を分離したい．つまり，混合した信号からのもとの信号の分離である．もし，母体と胎児の心電の統計的な性質が違うなら，PCA（主成分分析）を行って，2 つの成分を分離できそうである．ところがこれがうまくいかない．そこで工夫を凝らした非線形の手法を適用して，うまくいったという発表であった．

私もこれに興味を持って，東大では卒業論文で取り上げてもらった．Cichocki はいろいろな文献を私に示し，いま世界でこれが注目されていると教えてくれた．私は P. Comon の論文を読んでなるほどと思い，さらに A. J. Bell と T. Sejnowski の論文を読んで，私ならもっと深い理論的な考察ができると確信した．理研に移ってからしばらくは，神経回路の学習理論と並んで，ICA が私の主な研究領域となる．まず，ICA と情報幾何の絡みから始めよう．ICA を解説する本は多い．しかし，情報幾何のセミパラメトリックモデルを用いるのが，一番自然で一般的だと私は思う．

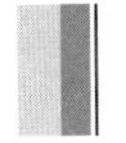

6.2　独立成分分析と情報幾何

6.2.1　独立成分分析とは

一番わかりやすい例から始めよう．n 個の情報源 $S_i, i = 1, \cdots, n$ があり，ここから n 個の確率的に独立な信号の時系列 $s_i(t), t = 1, 2, \cdots$ が発生する．簡単のため

$$\mathrm{E}\left[s_i\right] = 0 \tag{6.1}$$

としておく．ところがこれらの信号が混合してしまい，観測できるのはその混合

$$x_i(t) = \sum_j a_{ij} s_j(t) \tag{6.2}$$

である（図 6.1）．後の便宜を考えて，これをベクトル-行列記法で

$$\boldsymbol{x}(t) = A\boldsymbol{s}(t) \tag{6.3}$$

と表そう．もし，A が正則行列でこれを知っていれば，源信号 $\boldsymbol{s}(t)$ は $\boldsymbol{x}(t)$ から

$$\boldsymbol{s}(t) = A^{-1}\boldsymbol{x}(t) \tag{6.4}$$

と簡単に求まる．

A が未知で，観測データとして $\boldsymbol{x}(t)$ のみが与えられた場合に，$\boldsymbol{x}(t)$ から $\boldsymbol{s}(t)$ を復元しようというのが，**盲源信号分離（blind source separation）問題**であり，これを**独立成分分析**（**ICA**, independent component analysis）という．ただし，このままでは何もできないので，n 個の源信号は確率的に発生し，互いに独立であるとする．これが重要な手掛かりとなる．また，その確率分布は高々 1 個の源を除いてガウス分布ではないとする．

この仮定は奇妙に見えるかもしれない．しかし，ここが**主成分分析**（**PCA**, principal component analysis）と ICA の分かれ目なので，このすぐ後にその違

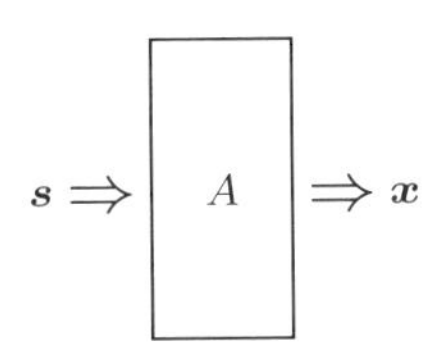

図 6.1　信号の線形混合

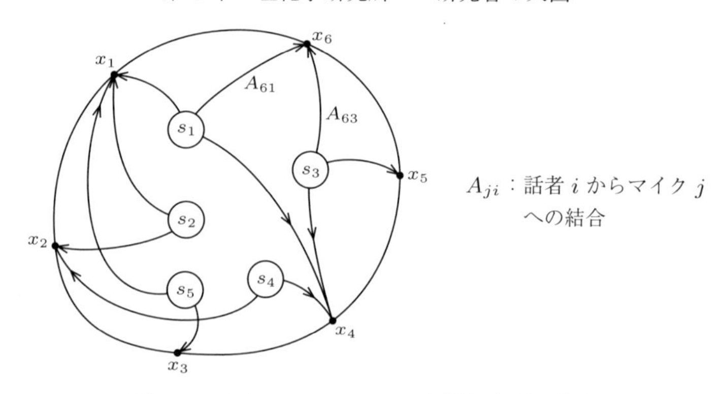

図 6.2 カクテルパーティー会場と会話の混合

いを述べよう．

上記の仮定の下で，A を知らなくとも学習によって源信号が分離できるところがミソである．ただ，独立性のみをもとにするから，次の状況が生ずるのは仕方がない．

(1) 復元した源信号の順番まではわからない（しかし，これはどうでもよい）．

(2) 各源信号は独立であるが，その大きさまでは指定できない．

だから，勝手に分散を 1 とすれば，大きさが定まる．

この問題は**カクテルパーティ問題**，日本では**聖徳太子問題**とも呼ばれ，興味を集めた．いま n 人の人が同じ部屋にいて，勝手にしゃべっていたとしよう．それぞれの話は独立であるとする．このとき，部屋に n 個のマイクロフォンを配置しておけば，各マイクにはすべての人の話の 1 次結合が入る．1 次結合の係数 A は，マイクから各人までの距離に依存し，遠くにいる人の寄与は小さい（図 6.2）．さて，このマイクの音 $\boldsymbol{x}(t)$ から，各話者の話 $\boldsymbol{s}(t)$ を分離して認識したい．カクテルパーティ会場では，各人がこの分離をやってのける．聖徳太子も，7 人の話者に対してこれができたという．ここでは n 個のマイクを使用する点が違っている．

6.2.2 主成分分析

主成分分析は，観測データ $\boldsymbol{x}(t), t = 1, 2, \cdots$ が確率分布に従って発生するものとし，$\boldsymbol{x}$ の座標軸を回転して（直交変換），新しい座標軸方向の $\boldsymbol{x}$ の各成分は相関がないようにする手法である．ただし，

$$\mathrm{E}[\boldsymbol{x}] = 0 \tag{6.5}$$

としておく．もっと具体的に述べよう．信号 $\boldsymbol{x}$ の分散行列を

$$V = \mathrm{E}\left[\boldsymbol{x}\boldsymbol{x}^T\right] \tag{6.6}$$

とする．V は観測データから求めればよい．このとき，直交行列 O を用いて V を対角化する．すなわち

$$OVO^T = \Lambda, \tag{6.7}$$

ただし Λ は対角行列で

$$\Lambda = \mathrm{diag}\left[\lambda_1, \cdots, \lambda_n\right]. \tag{6.8}$$

この O を用いて座標軸を回転し，$\boldsymbol{x}$ を

$$\boldsymbol{s} = O\boldsymbol{x} \tag{6.9}$$

のように変換する（図 6.3）．ここで簡単のため $\lambda_i \neq \lambda_j$ であるとし，

$$\lambda_1 > \lambda_2 \cdots > \lambda_n \tag{6.10}$$

とする．どこかで $\lambda_i = \lambda_j$ となっていれば O に不定性が残る．

こうすると，

$$\mathrm{E}\left[\boldsymbol{s}\boldsymbol{s}^T\right] = \Lambda \tag{6.11}$$

であるから $\boldsymbol{s}$ の各成分 s_i は相互には無相関，すなわち

$$\mathrm{E}[s_i s_j] = 0, \quad i \neq j \tag{6.12}$$

$$\mathrm{E}[s_i^2] = \lambda_i \tag{6.13}$$

である．これで独立な成分が得られたように見えるが，そうではない．$\boldsymbol{x}$ がガウス

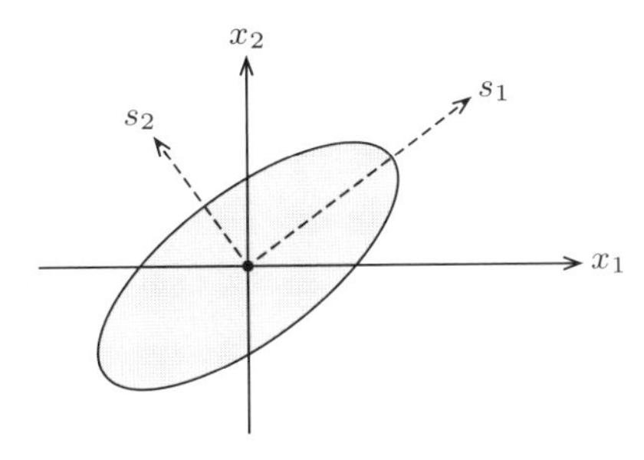

図 6.3　主成分分析と回転

分布に従うときは，その成分は無相関なら独立である．しかし，ガウス分布でなければそうはいかない．無相関だからと言って独立とは限らない．

λ_i を大きい順に並べて，一番大きい λ_1 に対応する s_1 を**主成分**と呼び，以下第 2 主成分，第 3 主成分と並ぶ．ここで，さらにそのスケールをそろえるために

$$\boldsymbol{s}^* = \Lambda^{-\frac{1}{2}} \boldsymbol{s} \tag{6.14}$$

と変換すれば，新しい信号 $\boldsymbol{s}^*$ は，その分散行列が単位行列 I になる．これを信号 $\boldsymbol{x}$ の**白色化**という．

白色化は一意には決まらない．任意の直交行列 U を用いて

$$\boldsymbol{s}'^* = U\boldsymbol{s}^* \tag{6.15}$$

としても，信号は白色のままである．白色化が一意に決まらないことを**回転の不定性**と呼び，心理学の**因子分析**などで問題とされてきた．これを解決するのが ICA である．このために信号の非ガウス性を利用し，無相関だけではなくて，真に独立な成分を求める．

PCA についても，情報幾何を用いていろいろな理論を展開できるが[150], [174], [194], [200]，ここでは述べない．なお，主成分分析が神経回路網の学習で実現できるのを指摘したのは実は私が最初であったが[32]，その後 E. Oja がこれを全面的に展開し，いまでは Oja のアルゴリズムと呼ばれている．

6.2.3　独立性の基準と勾配学習

データからの学習によって，独立成分 $\boldsymbol{s}$ を逐次的に求める手法を考える．簡単のため，$\boldsymbol{s}$ の次元 m と $\boldsymbol{x}$ の次元 n とは等しく，$n = m$ とする．$n > m$ の場合は，まず $\boldsymbol{x}$ に PCA をほどこして，余分の次元を削減すればよい．$m > n$ ならば，この課題はもともと不可能である．

まず，勝手な非特異行列 W を用いて，$\boldsymbol{x}$ を

$$\boldsymbol{y} = W\boldsymbol{x} \tag{6.16}$$

に変換する．簡単のため，A は非特異な $n \times n$ 行列であるとしよう．

$$W = A^{-1} \tag{6.17}$$

ならば，$\boldsymbol{y}$ はもとの源信号であるが，A は未知である．そこで，勝手な W を用いて (6.16) で得られる信号 $\boldsymbol{y}$ が成分毎にどの程度独立か，独立性の度合いを測る基

準を導入しよう．正しい W は，この損失関数を最小にする．独立の度合が確率変数 $\boldsymbol{y}$ の関数 $l(\boldsymbol{y})$ の期待値で

$$L(W) = \mathrm{E}[l(\boldsymbol{y})] \tag{6.18}$$

のように書けるならば，$L(W)$ の最小値を求めるのに，$L(W)$ に極小値がないとすれば，確率的勾配降下法を用いればよい．

現在の W_t と観測される $\boldsymbol{y}_t$ を用いて，

$$W_{t+1} = W_t - \eta \frac{\partial l(\boldsymbol{y}_t)}{\partial W} \tag{6.19}$$

のように W を変えていけば，$\boldsymbol{x}$ を独立な成分に分解する W が存在するならばこれが得られ，$\boldsymbol{y} = W\boldsymbol{x}$ が成分毎に独立になるだろう．ただし，(6.19) の安定性の問題があって，このような W が常に得られるとは限らないことに注意したい．

非独立性の度合いとしていろいろなものが考えられ，それに応じていろいろな ICA のアルゴリズムが提案されている．たとえば，混合 (6.2) は，独立変数の線形和であり，中心極限定理によればこれは高次キュムラントを減少させる．だから，$\boldsymbol{y}$ の高次キュムラント（具体的には 3 次，4 次キュムラント）の大きさを非独立性の基準とみなし，これを減少させるようにするアルゴリズムがある．同じようなものだが，$\boldsymbol{y}$ の分布のガウス性を最大にする案もある．後に，この問題をセミパラメトリックモデルと見て，情報幾何が与える推定関数の全体を示す．これが一番一般的なもので，この中から最適なものを選べばよい．

ここでは，A. J. Bell と T. Sejnowski の提案した情報理論（エントロピー）に基づくものを情報幾何的に記述しよう．まず，$\boldsymbol{s}$ の確率分布を

$$r(\boldsymbol{s}) = r_1(s_1) \cdots r_n(s_n) \tag{6.20}$$

としよう．ただし，各 $r_i(s_i)$ は未知である．このとき $\boldsymbol{x} = A\boldsymbol{s}$ の確率分布は

$$p(\boldsymbol{x}) = |A^{-1}| r(A^{-1}\boldsymbol{x}) \tag{6.21}$$

である．一方，$\boldsymbol{y}$ の確率分布は，W を与えれば，(6.16) より

$$p_Y(\boldsymbol{y}|W) = |WA|^{-1} r(A^{-1}W^{-1}\boldsymbol{y}) \tag{6.22}$$

のように書ける．r は未知であるから，これが陽に求まったわけではない．

一般の $\boldsymbol{y}$ の確率分布の全体からなる空間を $S_Y = \{p(\boldsymbol{y})\}$ としよう．この中に，W を自由に動かすことによって得られる部分空間，すなわち，(6.22) の形で書け

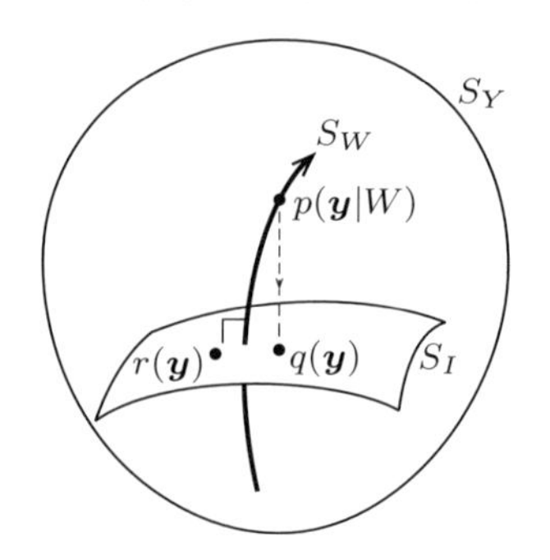

図 6.4　$p(\boldsymbol{y}|W)$ から S_I への射影

る部分空間 S_W が含まれる．一方，独立な $\boldsymbol{y}$ の分布からなる部分空間は，独立な各 y_i の分布を q_i として，

$$S_I = \{q(\boldsymbol{y}) \mid q(\boldsymbol{y}) = q_1(y_1)\cdots q_n(y_n)\} \tag{6.23}$$

と書け，真の r はここに含まれている（図 6.4）．W により指定される $\boldsymbol{y}$ の独立性の度合いを，$p_Y(\boldsymbol{y}|W) \in S_W$ から部分空間 S_I への KL ダイバージェンスで測ることにしよう．r がわかっていればよいが，これは未知である．そこで，独立な $q \in S_I$ を勝手に選んで固定し，$\boldsymbol{y}$ の独立性の度合いを

$$D_{\mathrm{KL}}\{p_Y(\boldsymbol{y}|W) : q(\boldsymbol{y})\} = \int p_Y(\boldsymbol{y}|W)\log\frac{p_Y(\boldsymbol{y}|W)}{q(\boldsymbol{y})}d\boldsymbol{y} \tag{6.24}$$

とおいてみよう．S_W と S_I とは直交している．S_W が m 平坦なら，ピタゴラスの定理により，q を何にとっても D_{KL} の最小値は独立な $\boldsymbol{y}$ を与える W，すなわち S_W と S_I の交点であるが，実は S_W は m 平坦ではない．しかしうまい q を選んでおけば，多くの場合これでうまくいく．うまくいかない場合は，勾配降下法の安定性が問題なのである．これが Bell と Sejnowski が与えた方法で，有名な Bell-Sejnowski アルゴリズムが得られる．ちなみに，$r(\boldsymbol{s}) = r_1(s_1)\cdots r_n(s_n)$ がわからなくとも，各 $r_i(x_i)$ の 4 次のキュムラントの正負の見当がつけば，その正負に合わせて $q_i(y_i)$ を選ぶとよいことが知られている．

具体的な計算をしよう．損失関数 (6.24) を計算すると

$$D_{\mathrm{KL}} = -H(Y) - \mathrm{E}[\log q(\boldsymbol{y})] \tag{6.25}$$

である．$H(Y)$ は $\boldsymbol{y}$ のエントロピーで，これは

$$H(Y) = H(X) + \log|W|. \tag{6.26}$$

ここで，W を $W + dW$ に変化したときの，D_{KL} の変化を見よう．それには，D_{KL} を W で偏微分すればよいが，全微分 dW を用いたまま計算した方が見やすい．各項の全微分を計算する．まず，$H(Y)$ の全微分だが，

$$dH(Y) = d\log|W| = \mathrm{tr}\big(dWW^{-1}\big). \tag{6.27}$$

また，

$$\varphi_i(y_i) = -\frac{q_i'(y_i)}{q_i(y_i)} \tag{6.28}$$

とおけば，

$$d\boldsymbol{y} = dW\boldsymbol{x} \tag{6.29}$$

だから，

$$d\log q(\boldsymbol{y}) = -\boldsymbol{\varphi}(\boldsymbol{y})^T dWW^{-1}\boldsymbol{y}. \tag{6.30}$$

したがって，D_{KL} を減少させるオンライン学習は，瞬時損失関数を

$$l(\boldsymbol{y}, W) = -H(Y) - \log q(\boldsymbol{y}) \tag{6.31}$$

としたオンライン確率勾配降下学習であり，その全微分は

$$dl = \mathrm{tr}\left(dWW^{-1}\right) - \boldsymbol{\varphi}(\boldsymbol{y})^T dWW^{-1}\boldsymbol{y} \tag{6.32}$$

である．損失 l を W で偏微分して書けば，Bell-Sejnowski の学習則

$$\Delta W_t = -\eta\left(W^{-1} - \boldsymbol{\varphi}(\boldsymbol{y}_t)^T W^{-1}\boldsymbol{y}_t\right) \tag{6.33}$$

が得られる．

行列 W の空間をリーマン空間と見て，**自然勾配学習法**（**リーマン勾配法**）を適用してみたい．自然勾配学習法は，後に一節を割いて詳しく述べるが，要するにリーマン空間における勾配降下法である．W は行列の空間であり，一般線形群 $Gl(n)$ をなす．これはリー群である．ここで，微小変化 dW の大きさを定義して正値 2 次形式で書けば，それが $Gl(n)$ のリーマン計量を与える．このとき，リー群の性質を使って定義する **Killing 計量**がよく知られている．

W 点とそれが微小変化した $W + dW$ に対して，右から W^{-1} を掛ければ，W は単位行列 I に移り，また，

$$dX = dWW^{-1} \tag{6.34}$$

として，$W + dW$ は $I + dX$ に移る（図 6.5）．右から W^{-1} を掛けると，W は原点である単位行列 I に移り，W 点での微小変化を表す dW は原点での微小変化 dX に対応する．計量がこのような変換に関して不変であることを要請し，原点 I での dX の大きさを定義すれば，それが任意の W 点での dW の大きさを定める．そこで，原点ではユークリッド的な計量を用いることにし，dW の大きさの 2 乗を

$$ds^2 = \mathrm{tr}\left(dXdX^T\right) = \sum_{ij} dX_{ij}^2 \tag{6.35}$$

とする．W で書けば，

$$ds^2 = \mathrm{tr}\left(dWW^{-1}\left(W^{-1}\right)^T dW^T\right) \tag{6.36}$$

である．これが Killing 計量である．

損失関数 l を dW の代わりに dX で書けば，それは自然勾配になる．(6.32) より

$$\frac{dl}{dX} = (I - \boldsymbol{\varphi}(\boldsymbol{y})\boldsymbol{y}^T) \tag{6.37}$$

であるから，自然勾配確率降下アルゴリズムは

$$\Delta W_t = -\eta\left(I - \boldsymbol{\varphi}(\boldsymbol{y}_t)\boldsymbol{y}_t^T\right) W_t \tag{6.38}$$

のようになる．これは Bell-Sejnowski のアルゴリズム (6.33) に似ているが，もっと簡単なものになっていて，しかも収束が格段に速い[133]．

私がこの案を Cichocki に示したときに，彼が「なぜこんなものを用いるのか」と訊ねた．私は，「W の空間はリーマン空間なのだから，これが自然（natural）なの

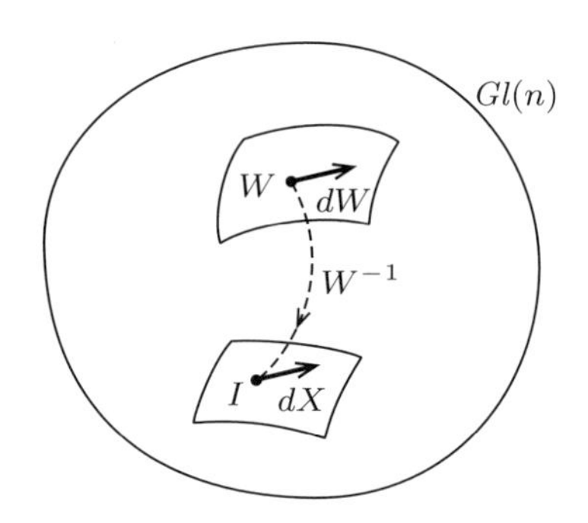

図 6.5　W を I に変換する

だ」と答えた．彼は納得して，以後**自然勾配学習法**（natural gradient learning）と呼んで，世界に広まった．実は単なるリーマン勾配である．しかし，神経回路の学習ではリーマン計量として確率分布の尤度から得られる Fisher 計量を用い，学習の損失関数としても尤度の微分であるスコアを用いていたから，自然勾配学習法は Gauss-Newton 法と一致していた．ICA では両者は明らかに違う．これで，お前の自然勾配学習法は Gauss-Newton 法に過ぎない，という非難に対抗できる．

国際会議で Bell に会った．彼が言うには，「実はお前たちの論文を夕べ読んだ．なぜこんな簡単なことを自分で思いつかなかったのだろうと，実に悔しかった」．彼はその後も，この自然勾配による修正を加えた Bell-Sejnowski の学習法を説いて回り，私も大いに助かった．

同じ国際会議であったろうか，フランスの J.-F. Cardoso と会った．彼も，私たちとは独立に自然勾配アルゴリズムと同じものを提唱していた．私たちが昼食をともにしながら話し合ったときに，彼が ICA はセミパラメトリック統計問題であるから面白いが難しい，ともらした．そこで私はピーンときた．私ともあろうものが，セミパラメトリック問題の情報幾何を作りながら，それを忘れていた．この問題を情報幾何で解けばよいではないか．この結果は，Cardoso と私との共著論文[141] として実り，Signal Processing 誌の論文賞を頂戴した．これについては次に述べる．その前にもう一つ言っておきたいことがある．非ホロノームである．

6.2.4　非ホロノーム基底と非ホロノーム束縛

非退化行列 W の空間 $Gl(n)$ で，W の微小な変化 dW を表すのに

$$dX = dWW^{-1} \tag{6.39}$$

を用いた．それならこれを積分して新しい座標系

$$X = X(W) \tag{6.40}$$

を作り，この座標系で記述すればよいと思うかもしれない．(6.39) を積分すれば

$$X(W) = \log W \tag{6.41}$$

でよさそうに思える．ところがそうはいかない．(6.39) は積分不可能で，これをある経路に沿って W_0 から W_1 まで積分したものは，他の経路に沿って積分すると違う値になる．実は $\log W$ が問題で，W が行列のときに，この微分が大変やっかいなのであった．量子情報論のところでも出てくるのだが，行列の**非可換性**が問題になる．

dX は，空間 $Gl(n)$ の点 W における接空間の基底をなすが，これはある座標系 X があって，その成分方向への接ベクトルからなる自然基底にはならない．つまり**非ホロノーム基底**である．でも，これを用いると諸量の計算に便利であった．そこで気を良くして，**非ホロノーム束縛**を導入しよう．ただし，この話は私の非ホロノーム趣味から出ているので，読み飛ばして先に進んでよい．

Λ を非退化の対角行列として，

$$W' = \Lambda W \tag{6.42}$$

で結ばれた 2 つの W と W' は同値であると定義する．すなわち $Gl(W)$ に同値類を導入する．この時 W を用いて変換した

$$\boldsymbol{y} = W\boldsymbol{x} \tag{6.43}$$

で各成分が独立であるならば，W' を用いて得る $\boldsymbol{y}' = W'\boldsymbol{x}$ もまた各成分が独立である．$\boldsymbol{y}$ と $\boldsymbol{y}'$ の違いは，それらのスケールが Λ だけ違うことにある．ICA ではもともとスケールは回復できないのだから，この違いは無視してよい．これが上の同値の意味である．同値の W は $Gl(n)$ の中で $n(n-1)$ 次元の部分空間 S_Λ をなす (図 6.6)．W を S_Λ の接空間方向へ変化させても，復元した y の成分のスケールが変わるだけで，独立成分の抽出には関係ない．

S_Λ の接空間方向の W の変化は

$$dW = d\Lambda W \quad (dX = d\Lambda) \tag{6.44}$$

である．これに直交する方向は，非ホロノーム基底 dX を用いれば，

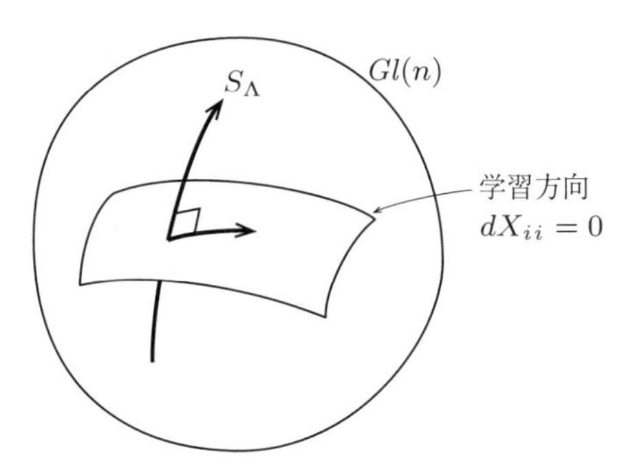

図 6.6　学習方向の非ホロノーム束縛

$$dX_{ii} = 0, \quad i = 1, \cdots, n \tag{6.45}$$

を満たす方向である．これは，S_Λ の接方向のベクトル $d\Lambda$ と dX の内積を計算すると，

$$\langle d\Lambda, dX \rangle = \sum_{ij} d\Lambda_{ij} dX_{ij} = 0 \tag{6.46}$$

であることから容易にわかる．ここで内積 $\langle \quad \rangle$ はリーマン空間での内積であるが，W を W^{-1} を用いて原点 I に移すことで得られた．

そこで，学習により W を変えるのに，S_Λ の内部方向は無視して，これに直交する方向の dX のみを用いることにする．具体的に (6.38) で，ΛX の対角成分を 0 とおくから，

$$\Delta X_{ij} = -\eta \left(\varphi_i(y_i) y_j \delta_{ij} - \varphi_i(y_i) y_j \right), \tag{6.47}$$

$$\Delta W = -\eta \left(D - \boldsymbol{\varphi}(\boldsymbol{y}) \boldsymbol{y}^T \right) W, \tag{6.48}$$

ただし D は対角行列で

$$D = \left(\varphi_i(y_i) y_j \delta_{ij} \right) \tag{6.49}$$

となる[176]．S_Λ に直交する成分のみを用いたから，何か良いことがあるだろう．

復旦大学から来ていた T. P. Chen 教授はシミュレーションを行い，興味ある事実を発見した．源信号の数（$\boldsymbol{s}$ の次元）が観測した $\boldsymbol{x}$ の次元より小さかったとしよう．このとき，普通に ICA を行うと，雑音成分を拾って，不要な信号が復元されてしまう．ところが我々の非ホロノームアルゴリズムでは，不要な信号成分は 0 に近くなり，必要な成分だけが抽出できる（図 6.7，$\boldsymbol{s}$ の次元は 3，$\boldsymbol{x}$ の次元は 4 としている）．

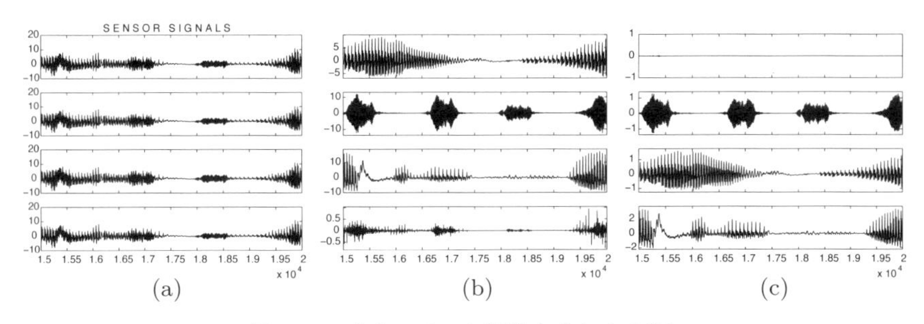

図 6.7　非ホロノーム制約を入れた ICA

非ホロノームアルゴリズムでは，S_Λ に直交する方向は非ホロノーム制約であり，これは積分できないから部分空間をなさない．つまり，学習の経路によって W のスケールは勝手に変わってしまう．前に述べた‘猫のひっくり返り’と同じである．これが幸いして，不要な成分を消せるのかと思い，非ホロノーム学習の軌跡の解析を行いたかったが，できなかった．心残りの一つである．もっとも，昨今のアルゴリズムではまずPCAをほどこして $\boldsymbol{s}$ の有効な成分数とその方向を確定し，その後にICAを行うので，$\boldsymbol{s}$ が0であるものは気にしない．

Chenは，酒をほとんど飲まなかった．彼が言うには「酒を飲むのは頭に良くない」．しかし，その後に言った，「お前を見ていると，酒を飲んでも頭は一向に悪くならないらしい」．それから彼は少しずつ飲むようになった．

6.2.5　ICAのセミパラメトリック統計モデル

ICAは，観測データ $x(1), x(2), \cdots, x(T)$ をもとに，未知パラメータ $W = A^{-1}$ を逐次推定（学習）する問題と考えてよい．$\boldsymbol{x}$ の確率分布は，未知の $\boldsymbol{s}$ の分布

$$r(\boldsymbol{s}) = r_1(s_1)\cdots r_n(s_n) \tag{6.50}$$

を含んで

$$p(\boldsymbol{x}, W, r) = |W| r(W\boldsymbol{x}) \tag{6.51}$$

のように書ける．知りたいパラメータは W であるから，未知の積の形の関数 r は関数自由度の局外母数である．前章のセミパラメトリック推定問題のときにはこれを k と書いた．いま仮に任意の関数 $q_1(y_1), \cdots, q_n(y_n)$ を用いて，

$$k(\boldsymbol{q}) = \prod_i q_i(y_i) \tag{6.52}$$

と書いておこう．k が積の形で書けることが源信号の独立性を意味する．これが局外母数である．

この問題は推定関数を用いて解くとよい．推定関数とはデータ $\boldsymbol{x}$ と推定したい母数 W の行列関数（$n \times n$ 次の行列）$F(\boldsymbol{x}, W)$ で，どんな局外母数 $k(\boldsymbol{q})$ に対しても，

$$\mathrm{E}_{k,W'}[F(\boldsymbol{x}, W)] = 0, \quad W' = W \tag{6.53}$$

$$\mathrm{E}_{k,W'}[F(\boldsymbol{x}, W)] \neq 0, \quad W' \neq W \tag{6.54}$$

を満たす行列関数であった．ただし $\mathrm{E}_{k,W'}$ は分布 $p(\boldsymbol{x}, W', k)$ を用いる期待値であ

る．このとき，推定問題ならば推定方程式

$$\sum_i F(\boldsymbol{x}_i, W) = 0 \tag{6.55}$$

を解けばよく，逐次推定（学習による推定）ならば，候補の W_t を

$$W_{t+1} = W_t - \eta F(\boldsymbol{x}(t), W_t) \tag{6.56}$$

で更新していけばよい．ただしこれが安定とは限らないことに注意．

推定関数は多数ある．とくに，勝手な q を用いたときのスコア関数

$$F(\boldsymbol{x}, W, q) = \frac{\partial}{\partial W} \log p(\boldsymbol{x}, W, q) \tag{6.57}$$

は，推定関数である．q として真の r 以外のものを選んでも，これは推定関数であるが，それは5.8節に述べた補助的（アンシラリー）な関数 a の部分を含むので，有効ではない（つまり，有効な推定関数を用いた場合に比べて，推定誤差が大きくなる）．

ではどれかの q に対して有効になる推定関数を具体的に求めよう．これは q を勝手に与えてスコア関数 (6.57) を計算すればよい．すると，前にやったように，W での微分ではなくて基底を dW から dX に代えて微分して，

$$F(\boldsymbol{x}, W) = I - \boldsymbol{\varphi}(\boldsymbol{y})\boldsymbol{y}^T \tag{6.58}$$

が得られる．ただし

$$\boldsymbol{\varphi}(\boldsymbol{y}) = -\frac{\partial}{\partial \boldsymbol{y}} \log q(\boldsymbol{y}) \tag{6.59}$$

であった．

だから，これまでの議論はこの意味で正しい道を歩んでいたと言える．これ以外の推定関数として，たとえば $\boldsymbol{\psi}(\boldsymbol{y})$ を任意のベクトル関数として

$$F(\boldsymbol{x}, W) = I - \boldsymbol{\varphi}(\boldsymbol{y})^T \boldsymbol{\psi}(\boldsymbol{y}) \tag{6.60}$$

などもあるが，これらは有効ではないから無視してよい．

ここから，これまでの議論になかった，学習（逐次推定）に特有な話が始まる．n 次元の推定関数 $F = (F_{ij})$ が与えられたとき，その成分を線形変換した

$$\widetilde{F} = RF, \quad \left(\widetilde{F}_{ij} = \sum_{k,l} R_{ijkl} F_{kl} \right) \tag{6.61}$$

もまた同値の推定関数である．ただし，$R = (R_{ijkl})$ は 4 階の定数テンソルである．F は行列だから，(ij) のようにインデックスが 2 つつくが，これは面倒である．2 つをまとめてベクトル化して，$\alpha = (i, j)$ のように書く．すると (6.61) は，

$$\widetilde{F}_\alpha = \sum_\beta R_{\alpha\beta} F_\beta \tag{6.62}$$

のように行列の形で書ける．R が非退化行列であれば，推定方程式 (6.55) は，F でも $\widetilde{F}$ でも同値である．しかし，学習は違う．学習方程式は F を用いれば

$$W_{t+1} = W_t - \eta R F_t \tag{6.63}$$

となる．R の取り方によって，収束の速度が違うし，安定性も違ってくる．

推定もしくは学習の精度を求めておこう．W の接空間のベクトルの表現として，dW の代わりに非ホロノーム dX を用いることにし，2 つの添字 (i, j) をベクトル化して 1 つの添字 α などで表したから，推定の漸近誤差は，漸近的に

$$V_{\alpha\beta} = \frac{1}{t} \mathrm{E}[\Delta X_\alpha \Delta X_\beta^T] \tag{6.64}$$

と書けることを，推定関数の一般論のところで述べた．

これを計算するために

$$K_{\alpha\beta} = \mathrm{E}\left[\frac{\partial F_\alpha}{\partial X_\beta}\right] \tag{6.65}$$

を導入する．また

$$G_{\alpha\beta} = \mathrm{E}[F_\alpha F_\beta^T] \tag{6.66}$$

とする．このとき次の定理が成立した．

定理 6.1　推定の漸近誤差は

$$V = \frac{1}{t} K^{-1} G K^{-1} \tag{6.67}$$

で与えられる．

注目すべきことは，G は W のパラメータ空間に導入される Fisher 計量行列である．一方，これまでに $Gl(n)$ の計量として，接ベクトル dX と Killing 計量を定義してきた．したがって，2 つのリーマン構造が $Gl(n)$ に定義されたことになる．それぞれが重要な役割を果たしている．

R を用いて

$$\widetilde{F} = RF \tag{6.68}$$

で定義される推定関数は互いに同値であった．このとき，R として K を用いて，

$$F^* = K^{-1}F \tag{6.69}$$

を定義する．このとき，F^* に対する K^* は

$$K^* = \mathrm{E}\left[\frac{\partial F^*}{\partial X}\right] \tag{6.70}$$

より，単位行列になることが証明される．このような F^* を，**標準推定関数**と呼ぶ．このとき，推定誤差の分散に関して

$$V = \frac{1}{t}\mathrm{E}[F^* F^{*T}] \tag{6.71}$$

が成立する．

標準推定関数を用いることは，実は Newton 法を用いて推定方程式を解くことと同じで，これは Fisher 計量行列を用いた自然勾配降下法と同じである．だからこれが使えればよいが，残念なことに r は未知であるからこの形の推定関数は求まらない．しかし q を適当に仮定してこれを代用すればよい．

一般に標準推定関数は，

$$F^* = I - c_1\boldsymbol{\varphi}(\boldsymbol{y})\boldsymbol{y}^T - c_2\boldsymbol{y}\boldsymbol{\varphi}(\boldsymbol{y})^T \tag{6.72}$$

の様な形をしている．ただし係数 c_1, c_2 は q に依存する．だからこれを用いることにして，未知定数 c_1, c_2 を適応的に与える方策などが考えられる．(6.72) は最も一般的で有効な ICA の学習法を与える[176]．

6.2.6 時間相関を利用した推定関数

これまで $\boldsymbol{x}(1), \cdots, \boldsymbol{x}(t)$ の信号の間の時間相関について，何も述べてこなかった．これまでの話は，この観測値が iid（独立同一分布）であっても，時間相関があっても成立する．しかし，時間相関情報を用いればもう少し良い推定量が得られるだろう．Cardoso の考えはこうである．いま，観測データ $\boldsymbol{x}$ の相関行列

$$V = \mathrm{E}\left[\boldsymbol{x}\boldsymbol{x}^T\right] \tag{6.73}$$

について，$\boldsymbol{x}(t)$ と t からある時間 τ ずらした $\boldsymbol{x}(t-\tau)$ との相関を示す行列

$$V_\tau = \mathrm{E}\left[\boldsymbol{x}(t)\boldsymbol{x}(t-\tau)^T\right] \tag{6.74}$$

を考える．もし行列 W が独立成分を抽出するなら，独立解を与える $\boldsymbol{y} = W\boldsymbol{x}$ について，$\boldsymbol{y}$ を用いた V_τ も，同時に対角化される．なぜなら，$\boldsymbol{s}(t)$ と $\boldsymbol{s}(t-\tau)$ は τ によらず独立だからである．こうして，τ を適当に選んで，V と V_τ を同時対角化する W を求めればよい．この方法は2次のモーメントを用いているのにもかかわらず回転の不定性が解消するので，源信号 $\boldsymbol{s}$ がガウス分布に従う信号であっても使えるうまい考えである．

でも，これは τ を適当に選ぶなど，いかにもアドホックである．情報幾何，とくにセミパラメトリックモデルを用いれば，その一般論が展開できる[175]．それには時系列のシステム理論が必要になる．これは情報幾何ですでに研究してある．これについて，簡単に触れる．

まず，源信号は n 個の独立な時系列 $s_i(t), i = 1, \cdots, n$ であるとし，それらは白色雑音 $\varepsilon_i(t)$ から AR モデルで作られるとしよう．すなわち，各 i に対して遷移関数 $H_i\left(z^{-1}\right)$ が存在して，

$$s_i(t) = H_i\left(z^{-1}\right)\varepsilon_i(t), \quad i = 1, \cdots, n, \tag{6.75}$$

$$\boldsymbol{s}(t) = H\left(z^{-1}\right)\boldsymbol{\varepsilon}(t), \tag{6.76}$$

となっている．ここで，ベクトル $\boldsymbol{s}$，$\boldsymbol{\varepsilon}$ と対角行列

$$H\left(z^{-1}\right) = \mathrm{diag}\left[H_1\left(z^{-1}\right), \cdots, H_n\left(z^{-1}\right)\right] \tag{6.77}$$

を用いた．一番のもととなるのは独立な n 個の ε_i で，その確率分布をそれぞれ $r_i\left(\varepsilon_i\right)$ とし，時間に関して相関のない（白色の）iid であるとする．また，$r_i\left(\varepsilon_i\right)$ はガウス分布でもよいとする．一般に r_i は未知である．

$\boldsymbol{x}$ の確率分布は，$\boldsymbol{s}$ の確率分布から $\boldsymbol{x} = A\boldsymbol{s}$ により与えられるから，これは

$$p(\boldsymbol{x}_1, \cdots, \boldsymbol{x}_t, W; H, r) = |W|^t \prod_{i=1}^{t} r_i\left(H\left(z^{-1}\right)W\boldsymbol{x}_t\right) \tag{6.78}$$

と書ける．この式は，推定したい W と，未知遷移関数 $H\left(z^{-1}\right)$ および未知関数 r_i を含むから，セミパラメトリックモデルをなす．前と同様にこれを $\boldsymbol{y}_t = W\boldsymbol{x}_t$ の時系列に変換しておく．

このモデルの推定関数は，$H\left(z^{-1}\right)$ の代わりに任意の時系列の遷移関数 $B\left(z^{-1}\right)$ と r の代わりに任意の独立分布

$$q = q_1, \cdots, q_n \tag{6.79}$$

を用いたときのスコア関数から得られる．したがって，

$$F(\boldsymbol{y}, W; q, B) = I - \boldsymbol{\varphi}_q \left[B\left(z^{-1}\right) \boldsymbol{y} \circ B\left(z^{-1}\right) \right] \boldsymbol{y}^T \tag{6.80}$$

が得られる．線形変換 R を用いてこれらの 1 次結合を作れば，それらが有効な推定関数の族を作る．

これより，学習アルゴリズム

$$W_{t+1} = (I - \eta F) W_t \tag{6.81}$$

が得られる．R を用いて，これを標準化するのがよい．

同時対角化は，推定関数の一種であるが，これは有効な関数の族には入っていない．なお，$\boldsymbol{x}(t)$ から，$\boldsymbol{s}$ の AR モデルのもととなる $H\left(z^{-1}\right)$ まで含めて推定することもできることを付記しておく．

最後に，非線形の ICA について述べておこう．独立な $\boldsymbol{s}$ が非線形に変換され

$$\boldsymbol{x} = A(\boldsymbol{s}) \tag{6.82}$$

になったとしよう．ここで A は非線形の行列関数である．このとき，$\boldsymbol{x}$ を多数観測してもとの独立な $\boldsymbol{s}$ が復元できないだろうか．言い換えれば，データ $\boldsymbol{x}$ が多数与えられたときに，これを独立な成分に分解できるか，という問題である．

残念なことに，そのような解は無数にあって，この問題は解けない．ここで私も含めて皆あきらめてしまった．粘り強く考えたのが A. Hyvärinen である．彼はある種の副情報を利用してこの問題を解決し，非線形 ICA を定式化した．素晴らしい業績である．

6.3　神経スパイクの高次相関と階層モデルの情報幾何

6.3.1　神経集団の発火パターン

統計モデルには階層構造を持ち，しかも双対平坦なものが多い．典型的なものは，時系列の AR モデルや MA モデル，またいろいろな次数のマルコフモデルである．これは次数を増やすにつれ，低次のものは高次のものにその平坦部分空間として含まれる形で**階層構造**を作る．神経集団のスパイクの高次相関もこのような例である．

まず，神経集団から始めよう．n 個のニューロンが相互に結合しているとし，そ

の発火パターンをベクトル $\boldsymbol{x} = (x_1, \cdots, x_n)$ で表す．各ニューロンは発火か非発火の 2 値を取るものとし，その成分 x_i は 1 か 0 の 2 値とする．発火パターンの $\boldsymbol{x}$ の確率分布 $p(\boldsymbol{x})$ の全体を S とする．

$\boldsymbol{x}$ は 2^n 個の値を取る．$i_1, \cdots, i_n$ は 1 か 0 であるとし，$\boldsymbol{x}$ の確率を

$$p_{i_1 \cdots i_n} = \mathrm{Prob}\{x_1 = i_1, \cdots, x_n = i_n\} \tag{6.83}$$

としよう．すると，S は 2^n 次元のシンプレックスで

$$\theta^{i_1 \cdots i_n} = \log \frac{p_{i_1 \cdots i_n}}{p_{0 \cdots 0}} \tag{6.84}$$

を e 座標，

$$\eta_{i_1 \cdots i_n} = p_{i_1 \cdots i_n} \tag{6.85}$$

を m 座標とする双対平坦空間である．

しかし，このままでは階層構造はわからない．階層構造は，ニューロンの発火パターンを各ニューロンの発火率，2 つのニューロンの発火の相関，3 つ以上のニューロンの多重相関などに分解することで得られる．そこで $\log p(\boldsymbol{x})$ を $x_1, \cdots, x_n$ の多項式で展開する．各 x_i は 1, 0 の 2 値だからこれは n 次式で書ける．つまり，

$$p(\boldsymbol{x}) = \exp\left\{\theta^i x_i + \theta^{ij} x_i x_j + \cdots + \theta^{1 \cdots n} x_1 \cdots x_n - \psi(\boldsymbol{\theta})\right\} \tag{6.86}$$

のように書ける．これは指数型分布族である．ただし，x_i の対称性から，$i > j > k \cdots$ とし，Einstein の簡約記法により 2 度繰り返される i, j などの添字については和を取るものとする．多項式の係数をまとめて，1 つの巨大なベクトルとし，

$$\boldsymbol{\Theta} = \left(\theta^i, \theta^{ij}, \cdots, \theta^{1 \cdots n}\right) \tag{6.87}$$

とする．$\boldsymbol{\Theta}$ は，1 次の項 θ^i たち，2 次の項 θ^{ij} たち，$\cdots$，最後に n 次の項 $\theta^{1 \cdots n}$ からなる．これが双対平坦空間 S の e 座標である．

対応する m 座標は，やはり次数別に分割されて

$$\boldsymbol{H} = (\eta_i, \eta_{ij}, \cdots, \eta_{1 \cdots n}). \tag{6.88}$$

ただし各成分は $\boldsymbol{x}$ の成分の積の期待値で，たとえば

$$\eta_i = \mathrm{E}[x_i], \cdots, \eta_{ijk} = \mathrm{E}[x_i x_j x_k], \cdots \tag{6.89}$$

などである．こう見ると，η_i はニューロン i の発火率，η_{ij} は 2 つのニューロンの同時発火率，以下同様のことが言える．つまりニューロン間の相互作用を次数毎に分解している．

独立な分布のみを含む族は，(6.86) の $\boldsymbol{\theta}$ の 1 次の項しか含まず，e 平坦な部分空間を形成する．Boltzmann 機械の平衡分布の族は 2 次の項 θ^{ij} は含むが，それ以上の項は 0 で，これもまた e 平坦な部分空間をなす．Boltzmann 機械では，θ^{ij} がニューロン間の 2 次の相互作用を表したが，3 次以上の相互作用はないと考えてよい．ニューロン間の高次相関を定義する前に，階層モデル族の一般論を述べよう[196]．

6.3.2 高次階層モデルの混合座標系

一般論として，

$$p(\boldsymbol{x}, \boldsymbol{\Theta}) = \exp\left\{\theta^i X_i + \theta^{ij} X_{ij} + \cdots + \theta^{1\cdots n} X_{1-n} - \psi(\boldsymbol{\Theta})\right\} \tag{6.90}$$

のような系を考え，ある k $(k = 1, \cdots, n-1)$ を取り，座標 $\boldsymbol{\Theta} = \left(\theta^i, \theta^{ij}, \cdots, \theta^{1\cdots n}\right)$ を k 次以下のものと，k より高次のものとに分割しよう．すなわち，

$$\boldsymbol{\Theta} = \left(\boldsymbol{\Theta}_k, \boldsymbol{\Theta}^k\right) \tag{6.91}$$

と書いて，$\boldsymbol{\Theta}_k$ は k 次以下の $\boldsymbol{\theta}$ の項を表し，

$$\boldsymbol{\Theta}_k = \left(\theta^i, \theta^{ij}, \cdots, \theta^{i_1\cdots i_k}\right) \tag{6.92}$$

とする．ニューロンの例からわかるように，$\boldsymbol{\Theta}_k$ の成分の一つ，たとえば θ^{ij} 自体が ij について多数の成分を持ち，

$$\theta^{ij} = \left(\theta^{12}, \cdots, \theta^{(n-1)n}\right) \tag{6.93}$$

のようになっている．$\boldsymbol{\Theta}^k$ は残りの部分からなる．

対応する m 座標も，同様の次数による分割を行って

$$\boldsymbol{H} = \left(\boldsymbol{H}^k, \boldsymbol{H}_k\right), \tag{6.94}$$

ただし

$$\boldsymbol{H}^k = \left(\eta_i, \eta_{ij}, \eta_{i_1\cdots i_k}\right) \tag{6.95}$$

とする．$\boldsymbol{H}_k$ は残りの部分である．このような分割を **$\boldsymbol{k}$ 切断**という．

階層モデル S の座標系として，両者を組み合わせて，

$$\Xi_k = \left(\boldsymbol{\Theta}_k, \boldsymbol{H}^k\right) \tag{6.96}$$

という新しい座標系を作る．これを k 切断**混合座標系**と呼ぶ．

ここで，$\boldsymbol{H}$ 座標の高次部分を一定値 $\boldsymbol{c}_k$ に固定し，

$$\boldsymbol{H}_k = \boldsymbol{c}_k \tag{6.97}$$

を満たす部分空間

$$E_k(\boldsymbol{c}) = \{\boldsymbol{\Theta}_k \,|\boldsymbol{H}_k = \boldsymbol{c}_k\} \tag{6.98}$$

を考えよう．ここでは混合座標で後半の $\boldsymbol{H}_k$ は固定されたが，前半の $\boldsymbol{\Theta}_k$ は自由に動けるので，これは e 平坦な部分空間をなす．他方，

$$\boldsymbol{\Theta}_k = \boldsymbol{d}_k \tag{6.99}$$

のように，前半の $\boldsymbol{\Theta}_k$ を定数 $\boldsymbol{d}_k$ に固定すれば，部分空間

$$M_k\left(\boldsymbol{d}_k\right) = \{\boldsymbol{H}_k \,|\boldsymbol{\Theta}_k = \boldsymbol{d}_k\} \tag{6.100}$$

は m 平坦である．E_k と M_k は相補的であり，混合座標が $(\boldsymbol{d}_k, \boldsymbol{c}_k)$ で定まる点 P は，$E_k\left(\boldsymbol{c}_k\right)$ と $M_k\left(\boldsymbol{d}_k\right)$ の交点として定まる．図6.8を見よ．

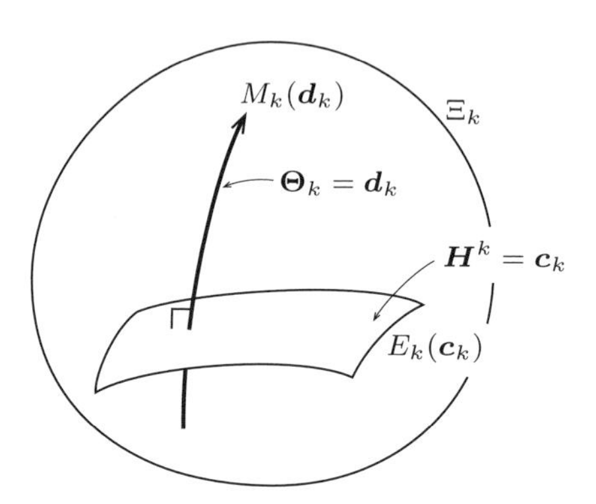

図 6.8 混合座標系 $\Xi_k = (\boldsymbol{\Theta}_k, \boldsymbol{H}^k)$

定理 6.2　M_k と E_k の族は，S の双直交な葉層化（フォリエーション）を与える．S の Fisher 情報行列は混合座標系 $\boldsymbol{\Theta}$ では部分対角行列

$$G = \left[\begin{array}{c|c} G_{\boldsymbol{\Theta}\boldsymbol{\Theta}} & 0 \\ \hline 0 & G_{\boldsymbol{H}\boldsymbol{H}} \end{array}\right] \tag{6.101}$$

となる．

ここで重要なことは，高次 e 座標 $\boldsymbol{\Theta}^k$ は，低次の m 座標 $\boldsymbol{H}^k$ に直交することである．すなわち，高次座標 $\boldsymbol{\Theta}^k$ は，低次の $\boldsymbol{H}^k$ 座標の変化には関係なく，高次の $\boldsymbol{H}_k$ の変化のみに反応して変化する．逆に，高次の m 座標 $\boldsymbol{H}_k$ は，低次の e 座標 $\boldsymbol{\Theta}_k$ に直交する．

6.3.3　神経発火パターンの高次相関

一般論は少しわかりにくい．具体論で議論すればよくわかる．準備は整ったので，神経パルスの発火パターンの解析に進もう．手始めに，2 個のニューロンからなる系の発火パターンを解析する．この系では，発火パターン $\boldsymbol{x}$ は，4 つのパターン $(0,0),(0,1),(1,0),(1,1)$ を持ち，それぞれの頻度（発火確率と言ってもよい）は

$$p_{ij} = \mathrm{Prob}\left\{x_1 = i, x_2 = j\right\}, \quad i,j = 0,1 \tag{6.102}$$

で表せる．この分布は指数型分布族であり，

$$p(\boldsymbol{x}) = \exp\left\{\theta^i x_i + \theta^{12} x_1 x_2 - \psi(\boldsymbol{\theta})\right\}. \tag{6.103}$$

ここで，e 座標は

$$\theta^1 = \log\frac{p_{10}}{p_{00}}, \quad \theta^2 = \log\frac{p_{01}}{p_{00}}, \tag{6.104}$$

$$\theta^{12} = \log\frac{p_{10}p_{01}}{p_{00}p_{11}} \tag{6.105}$$

と書ける．対応する m 座標は

$$\eta_1 = p_{10} + p_{11}, \quad \eta_2 = p_{01} + p_{11}, \tag{6.106}$$

$$\eta_{12} = p_{11} \tag{6.107}$$

である．容易にわかるように，η_i はニューロン i $(i = 1,2)$ の発火頻度，η_{12} は同時発火頻度である．

2 つのニューロンの発火の交互作用を何で表現したらよいであろうか．一つの候補は x_1 と x_2 の共分散

$$\sigma^2 = \mathrm{Cov}[x_1, x_2] = \mathrm{E}[x_1 x_2] - \mathrm{E}[x_1]\,\mathrm{E}[x_2] = \eta_{12} - \eta_1\eta_2 \tag{6.108}$$

で，これはよく使われている．x_1 と x_2 とが独立ならば 0 になる．しかし，これは各ニューロンの発火頻度が変わると，それにつれて変化してしまい，交互作用を表す良い指標とは言えない．

交互作用としては，η_i 軸に直交する成分が良く，これが (6.105) で与えられる θ^{12} である．この量は x_1 と x_2 とが独立であれば 0 になるので，**対数線形モデル**として昔から統計学ではよく使われていた量であるが，これが周辺分布に直交することを明らかにしたのが情報幾何である．

では，3 ニューロン系で調べよう．$\boldsymbol{x} = (x_1, x_2, x_3)$ として，この確率分布は

$$p(\boldsymbol{x}) = \exp\left\{\theta^i x_i + \theta^{ij} x_i x_j + \theta^{123} x_1 x_2 x_3 - \psi(\boldsymbol{\theta})\right\} \tag{6.109}$$

と書ける．e 座標と m 座標はそれぞれ p_{ijk} を用いて陽に書くことができ，たとえば m 座標は

$$\eta_1 = p_{1\cdot\cdot}, \tag{6.110}$$

$$\eta_{12} = p_{11\cdot}, \tag{6.111}$$

ただし，

$$p_{1\cdot} = p_{10} + p_{11} \tag{6.112}$$

など，$\cdot$ は添字 1 と 0 の和を表す．だからこれらは周辺分布を示す．e 座標は

$$\theta^1 = \log \frac{p_{100}}{p_{000}}, \tag{6.113}$$

$$\theta^{12} = \log \frac{p_{100}p_{010}}{p_{000}p_{110}}, \tag{6.114}$$

$$\theta^{123} = \log \frac{p_{111}p_{100}p_{010}p_{001}}{p_{110}p_{101}p_{011}p_{000}}. \tag{6.115}$$

ここで大切なことは，θ^{ij} と θ^{123} は，各ニューロンの発火率 η_i に直交し，θ^{123} は，その上 2 つのニューロンの同時発火率 η_{ij} にも直交する．したがって，θ^{ij} は各ニューロンの発火率に直交する 2 ニューロン間の交互作用を表し，θ^{123} は η_i と η_{ij} とに直交する 3 ニューロンの直接の交互作用を表す．

一般に n ニューロン系の場合，$\theta^{i_1\cdots i_k}$ は，$k-1$ 次以下の同時周辺分布に直交するので，k 次の直接の交互作用の強さを表現する．こうして，ニューロン間の交互作用の直交分解が得られた．

もちろん，$\boldsymbol{\theta}$ 座標系はこれまでにもよく知られていた．それは (6.86) からもわかるように，確率分布の対数を線形に表現する対数線形モデルの係数である．しかし，これが高次交互作用の直交分解で得られるものであることは知られていなかった．

この論文を IEEE の Information Theory 誌に投稿したところ，悪い査読者にあたってしまった．査読者は，「高次相互作用は昔から議論されていて，もはや明らかにされている．たとえば誰それの最近の著書を見よ」と言ってきた．でも，統計学者は高次交互作用をどう表現するのがよいのか，その基準に戸惑っていたのである．これには Fisher 計量による直交分解の観点が必要であった．その著書を購入してさっそく読んだところ，高次相関は大切な問題であるが，いろいろな定義が可能であり，どう定義するのがよいのかについていまだに決定的な議論がない，と書いてあった．これを反論として editor に送ったところ，さっそく採録となった[196]．

いまでは混合座標系は多くの場面で有用な道具として使われている．

6.3.4　高次相関を発生する仕組み

実際の脳のニューロンの発火パターン $\boldsymbol{x}$ の確率分布を調べると，ここには 2 次の相関が現れるが，さらに高次の相関も出てくる．これはどこから来るのであろうか．単純な Boltzmann 機械では，高次の相関は現れない．これは 2 つのニューロンの間に情報のやり取りはあるが，3 つのニューロンが一体となって相互作用をすることはないからである．これは物理系の磁気のスピンの場合と同様である．しかし，系を 2 つの部分に分け，観測できる部分 $\boldsymbol{x}_V$ とできない部分 $\boldsymbol{x}_H$ があるとしよう．$\boldsymbol{x} = (\boldsymbol{x}_V, \boldsymbol{x}_H)$ である．このとき，観測されるニューロンの確率分布は

$$p\left(\boldsymbol{x}_V\right) = \sum_{\boldsymbol{x}_H} p(\boldsymbol{x}_V, \boldsymbol{x}_H) \tag{6.116}$$

のようになる．$p(\boldsymbol{x})$ が指数型分布族でも $p\left(\boldsymbol{x}_V\right)$ は指数型分布ではなくて，その混合である．したがって，全系が Boltzmann 分布に従うとしても，部分系だけを観測すれば隠れニューロンを介在した高次相関が現れる．

京大の島崎秀昭准教授らは，もっと単純で巧妙な高次相関の仕組みを考えた．高次相関は多くの場合，多数のニューロンが同時に発火することを抑制する沈黙のモードから生ずるというのである．このためのモデルとして，Boltzmann 機械の分布に項を 1 つ加えて

$$p(\boldsymbol{x}) = \exp\left\{-\boldsymbol{x}^T W \boldsymbol{x} + \boldsymbol{h} \cdot \boldsymbol{x} + c\overline{x}_1 \overline{x}_2 \cdots \overline{x}_n - \psi\right\} \tag{6.117}$$

とした．ここに $\overline{x}_i = 1 - x_i$ である．最後の項 $c\overline{x}_1 \cdots \overline{x}_n$ は x_i のあらゆる次数の

項を含む多項式で，これが多くのニューロンが同時に沈黙する確率に寄与する．このような機構は，系を抑制する信号が外部から入ればよい．これで多くの実験事実を説明できるという．なお島崎さんは，時間相関をも考えに入れた時系列ニューロンモデルで，高次相関の仕組みを詳しく調べている[282]．

ここでは高次相関を生み出す他の簡単なモデルを調べよう[218]．ガウス分布は高次相関を含まない．しかし，ガウス分布を離散化するだけで高次相関が現れることを示す．いま，n 個のニューロンが外部から複数の入力 $\boldsymbol{s}$ を受け，それが平均 0 のガウス分布をしているとする（図 6.9）．このとき，入力信号 $\boldsymbol{s}$ には高次相関はない．これを受けて各ニューロンの活性度は $\boldsymbol{s}$ の重み付き和から閾値（しきいち）h を引いた

$$u_i = \boldsymbol{w}_i \cdot \boldsymbol{s} - h \tag{6.118}$$

の活性度を受けるとしよう．$\boldsymbol{w}_i = (w_{i1}, \cdots, w_{im})$ で，結合の係数 w_{ij} は独立にランダムに決まるとする．ニューロン数 n は十分に大きいとすると，活性度 u_i の分布は，中心極限定理によってガウス分布に近づく．ただし，2つのニューロンは共通の入力 $\boldsymbol{s}$ を受けるので，その活性値には相関が生ずる．解析を簡単にするため，2つの u_i と u_j は，分散 1，共分散 α で，閾値の項があるから平均 $-h$ のガウス分布になるように規格化する．ここで $n+1$ 個の互に独立な標準正規ガウス変数として平均 0，分散 1 のガウス分布に従う $v_1, \cdots, v_n, \varepsilon$ を導入する．このとき

$$u_i = \sqrt{1-\alpha} v_i + \alpha\varepsilon - h \tag{6.119}$$

のように，u_i が共通の ε と独立な v_i とを用いて書ける．共分散の源を 1 個の共通の確率変数 ε に閉じ込めたのである．

各ニューロンは，u_i の正負に応じて発火か非発火の値を取るから，

$$x_i = 1(u_i) = \begin{cases} 1, & u_i > 0, \\ 0, & u_i \leq 0 \end{cases} \tag{6.120}$$

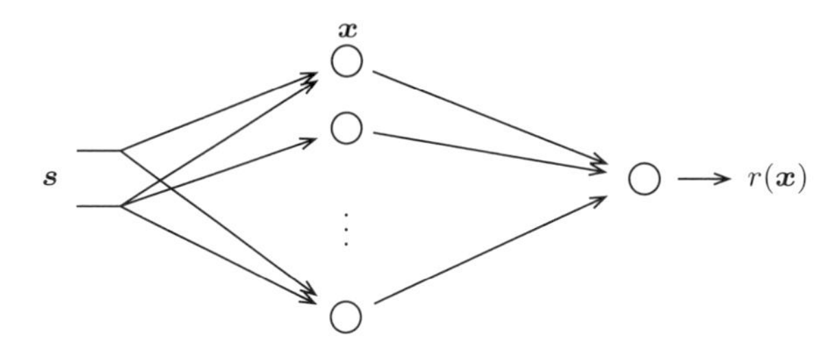

図 6.9 共通入力を受けるニューロン集団

である．これは u_i のガウス分布を，ある閾値で 2 値に切り刻んだ分布である．ところが，高次相関のないガウス分布を 2 値化するだけで高次相関が現れる．これを見よう．

ニューロン集団の活動度を

$$r = \frac{1}{n}\sum_i x_i \tag{6.121}$$

で定義する．共通入力による相関が α であるときの，r の分布を調べてみよう．n を十分に大きいとして r を連続変数とみなし，その確率分布 $q(r, \alpha)$ を求める．

定理 6.3 ニューロン集団の活動度 r の確率分布は

$$q(r,\alpha) = c\exp\left[\frac{2\alpha-1}{2(1-\alpha)}\left\{F^{-1}(r) - \frac{\sqrt{\alpha}}{2\alpha-1}h\right\}^2\right], \tag{6.122}$$

ただし c は規格化定数で，関数 F は誤差微分関数で

$$F(\varepsilon) = \frac{1}{\sqrt{2n}}\int_{\frac{h-\alpha\varepsilon}{\sqrt{1-\alpha}}}^{\infty} \exp\left\{-\frac{u^2}{2}\right\}du \tag{6.123}$$

で陽に与えられる．

ちょっとややこしい式である．証明に移る前に，r の分布 $q(r)$ の意味するところを考えておく．まず，x_i がすべて独立であれば，大数の法則によって r の分布は一点 E[r] に集中してしまう．では，Boltzmann 機械のように，x_i に 2 次の相関しかない（3 次以上の相関がない）場合はどうだろう．r の分布は 1 点に集中せずに広がるが，図 6.10 の α：小中の場合に示すように，一山の分布である．この分布は解析的に導けるが，省略する．ただ，もし仮に分布が図 6.10 の α：大の場合に示すように，両端に 2 つの山を持つとどうなるだろう．このとき活動度 r は，あるときは低い値を取り多くのニューロンが沈黙するが，別のときには高い値で多くのニューロンが同時に発火している．このような同期発火の現象も，実験ではよく見られる．

図 6.10 に示すように α が小さいときは，ほとんどのニューロンは独立に発火するので，r の分布は狭い一山である．α が大きくなるにつれ，r の分布はその平均値の周りに広がりを見せる．ある α の値を境に，$q(r)$ は平均値に近いところで最大になるのではなくて，平均値から外れるほど確率が大きくなる．α をさらに大きくすると，$r=0$ および 1 の両端で最大になる．同期現象である．このときはすべ

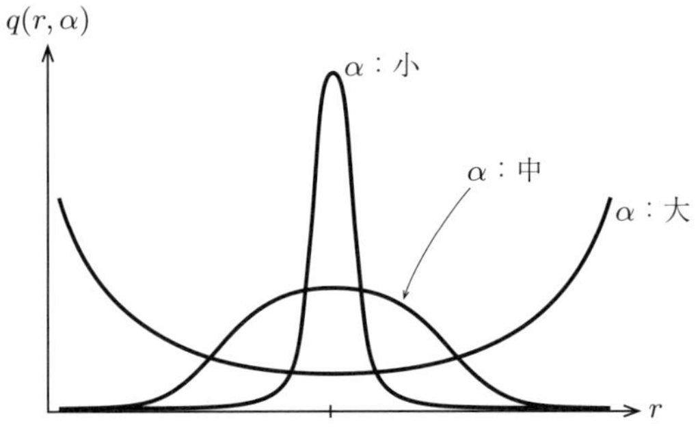

図 6.10 集団発火率の分布と α

ての次数の高次相関が介入してくることが証明できる．

さて，定理の証明を記しておこう．この計算が意外と面倒なので，概略を記すにとどめる．まず，$k=nr$ 個のニューロン，たとえばニューロン 1 から k までが発火し，残りの $n-k$ 個は発火しない確率を計算する．ここで，u_i が含む ε を固定し，その条件の下で一つのニューロンが発火する条件付確率は，これを $F(\varepsilon)$ とおくと

$$F(\varepsilon)=\mathrm{Prob}\{u_i>0|\ \varepsilon\}=\mathrm{Prob}\left\{u_i>\frac{h-\sqrt{\alpha}\varepsilon}{\sqrt{1-\alpha}}\right\} \tag{6.124}$$

となる．u_i が負になる確率は $1-F(\varepsilon)$ である．n 個中の k 個が発火するパターンは，2 項係数をエントロピーを用いて近似して（$k=nr$ である）

$${}_n\mathrm{C}_k=\frac{1}{\sqrt{2\pi nr(1-r)}}\exp\{nH(r)\}, \tag{6.125}$$

ただし $H(r)$ はエントロピー

$$H(r)=r\log r-(1-r)\log(1-r). \tag{6.126}$$

これより結局 ε 固定の条件下で発火率 r の確率は

$$\mathrm{Prob}\left\{r=\frac{k}{n}\right\}={}_n\mathrm{C}_kF(\varepsilon)^k\{1-F(\varepsilon)\}^{n-k}. \tag{6.127}$$

これを ε な確率分布で平均すれば，

$$q(r)=n\int {}_n\mathrm{C}_{nr}F(\varepsilon)^{nr}\{1-F(\varepsilon)\}^{n(1-r)}\frac{1}{\sqrt{2\pi}}\exp\left\{-\frac{\varepsilon^2}{2}\right\}d\varepsilon. \tag{6.128}$$

${}_n\mathrm{C}_{nr}$ の項をエントロピーを用いて書くと

$$q(r)=\sqrt{\frac{n}{2\pi r(1-r)}}\int_{-\infty}^{\infty}\exp\{nz(\varepsilon)\}\frac{1}{\sqrt{2\pi}}\exp\left\{-\frac{\varepsilon^2}{2}\right\}d\varepsilon, \tag{6.129}$$

ただし

$$z(\varepsilon) = r \log \frac{F(\varepsilon)}{r} + (1-r) \log \frac{1-F(\varepsilon)}{1-r}. \tag{6.130}$$

この積分をラプラス近似して，$z(\varepsilon)$ の最大値で置き換えて求める．$z(\varepsilon)$ を最大にする ε は

$$\arg\max z(\varepsilon) = F^{-1}(r) \tag{6.131}$$

である．これより定理を得た．

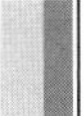

6.4 自然勾配学習法

ICA の解析で，**自然勾配学習法**がリーマン空間上の勾配降下法として現れた．もちろん，多層パーセプトロンの勾配降下学習でもこれは有効である．実は九大時代に多層パーセプトロンの勾配学習を提案したときに，パラメータ空間がリーマン空間をなし，したがって勾配としてはリーマン勾配を取るのが自然であることには気がついていた．論文の脚注にこのことに触れておいたと思う．

ICA で自然勾配学習法が有用であることが知られるにつれて，多層神経回路網においてもこれが有効であることをしっかりと示しておくことが必要であると考えた[147]．当たり前の話であると思っていたので，後に私の論文の中でもこの論文が神経場の理論と並んで一番多く引用されることになるとは予想しなかった．ここで，自然勾配学習法について整理しておこう．

6.4.1 パーセプトロン空間の自然勾配

多層パーセプトロンとして，入力 $\boldsymbol{x}$ をもとに出力 y を出す回路を考える（図 6.11）．ここでは出力 y は 1 次元としたが，もちろん多次元でもよい．多層回路網のシナプス結合の重みと閾値の全部をまとめて，パラメータベクトル $\boldsymbol{\theta}$ としよう．これは，多層でニューロン数が多い場合は，巨大な次元のパラメータ空間になる．入力 $\boldsymbol{x}$ に対する回路の出力は，$\boldsymbol{\theta}$ を用いて

$$y = f(\boldsymbol{x}, \boldsymbol{\theta}) \tag{6.132}$$

のように書ける．アナログニューロンを用いると，f はほとんどの点で微分可能なアナログ関数であり，多層の階層が多ければ入れ子の構造をしている．すなわち $\varphi(\boldsymbol{w} \cdot \boldsymbol{x} - h)$ のような計算を多段に繰り返し使う．

出力 y には大きさ 1（実はこれを σ^2 としてもよい）の，平均 0 のガウス雑音 ε

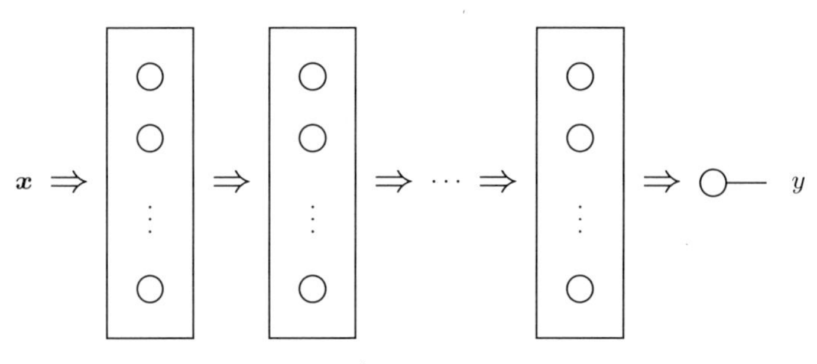

図 6.11 多層パーセプトロン

が加わり，

$$y = f(\boldsymbol{x}, \boldsymbol{\theta}) + \varepsilon \tag{6.133}$$

とすると，入力が $\boldsymbol{x}$ のときの y の確率分布は，

$$p(y|\boldsymbol{x}, \boldsymbol{\theta}) = \frac{1}{\sqrt{2\pi}} \exp\left[-\frac{1}{2}\{y - f(\boldsymbol{x}, \boldsymbol{\theta})\}^2\right] \tag{6.134}$$

のように書ける．入力 $\boldsymbol{x}$ の確率分布（これは未知であることが多い）を $q(\boldsymbol{x})$ とすると，パラメータ $\boldsymbol{\theta}$ の回路では，入出力の同時確率分布

$$p(\boldsymbol{x}, y, \boldsymbol{\theta}) = q(\boldsymbol{x}) \exp\left[-\frac{1}{2}\{y - f(\boldsymbol{x}, \boldsymbol{\theta})\}^2\right] \tag{6.135}$$

が与えられる．これより，パラメータ $\boldsymbol{\theta}$ の空間にリーマン計量が，Fisher 情報行列を用いて

$$G(\boldsymbol{\theta}) = \mathrm{E}\left[\frac{\partial}{\partial \boldsymbol{\theta}} l(\boldsymbol{x}, y, \boldsymbol{\theta}) \frac{\partial}{\partial \boldsymbol{\theta}} l(\boldsymbol{x}, y, \boldsymbol{\theta})^T\right] \tag{6.136}$$

で与えられる．ただし l は対数尤度を負にしたもので

$$l(\boldsymbol{x}, y, \boldsymbol{\theta}) = -\log p(\boldsymbol{x}, y, \boldsymbol{\theta}), \tag{6.137}$$

$\partial_{\boldsymbol{\theta}} l$ は横ベクトルとする．微小な 2 点 $\boldsymbol{\theta}$ と $\boldsymbol{\theta} + d\boldsymbol{\theta}$ の間の距離の 2 乗は，

$$ds^2 = d\boldsymbol{\theta}^T G(\boldsymbol{\theta}) d\boldsymbol{\theta} \tag{6.138}$$

である．これは KL ダイバージェンスを用いれば，近似的に

$$ds^2 = D_{\mathrm{KL}}[p(\boldsymbol{x}, y, \boldsymbol{\theta}) : p(\boldsymbol{x}, y, \boldsymbol{\theta} + d\boldsymbol{\theta})] \tag{6.139}$$

と書いてもよい．

多層神経回路網の場合は，教師信号 y が与えられたときには，入出力 $(\boldsymbol{x}, y)$ に対する瞬時損失関数を

$$l(\boldsymbol{x}, y, \boldsymbol{\theta}) = \frac{1}{2}\{y - f(\boldsymbol{x}, \boldsymbol{\theta})\}^2 \tag{6.140}$$

で定義した．このとき，確率的勾配降下法は，現在のパラメータ $\boldsymbol{\theta}_t$ を

$$\boldsymbol{\theta}_{t+1} = \boldsymbol{\theta}_t - \eta \nabla l\left(\boldsymbol{x}_t, y_t, \boldsymbol{\theta}_t\right) \tag{6.141}$$

で変更する．∇l は勾配ベクトルで，

$$\nabla l = \frac{\partial}{\partial \boldsymbol{\theta}} l. \tag{6.142}$$

これが，一般に使われる勾配降下学習である．

勾配ベクトル ∇l は，関数の l の増加する方向を示すベクトルである．とくに，空間 S がユークリッド空間で正規直交座標系を用いた場合，これは関数 l の最急の変化方向を示す．しかし，ユークリッド空間でなければそうはいかない．S がリーマン空間である場合に，関数 l の最急の変化方向を求めてみよう．$\boldsymbol{\theta}$ が $\boldsymbol{\theta} + d\boldsymbol{\theta}$ へ変化したときに，

$$dl = l(\boldsymbol{\theta} + d\boldsymbol{\theta}) - l(\boldsymbol{\theta}) \tag{6.143}$$

が最も大きく変化する方向が，最急方向である．ただし，$\boldsymbol{\theta}$ の変化の大きさは，$d\boldsymbol{\theta}$ の各方向で一定で

$$d\boldsymbol{\theta}^T G(\boldsymbol{\theta}) d\boldsymbol{\theta} = \varepsilon^2 \tag{6.144}$$

であるとする．ここに ε は微小な定数である．

これは，ラグランジュの未定係数 λ を用いて，

$$F(d\boldsymbol{\theta}) = |\nabla l d\boldsymbol{\theta}|^2 - \lambda d\boldsymbol{\theta}^T G d\boldsymbol{\theta} \tag{6.145}$$

を最大にする $d\boldsymbol{\theta}$ を求めればよく，

$$d\boldsymbol{\theta} = G^{-1} \nabla l \tag{6.146}$$

と簡単に求まる（ここでは ∇l は縦ベクトルとしている）．G は Fisher 計量行列で，G^{-1} はその逆行列である．したがって

$$\widetilde{\nabla} l = G^{-1} \nabla l \tag{6.147}$$

と定義する．$\widetilde{\nabla} l$ が l の最急変化の方向である．$\widetilde{\nabla} l$ を l の自然勾配（natural gradient）と呼ぶ．実は ∇l は接ベクトル空間のコベクトル（共変ベクトル），すなわちベクトルを実数に線形写像する演算子であった．$\widetilde{\nabla} l$ こそが接ベクトル空間のベクトルである．

6.4.2 自然勾配学習法は Fisher 有効な推定である

自然勾配を用いる学習法

$$\boldsymbol{\theta}_{t+1} = \boldsymbol{\theta}_t - \eta_t \widetilde{\nabla} l\left(\boldsymbol{x}_t, y_t, \boldsymbol{\theta}_t\right) \tag{6.148}$$

は，空間 S の幾何構造を取り入れたもので，真に最急の方向へ $\boldsymbol{\theta}$ を変えるから収束が速い．これについては次の定理により説明できる．

定理 6.4 自然勾配学習法による推定値 $\boldsymbol{\theta}_t$ は，学習係数を $\eta_t = 1/t$ に選ぶとき Fisher 有効である．

Fisher 有効とは，$\boldsymbol{\theta}_t$ の誤差 $\boldsymbol{\theta}_t - \boldsymbol{\theta}$（$\boldsymbol{\theta}$ は真の値）の分散行列が漸近的に

$$\mathrm{E}\left[\left(\boldsymbol{\theta}_t - \boldsymbol{\theta}\right)\left(\boldsymbol{\theta}_t - \boldsymbol{\theta}\right)^T\right] = \frac{1}{t} G^{-1}(\boldsymbol{\theta}) \tag{6.149}$$

を満たし，漸近一致性を持つ．最尤推定はこの性質を持つ．この結果は意外であった．なぜなら，オンライン学習では，ある時刻でのサンプル $(\boldsymbol{x}_t, y_t)$ は学習に一度使うと捨ててしまうので，再度利用することはない．最尤推定は全部のサンプルを集めて推定するので，それにはかなわないだろうと考えられていた．

この証明はさほど難しくないから，ここで記しておく．いま，漸近的に不偏な推定量 θ_t に対して，その誤差の共分散行列を

$$V = \mathrm{E}\left[\left(\boldsymbol{\theta}_t - \boldsymbol{\theta}\right)\left(\boldsymbol{\theta}_t - \boldsymbol{\theta}\right)^T\right] \tag{6.150}$$

とおく．学習の方程式 (6.148) より，誤差共分散の漸化式

$$V_{t+1} = V_t - \frac{2}{t} V_t + \frac{1}{t^2} G^{-1} + O\left(\frac{1}{t^3}\right) \tag{6.151}$$

が得られる．これは誤差共分散が

$$V_t = \frac{1}{t} G^{-1} + O\left(\frac{1}{t^2}\right) \tag{6.152}$$

であることを示し，自然勾配学習法で得られる $\widehat{\boldsymbol{\theta}}_t$ が Fisher 有効であること，すなわち漸近的に最良であることを示す．

6.4.3　多層パーセプトロン空間の特異構造

多層パーセプトロンの通常の確率的勾配降下学習において，**プラトー**という現象が知られていた．これは，図 6.12 に示すように，パラメータの学習を続けていくと，誤差があるところまで順調に下降するが，そこで誤差曲線がほぼ平坦になって学習がなかなか進行しない．これで収束したかと思うと，突然また下降を始めて，再び平坦に近い部分に行きあたる．これを繰り返す．平坦な部分をプラトーと呼ぶ．ここでは学習を加速する必要がある．プラトーはなぜ生じるのだろうか．

これは回路構造の対称性に起因し，対称性の破れが必要であることが明らかになった．情報幾何はこの現象を Fisher 情報行列が縮退する特異点が現れることにより説明する．しかも，自然勾配学習法ならばこのプラトーがほとんどなくなる (図 6.12).

まず，パーセプトロンの空間 S の**特異点**を説明しよう．話を簡単にするために，図 6.13 のような 2 入力 1 出力の単純な回路を考える（入力数を n としても同様である）．このような系は，大規模の階層回路網に部分系として多数埋め込まれているから，ここで起こる特異構造は実は大規模回路でも起こる．

この回路の入出力関数は

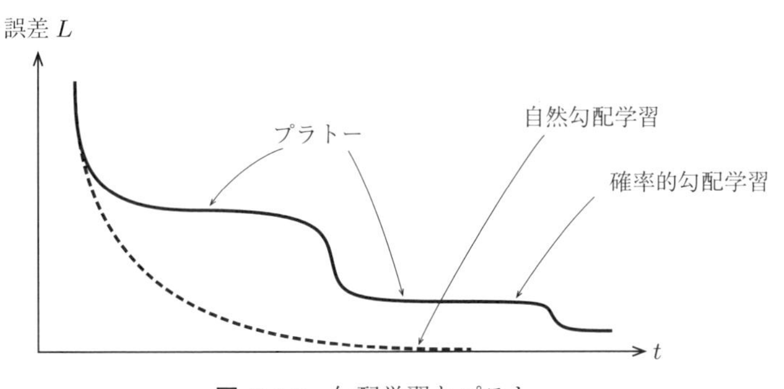

図 6.12　勾配学習とプラトー

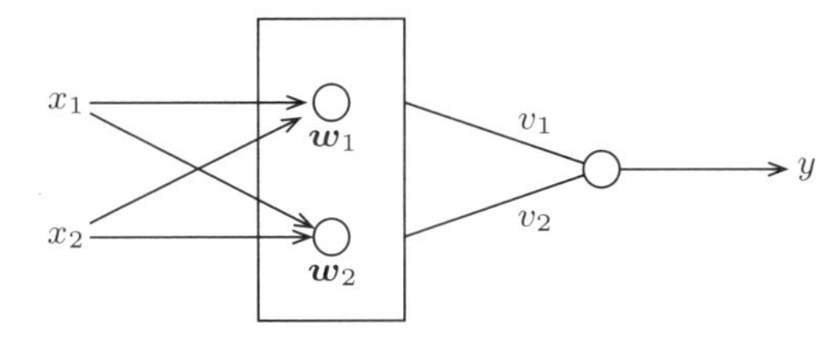

図 6.13　単純パーセプトロン

$$y = v_1\varphi(\boldsymbol{w}_1 \cdot \boldsymbol{x}) + v_2\varphi(\boldsymbol{w}_2 \cdot \boldsymbol{x}) \tag{6.153}$$

のように書ける．閾値の項は $\boldsymbol{w} \cdot \boldsymbol{x}$ の中に含める．パラメータ $\boldsymbol{\theta}$ は

$$\boldsymbol{\theta} = (v_1, v_2, \boldsymbol{w}_1, \boldsymbol{w}_2) \tag{6.154}$$

である．簡単のためここでは閾値は 0 としておこう．2 つの異なる $\boldsymbol{\theta}$ と $\boldsymbol{\theta}'$ に対して，

$$f(\boldsymbol{x}, \boldsymbol{\theta}) = f(\boldsymbol{x}, \boldsymbol{\theta}') \tag{6.155}$$

がすべての $\boldsymbol{x}$ で成立するならば，$\boldsymbol{\theta}$ と $\boldsymbol{\theta}'$ は同値であるといい $\boldsymbol{\theta} \approx \boldsymbol{\theta}'$ で表す．同値の回路網は全く同じ動作をする．だから，S を**同値類**に分けて（同値類で割って），同値類をまとめて 1 つにした

$$\widetilde{S} = S/\approx \tag{6.156}$$

を考えればよい．

同値類にどのようなものがあるかを調べよう．$\boldsymbol{w}_1 = \boldsymbol{w}_2$ を満たす部分空間上では（図 6.14 (a)），c を定数として v_1 と v_2 が

$$v_1 + v_2 = c \tag{6.157}$$

を満たすならば，これらは**同値**である．すなわち，c と $\boldsymbol{w}$ を与えたときに，

$$S(c, \boldsymbol{w}) = \{\boldsymbol{w}_1 = \boldsymbol{w}_2 = \boldsymbol{w}, v_1 + v_2 = c\} \tag{6.158}$$

を満たす部分空間内の点 $\boldsymbol{\theta} = (v_1, v_2, \boldsymbol{w}_1, \boldsymbol{w}_2)$ はすべて同値である．

また，

$$S(v_i) = \{v_i = 0, \boldsymbol{w}_1 : 任意\}, \quad i = 1, 2 \tag{6.159}$$

という部分空間の中の点も，それぞれ皆同値である（図 6.14 (b)）．これらは S の部分多様体をなすから，同値のものを一点に縮めれば，そこだけ多様体の次元が落ちる．$\widetilde{S}$ ではここで次元が落ちて**特異点**となる．

特異点に対応する S の同値な点では Fisher 計量行列が縮退する．なぜなら同値類のなす部分空間の内部方向では尤度は皆同じで，尤度をこの方向にパラメータで微分しても 0 になるからである．例題をいくら与えても，真の値が同値類の中にあるときは，そのどこにあるかは同定できない．自然勾配学習法は G^{-1} を用いるか

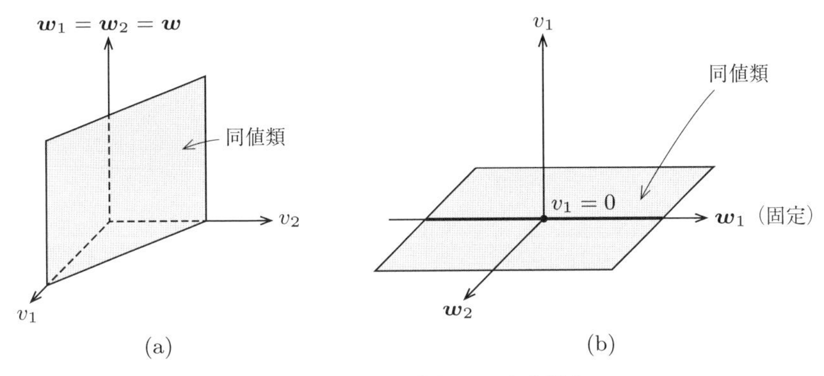

図 6.14 S の同値類のなす多様体

ら，特異点ではこれが無限大に発散してしまう．

これより，学習により**特異領域**に近づけば G^{-1} が大きくなって，特異領域にはなかなか近づけないことがわかる（もっとも，真の値が特異領域にあれば，ここでの対数尤度の微分，すなわちスコア関数が 0 に近づき，$G^{-1}\nabla l$ がほど良い値になって，この場合は近づくから良い）．

6.4.4 特異領域の近傍で何が起こるのか——Milnor アトラクターとその消失

連続時間 t を用いることにし，力学系

$$\dot{\boldsymbol{\theta}} = \boldsymbol{f}(\boldsymbol{\theta}) \tag{6.160}$$

を考える．

$$\boldsymbol{f}(\boldsymbol{\theta}) = 0 \tag{6.161}$$

を満たす $\boldsymbol{\theta}_0$ は平衡点である．行列 $\partial \boldsymbol{f}(\boldsymbol{\theta}_0)/\partial \boldsymbol{\theta}$ の固有値がすべて負なら安定平衡点，正のものと負のものが混ざれば不安定である（固有値が 0 のときは無視しよう）．正と負が混ざればサドル（鞍点）である．サドルの場合は図 6.15 に示すように，サドル点 A に流れ込む流線 $\boldsymbol{f}$ は θ^2 軸だけで，他の初期値 $\boldsymbol{\theta}_0$ から出発した解は A 点に近づきはするもののここからずれてしまう．つまり A 点の**吸引領域**（初期値がここにあれば A 点に到達する領域）の測度は 0 である．

ところが，A が 1 点ではなくて特異領域であったとしよう．A 点上では $\boldsymbol{f}(\boldsymbol{x})$ の値はすべて等しいから，$\boldsymbol{f}(\boldsymbol{x}) = 0$ なら領域 A そのものが平衡領域である．しかしその安定性は $\partial \boldsymbol{f}/\partial \boldsymbol{x}$ の固有値によるので，A 上ですべて同一とは限らない．図 6.16 (a) のように，$\theta^1 = \theta^2 = 0$ を満たす θ^3 軸が特異領域 A だとしよう．その

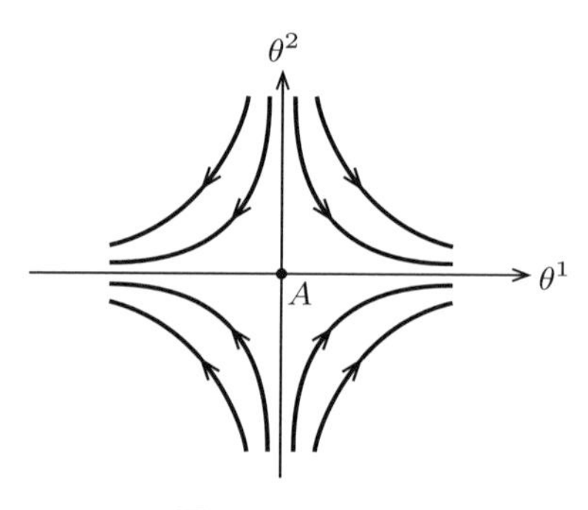

図 6.15　サドル

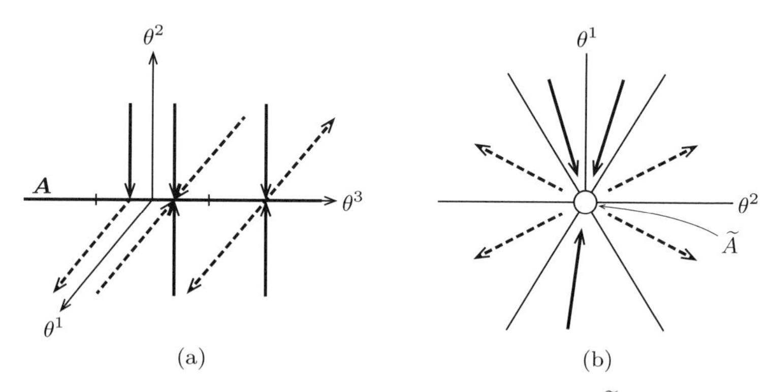

図 6.16　Milnor アトラクター．(a) S での力学．(b) $\widetilde{S}$ での力学．

中央部は固有値が負で，安定であるとする（θ^3 方向の固有値は 0 である）．しかし，その外部では一つが正，もう一つが負で，サドルだったとしよう．

このとき，A の安定部分の吸引領域は正の測度を持ち，そこから出発した解は皆 A に落ちる．この力学系が雑音で揺らぐとすれば，一度 A に落ち込んだ解は A 上でランダムに移動し，A の不安定領域に入り込む．そうなると解は A を離れていく．しかしそれには時間がかかる．これがプラトーの正体である．

$\widetilde{S}$ 上で考えれば A は 1 点 $\widetilde{A}$ に縮まるが，この点は正の測度の吸引領域を持つものの，安定平衡点ではない．このような点は **Milnor アトラクター**と呼ばれている（図 6.16 (b)）．神経回路網の学習力学は，その特異構造に起因する Milnor アトラクターを持つのである．この発見は嬉しかった．

特異領域の近傍での学習力学を解明しよう．まず，見やすくするために，$\boldsymbol{\theta} = (\boldsymbol{w}_1, \boldsymbol{w}_2, v_1, v_2)$ の代わりに新しい座標系 $\boldsymbol{\xi}$,

$$\boldsymbol{\xi} = (\boldsymbol{w}, v, \boldsymbol{u}, z), \tag{6.162}$$

$$\boldsymbol{w} = \frac{v_1\boldsymbol{w}_1 + v_2\boldsymbol{w}_2}{v_1 + v_2}, \tag{6.163}$$

$$v = v_1 + v_2, \tag{6.164}$$

$$\boldsymbol{u} = \boldsymbol{w}_2 - \boldsymbol{w}_1, \tag{6.165}$$

$$z = \frac{v_2 - v_1}{v_1 + v_2} \tag{6.166}$$

を使うことにする．すると，特異領域は $(\boldsymbol{w}, z)$ で指定されて，

$$R(\boldsymbol{w}, v) = \{\boldsymbol{u} = 0; z \text{ 任意 }\} \cup \{z = \pm 1; \boldsymbol{u} \text{ 任意 }\} \tag{6.167}$$

の 3 つの部分空間の和になっている．

ここで，学習の方程式 (6.148) を新しい座標系 $\boldsymbol{\xi}$ で書き直す．さらに領域 $R(\boldsymbol{w}_1 = \boldsymbol{w}_2 = \boldsymbol{w}; \boldsymbol{u} = 0)$ に着目しよう．R の近傍では $\boldsymbol{u}$ は微小であるから，学習の方程式を連続時間で表して

$$\frac{d}{dt}\boldsymbol{\xi} = \boldsymbol{f}(\boldsymbol{\xi}, \boldsymbol{x}) \tag{6.168}$$

と書き，$\boldsymbol{f}(\boldsymbol{\xi}, \boldsymbol{x})$ を，$\boldsymbol{u}$ に関してテイラー展開しておく．すると，そのうちの $(\boldsymbol{u}, z)$ の時間微分は R の近傍では小さく学習が遅いのに対して，$(\boldsymbol{w}, v)$ の時間微分は大きく学習は速い．すなわち，学習方程式 (6.168) が，速いダイナミクスの部分と遅いダイナミクスの部分に分離する．

そこで，速いダイナミクスが収束する

$$\dot{\boldsymbol{w}} = \dot{v} = 0 \tag{6.169}$$

を満たす部分多様体

$$\boldsymbol{w} = h(\boldsymbol{u}, z), \tag{6.170}$$

$$v = k(\boldsymbol{u}, z) \tag{6.171}$$

を考え，速いダイナミクスと遅いダイナミクスを分離する中心多様体理論を用いて解析する．

この結果，中心多様体がある条件のときに，安定な部分と不安定な部分に 2 分割され，安定な部分は有限測度の吸引領域を持ち，ここから出発した学習の軌道は安定領域に収束することがわかる．特異領域に落ち込んだ解は，ランダムな変動に

よっていずれ不安定な領域に入るが，それには時間がかかる．これがプラトーである．しかし，中心多様体はこの部分も不安定な部分もすべて同値で，$\widetilde{S}$ では1点になっている．だからこの場合は $\widetilde{S}$ での Milnor アトラクターとなる．

我々は上記の仕組みを解析し，さらに自然勾配学習法がこれを避けてうまく働くことを示した．解析のもととなった単純な2入力2ニューロン1出力のモデルは，どのようなパーセプトロンにも埋め込まれているので，これこそがパーセプトロンの収束の遅さの源と信じていたからである．私は理研での最後の仕事と張りきった[311]．

しかし，そうはいかなかった．2入力，2ニューロン，m 出力 $(m \geq 2)$ のシステムを解析して，ここでは Milnor アトラクターを生じないことが証明できてしまった．深層パーセプトロンに含まれているのはこのような系であるから，Milnor アトラクターが悪さをしているわけではない．もちろん Fisher 情報量が縮退する特異領域が悪さをすることは間違いないし，自然勾配学習法が有効であることにも変わりはない．

自然勾配学習法で用いる Fisher 情報行列の構造とその逆転については，理研退職後の統計神経力学の仕事であり，次章で詳しく述べる．

6.4.5 G^{-1} の近似法

自然勾配学習法の有効性はすぐに認められたが，G の逆行列を計算しなければならない．大規模な回路では逆転に大量な計算時間が必要で，問題があるとされた．G の対角成分だけを使って，これを対角行列とみなして G^{-1} の近似とする方法なども提案されたが，これはうまくいかない．当時電総研にいた栗田多喜夫（広島大学教授）は，G を各素子毎に分割し，異なる素子間の要素を0とおいて部分対角行列にしてしまい，これを逆転すればよいと提唱した．この論文は注目されなかったが，後に J. Ollivier らがこれを再び取り上げ，うまくいくことを示した．これについては，次章で再び取り上げる．J. Martens たちは，前後を含めた3層の素子間での G を用いて，それを超える層の間の G の値を無視して G を逆転する，大変複雑で大掛かりな K-FAC（Kronecker-factored approximate curvature）という方法を提案し，これがうまくいくと言っている．

私たちは，適応的自然勾配学習法を提案した．これは，G^{-1} を計算する代わりに，これを学習により適応的に求めていく方法である．すなわち，時刻 t の G_t^{-1} の値をもとに，学習データ $(\boldsymbol{x}_{t+1}, y_{t+1})$ を受け取って $\boldsymbol{\theta}_t$ を更新するとともに G_t^{-1} を

$$G_{t+1}^{-1} = G_t^{-1} - \tau G_t^{-1} \nabla f_t \nabla f_t^t G_t^{-1} \tag{6.172}$$

によって更新していく．これは定数 τ をうまく選ばないと収束しないが，それで

もうまくいくことがわかった．これを実装して研究したのは，韓国から留学してきた大学院生の Hyeyoung Park（現在 Kyungpook National University 教授）で，彼女の韓国での学位論文になり，優秀論文として表彰された．

多規模な深層回路では，いまでは，G. Marceau-Caron と Y. Ollivier の提唱するように，これを素子毎に対角化した上で，1 つの素子の $(\boldsymbol{w}, h)$ に対する Fisher 情報行列を，

$$
\begin{matrix} w_1 \\ \vdots \\ \\ h \end{matrix}
\left[\begin{array}{ccc|c}
g_{11} & & 0 & g_{10} \\
 & \ddots & & \vdots \\
0 & & g_{nn} & g_{n0} \\ \hline
g_{01} & \cdots & g_{0n} & g_{00}
\end{array}\right]
\tag{6.173}
$$

のように，$\boldsymbol{w}$ に関する部分は対角化し，w_i と h の部分は残して逆転する手法が簡便である．この計算には手間がかからない．

自然勾配学習法はいまや夢の手法ではなくなった．

6.4.6 深層回路の特異点と代数幾何

深層学習の基本モデルである多層の回路網のパラメータ空間は，実は多数の特異点を含んだ特異モデルであった．しかしここで生ずる Milnor アトラクターが，学習の遅滞などの悪さをするのではないかという私の構想は失敗した．残念至極である．一方で，パラメータ空間 S の中に，互いに関数としては同値である領域（これを特異領域と呼んだ）は広く存在し，網の目のように S を覆っている．これを考察する必要がある．

一つの特異領域はいくつかの部分多様体の和の形をしていて，これが S の中に多数存在している．パラメータの数 P が大きければ任意の点 $\boldsymbol{\theta}$ の近くに特異領域が存在する．特異領域にあっては，Fisher 情報行列 G が縮退し，その逆行列 G^{-1} は発散するから，ここでは通常の統計学の理論が使えない．

神経接核理論（NTK 理論）で，パラメータ数 P が例題数 n より非常に大きいときに，ランダムに選んだ任意の点 $\boldsymbol{\theta}$ の近傍に学習の正解があるということは，正解が至るところに分布していることを意味する．正解の関数 $f(\boldsymbol{x})$ を 1 つ定めれば，それが特異領域上にあれば，それを実現するパラメータ $\boldsymbol{\theta}$ は同値類にあるもののどれでもよい．S の中で大きく離れた多数の点が同値となるから，そのどれでも f を実現する．f が特異領域上になくてもそのすぐ近くにあるときにも，例題数が $n \ll P$ であれば，経験同値を導入して同様の事情が成立している．

深層学習モデルは特異領域の網の目で覆われた S を持つ特異統計モデルである．

このような領域での統計学については統計数理研究所の福水健次教授による著書がある．学習については，東工大の渡辺澄夫教授が代数幾何を用いた新しい理論を展開している．

渡辺さんは，ベイズ推論の立場から深層回路を含むモデルの特性を解明した．その理論は難解であるが，代数幾何の結果を認めてしまえば，それなりにわかりやすい．それによれば，確率的勾配降下による学習で，新しい入力 $\boldsymbol{x}$ に対する出力 y のベイズ予測分布は，特異領域に落ち込む．例題数 n を増やしていくと，複雑な同値類の領域から単純な同値類の領域へと，状態遷移が起こるという．

実は私は不勉強で，渡辺さんに何度も勧められたのにもかかわらず，いまだによく理解できないまま来てしまった．慚愧の至りである．しかし，深層学習を解明する上では，特異領域の存在は避けては通れぬ課題である．

6.5 センター長時代——管理の仕事

6.5.1 センター長を務めて

理研は天国であると言った．確かに私にとって天国であった．まず，研究室の予算規模が大きい．それ以上に，予算の使途が自由である．東大時代は総量がそもそも極めて少ない上に，費目毎に使途も細かく指定されていた．ここでは，年度のはじめに予算が配分されると，自分の計画ですべて自由に使える．物品を購入しようが，人件費に使おうが，海外出張をしようが，外国人を呼ぼうが，すべて自分の裁量でできる．使い残せば年度を越えて持ち越してもよい．

これはちょっと言いにくいが，外国人が来て講演した後など居酒屋へ連れて行って，研究員と一緒に飲みながら懇談して交友を深めた．その費用まで出せた．外国ではこれは普通のことで，外国の大学で講演すると学科の費用で後で飲み会に行き，懇親を深める．いまは理研ではこれはまかりならぬと禁止されている（もちろん自前で行くのはよい）．国際会議を日本で開催するときなども，何人かの外国人を理研に招聘して私の予算から工面したこともあった．

5 年が経ち，センター長としての伊藤さんの任期が来た．理研のセンター長は，理事長が任命権を持っている．センター内でも次期センター長として誰がふさわしいか，いろいろと議論が進行した．このとき，小林俊一理事長に呼ばれた．次期センター長を引き受けて欲しいという話である．私は，脳センターのセンター長は，神経生物学の研究者でなければ務まらないと，固辞した．しかし小林さんは，実はこれは伊藤先生の推薦であるという．いまさら逃げるわけにはいかない，お引き受けした．私にとって，このような管理職は初めてのことである．

私は，自分の理念と方針を高く掲げて，皆に「俺について来い」というタイプの指導者ではない．研究者の自由を保障し，やりたい放題のことができるように心を配るのがセンター長の仕事と心得て，運営した．そのためには理研の官僚主義に物申し，不合理な規則を少しは変えることができたと思う．不合理な規則とは，たとえば理研で研究している大学院生に海外出張の費用を出すことは当時は認められなかった．大学院生とは自分で金を払って勉強するもので，理研が金を出すなど本末転倒である，という言い分であった．この他，海外出張の後に休暇を取り，海外滞在を延長して見聞を広めることも認められていなかった．

センター長になって大変な仕事は，研究室の長であるチームリーダーの業績の査定である．年度末に 50 人ほどのチームリーダーと面談し，業績を査定し，翌年の給料を決めなければならない．各人から研究業績の資料を求め，30 分ずつ面談し，次年度の給与を決めて合意する．チームリーダーの 1/4 は外国人だから，彼らとは英語での面談となる．でも，これは研究の動向を知り，チームリーダーの要望を聞く良い機会であった．私は給与は許される範囲でできるだけ高くしたいと考えていた．一方不合理な格差があってはいけない．発足当時，MEG（脳磁図記録）の研究で適任者がいなくて，外国人を招聘した．この研究者は自分の子供たちが母国の大学で学んでいるということで，それを継続するために給与の大幅な上乗せを要求したらしい．ところが，子供たちはとうに卒業したにもかかわらず，給与は破格のままである．この引き下げ交渉は難航した．

一般に，外国人は駆け引きをして粘る．一方，日本人の何人かは，自分は自由に研究できることがよいので，給与などはどうぞそちらで決めてくださいという態度である．この人たちが不利にならないように配慮した．

各研究室ではポスドク研究員の給与はチームリーダーが決める．一部の研究室ではこれが不当に低かった．「自分の将来のために，無給でもこの研究室で働きたい」と彼らは言っているのだから低くてよいというのである．理研ともあろうところがこのような搾取をしてはいけない．研究員の給与を上げるように強く勧告した．

理研のチームリーダーはパーマネントではない．各年契約で，5 年の期間を経て成果をレビューして，その後この研究室を継続するか否かを決定する．これは，痛みを伴うプロセスであった．いくつかの研究室を終了した．理研の予算は他に比べれば素晴らしく良かったが，そうと言って，これを特権として享受してはいけない．ポジションは広く公開して，ここである時期過ごして好き放題に研究し，その後は後進に道を譲るのが筋である．理研を経て，東大，京大，その他の大学の教授として移り，その後も長く活躍している人材は多い．これが理想の姿である．

私のセンター長の任期も終わりに近づいた頃，次期センター長の話が持ち上がった．野依良治理事長と伊藤特別顧問が相談し，MIT の利根川進教授にお願いしたいという．本人も乗り気である．理研の脳センターを国際的にするために，私もこの案に協力した．

6.5.2 理研-MIT と利根川センター長

野依理事長は，このために理研-MIT の連携研究センターに 5 億円の予算を別につけるという．私はそれは結構だが，理研の直轄の予算として文科省に請求して欲しいと言った．脳センターの予算として請求すれば，これを認める代わりにその分だけ脳センターの予算が減ることを危惧したからである．しかし，これは脳センターの予算として成立した．脳センターは人件費を含めて年間 100 億円近い予算を持っていた．しかし，利根川予算がつけば，その分センターの予算が削られて，やはり総額は変わらない（いや毎年減っていく）．この予算からも，12 %が理研本体に吸い上げられる．

私がセンター長を辞めるときに，次年度の予算の配分の方式を脳センターのグループディレクター会議で諮った．利根川さんも，特別顧問として出席していた．私は，利根川予算は聖域ではないから，その 5 億円の 20 %を控除し，そのうちの 12 %は理研本体に吸い上げられるので，残りの 8 %を脳センターで吸い上げてセンターの運営に使うという案を提示した．

利根川さんは猛反対した．野依理事長との約束であるから，5 億円丸ごと MIT の利根川研究室に寄こせという．脳センターのグループディレクターの会議では皆深刻な顔をして黙りこくっている．利根川さんは「甘利さん，こんな案をあなたは多数決で決めようというのですか」と詰問した．私は答えた，「会議で皆に諮り，意見を求めた上で，センター長として私の責任で私が決めるのです」．これを議事録にも残して，会議は終わった．

ところが驚くべきことが起こる．いままで私に賛成し，支えてくれた文科省天下りの事務官僚が，こっそり利根川さんに知恵をつけた．甘利さんはもうセンター長を辞めるのです．来年になって，新しくこの決定をひっくり返せばよい．それ以降，事務部は利根川べったりになり，次年度の田中啓治センター長代理が私の決定をひっくり返す．その後脳センターの総予算は激減したが，MIT に持っていく利根川予算だけが聖域として無傷で残るといういびつな形になり，脳センターを苦しめることになる．田中さんもこれに抗議して，後に副センター長を辞任した．

意地悪はそれだけではない．私の脳センターのセンター長室には，塚田画伯（塚田稔教授は日本画壇，日府展の副理事長を務める現役の画伯でもある）の描く150号の大作の絵画が飾ってあった．これは私のセンター長就任の祝いとしてくれたものである．外国人を含む多くのお客さんがこれを見て，とても誉めてくれた．ところが，利根川さんがこれを見て，「私はこのような絵は好きでない」とつぶやいた．これを聞いた事務官僚がセンター長室からさっそく撤去した．それはよい．私は，脳センターの玄関か，セミナー室に飾るように依頼したが，これも拒否され，脳センターには置けないから返還するという．田中さんもこれに一役買っている．こうして，この名画はいまは東北大学が喜んでもらい受け，そこで輝いている．

利根川教授は言うまでもなく免疫学でノーベル賞を取った世界でも超一流の学者である．転じて脳科学の研究を始め，ここでも驚くほどの成果を挙げている．MITと理研の双方から満額の給与を受け取り，研究室の予算は理研からだけでも5億円ある．だからポスドク研究員として世界の優秀な若者が50人も集まっているのである．これで，世界に誇れる優れた研究成果を毎年出す．これは見上げたものである．

彼には理研脳センターを世界トップの研究所にしたいという野心があり，そのために全力を注いだ．世界のトップとは，世界一流のjournalに論文が次から次へと掲載されることである．一流journalとは，Nature, Science, Cell, PRONAS（Proceedings of National Academy of Science）である．このための準備として，一流誌の編集者を理研に雇用して相談役につけた．

この効果があってか，理研脳センターから出されたこれらの雑誌に載る論文の数は確かに増加した．実は私もこの風潮に流されて，PRONASに一報を載せる．後で述べる意識の情報統合にかかわる論文である．

センター長としての私には，このようなビジョンも野心もなく，各研究者が自由にのびのびと研究できるように配慮するしかできなかった．研究費も平等に配分したが，利根川方式は成果主義である．利根川さんが去って後，今後の脳センターがどうなっていくのか気にかかる．

6.5.3　数理科学の振興

理研は，物理学と化学がその名につくだけあって物理学と化学は盛んで，これを追い上げて生物学が活性化している．しかし，数理科学は手薄であった．2006年の文科省科学技術政策研究所の報告書「忘れられた科学—数学」をきっかけに時代が動き出した．

実はその前にも何度か数理科学振興の動きがあった．1960年代初頭，数理科学の必要性が叫ばれ，雑誌「数理科学」が発刊され，岩波書店は「岩波講座 現代応用数学」を刊行する．文部省は数理科学研究所の設立を決意する．私の恩師である近藤一夫教授や森口繁一教授もこの動きの中にあった．結局，新しい数理科学の研究所は京大に設置されたが，いつの間にか名前が「数理解析研究所」となり，数理科学の名が消えた．内容も，応用にかかわる講座はわずか2講座に過ぎず，当初の数理科学振興の勢いはそがれた．

これはボス教授であった一部の純粋数学者の歴史に残る裏切り行為であった．彼らは数理科学の名を利用して，純粋数学の牙城を築いたのである．もちろん，数理解析研究所は赫々(かくかく)たる成果を挙げて，日本の数学の実力を世界に示した．また，応用も含めた共同研究集会の開催もこの分野を活気づけた．その素晴しい功績はいまも続いている．しかし，このときに数理科学の重要性が確立できなかったせいでもあろう，数学の没落が始まる．文科省科学技術政策研究所のレポート「失われた科学—数学」が示すように，日本における純粋数学の著しい衰退が指摘され，数理科学との分断が明らかにされた．もっとも，衰退したのは数学だけではない．失われた30年と言われるように，日本の科学全体が衰退したのである．これは，もちろん政界，財界に責任があるが，我々学者の責任も糾弾されてしかるべきである．

私は，この機会に数理科学の振興を本気ではかるべく，文科省とも連携を取り，理研の中にも数理科学の拠点を作ろうと考えた．当時の研究担当理事も同じ考えで，理事長ファンドによる「数理科学研究と国際拠点形成に向けた滞在型研究の試行」プロジェクトに予算をつけていただいて，理研で活動を開始した．

その中核となる企画が，国際的な滞在型研究ワークショップの挙行である．これは2010年秋に上諏訪の温泉地で2週間にわたって挙行され，19名の外国人研究者を含む延べ60名弱の参加があった．実は，この運営には苦労した．一つは理研の規則である．ここでは，主任研究員の日当や宿泊費はいくら，研究員はいくらと細かく決められていて，大学院生には費用は出せないという．

私は，この研究会は次世代を担う有望な若手（大学院生を含む）の参加が絶対に必要であり，研究者は皆平等であるべきで，待遇に差をつけてはいけないという原則を貫きたいと考えた．こうした問題をうまく解決するため，会議の運営（外国人の招聘を含め）を一括して旅行会社に委ね，会議の費用はそこからまとめて請求してもらうことにしたのである．もちろん旅行会社は入札で決める．また，大学院生は，すべて会議の手伝いという名目でアルバイト雇用とし，会議での待遇に一切の差別をつけなかった．

会議は午前のセッション，午後のセッションの他に，温泉につかった後のナイトセッションを持った．ここでは飛び入りで自由に話題を提供し討論を行い，円滑剤としてビールと日本酒を用意した．ワークショップには，理研の理事のみならず，文科省や JST からの役人の参加も（一泊ではあったが）要請し，ここで熱気あふれる討論が行われるのを見てもらい，旅行会社が提供する飲み物も楽しんでもらえた．公費で開く会議でこうした飲み物が出るのは，前代未聞であったろう．もっとも，最後の解散のときに旅行会社の人が，お酒が 1 本余ってしまいました，と言って一升壜（びん）を私にくれたのには困った．少し後ろめたい気がしたが捨てるわけにはいかない，ありがたく頂戴した．

しかし，理研の研究担当の理事が交代すると，上記の“数理科学準備室”は解散を命じられた．化学出身の後任の理事は，理研に数理科学などいらないと考えたのである．でも，時代の流れには逆らえない，その後理研に初田哲男教授を中核とする「数理創造プログラム iTHEMS」が形成され，いまでは数理科学の拠点の一つとして立派な業績を挙げている．全国規模では，若山正人教授が九大にマス・フォア・インダストリ研究所を設立し，ここも素晴らしい成果を挙げてることは皆さんご承知だと思う．

数理科学・工学振興に賭けた私の想いは，いまようやくにして実りつつある．

6.5.4　その他の出来事

仕事はいろいろとあった．INCF（ニューロインフォマティクス国際統合機構）の立ち上げもその一つである．これはセンター長になる前に伊藤さんから申しつかった．OECD（経済協力開発機構）の仲介で，神経科学のデータを国際的に共有し，モデルを使って解析する国際協力機構を立ち上げる構想である．ここに日本側の委員として出席して欲しいと申しつけられた．英語が嫌いでも，断るわけにはいかない．機構を設立する会はニューロインフォマティクスの理念を巡って難航し，10 年近くの準備期間を経て，OECD の勧告としてまとめられ，加盟各国に提示された．

2005 年にこれが発足し，私はその理事会の副議長に推され，これまた嫌いな英語で議論することになる．さらに数年して私は引退し，臼井支朗教授にこの役を譲った．このとき INCF は，私の退任を記念する国際研究集会を開催してくれた．

この他，産業界との連携も重要であるということで，トヨタ自動車と共同の研究室を立ち上げようという話が持ち上がった．神経科学とロボティクスを糾合し，新しい産学連携の在り方を探るというものである．これもいろいろと難航した．理研では私がトヨタに直接乗り込んで，話をまとめて来いという．仕方がないので，豊田市のトヨタ本社まで出かけた．先方は大変恐縮してくれた．「どのくらいの予算を期待しているのですか」と問われたから，年間3億円は出して欲しいと切り出した．先方は少し驚いたようだが，話はうまくまとまった．こうして，理研BSI-トヨタ連携センターが和光市の理研脳センター内に出来上がり，多いときは年間3億をかなり超える予算がついた．

私は20年を超えて理研に勤めたが，この間に研究以外にもいろいろなことが起こった．その一つはかの9・11事件である．私はこのとき国際会議でアメリカのケープコッドへ出張していた．ホテルの会議場は冷房を利かせ過ぎで寒い．部屋にセーターを取りに行こうと戻ろうとしてロビーを通ると，テレビの前に人だかりである．何事かと見ると，航空機が高層ビルに突入し，ビルが崩壊し始める．仰天した．これは生中継である．

会場にこの話が伝わり，会議どころではなくなり，会議は中止と決まった．それどころか，主な空港は閉鎖，帰りの便はすべて飛ばないという．日本人が何人かまとまって，とりあえずタクシーでボストンに戻った．NTTの研究者は，本社からの指令により，そのままボストンの高級ホテルに宿を取り，事態が収まるまで動かないということである．大学や理研の研究者はどうしたらよいのだろう．自腹で高級ホテルに滞在するというわけにもいかない．

私は，とにかく日本へ帰る航空機を予約してあるワシントンに行こうと，列車でボストンからワシントンに向かった．途中で検問があり，全員が駅のホームに並ばされ，パスポートの点検である．アラブ系と覚しき数名が令状もないのに拘束された．途中，ニューヨークを通過する際は，列車からもうもうと煙の上がる街が見えた．列車は遅れに遅れ，深夜にワシントン駅に着いた．やっとホテルを取り，日本に電話しようとしたがつながらない．携帯電話なるものはまだなかった．

翌日が出発を予約してある日である．ANAの事務所に出かけたところ，案の定航空機は飛びませんという．明後日も駄目で予定がたたない．いつなら予約できるかと聞くと，10日後なら受け付けるという．その間のホテル代はANAが持ってくれるかと聞くと，それはできませんという答えだった．自腹である．

明くる日は快晴だった．することがないので，National Galleryで名画を鑑賞して，のんびりと過ごした．日本への電話はまだつながらない．ホテルへ戻ると，電話のメッセージランプが点滅している．ANAからであった．成田空港行きの臨時便を本日飛ばすことになりましたという．4時半までに空港へおいでくださいというが，時計を見れば，もう3時を過ぎている．席はあるのかと問うと，まだいくらでもありますという．

よし，と荷物をひっつかんで，ホテルを飛び出しタクシーを拾った．空港へ行く道路はがらがらだった．5 時過ぎに到着したが無事チェックインできて，一安心である．空港から家に電話しようとして，公衆電話を利用した．call-collect でと言うと，番号を言ってください，という．ここでつまずいた．英語で自宅の電話番号がスラスラと出てこないのである．もたもたしているうちに切れてしまった．

チェックインのときにマイレージを使ってファーストクラスにグレードアップしてもらった．こんなときだから，楽をしようというわけだ．無事離陸し，まずは食事である．お飲み物は何にしましょうと言うので，リストを見ると高級ワインがずらずらと並んでいる．まずはこれと言って，一杯いただいた．胃の腑にしみた．お代わりは同じものでよいですか，と聞かれて，いや次はこれにすると新しい壜を空けてもらい，次から次へと高級ワインを飲んでいった．とんでもない贅沢である．

成田に着いて降りようとすると，ちょっとお待ちくださいと，止められた．何やら先に下ろす人がいるらしい．その人は，いやあなたが先にどうぞと言うから，私が先に降りた．空港の通路にカメラマンがずらっと並んで，写真を撮っている．ふと見ると，私の後ろのかの人は，石原慎太郎であった．この臨時便は，彼が政治力を発揮して無理に一機だけ飛ばせたそうで，次の日からまた一便も飛ばない日が続いた．これが世に言う，石原慎太郎便であった．空港へは娘が迎えに来てくれた．旅行会社が搭乗者名簿を調べて，先生の名前が載っていますと，自宅に知らせてくれたそうである．すべてがうまくいったものの，とんでもない経験であった．

ほかにも驚くべきことが起こった．ある日突然，文科省から自宅に電話がかかってきた．「文化功労者の件」ですという．文化功労者と言えば，私にとって高嶺の花である．選考委員にでも選ばれたのかと思った．すると，あなたが候補者ですという．候補者はごまんといるだろうと思うと，あなたが選ばれました，これは内定ですという．ただ，大臣決裁を経ていないので，まだ誰にも言わないでください，大臣がへそを曲げると困りますという．大臣はと言えば，かの田中真紀子であった．

私にとっては青天の霹靂(へきれき)である．優秀な候補者は，それこそ各分野に多数いるだろう．数理工学を専攻する私が選ばれたことに驚くとともに，つくづく運が良いと幸運をかみしめた．このときは，宮中に出かけるハイヤーの世話から，祝賀会まですべてを理研が整えてくれた．後のことだが，文化勲章を受章したときは，もうさほどは驚かなかった．ただ，理研は退職していたから，ハイヤーの手配などすべて自分でやった．理研で計画してくれた祝賀会もコロナ禍でお流れになった．

もう一つ嬉しかったことを付け加えよう．年齢も 80 になろうとしていた．

IGAIA（Information Geometry and Its Applications）という情報幾何の国際会議が定期的に開かれていた．次回は，お前の80歳のお祝いの会にしたいという．ドイツのライプチヒで開くのがいいか，チェコのプラハがいいかと言われ，迷うことなくプラハを選んだ．領主が所有していたシャトーが近郊にあり，貸し切りで国際会議が開けるという．綺麗なシャトーで，前には美しい庭園があり，その奥に森が続いていて，良い散歩コースである．

私は領主の部屋に泊めてもらった．立派な書斎と次の間がついている．驚いたことに，書斎の奥に隠し扉があって，いざというときに外へ抜けられるような仕掛けまであった．会議の食事は美味しく，ビールとワインは飲み放題である．エクスカーションはボヘミアの森を散策した．上り下りがあって，結構ハードなコースであった．この会議で私は宣言した「これが私の国外へ出る最後の国際会議です」．それ以来，外国にはもう行ってないし，これからも行かない．

6.6 情報統合と意識の情報幾何

理研における私の研究室（ユニット）の最後の共同研究者は大泉匡史（現東大准教授）だった．彼は理研の基礎科学特別研究員として私の研究室に入ったが，意識の研究に惹かれてその半分以上をアメリカのG. Tononiの研究室で過ごした．Tononiは，意識は脳の中での情報の統合により生ずるという，**意識の情報統合理論**を唱え，理論に実験に精力的に活動している．

私も情報の統合には興味を惹かれ，大泉さんに従って共同研究を開始した[309],[313]．私自身は，情報統合だけでは意識の問題は解明できないと考えていたし，それでは他に何が必要かと問われれば回答を持ち合わせていなかった．しかし情報統合についてなら情報幾何で良い理論ができると考えた．

まず，簡単なシステムから始めよう．脳の中のニューロンの活動をベクトル $\boldsymbol{x} = (x_1, \cdots, x_n)$ で表し，これを現在の状態とする．ニューロンは n 個あり，時間が1時刻経過すると，ニューロン間の相互作用により，次の状態 $\boldsymbol{y} = T\boldsymbol{x}$ に変わる．状態遷移 T は確率的で，この過程はマルコフ的に遷移すると考える．この過程で $\boldsymbol{x}$ の各成分の情報が統合されて，新しい $\boldsymbol{y}$ に変わる．

Tononiは，意識の強度は**情報統合の強さ**にあるとみなして，意識を量的に定義しようとした．それはニューロン集団をいくつかの部分系に分割し，部分系内部と，部分系間の情報統合の度合いを調べることから始まる．その議論に深入りすることは避けて，ここでは単にシステムの情報統合量を定義することにしよう．

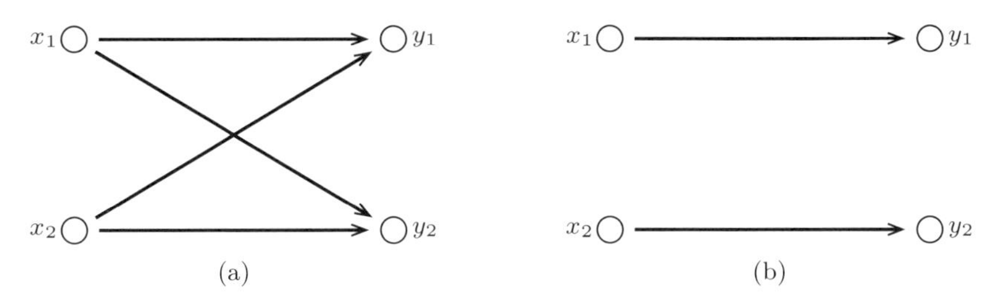

図 6.17　$\boldsymbol{x}$ から $\boldsymbol{y}$ へのマルコフ的遷移

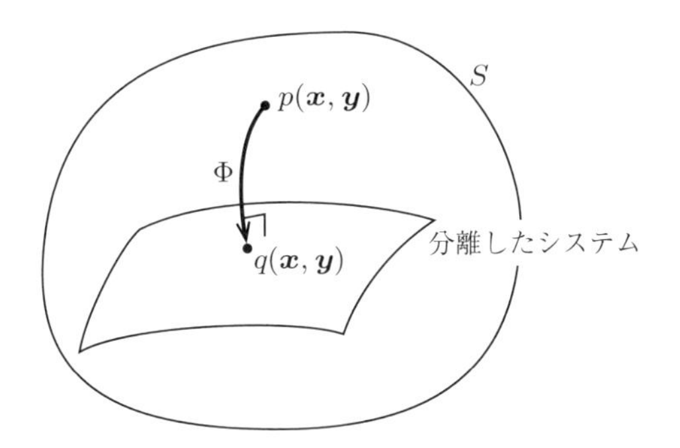

図 6.18　情報統合量

話を単純化して，$n = 2$ の 2 ニューロン間の情報統合を定義する．もちろんこれは，任意の n の場合に拡張できる．このシステムではニューロン i $(i = 1, 2)$ は，自分自身の情報 x_i の他に，異なるニューロン j $(j \neq i)$ からの情報 x_j も受けて出力 y_i とする（図 6.17 (a)）．だから，異なるニューロン間に結合のないシステム（図 6.17 (b)）を参考として考え，それとの違いを調べれば情報統合量がわかる．一般の $p(\boldsymbol{x}, \boldsymbol{y})$ の分布のなす空間を S とし，その中で他の端子からの情報が交ざらないものを分離システムと呼ぼう（図 6.18）．

Tononi は，このために Φ と呼ぶ**情報統合量**を定義した．いまの場合，この量を，システムによって生ずる $\boldsymbol{x}, \boldsymbol{y}$ の同時確率分布 $p(\boldsymbol{x}, \boldsymbol{y})$ と，情報が統合されない分離したシステムで生ずる確率分布 $q(\boldsymbol{x}, \boldsymbol{y})$ を考え，その違いの度合いを KL ダイバージェンスで測ることで表す．すなわち，

$$\Phi = D_{\mathrm{KL}}[p(\boldsymbol{x}, \boldsymbol{y}) : q(\boldsymbol{x}, \boldsymbol{y})] \tag{6.174}$$

である．ただし，$q(\boldsymbol{x}, \boldsymbol{y})$ は分離したシステムの確率分布の中で，現在のシステム $p(\boldsymbol{x}, \boldsymbol{y})$ に一番近いものを取る．結局

$$\Phi = \min_{q:\,\text{分離}} D_{\mathrm{KL}}[p(\boldsymbol{x}, \boldsymbol{y}) : q(\boldsymbol{x}, \boldsymbol{y})]. \tag{6.175}$$

これが情報統合量である．ただし，D_{KL} は Shannon のエントロピーをもとに測ったものであるから，情報統合量は明らかに

$$0 \le \Phi \le I(X : Y) \tag{6.176}$$

を満たさないといけない．ここで，$I(X : Y)$ は，送信端 $X = \{\boldsymbol{x}\}$ から受信端 $Y = \{\boldsymbol{y}\}$ の間の相互情報量である．

ここで分離したシステムとは何かが問題となる．一般のシステムは，図 6.17 (a) に示すように X から次の時刻に Y へとマルコフ的に状態遷移をする．このとき，X から Y への異なる端子間の結合を断ち切った，図 6.17 (b) のようなシステムの確率分布の全体が，**情報分離モデル**をなすと考えられた．これは A. Barrett，L. Barnett，A. Seth が考えたモデルで，Tononi たちもこれを用いている．N. Ay は実はそれ以前に，システムの複雑性の観点から，この量を情報複雑度として定義し，その性質を研究していた．これを**全分割モデル** M_F と呼ぶ．

これは図示すれば，図 6.17 (b) のように，マルコフ連鎖で対角型の結合を切ったシステムである．X_1 と X_2 の間には相関があってよいから，各量の間には

$$Y_1 \text{——} X_1 \text{——} X_2 \text{——} Y_2 \tag{6.177}$$

のようなマルコフ連鎖関係が成立する．上記のマルコフ関係における —— の意味は，X——Y——Z ならば，Y を固定すれば X と Z とは独立であるということである．このモデルを用いた統合情報量を Φ_F で表そう．これで分離モデルは良さそうに思われていた．

$p(\boldsymbol{x}, \boldsymbol{y})$ が与えられたときに，これを M_F に m 射影すれば，上記 D_{KL} を最小化する $q^* \in M_F$ は，直接に計算して

$$q^*(\boldsymbol{x}, \boldsymbol{y}) = p(\boldsymbol{x}) p(y_1|x_1)\, p(y_2|x_2) \tag{6.178}$$

と得られる．これは q^* と p の周辺分布は

$$q^*(\boldsymbol{x}) = p(\boldsymbol{x}) \tag{6.179}$$

で等しく，かつ

$$q^*(\boldsymbol{y}|\boldsymbol{x}) = p(y_1|x_1)\, p(y_2|x_2) \tag{6.180}$$

で大変尤もらしい．Φ_F を計算すれば

$$\Phi_F = H(Y_1|X_1) + H(Y_2|X_2) - H(Y_1, Y_2|X_1, X_2) \tag{6.181}$$

で陽に与えられて気持ちが良い．

ところが，この量には問題がある．これは不等式 (6.176) を必ずしも満足せず，Φ_F は $I(X:Y)$ より大きくなってしまうことがある．その理由は，M_F は $\boldsymbol{x}$ と $\boldsymbol{y}$ とが独立であるような分布

$$q(\boldsymbol{x}, \boldsymbol{y}) = q(\boldsymbol{x})q(\boldsymbol{y}) \tag{6.182}$$

を含まないからである．わかりやすく言えば，y_1 と y_2 に外部から相関のある雑音が入った場合，(6.181) の Φ_F にはその影響が入ってしまう．つまり，仮に X と Y とが独立であったとしても $\Phi_F = 0$ にはならない．

この欠点をなくすために，**対角分離モデル** M_D を考えよう．これは，(6.177) のマルコフ連鎖条件を

$$Y_1 \text{——} (X_2, Y_1) \text{——} Y_2, \tag{6.183}$$

$$Y_2 \text{——} (X_1, Y_2) \text{——} Y_1 \tag{6.184}$$

と変える．すると，Y_1 と Y_2 に相関のある雑音が入る影響を除去できる．この雑音が，M_F のうまく働かない原因であった．この分離モデルで定義した Φ_D は不等式 (6.176) を満たす．

この時 $p(\boldsymbol{x}, \boldsymbol{y})$ を M_D に m 射影すると，

$$q^*(\boldsymbol{x}) = p(\boldsymbol{x}) \tag{6.185}$$

$$q^*(\boldsymbol{y}) = p(\boldsymbol{y}) \tag{6.186}$$

$$q^*(y_i|x_i) = p(y_i|x_i), \quad i = 1, 2 \tag{6.187}$$

が得られる．ここから

$$\Phi_D = D_{\mathrm{KL}}[p(\boldsymbol{x}, \boldsymbol{y}) : q^*(\boldsymbol{x}, \boldsymbol{y})] \tag{6.188}$$

で統合情報量が陽に得られる．

これで一件落着と思った．ところが，これも問題であった．詳しく述べないが，X, Y を離散ではなくてガウス分布に従う連続変数として，Φ_D を計算する．すると，$p(\boldsymbol{x}, \boldsymbol{y})$ を M_D に射影したモデルは，何と $\boldsymbol{x}$ から $\boldsymbol{y}$ への遷移行列が対角行列にならない．これはまずい．

そこで考案した最終のモデルを**幾何学的分離モデル** M_G と名付けた．それはマルコフ条件

$$X_1 — X_2 — Y_2, \tag{6.189}$$

$$X_2 — X_1 — Y_1 \tag{6.190}$$

を満たすモデルである．これはすべての条件を満たし，まさに分離モデルというにふさわしい．

マルコフ条件 (6.189), (6.190) はそれぞれ

$$q\left(x_1, y_2 | x_2\right) = q\left(x_1 | x_2\right) q\left(y_2 | x_2\right), \tag{6.191}$$

$$q\left(x_2, y_1 | x_1\right) = q\left(x_2 | x_1\right) q\left(y_1 | x_1\right) \tag{6.192}$$

のように書ける．しかし M_G は S の中で平坦な部分多様体をなさない．そのため，$p(\boldsymbol{x}, \boldsymbol{y})$ から $q^*(\boldsymbol{x}, \boldsymbol{y})$ を陽に求めることが難しい．しかし，

$$\boldsymbol{y} = A\boldsymbol{x} + \boldsymbol{\varepsilon} \tag{6.193}$$

のような AR モデルならば，これは陽に求まる．このとき $q^*(\boldsymbol{x}, \boldsymbol{y})$ も AR モデル

$$\boldsymbol{y} = A^*\boldsymbol{x} + \boldsymbol{\varepsilon}^* \tag{6.194}$$

であり，A^* が対角行列になる．それは，$p(\boldsymbol{x}, \boldsymbol{y})$ の $\boldsymbol{\theta}$ 座標を用いて，

$$A^* = -\theta_{YY}^{-1}\theta_{XY} \tag{6.195}$$

で与えられる．ここに，θ_{XY} などは $p(\boldsymbol{x}, \boldsymbol{y})$ の $\boldsymbol{\theta}$ 座標

$$\boldsymbol{\theta} = \begin{pmatrix} \theta_{XX} & \theta_{XY} \\ \theta_{YX} & \theta_{YY} \end{pmatrix} \tag{6.196}$$

の対応する部分の部分小行列である．

このモデルを用いた Φ_G が統合情報量である．この量はこれまでに情報の統合と因果的な関係として定義されてきた，Granger 因果性やトランスファーエントロピーなどを包括する，より大きな枠組みを与える．

私は，意識の研究は情報統合理論で完成するとは思っていない．そもそも，意識をどう定義するかが問題である．しかし，ここでの理論は，情報統合に関する限り，情報幾何が提出できる最良のものであろう．

こぼれ話 11　研究者倫理と盗作疑惑あれこれ

21 世紀に入って機械学習の理論が出始め，理研でも研究がたけなわであった．インド人と中国人のポスドク研究員がやって来て，こんな研究が出来上がりましたという．聞いてみると，尤もな新しい考えであるが，少し物足りない．それから 2，3 日，私は必死で考えて，ある部分を付け足した．そして論文として投稿することになった．

その頃，村田昇さんが主導して，機械学習の理論を推進している世界の一線の研究者を理研に呼んで，国際ミニワークショップを開くことになった．こうして十数人の一流研究者を国外から呼び，研究会を開いた．そのときのことである．ドイツから来た研究者たちが何人か私の部屋へ来て，Prof. Amari に話さなければならないことがあるという．話を聞くと，言いにくいことではあるがお前たちの投稿中の論文は，ドイツの研究者の論文の盗作の疑いがあるという．そのドイツの論文は国際会議に発表され，そのプロシーディングスが出ているという．

私は寝耳に水で驚いた．我々は全く独立に研究したのである．しかし彼らが言うには，我々の論文の序文の文章にドイツの論文の序文と全く同じ文章が 2，3 行入っているというのである．私はさっそく第 1 著者のインド人研究者を呼んで，問いただした．彼は「自分たちが研究して，ほぼ完成したときにその論文を読んだ．同じ発見が部分的に含まれていても自分たちも独自に研究したのだから発表したいと考えた．その論文の序文があまりにもうまく書けているので，つい借用した」という．

似たような発見が同時に独立に起こることはよくある話である．この論文には私が新たに付け加えた部分も含まれていて，それなりに新しいものではある．しかし引用なしに人の序文を拝借することは研究倫理からして許されることではない．この論文を書くときに，それを引用しておきさえすればそれでよかったのである．

ドイツ人研究者たちには，「確かにその論文を読んだそうである．もちろん研究は独立に行ったのだが，明らかにこれは問題である．我々の論文は撤回する」と言って，引っ込めた．これは良い決断であったが，危ないところでもあった．インド人研究者はいまはエジンバラ大学の機械学習の主要な教授として活躍しているし，中国人研究者は北京大学の理論神経科学の有力教授として活躍している．こんなことで彼らのキャリアに傷がつかなくてよかった．

ところが，私自身の問題もあった．機械学習に関して α ダイバージェンスと α 接続の理論を考えついた．良い案だと思って論文にし，IEEE の情報理論に投稿した．ところが，東大の大学院の学生がこの話は統計の論文にあり，甘利先生もそれを知っているはずだと言っている，と聞いた．そこでハッと思い出した．昔，私が査読して通した論文にこれがあった．機械学習を主要なテーマにしたことで，統計の話をうっかりして忘れていた．あわてて IEEE の編集者に手紙を出して，類似の論文がすでにあることが判明したと言ってこの論文を撤回した．分野が違ったりするとうっかり忘れていることがある．気を引き締めなくてはいけない．

最後は共著論文での出来事である．これは多端子統計推論の話で，未解決問題として別に書くが，私が長年苦労して解けなかった問題である．私はうかつにも，私自身の論文も含めて，この主題に主要な貢献が 1 つもない，と書いた．ところが，電気通信大学（以後，電通大と略す）の韓太舜名誉教授が私と共著で大変に難解で深い論文を書いている[156]．これで問題がすべて解決したわけではないが，主要な構造はわかる．

私はあわててこの論文を読み直したが，難しくてわからない．韓さんに何度も問い合わせて教えてもらい，やっと理解した．共著者として名を連ねているのに，理解できずにいるということは，やはり研究倫理に反すると言われても仕方がない．心すべきことである．

研究は私の趣味
——退官後の研究 7

7.1 統計神経力学

81 歳で理研を退官した．私はまだ元気であったが，どう見ても後進に道を譲るべきである．それ以後は，研究は趣味として囲碁とともに続ければよいと考えた．退官後も実は理研に自分の居室を持っていて，ここで研究を続けた．この頃，ベンチャー企業のアラヤから話があって，その顧問に就任した．ここに週 1 回出向いて，そこの研究員となった大泉匡史さん，それに東大大学院（岡田真人さんのところの大学院生で，産業技術総合研究所（以後，産総研と略す）に移った）の唐木田亮さんと共同研究を始めた．唐木田さんとは，留寿都での神経情報研究会の冬の合宿で出会った．

ここで始めたのが，心残りだった**統計神経力学**である．これはもっと前に私がやっておくべき仕事だった．世の中で**大規模ランダム結合回路**の研究がどんどん進み，新しい成果が出だしていた．それについて唐木田さんがいろいろと教えてくれた．

7.1.1 大規模ランダム階層神経回路の情報変換——順方向と逆方向の双対的な構造

統計神経力学については第 3 章で述べた．また，サイエンス社の「数理科学」に連載し，それをまとめた成書も出したので[343]，ここでは簡略に骨子を述べるにとどめよう．図 7.1 に示すように，入力信号 $\boldsymbol{x}$ を出力信号 $\boldsymbol{y}$ に変換する多層の回路を考える．最後の出力層はこれまでは 1 個（スカラー）としてきたが，これも大規模なベクトルとする．第 l 層の回路を取り上げる．ここでの入力は第 $l-1$ 層からの出力 $\overset{l-1}{\boldsymbol{x}}$ で，l 層からの出力を $\overset{l}{\boldsymbol{x}}$ と書く．また，l 層のニューロンの数を n_l とする．このとき，i 番目のニューロンは

$$\overset{l}{u}_i = \overset{l}{\boldsymbol{w}}_i \cdot \overset{l-1}{\boldsymbol{x}} - \overset{l}{h}_i \tag{7.1}$$

の入力活性度を受け，その出力は

$$\overset{l}{x}_i = \varphi\left(\overset{l}{u}_i\right) \tag{7.2}$$

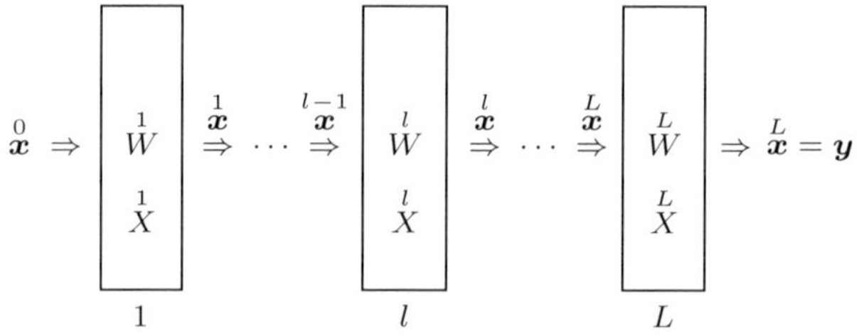

$$\overset{0}{\boldsymbol{x}} \Rightarrow \underset{1}{\boxed{\begin{matrix}\overset{1}{W}\\ \overset{1}{X}\end{matrix}}} \overset{\overset{1}{\boldsymbol{x}}}{\Rightarrow} \cdots \overset{\overset{l-1}{\boldsymbol{x}}}{\Rightarrow} \underset{l}{\boxed{\begin{matrix}\overset{l}{W}\\ \overset{l}{X}\end{matrix}}} \overset{\overset{l}{\boldsymbol{x}}}{\Rightarrow} \cdots \overset{\overset{L}{\boldsymbol{x}}}{\Rightarrow} \underset{L}{\boxed{\begin{matrix}\overset{L}{W}\\ \overset{L}{X}\end{matrix}}} \Rightarrow \overset{L}{\boldsymbol{x}} = \boldsymbol{y}$$

図 7.1　多層神経回路網

と書ける．ベクトルで書けば，ここでの入出力関係は

$$\overset{l}{\boldsymbol{x}} = \varphi\left(\overset{l}{\boldsymbol{w}} \cdot \overset{l-1}{\boldsymbol{x}} - \overset{l}{h}\right) \tag{7.3}$$

のようになる．ここで，重みベクトル $\overset{l}{\boldsymbol{w}}$ および閾値(しきいち) $\overset{l}{h}$ は平均 0 でランダムに決まるものとし，$\overset{l}{\boldsymbol{w}}$ の各成分 $\overset{l}{w}_i$ は独立でその分散は $1/n_l$，h の分散は σ_l^2 とした．

入力 $\overset{l-1}{\boldsymbol{x}}$ の第 0 成分に $\overset{l-1}{x}_0 = 1$ を付加して次元を 1 つ上げ，また対応する重みベクトルの第 0 成分を $-\overset{l}{h}$ とすれば，見かけ上は記法が簡単になり，新しい $\overset{l}{\boldsymbol{w}}_i, \overset{l}{\boldsymbol{x}}$ を使って，線形和から $\overset{l}{h}$ を引いたものは，単に

$$\overset{l}{u}_i = \overset{l}{\boldsymbol{w}}_i \cdot \overset{l-1}{\boldsymbol{x}} \tag{7.4}$$

のように書ける．今後この記法を使う．しかし，$\boldsymbol{x}$ や $\boldsymbol{w}$ の第 0 成分は，他と性質が違うから注意が必要である．

注意深い読者は，以後の議論で第 0 成分に対しては，別に考えなくてはいけないと思うのがよい．ここではそういう面倒なことは避けて，以後はすべてのニューロンは，仮に $h = 0$ であるとしてしまおう．議論の骨格を簡単に示すだけならこれでよい．

第 l 層での重みベクトルの作る行列を $\overset{l}{W}$ とする．$\overset{l}{W}$ は各ニューロンの重み横ベクトル $\overset{l}{\boldsymbol{w}}_i$ を上から順に並べた行列で，

$$\overset{l}{W} = \begin{bmatrix} \overset{l}{\boldsymbol{w}}_1 \\ \overset{l}{\boldsymbol{w}}_2 \\ \vdots \\ \overset{l}{\boldsymbol{w}}_{n_l} \end{bmatrix} \tag{7.5}$$

と書いてよい．第 l 層のニューロン数 $\overset{l}{n}$ は皆大きいので，

$$n_l = c_l p \tag{7.6}$$

とおいて，p が大きいとしよう．c_l は適当な定数である．l 層での入出力関係は

$$\overset{l}{\boldsymbol{x}} = \varphi\left(\overset{l}{\boldsymbol{u}}\right), \tag{7.7}$$

$$\overset{l}{\boldsymbol{u}} = \overset{l}{W}\overset{l-1}{\boldsymbol{x}} \tag{7.8}$$

のように簡単に書ける．φ は活動度関数で，至るところで微分可能とする．また，関数 $\varphi(\boldsymbol{u})$ は，ベクトル $\boldsymbol{u}$ の成分毎に働くとする．このとき，入力信号 $\overset{l}{\boldsymbol{x}}$ は，

$$\overset{l}{\boldsymbol{x}} = \varphi\left(\overset{l}{W}\overset{l-1}{\boldsymbol{x}}\right), \quad l = 1, \cdots, L \tag{7.9}$$

で変換され，L 層の最終出力に至るが，最終層では線形和

$$\overset{L}{\boldsymbol{x}} = \overset{L}{\boldsymbol{u}} = \overset{L}{W}\overset{L-1}{\boldsymbol{x}} \tag{7.10}$$

がそのまま出力になり，φ は使わない．

第 l 層の入力信号（$l-1$ 層の出力信号）$\overset{l-1}{\boldsymbol{x}}$ が微小に変動し，$\overset{l-1}{\boldsymbol{x}} + d\overset{l-1}{\boldsymbol{x}}$ になったとしよう．l 層の出力信号の微小な変動は

$$d\overset{l}{\boldsymbol{x}} = \overset{l}{X} d\overset{l-1}{\boldsymbol{x}}, \tag{7.11}$$

$$\overset{l}{X} = \frac{\partial \boldsymbol{x}^l}{\partial \boldsymbol{x}^{l-1}} = \overset{l}{D}\overset{l}{W} \tag{7.12}$$

となる．ここで，$\overset{l}{D}$ は対角行列で

$$\overset{l}{D} = \mathrm{diag}\left[\varphi'\left(\overset{l-1}{u}_i\right)\right]. \tag{7.13}$$

この微小変動は，l 層ではその大きさをどれだけ変えるだろうか．これを見るために，$|d\overset{l}{\boldsymbol{x}}|^2$ を計算してみる．すると

$$d\overset{l}{\boldsymbol{x}}^T d\overset{l}{\boldsymbol{x}} = d\overset{l-1}{\boldsymbol{x}}^T \overset{l}{X}^T \overset{l}{X} d\overset{l-1}{\boldsymbol{x}} \tag{7.14}$$

となり，ここで行列 $\overset{l}{X}^T\overset{l}{X}$ を計算すると，その jk 要素は

$$\left(\overset{l}{X}^T\overset{l}{X}\right)_{jk} = \sum_i \left\{\varphi'\left(\overset{l}{u}_i\right)\right\}^2 \overset{l}{w}_{ij}\overset{l}{w}_{ik} \tag{7.15}$$

のように多数の確率変数の和になっている．これを独立な確率変数の和と見るなら

ば，大数の法則により期待値で置き換えて

$$\left(\overset{l}{X}{}^T\overset{l}{X}\right)_{jk} = n_l\mathrm{E}\left[\varphi'\left(\overset{l}{u}_i\right)^2\overset{l}{w}_{ij}\overset{l}{w}_{ik}\right] \tag{7.16}$$

を得る．

ここで少し“ずる”をする．平均場近似である．$\overset{l}{u}_i$ は，多数の $\overset{l}{w}_{ij}$ の和で表されていて，特定の $\overset{l}{w}_{ik}$ や $\overset{l}{w}_{ij}$ との相関は薄くなる．だから，この期待値を分離して，(7.16) の右辺を

$$\left(\overset{l}{X}{}^T\overset{l}{X}\right)_{jk} = n_l\mathrm{E}\left[\varphi'\left(\overset{l}{u}_i\right)^2\right]\mathrm{E}\left[\overset{l}{w}_{ij}\overset{l}{w}_{ik}\right] \tag{7.17}$$

で置き換える．これにはもう少し精密な議論をしてもよい．$\overset{l}{u}_i$ を $\overset{l}{w}_{ij}\overset{l}{w}_{ik}$ を含む項とその他の項との和に分離して，テイラー展開する．ここで相関のある項は $O(1/\sqrt{n_l})$ であり小さいから無視してよい．

さらに

$$\overset{l}{\mathcal{X}} = \sigma_l^2\mathrm{E}\left[\varphi'\left(\overset{l}{u}_i\right)^2\right], \tag{7.18}$$

$$\sigma_l^2 = \overset{l}{\sigma}{}_w^2\mathrm{E}\left[\left(\overset{l}{x}_i\right)^2\right] + \sigma_h^2 \tag{7.19}$$

とおく．これは $\overset{l}{u}_i$ の大きさに依存するが，ランダム回路では $\overset{l}{u}_i$ または $\overset{l}{x}_i$ の大きさは，層が進むにつれて急速に一定値に収束する．したがって，これを定数と考えよう．すると次の近似ができる．

$$\overset{l}{X}{}^T\overset{l}{X} = \overset{l}{\mathcal{X}}I. \tag{7.20}$$

したがって，l 層の役割は共形変換で，微小線素は大きさを $\overset{l}{\mathcal{X}}$ 倍に変えるから

$$d\overset{l}{s}{}^2 = \overset{l}{\mathcal{X}}d\overset{l-1}{s}{}^2. \tag{7.21}$$

微小変動 $d\overset{l}{\boldsymbol{x}}$ の影響を，最終層の出力の変動で評価してみよう．最終層の微小変動の大きさを

$$ds^2 = d\overset{L}{\boldsymbol{x}}{}^T d\overset{L}{\boldsymbol{x}} \tag{7.22}$$

で測ることにする．また，l 層での $d\overset{l}{\boldsymbol{x}}$ の長さの 2 乗は，行列 $\overset{l}{G}$ を用いて

$$ds^2 = d\overset{l}{\boldsymbol{x}}{}^T\overset{l}{G}d\overset{l}{\boldsymbol{x}} \tag{7.23}$$

と書ける．$\overset{l}{d\boldsymbol{x}}$ の長さを最終層での $\overset{L}{d\boldsymbol{x}}$ の長さに等しいものと定義したのである．これにより $\overset{l}{\boldsymbol{x}}$ の空間に，計量行列 $\overset{l}{G}$ が定義できる．

いま，

$$\overset{L\sim l}{X} = \overset{L}{X} \cdots \overset{l}{X} \tag{7.24}$$

と，行列 X の積を定義しよう．すると

$$d\overset{l}{s}{}^2 = d\overset{l}{\boldsymbol{x}}{}^T \overset{L\sim l}{X} d\overset{l}{\boldsymbol{x}} \tag{7.25}$$

のようになるから，(7.23) を用いて計量 $\overset{l}{G}$ は

$$\overset{l}{G} = \overset{L\sim l}{X}{}^T \overset{L\sim l}{X} = \overset{L}{\mathcal{X}} \cdots \overset{l}{\mathcal{X}} I \tag{7.26}$$

と書ける．前著[343] で述べたドミノ倒し補題を用いて計算すれば，$\overset{L\sim l}{X}{}^T \overset{L\sim l}{X} = \overset{l}{X}{}^T \cdots \overset{L}{X}{}^T \overset{L}{X} \cdots \overset{l}{X}$ が内側からくずれていって，(7.26) が出る．$\overset{l}{\mathcal{X}}$ は第 3 章で述べた拡大率である．

7.1.2 誤差逆伝播

多層回路のパラメータが $\boldsymbol{\theta} = \left(\overset{1}{W}, \cdots, \overset{L}{W}\right)$ のときに，入力 $\overset{0}{\boldsymbol{x}}$ に対する出力 $\overset{L}{\boldsymbol{x}}$（これは最終段だから $\overset{L}{\boldsymbol{u}}$ に等しい）と，教師の指示する正解 $\boldsymbol{y}$ との違いを表す誤差を

$$\overset{L}{\boldsymbol{e}} = \boldsymbol{y} - \overset{L}{\boldsymbol{u}} \tag{7.27}$$

としよう．このとき，瞬時損失関数は

$$l(\boldsymbol{x}, \boldsymbol{\theta}) = \frac{1}{2} |\overset{L}{\boldsymbol{e}}|^2 \tag{7.28}$$

と書ける．確率的勾配降下オンライン学習は，現在のパラメータ $\boldsymbol{\theta}_t$ を，

$$\boldsymbol{\theta}_{t+1} = \boldsymbol{\theta}_t - \eta \partial_{\boldsymbol{\theta}} l(\boldsymbol{x}_t \boldsymbol{\theta}_t) \tag{7.29}$$

のように変える．そこで l の $\boldsymbol{\theta}$ による勾配 $\partial_{\boldsymbol{\theta}} l$（具体的には各 $\overset{l}{W}$ の成分の変化に対応する勾配）の計算が必要である．

これはスコア関数を負にしたものであり，その微分は $\overset{L}{\boldsymbol{x}} = \overset{L}{\boldsymbol{u}}$ を用いて

$$\partial_{\boldsymbol{\theta}} l = \overset{L}{\boldsymbol{e}}{}^T \frac{\partial \overset{L}{\boldsymbol{u}}}{\partial \boldsymbol{\theta}} \tag{7.30}$$

である．$\boldsymbol{\theta}$ の l 層での成分 $\overset{l}{W}$ で微分する以下の計算

$$\frac{\partial \overset{L}{\boldsymbol{u}}}{\partial \overset{l}{W}} = \frac{\partial \overset{L}{\boldsymbol{u}}}{\partial \overset{L-1}{\boldsymbol{u}}} \cdots \frac{\partial \overset{l+1}{\boldsymbol{u}}}{\partial \overset{l}{\boldsymbol{u}}} \varphi'\left(\overset{l}{\boldsymbol{u}}\right) \overset{l}{\boldsymbol{x}} \tag{7.31}$$

を行う．ここで

$$\overset{l}{U} = \frac{\partial \overset{l}{\boldsymbol{u}}}{\partial \overset{l-1}{\boldsymbol{u}}} = \overset{l}{W}\overset{l-1}{D} \tag{7.32}$$

を用いれば，

$$\frac{\partial \overset{L}{\boldsymbol{u}}}{\partial \overset{l}{W}} = \overset{L}{\boldsymbol{e}}^T \overset{L}{U} \cdots \overset{l+1}{U} \overset{l}{\boldsymbol{x}} \tag{7.33}$$

である（図 7.2）．$\overset{l}{U}$ は，順方向での変換の行列 $\overset{l}{X}$ に対応する逆方向の誤差の変換行列である．すなわち l 層での誤差ベクトル $\overset{l}{\boldsymbol{e}}$ を

$$\overset{l}{\boldsymbol{e}} = \overset{L}{\boldsymbol{e}}^T \overset{L}{U} \cdots \overset{l+1}{U} \tag{7.34}$$

で定義すると，

$$\overset{l}{\boldsymbol{e}} = \overset{l+1}{\boldsymbol{e}}^T \overset{l}{U} \tag{7.35}$$

のように誤差は逆伝播する．

こうして誤差逆伝播の学習のアルゴリズム

$$\Delta \overset{l}{W} = -\eta \overset{l}{\boldsymbol{e}} \overset{l}{\boldsymbol{x}}^T \tag{7.36}$$

が得られる．

ちなみに，各層での誤差の 2 乗を計算してみよう．$\overset{l}{X}$ のときの (7.20) と同じ論

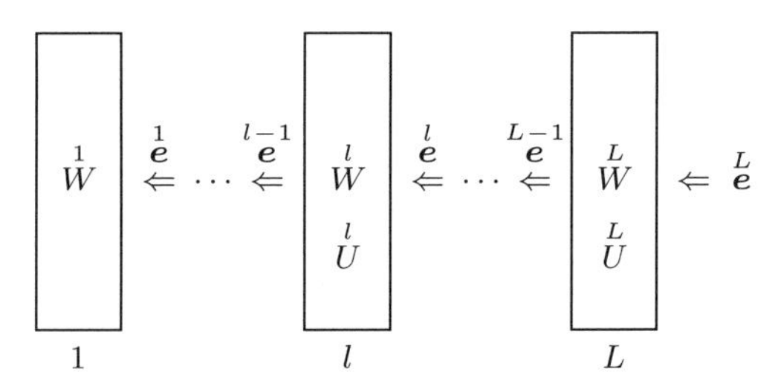

図 7.2　誤差逆伝播

法によって，

$$\left(\overset{l}{D}\overset{l}{W}\right)^T \overset{l}{W}\overset{l}{D} = \overset{l}{\mathcal{X}} I \tag{7.37}$$

が成立する．したがって

$$|\overset{l+1}{\boldsymbol{e}}|^2 = \overset{l}{\mathcal{X}}|\overset{l}{\boldsymbol{e}}|^2, \tag{7.38}$$

これにより，$\overset{l}{\mathcal{X}}$ が誤差逆伝播の大きさを規定し，$\overset{L}{\mathcal{X}} \cdots \overset{l}{\mathcal{X}}$ が 1 に近いカオスの縁で，良好な誤差逆伝播が行えることがわかる．拡大率 $\overset{l}{\mathcal{X}}$ は，信号伝播のときも誤差逆伝播のときも，その度合いを制御する重要なパラメータである．

7.1.3 Fisher 情報行列と自然勾配学習法

いよいよ Fisher 情報行列 F の出番である．大規模層状神経回路では，Fisher 情報行列 F が漸近的に素子毎にブロック対角化することを示す．パラメータ $\boldsymbol{\theta}$ はすべての階層の $\overset{l}{W}$ からなる．このうちで，第 l 層のパラメータ $\overset{l}{W}$（これは行列である）と第 m 層の $\overset{m}{W}$ に対応する成分は，部分 Fisher 情報行列

$$F[l,m] = \mathrm{E}\left[S_l S_m^T\right] \tag{7.39}$$

と書ける．ただし

$$S_l = \frac{\partial l(\boldsymbol{x},\boldsymbol{y},\boldsymbol{\theta})}{\partial \overset{l}{W}} \tag{7.40}$$

は，パラメータ $\overset{l}{W}$ に対応する縦ベクトルとする．これは

$$S_l = \overset{L}{\boldsymbol{e}}^T \frac{\partial \overset{L}{\boldsymbol{u}}}{\partial \overset{l}{W}} \tag{7.41}$$

のように書けた．

まず，同じ l 層内の部分 F 行列 $F[l,l]$ を計算する．これはドミノ倒し補題により，漸近的に

$$S_l S_l^T = \left(\prod_{j=l}^{L} \mathcal{X}_j\right) \overset{l-1}{\boldsymbol{x}}\overset{l-1}{\boldsymbol{x}}^T \tag{7.42}$$

のように簡単になる．とくに l 層の 2 つのニューロンの重み $\overset{l}{w}_{ik}$ と $\overset{l}{w}_{jm}$ に関しては

$$\left(\prod_j \mathcal{X}_j\right) \delta_{ij} \overset{l-1}{w}_k \overset{l-1}{w}_m \tag{7.43}$$

のようになる．これを見れば，異なる 2 つのニューロン i と j に関しては，$i = j$ でなければ Fisher 情報は漸近的に消失することがわかる．同一のニューロンについては消失しない．実は重みの部分と閾値の部分に相互作用があるので，この計算はそう簡単ではない．これまでは，閾値の項を省略してきたのである．結論として同一の l 層だけを見れば，F は素子毎に部分的にブロック対角化している．

では，異なる層，l 層と m 層の間ではどうなるだろう．$m > l$ としよう．スコア関数の積は

$$F_{lm} = \mathrm{E}\left[S_l S_m^T\right] \tag{7.44}$$

であるから (7.42) のように，同一の $\overset{k}{U}$ $(m \geq k > l)$ を転置して掛けた項（ここでドミノ補題が働いて漸近的に対角化された）に，さらに余分の $\overset{r}{U}$ $(m \geq r > l)$ の積が掛かる．ただし $\overset{k}{U}$ は (7.32) で定義される．ところが $\overset{r}{U}$ の積は漸近的に $1/\sqrt{p}$ のオーダーの量である．ただし p は (7.6) のニューロン数のオーダーとなる大きな数である．したがって，F の異なる層の間の成分は漸近的に 0 になる．結論として次の定理を得る．

定理 7.1　大規模多層神経回路網の Fisher 情報行列は，漸近的に素子毎にブロック対角化する．

これは朗報である．素子毎に対角化していれば，その逆転はいとも容易である．ここでは，閾値の項を無視してしまったが，それも入れて計算する必要がある．Y. Ollivier は各素子毎に疑似対角行列

$$F = \left[\begin{array}{ccc|c} F_{11} & & 0 & F_{10} \\ & \ddots & & \\ 0 & & F_{rr} & \vdots \\ \hline F_{01} & & & F_{00} \end{array}\right] \tag{7.45}$$

を作り，これを逆転すればよいと言っている．この逆転は容易にできる．ただし，こうした話は大規模高階層回路に限り漸近的に成立する話である．ともあれ，自然勾配学習法はもはや夢の手法ではない．

ところで，問題が1つあった．F を

$$F = F_D + \varepsilon A \tag{7.46}$$

のように，主項である対角項 F_D と微小項 εA とに分解しよう（$\varepsilon = 1/\sqrt{p}$）．このとき，逆行列 F^{-1} は残念ながら

$$F^{-1} = F_D^{-1} + O(\varepsilon) \tag{7.47}$$

のようには書けない．つまり F^{-1} は漸近的に部分対角化するとは言えないのである．これは F が巨大行列で，その積が巨大な数の項の和になることからわかる．Ollivier にこのことを指摘されて，私は愕然とした．

しかし朗報もある．F をブロック対角化して ε の項を無視した対角行列を F_D としよう．このとき，漸近的に

$$F_D^{-1} F = I + O(\varepsilon) \tag{7.48}$$

が成立する．これが Fisher 逆行列に対してブロック対角化を利用することを正当化する．

7.1.4 経験 Fisher 情報行列とカーネル

n 個の学習データ $X = \{\boldsymbol{x}_1, \cdots, \boldsymbol{x}_n\}$ に対して，行列

$$Z = \frac{\partial}{\partial \boldsymbol{\theta}} f(X), \quad \left(Z_{is} = \frac{\partial}{\partial \theta^i} f\left(\boldsymbol{x}_s\right) \right) \tag{7.49}$$

を定義しよう．パラメータ $\boldsymbol{\theta}$ の数を P とすれば，これは $n \times P$ 行列である．その積

$$K(X, X) = Z(X, \boldsymbol{\theta}) Z(X, \boldsymbol{\theta})^T \tag{7.50}$$

は $n \times n$ 行列で，これを**カーネル行列**と呼ぶ．成分で書けば

$$K_{st} = \frac{\partial}{\partial \boldsymbol{\theta}} f(\boldsymbol{x}_s) \cdot \frac{\partial}{\partial \boldsymbol{\theta}} f(\boldsymbol{x}_t) \tag{7.51}$$

である．ここでは内積により $\boldsymbol{\theta}$ の各成分についての和が取られている．

一方 (7.50) の積の順序を変えて

$$\widehat{F} = \frac{1}{n} Z(X, \boldsymbol{\theta})^T Z(X, \boldsymbol{\theta}) \tag{7.52}$$

を作るとこれは $P \times P$ 行列で，n 個のデータについてはその和になっている．誤

差 $\overset{L}{\boldsymbol{e}}$ の2乗の平均値は1だから，これは

$$\widehat{F} = \frac{1}{n}\sum_{i=1}^{n} Z\left(\boldsymbol{x}_i, \boldsymbol{\theta}\right)^T Z\left(\boldsymbol{x}_i, \boldsymbol{\theta}\right) \tag{7.53}$$

のようになり，Fisher 情報行列のデータ $\boldsymbol{x}$ についての期待値を取るところを，実際に測定された $\boldsymbol{x}$ についての算術平均で置き換えたものである．これを**経験 Fisher 情報行列**と呼ぶ．

行列 Z を

$$Z = TMS^T, \tag{7.54}$$

$$M = \left[\begin{array}{ccc|c} \mu_1 & & 0 & \\ & \ddots & & 0 \\ 0 & & \mu_n & \end{array}\right] \tag{7.55}$$

のように**単因子分解**しよう．ここで，T は $n \times n$ 直交行列であり，S は $P \times P$ 直交行列である．また，$\mu_1, \cdots, \mu_n$ は行列 Z の**単因子**である（$P > n$）．

カーネル行列 K は

$$\Lambda_n = MM^T = \begin{bmatrix} \mu_1^2 & & 0 \\ & \ddots & \\ 0 & & \mu_n^2 \end{bmatrix} \tag{7.56}$$

として，

$$K = T\Lambda_n T^T \tag{7.57}$$

と書ける．一方，経験 Fisher 情報行列の場合は，

$$\Lambda_P = \left[\begin{array}{ccc|c} \mu_1^2 & & 0 & \\ & \ddots & & 0 \\ 0 & & \mu_n^2 & \\ \hline & 0 & & 0 \end{array}\right] \tag{7.58}$$

を用い，

$$\widehat{F} = Z^T Z = S^T \Lambda_P S. \tag{7.59}$$

経験 Fisher 情報行列は，そのランクが n であり，縮退しているので逆行列はな

い．しかし，代わりに一般逆行列 $F^\dagger$ を使う．これは

$$F^\dagger = Z^T Z \left(Z^T Z Z^T Z \right)^{-1} \tag{7.60}$$

で，単因子分解によって

$$F^\dagger = S \Lambda_P^\dagger S^T \tag{7.61}$$

のように書ける．Λ の一般逆行列は

$$\Lambda_P^\dagger = \left[\begin{array}{ccc|c} \mu_1^{-2} & & 0 & \\ & \ddots & & 0 \\ 0 & & \mu_n^{-2} & \\ \hline & 0 & & 0 \end{array} \right] \tag{7.62}$$

である．

経験 Fisher 情報行列を用いた自然勾配学習法は

$$\Delta \boldsymbol{\theta} = -\eta F^\dagger Z^T \boldsymbol{e} \tag{7.63}$$

のように書ける．

経験 Fisher 情報行列の逆行列を用いれば，その逆転の手間は $P \times P$ 行列の逆転ではなくて，$n \times n$ 行列の逆転の手間で済む．だから，これも自然勾配学習法の容易な実装法を提供する．

7.1.5 神経接核理論

深層学習はあっという間に大規模化し，理論がなかなか追いつかなかった．しかし，ここ 10 年でいろいろな理論が現れた．その一つが**神経接核**（**Neural Tangent Kernel, NTK**）**理論**であり，深層学習について，多くの事実を明らかにした．しかし，その理論は難解である．唐木田さんからいろいろと教えてもらって，私なりに理解しようと努めた．そして，これが深層回路網の観測データに由来する特異構造に関係することを突き止め，論文にした[322]．私としては最後の単著論文になると思って執筆したが，アイデアは大変に気に入っている．

まず，NTK の解説から始めよう．簡単のため，1 出力の多層の回路網を考え，そこに含まれる可変のパラメータを $\boldsymbol{\theta}$ とする．回路の入出力関係は，入力 $\boldsymbol{x}$ に対して

$$y = f(\boldsymbol{x}, \boldsymbol{\theta}) \tag{7.64}$$

のように書ける．

深層回路のパラメータ空間 S は，異なるパラメータの $\boldsymbol{\theta}$ と $\boldsymbol{\theta}'$ が，すべての $\boldsymbol{x}$ に対して

$$f(\boldsymbol{x}, \boldsymbol{\theta}) = f(\boldsymbol{x}, \boldsymbol{\theta}') \tag{7.65}$$

となるような点を多数含む．このとき S の 2 つの点 $\boldsymbol{\theta}$ と $\boldsymbol{\theta}'$ とは同値であるといい，$\boldsymbol{\theta} \approx \boldsymbol{\theta}'$ と書く．同値のものを 1 つにまとめれば（つまり同値類で割れば）

$$\widetilde{S} = S/\approx \tag{7.66}$$

で，$\widetilde{S}$ は**特異構造**を含む．

$\boldsymbol{x}$ の関数 $f(\boldsymbol{x})$ の空間を考えよう．これを

$$\mathcal{F} = \{f(\boldsymbol{x})\} \tag{7.67}$$

とする．あまり変な関数を考えても仕方がないから，とりあえず，$f \in \mathcal{F}$ は $\boldsymbol{x}$ のガウス分布のもとで 2 乗可積分の連続関数としておこう．多層パーセプトロンが実現する関数 $f(\boldsymbol{x}, \boldsymbol{\theta}) \in S$ の集まりは，$\mathcal{F}$ の中に入っていて，$\mathcal{F}$ の部分集合

$$\mathcal{F}_S = \{f(\boldsymbol{x}, \boldsymbol{\theta})\} \subset \mathcal{F} \tag{7.68}$$

をなす．ここでは S の同値な $\boldsymbol{\theta}$ の像はすべて $\mathcal{F}$ の同じ点に写る．だから，$\mathcal{F}_S$ は $\mathcal{F}$ の部分多様体ではなくて，特異構造を含む（図 7.3）．

いま，n 個の例題 $X = \{\boldsymbol{x}_1, \cdots, \boldsymbol{x}_n\}$ が与えられ，これをもとに学習が進むとしよう．学習は $\boldsymbol{\theta}$ を変えていくことで達成されるが，$\boldsymbol{\theta}$ を変えれば，その像である $f(\boldsymbol{x}, \boldsymbol{\theta})$ は，$\mathcal{F}$ の中を動いていく．学習を $\mathcal{F}$ の中で考えるのが，NTK 理論の始ま

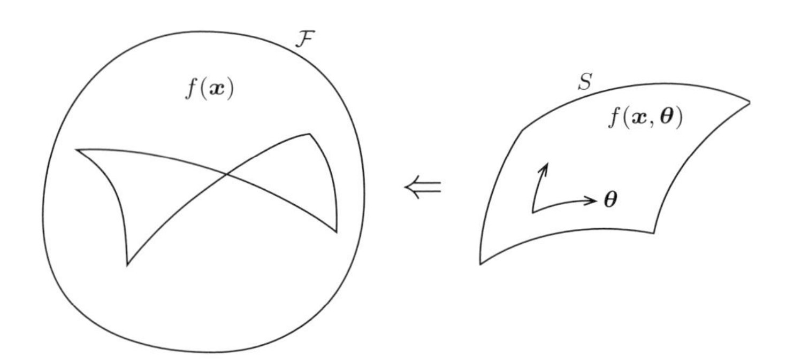

図 7.3 神経回路網の空間 S とその実演する関数の空間 $\mathcal{F}$

りである．S において，$\boldsymbol{\theta}$ の微小変化 $d\boldsymbol{\theta}$ を表す接空間を考え，これを $\mathcal{F}$ に移して $\mathcal{F}$ での学習を考える．学習による変化 $d\boldsymbol{\theta}$ は，$\mathcal{F}$ では関数の微小変化

$$df(\boldsymbol{x}) = \partial_{\boldsymbol{\theta}} f(\boldsymbol{x}, \boldsymbol{\theta}) d\boldsymbol{\theta} = \boldsymbol{Z}(\boldsymbol{x}, \boldsymbol{\theta}) d\boldsymbol{\theta} \tag{7.69}$$

となる．

NTK を議論する前に，パラメータの総数 P は，例題数 n よりも十分に大きい $P \gg n$ であることの影響を考えよう．NTK 理論はこのような状況を想定している．

例題の集合 X に対して，2 つの異なる $\boldsymbol{\theta}$ と $\boldsymbol{\theta}'$ が，すべての例題で

$$f\left(\boldsymbol{x}_i, \boldsymbol{\theta}'\right) = f\left(\boldsymbol{x}_i, \boldsymbol{\theta}\right), \quad i = 1, 2, \cdots, n \tag{7.70}$$

を満たすとき，$\boldsymbol{\theta}$ と $\boldsymbol{\theta}'$ は**例題同値**（もしくは**経験同値**）と呼ぶ（図 7.4）．例題 X に関する限り，同値な $\boldsymbol{\theta}$ と $\boldsymbol{\theta}'$ は同じ動作をする．ところが，例題同値の同値類は，$\mathcal{F}_S$ の中で $P-n$ 次元の広がりを持つ．つまり，例題に限れば同値の $\boldsymbol{\theta}$ は S の中で大きい広がりを持ち，$\boldsymbol{\theta}$ の実効的に有効な変化の自由度は n しかない．例題が n しかなければ，S の P 自由度のうち，$(P-n)$ 自由度が無効になる．

もっとも単純な，中間層が 1 層の単純パーセプトロンでこの効果を調べよう．その入出力関係は

$$f(\boldsymbol{x}, \boldsymbol{\theta}) = \sum_{i=1}^{p} v_i f\left(\boldsymbol{w}_i \cdot \boldsymbol{x}\right) \tag{7.71}$$

のように書ける．ここで，$\boldsymbol{w}_i$ $(i = 1, \cdots, p)$ の成分はすべて独立で，平均 0，分散 σ^2/p のガウス分布に従うとし，これは固定で学習しないとする．閾値の項もここに含まれるとしよう．すると，可変な学習パラメータは $\boldsymbol{v} = (v_i)$ のみである．可変

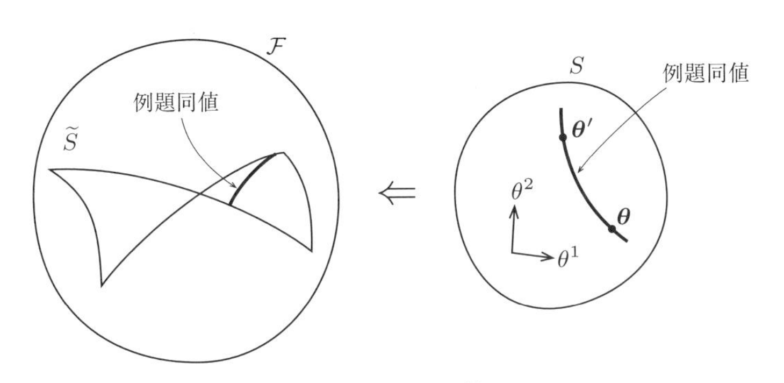

図 7.4 例題同値

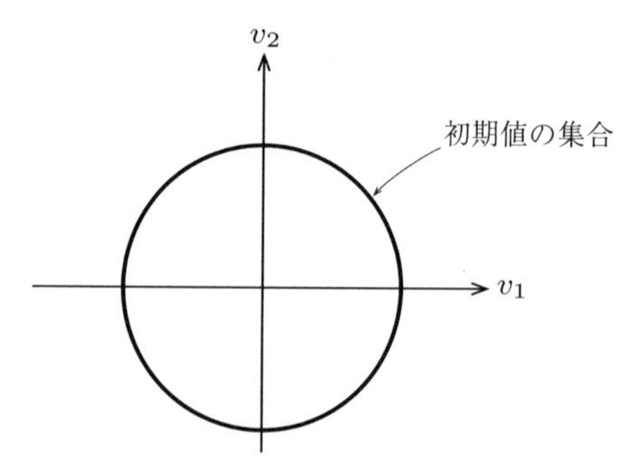

図 7.5　初期値 $\boldsymbol{v}_0$ は半径 1，厚さ $\frac{1}{\sqrt{p}}$ の球面上に乗る．

なパラメータ数は p で，これは中間層のニューロンの数である．ここでも，$p \gg n$ としている．

ランダムな回路で初期値 $\boldsymbol{v}_0$ を，各成分が平均 0，分散 $1/p$ のガウス分布に従うものとしてランダムに決めよう．このような初期値は $\boldsymbol{v}$ の空間 S の中で，

$$\mathrm{E}[v_{0i}^2] = \frac{1}{p}, \tag{7.72}$$

を満たす．これより

$$\mathrm{E}\left[\sum_i v_{0i}\right] = 0, \tag{7.73}$$

$$\sum_i v_{0i}^2 = 1 + O\left(\frac{1}{\sqrt{p}}\right) \tag{7.74}$$

である．初期値 $\boldsymbol{v}_0$ は

$$|\boldsymbol{v}_0|^2 = 1 \tag{7.75}$$

を満たす厚さ $1/\sqrt{p}$ の球の表面に一様に分布している（図 7.5）．初期値 v_{0i} を (7.72) のように小さく取る理由は，f の値を有界にするためで，もし v_{0i} が 1 のオーダーであれば，(7.71) は p のオーダーになってしまう．各 v_{0i} が平均 0 で $1/\sqrt{p}$ のオーダーであれば，f は 1 のオーダーとなる．

p が大きいときのランダム初期値の影響は，次の驚くべき定理に示される．

定理 7.2　ランダムに選んだ初期値 $\boldsymbol{v}_0$ のどれか一つを取ると，n 個のデータ X の学習によって得られる正解がその $1/\sqrt{p}$ 近傍に入っている確率が，p を大きくすると 1 に近づく．

ランダムな初期値は，S の球面の至るところに取れる．ところがそのうちのどの一つの $\boldsymbol{v}_0$ を取っても，そのすぐ近くに正解があるという結果には，まず驚く．もちろん 2 つの初期値 $\boldsymbol{v}_0$ と $\boldsymbol{v}_0'$ の間の距離は，平均としてはオーダー 1 だけ離れている．

このことは，正解は多数あって，それらは S の至るところに散らばっていることを意味する．$p \gg n$ ならば，例題同値性が働くからである．これが $p \gg n$ の効果である．

証明を与えよう．n 個の例題に対する教師の与える正解を，n 次元の縦ベクトル

$$\boldsymbol{f}^* = \left(f\left(\boldsymbol{x}_1\right), \cdots, f\left(\boldsymbol{x}_n\right)\right)^T \tag{7.76}$$

としよう．また，行列 $Z = (Z_{si})$ を

$$Z_{si} = \partial_i f(\boldsymbol{x}_s) = \varphi\left(\boldsymbol{w}_i \cdot \boldsymbol{x}_s\right) \tag{7.77}$$

と書く．すると例題 X に対してパラメータ $\boldsymbol{v}$ が満たすべき方程式は

$$\boldsymbol{f}^* = Z\boldsymbol{v}. \tag{7.78}$$

Z は $n \times p$ 行列であるから，これを逆転することはできない．その代わりに**一般化逆行列** $Z^\dagger$ を用いる．$Z^\dagger$ は

$$Z^\dagger = Z^T \left(ZZ^T\right)^{-1} = Z^T K^{-1}. \tag{7.79}$$

すると，(7.78) の解の一つは

$$\boldsymbol{v}^* = Z^\dagger \boldsymbol{f}^* \tag{7.80}$$

で与えられる．これを最小ノルム解という．ここで，$K = (K_{st})$,

$$K_{st} = \sum_i \varphi\left(\boldsymbol{w}_i \cdot \boldsymbol{x}_s\right) \varphi\left(\boldsymbol{w}_i \cdot \boldsymbol{x}_t\right) \tag{7.81}$$

はカーネル行列である．

行列 Z には**零空間**があり，それを

$$N = \{\boldsymbol{n} |\, Z\boldsymbol{n} = \boldsymbol{0}\} \tag{7.82}$$

と書こう．これは $\boldsymbol{v}$ の空間 S の $p - n$ 次元の線形部分空間をなす．(7.78) の任意の解は，$\boldsymbol{n} \in N$ を用いて

$$\boldsymbol{v} = \boldsymbol{v}^* + \boldsymbol{n} \tag{7.83}$$

のように書ける．

定理 7.3 最小ノルム解 $\boldsymbol{v}^*$ の各成分は $1/p$ のオーダーである．

これは少し奇妙に見えるかもしれない．初期値 $\boldsymbol{v}_0$ の各成分が $1/\sqrt{p}$ オーダーであったから，$\boldsymbol{v}^*$ の成分はこれに比べてはるかに小さくなってしまう．しかし，初期値 $\boldsymbol{v}_0$ のときは，各成分は平均 0 でランダムであり，この量を p 個足し算するから，その結果である $\sum_i v_i f(\boldsymbol{w}_i \cdot \boldsymbol{x})$ はオーダー 1 の普通の量になった．最適解では各 $\boldsymbol{v}^*$ の成分は学習の結果決まるが，これはもはやランダムではない．成分 v_i^* が $f(\boldsymbol{w}_i \cdot \boldsymbol{x})$ の符号と一致している場合もあり，これらは足し算で互いに打ち消し合うこともなく，p 個足せばオーダー 1 の量になって，辻褄が合う．

証明 このためにカーネル K の大きさを評価する．(7.81) からわかるように，K の成分 K_{st} はランダムな量 $\boldsymbol{w}_i$ を含むが，その平均は 0 ではない．このような量を p 個足すのだから，これはオーダー p，したがってその逆行列 K^{-1} はオーダー $1/p$ である．$\boldsymbol{v}^*$ は (7.79) の K^{-1} を用いて (7.80) で与えられるから，各成分はオーダー $1/p$ となる． □

ところで，初期値 $\boldsymbol{v}_0$ は各成分が $1/\sqrt{p}$ のオーダーであったから，$\boldsymbol{v}^*$ はこの近くにあるとは言えない．ここで零部分空間が重要な役割を果たす．零空間 N の適当な要素 $\boldsymbol{n}$ を加えた

$$\boldsymbol{v} = \boldsymbol{v}^* + \boldsymbol{n} \tag{7.84}$$

が，初期値の近くにあればそれでよい．そこで，初期値 $\boldsymbol{v}_0$ の乗っている幅 1 の球

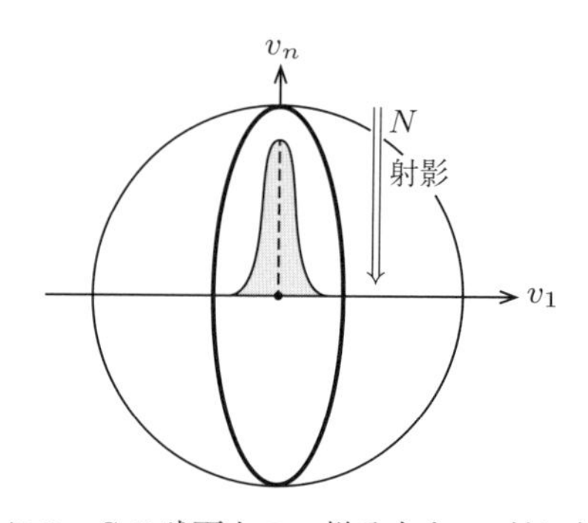

図 7.6 S の球面上の一様分布を v_1 軸に射影

面を，N 方向に押しつぶす（図 7.6）．つまり N に直交する $p-n$ 次元の平面に射影してみる．すると何と，半径 1 の球 S の表面のほとんどの部分は，$1/p$ の大きさになってしまう．つまり次の補題が証明できる．

補題 1 半径 1 の $(p-n)$ 次元球面を，N の直交補空間 $N^{\perp}$ に射影する．すると球面上の一様分布は $N^{\perp}$ の上で，平均 0，分散 $1/p$ のガウス分布に漸近する．

証明 一番簡単な $N^{\perp}$ が 1 次元の場合（v_1 軸）を証明する（他の場合も同様である）．図 7.7 (a) に示すように，$N^{\perp}$ 上の点 z と $z+dz$ の幅にある区間を零空間 N に沿って球面に逆射影する．すると各 z に応じて球面が輪切りにされるが，その半径は $\sqrt{1-z^2}$ で幅が dz の輪切りである．その面積は

$$\sqrt{1-z^2}^{\,p-2} \tag{7.85}$$

に比例する．

$$z^2 = \frac{\varepsilon}{p} \tag{7.86}$$

とおけば，細かい係数は省力して，ε が小さいときの公式

$$(1-\varepsilon)^{\frac{1}{\varepsilon}} \approx e^{-\varepsilon} \tag{7.87}$$

を用いると，この輪切りの部分の面積は $p \to \infty$ で，

$$c \exp\left\{-\frac{pz^2}{2}\right\} \tag{7.88}$$

となる．すなわち半径 1 の $(p-1)$ 次元球面を $N^{\perp}$ に射影した場合に，それは分散 $1/p$ のガウス分布に漸近する（図 7.7 (b)）．だから，オーダー $1/p$ の $\boldsymbol{v}^*$ を逆写影

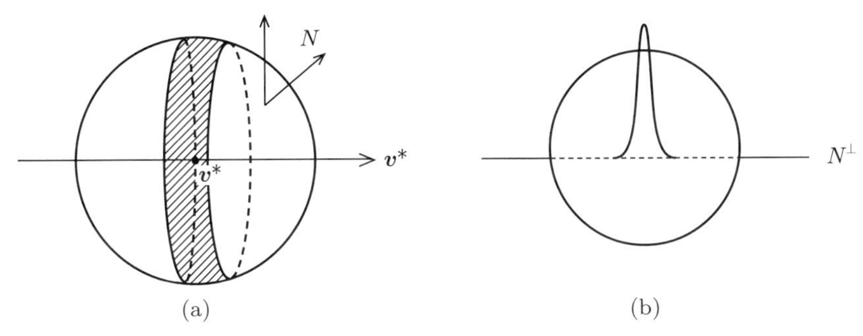

図 7.7 (a) 最小解が $\boldsymbol{v}^*$ の逆射影．(b) 球面の一様分布を $N^{\perp}$ へ射影．

すれば（これには $\boldsymbol{n}$ を加えればよい），どの $\boldsymbol{v}_0$ に対しても，半径1の球面上の近くに $\boldsymbol{v}^* + \boldsymbol{n}$ が見つかる．逆に言えば，ほとんどの初期値 $\boldsymbol{v}_0$ に対して，その $1/p$ 近傍に $\boldsymbol{v}^* + \boldsymbol{n}$ があり，それを N 方向に射影すれば，最小最適解 $\boldsymbol{v}^*$ に行き着く．　□

学習の方程式 (7.29) を見ても明らかなように，学習は $\boldsymbol{v}_0$ の N 方向の成分を動かさない．なお，学習時にペナルティとして，$|\boldsymbol{\theta}|^2$ のような罰金項を加えたならば，解は $\boldsymbol{v}^*$ に近づく．

話を一般の深層回路網に戻そう．一般の大規模深層学習でも，ランダム初期値 $\boldsymbol{\theta}_0$ の $1/\sqrt{P}$ 近傍に正解がある．その仕組みは，一層の単純パーセプトロンの場合と同じトリックを使ってわかる．

ここで，多層の場合のパラメータ数のオーダーの話をしておこう．各層のニューロン数をこれまでと同じ p のオーダーの大きい数として，l 層のニューロン数を n_l とすれば，この層のパラメータ数は

$$P_l = (n_l + 1)\, n_{l-1} \tag{7.89}$$

となり，p^2 のオーダーである．全パラメータ数は

$$P = \sum_{l=1}^{L} P_l \tag{7.90}$$

だから，これも p^2 のオーダーになる．

ここで NTK の一般論を簡単に紹介しておこう．話を見やすくするために連続時間 t を採用する．パラメータ空間での学習は，入力 $\boldsymbol{x}$ と教師信号 y が来たときには

$$\dot{\boldsymbol{\theta}} = -\eta \partial_{\boldsymbol{\theta}} l = -\eta \overset{L}{e} \boldsymbol{Z} \tag{7.91}$$

となる．ただし時間微分を $\dot{\boldsymbol{\theta}}$ のように上に $\cdot$ をつけて表した．ここで，入力 $(\boldsymbol{x}', y')$ に対して

$$\boldsymbol{Z} = \partial_{\boldsymbol{\theta}} f\left(\boldsymbol{x}', \boldsymbol{\theta}\right) \tag{7.92}$$

は P 次元の横ベクトルで，

$$\overset{L}{e} = f\left(\boldsymbol{x}', \boldsymbol{\theta}\right) - y' + \overset{L}{\varepsilon} \tag{7.93}$$

は L 層での誤差信号である．

S で $\boldsymbol{\theta}$ が変化すれば，その分 $\mathcal{F}$ で関数 $f(\boldsymbol{x})$ が変わる．その変化は

$$\dot{f}(\boldsymbol{x}, \boldsymbol{\theta}) = -\eta e \boldsymbol{Z}(\boldsymbol{x}, \boldsymbol{\theta}) \boldsymbol{Z}\left(\boldsymbol{x}', \boldsymbol{\theta}\right)^T. \tag{7.94}$$

さて，前にも定義したが，カーネル K は

$$K\left(\boldsymbol{x}, \boldsymbol{x}'\right) = \boldsymbol{Z}(\boldsymbol{x}, \boldsymbol{\theta}) \boldsymbol{Z}\left(\boldsymbol{x}', \boldsymbol{\theta}\right)^T \tag{7.95}$$

である．すると学習の方程式は

$$\dot{f}(\boldsymbol{x}, \boldsymbol{\theta}) = -\eta e K\left(\boldsymbol{x}, \boldsymbol{x}'\right) \tag{7.96}$$

のようになる．学習用例題は次から次へとくるので，多数の例題による平均を $\langle \quad \rangle$ で表せば，バッチ学習に相当する学習の方程式は

$$\dot{f}(\boldsymbol{x}, \boldsymbol{\theta}) = -\eta \langle K\left(\boldsymbol{x}, \boldsymbol{x}'\right) \left\{ f\left(\boldsymbol{x}', \boldsymbol{\theta}\right) - y' \right\} \rangle. \tag{7.97}$$

ここで，例題についての平均にかかる $1/n$ は η の項に含めてしまった．

前の単純パーセプトロンの時と同様に，例題 X に対する $n \times P$ 行列

$$Z(\boldsymbol{\theta}) = \begin{bmatrix} \boldsymbol{Z}(\boldsymbol{x}_1) \\ \vdots \\ \boldsymbol{Z}(\boldsymbol{x}_n) \end{bmatrix} \tag{7.98}$$

を用意し，すべての例題に対する誤差をまとめた誤差ベクトル $\boldsymbol{e}$ を用いれば，学習の方程式は前と同様に

$$\dot{\boldsymbol{\theta}} = -\eta Z^T \boldsymbol{e} \tag{7.99}$$

となる．カーネル行列 $K = (K_{st})$ を用いれば，関数の空間での学習は

$$\dot{f} = -\eta K \boldsymbol{e} \tag{7.100}$$

のように進む．

さて，点 $\boldsymbol{\theta}$ での接空間を考え，$\boldsymbol{\theta}$ の微小変動 $d\boldsymbol{\theta}$ に対する関数の変化を記すと，ある点 $\boldsymbol{\theta}_0$ に対し，

$$f(\boldsymbol{x}, \boldsymbol{\theta}_0 + d\boldsymbol{\theta}) = f(\boldsymbol{x}, \boldsymbol{\theta}_0) + Z(\boldsymbol{x}, \boldsymbol{\theta}_0)\, d\boldsymbol{\theta}. \tag{7.101}$$

n 個の例題 X に対してカーネル行列を

$$K(X, X) = Z(X) Z(X)^T \tag{7.102}$$

と定義したが，新しい $\boldsymbol{x}$ に対しては，

$$K(\boldsymbol{x}, X) = Z(\boldsymbol{x})Z(X)^T \tag{7.103}$$

を定義しておく．すると学習の方程式は，$\boldsymbol{\theta}_0$ 点における K を K_0 と書いて

$$\dot{f}(\boldsymbol{x}) = -\eta K_0(\boldsymbol{x}, X)\left\{\boldsymbol{f}(X) - \boldsymbol{y}^*\right\}. \tag{7.104}$$

これは $f(\boldsymbol{x})$ に対する線形微分方程式である．ただし，ここでは $\boldsymbol{\theta}$ をある $\boldsymbol{\theta}_0$ に固定して，そこからの微小変化 $d\boldsymbol{\theta}$ だけを考えるので，まさに接空間での線形近似である．この方程式は陽に解ける．すなわち

$$\Theta(\boldsymbol{x}, X) = K_0(\boldsymbol{x}, X)K_0^{-1}(X, X)\left(I - e^{-\eta K_0 t}\right) \tag{7.105}$$

とおいて

$$f_t(\boldsymbol{x}) = f_0(\boldsymbol{x}) + \Theta(\boldsymbol{x}, X)\boldsymbol{y}^* + \Theta(\boldsymbol{x}, X)f_0(\boldsymbol{x}) \tag{7.106}$$

が解である．

この線形近似の下で，新しいテスト入力 $\boldsymbol{x}$ に対する答えは

$$f(\boldsymbol{x}) = K_0(\boldsymbol{x}, X)K_0^{-1}(X, X)\left(\boldsymbol{y}^* - \boldsymbol{f}_0\right) + f_0(\boldsymbol{x}). \tag{7.107}$$

もちろん，X に属するこれまでのデータ $\boldsymbol{x}_i$ を入力すれば，正解

$$f(\boldsymbol{x}_i) = y_i, \quad i = 1, \cdots, n \tag{7.108}$$

を与える．

さて，線形近似で済ませてよいのだろうか．もし，正解が本当に初期値の $\boldsymbol{\theta}_0$ の近くにあるものならば，線形近似が正当化される．事実は然りである．これを証明しよう．これも単純パーセプトロンの場合と同様にできる．

一般の場合の最小ノルム解は，

$$\boldsymbol{\Delta\theta}^* = Z^\dagger \boldsymbol{e} = Z^T K^{-1} \tag{7.109}$$

のように書ける．ただし Z は

$$\overset{l}{\boldsymbol{Z}} = \frac{\partial \boldsymbol{f}}{\partial \overset{l}{W}}, \tag{7.110}$$

として，

$$Z = \frac{\partial \boldsymbol{f}}{\partial \boldsymbol{\theta}} = \left[\overset{L+1}{\boldsymbol{Z}}, \overset{L}{\boldsymbol{Z}}, \cdots, \overset{1}{\boldsymbol{Z}} \right] \tag{7.111}$$

である．

$$K = ZZ^T \tag{7.112}$$

は，各層のカーネルの和で，

$$K = \sum_{l=1}^{L} \overset{l}{K}, \tag{7.113}$$

$$\overset{l}{K} = \overset{l}{\boldsymbol{Z}} \overset{l}{\boldsymbol{Z}}^T. \tag{7.114}$$

各層のカーネルは，前に見たように

$$\overset{l}{\boldsymbol{Z}} = \overset{L+1}{X} \overset{L}{X} \cdots \overset{l+1}{X} \varphi' \left(\overset{l}{u} \right) \overset{l-1}{\boldsymbol{x}} \tag{7.115}$$

であったから，$\overset{l}{\boldsymbol{Z}} \overset{l}{\boldsymbol{Z}}^T$ はドミノ倒し補題を用いて計算できて，前と同じに次の定理のようになる．

定理 7.4 各層のカーネルの大きさは

$$\overset{l}{K} = O(p), \tag{7.116}$$

その逆は

$$\overset{l}{K}^{-1} = O(1/p). \tag{7.117}$$

これより，一般の場合にも次が成り立つ．

定理 7.5 パラメータ数 P が n に比べて大きい場合，ランダムに選んだ初期パラメータの $1/\sqrt{P}$ 近傍に例題に対する正解が存在する確率は，1 に限りなく近い．

なお，これは学習に関して述べた．別に学習しなくても次の定理が成立する．

定理 7.6 パラメータ数 P が十分に大きい回路網において，任意の滑らかな関数 $f(\boldsymbol{x})$ は，ランダムに選んだ初期値の $1/\sqrt{P}$ 近傍に存在する．

これは大規模ランダム回路の潜在的な威力を示すものである．

7.2　Wasserstein 情報幾何

フランスの研究者たちが，GSI（Geometric Sciences of Information）と呼ぶ国際会議を組織し，2013 年から定期的に開催している．その構想は，情報にかかわる理論を広く幾何学的に考究しようとするもので，情報幾何も重要なテーマの一つである．フランスは数学，とくに幾何学のメッカとも言えるから，そのような動きが生まれたのは歓迎である．この会議で掲げられた重要テーマの一つに，「**Wasserstein 幾何**と情報幾何との統合」があった．ところがこれが一向に発展しない．私は自分でやるより他はないと考えた．その頃，京大にいた M. Cuturi が Wasserstein 幾何を用いて多数の図形の重心を求めると良い性能が得られるが，KL ダイバージェンスなどのこれまで統計で使われてきた幾何ではうまくいかないという，画期的な論文を発表した．これを手掛かりに，Wasserstein 情報幾何を研究してみようと思い立った．

7.2.1　Wasserstein 幾何と情報幾何

2 つの確率分布 $p(\boldsymbol{x})$ と $q(\boldsymbol{x})$ を考えよう．とりあえず $\boldsymbol{x} \in \mathbb{R}^n$ は n 次元ベクトルとする．両者の違いを定義するのに，統計学ではたとえば Hellinger 距離を使う．もっと一般的に，対称性を気にしなければ，KL ダイバージェンス

$$D_{\mathrm{KL}}[p(\boldsymbol{x}) : q(\boldsymbol{x})] = \int p(\boldsymbol{x}) \log \frac{p(\boldsymbol{x})}{q(\boldsymbol{x})} d\boldsymbol{x} \tag{7.118}$$

を用いる．これは統計学や情報理論でもよく使われる．さらに一般的に，不変なダイバージェンスとして f ダイバージェンス

$$D_f[p(\boldsymbol{x}) : q(\boldsymbol{x})] = \int p(\boldsymbol{x}) f\left(\frac{p(\boldsymbol{x})}{q(\boldsymbol{x})}\right) d\boldsymbol{x} \tag{7.119}$$

がある．

これを見ると各点 $\boldsymbol{x}$ での $p(\boldsymbol{x})$ と $q(\boldsymbol{x})$ の違いをそれらの比の関数 $f\{q(\boldsymbol{x})/p(\boldsymbol{x})\}$ で測り，それをすべての $\boldsymbol{x}$ について，確率 $p(\boldsymbol{x})$ を用いて平均したものになっている．つまり，分布 $p(\boldsymbol{x})$ と $q(\boldsymbol{x})$ の縦軸での違いを測り平均する．これは p と q の違いを縦軸方向に測ったものと言える（図 7.8 (a)）．

Wasserstein 幾何は，G. Monge が 1781 年に提起した輸送問題に由来する．ある物質が $\mathbb{R}^n$ 上に $p(\boldsymbol{x})$ の分布で堆積していたとしよう．この物質を動かして分布が $q(\boldsymbol{x})$ になるようにしたい．それには物質を $\mathbb{R}^n$ 上で動かさなければならない．物質を $\boldsymbol{x}$ から $\boldsymbol{y}$ に動かすには，コスト $c(\boldsymbol{x}, \boldsymbol{y})$ がかかる．いまの場合，これは $\boldsymbol{x}$ と

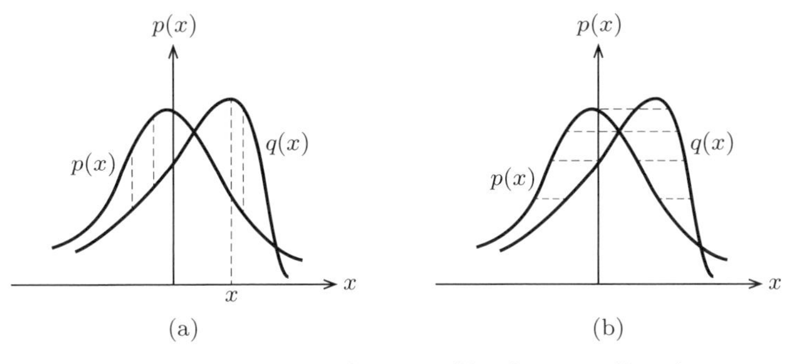

図 7.8　$p(\boldsymbol{x})$ と $q(\boldsymbol{x})$ の違い．(a) 縦に計る．(b) 横に計る．

$\boldsymbol{y}$ のユークリッド距離の 2 乗

$$c(\boldsymbol{x}, \boldsymbol{y}) = |\boldsymbol{x} - \boldsymbol{y}|^2 \tag{7.120}$$

とする．

$\boldsymbol{x}$ にある物質を動かして $\boldsymbol{y}$ に移動することにし，その量を確率密度 $P(\boldsymbol{x}, \boldsymbol{y})$ で示そう．これを**輸送計画**と呼ぶ．もし，$\boldsymbol{x}$ にあるものは皆 $\boldsymbol{y} = T(\boldsymbol{x})$ に移るなら，

$$P(\boldsymbol{x}, \boldsymbol{y}) = \delta\{\boldsymbol{y} - T(\boldsymbol{x})\} \tag{7.121}$$

である．

輸送計画 $P(\boldsymbol{x}, \boldsymbol{y})$ は，分布 $p(\boldsymbol{x})$ を分布 $q(\boldsymbol{y})$ に移動するから，条件

$$\int P(\boldsymbol{x}, \boldsymbol{y}) d\boldsymbol{x} = q(\boldsymbol{y}), \tag{7.122}$$

$$\int P(\boldsymbol{x}, \boldsymbol{y}) d\boldsymbol{y} = p(\boldsymbol{x}) \tag{7.123}$$

を満たさなくてはならない．このとき総輸送コストは

$$C\{p(\boldsymbol{x}), q(\boldsymbol{y})\} = \int P(\boldsymbol{x}, \boldsymbol{y}) c(\boldsymbol{x}, \boldsymbol{y}) d\boldsymbol{x}\, d\boldsymbol{y}. \tag{7.124}$$

最適輸送計画とはこれを最小にするもので，このときのコスト

$$D_W[p(\boldsymbol{x}) : q(\boldsymbol{y})] = \inf_P C\{p(\boldsymbol{x}), q(\boldsymbol{x})\} \tag{7.125}$$

が **Wasserstein 距離**と呼ばれる．いまの場合コストとして距離の 2 乗を取ったので，これを L_2 Wasserstein 距離の 2 乗とする．

Wasserstein 距離は動的に考えることができる．分布 $p(\boldsymbol{x})$ を時間 t に従って

$t=0$ から $t=1$ まで動かして，物質の途中の分布を $\rho(\boldsymbol{x},t)$ とする．

$$\rho(\boldsymbol{x},0)=p(\boldsymbol{x}), \tag{7.126}$$

$$\rho(\boldsymbol{x},1)=q(\boldsymbol{x}) \tag{7.127}$$

である．$(\boldsymbol{x},t)$ 点でこの移動を追跡するとき，ここでの物質の**移動速度**を $\boldsymbol{v}(\boldsymbol{x},t)$ としよう．流れのベクトル場 $\boldsymbol{v}$ は回転成分を含まないから，ベクトルポテンシャル $\Phi(\boldsymbol{x},t)$ が存在して，

$$\boldsymbol{v}(\boldsymbol{x},t)=\nabla\Phi(\boldsymbol{x},t), \quad \nabla=\frac{\partial}{\partial\boldsymbol{x}} \tag{7.128}$$

と書ける．このとき，物質流は**連続の方程式**

$$\partial_t\rho(\boldsymbol{x},t)+\nabla\cdot\{\rho(\boldsymbol{x},t)\boldsymbol{v}(\boldsymbol{x},t)\}=0 \tag{7.129}$$

を満たす．$\nabla\cdot$ はダイバージェンスである．流れに沿った輸送コストは，L_2 距離をもとにする場合に時間 t では

$$C_t=\int|\boldsymbol{v}(\boldsymbol{x},t)|^2\rho(\boldsymbol{x},t)d\boldsymbol{x} \tag{7.130}$$

であるから，Wasserstein 距離の 2 乗は

$$D_W[p:q]=\inf_{\Phi}\int_0^1\int|\nabla\Phi(\boldsymbol{x},t)|^2\rho(\boldsymbol{x},t)d\boldsymbol{x}dt \tag{7.131}$$

のように書くことができる．

Wasserstein 距離（以下 W 距離などと略す）は p と q に関して対称で，距離の公理を満たす．これは，分布 $p(\boldsymbol{x})$ を $q(\boldsymbol{x})$ に $\mathbb{R}^n$ の中で横に動かすコストである（図 7.8 (b)）．不変なダイバージェンスが縦方向に動かすときの差異であったのに比べて，W 距離は横方向に動かすときのコストである．$p(\boldsymbol{x})$ と $q(\boldsymbol{x})$ に関して，縦に動かそうが横に動かそうが大して違いはないと思われるかもしれないが，実はそうではない．W 距離の 2 乗はダイバージェンスと見ることもできるが，これは不変ではない．両者は本質的に違っていて，$p(\boldsymbol{x})$ の空間に与えるトポロジーが違う．この 2 つの幾何を統一的に見たいというのである．

7.2.2　エントロピー正則化 Wasserstein 距離

W 距離の難点の一つは，その計算が面倒なことである．ここでは，有限個の点 $X=\{1,\cdots,n\}$ の上の離散確率分布 $\boldsymbol{p}=(p_i)$, $i=1,\cdots,n$ を考える．X の 2 点 (i,j) の間の輸送コストを m_{ij} としよう．X 上に分布 $\boldsymbol{p}$ で置かれた物質を同じ X

上の異なる分布 $\boldsymbol{q} = (q_i)$ に移す場合を考える．この場合は送出端も受入端も同じ X であるが，これらが異なる場合も同様にできる．

P_{ij} を輸送計画行列としよう．これは確率行列で，

$$\sum_j P_{ij} = p_i, \tag{7.132}$$

$$\sum_i P_{ij} = q_j \tag{7.133}$$

を満たす．このとき，$\boldsymbol{p}$ を $\boldsymbol{q}$ に移す輸送コストは，

$$C(P) = \sum_{i,j} m_{ij} P_{ij} \tag{7.134}$$

である．これを P について最小化すれば，最小コスト，すなわち W 距離が得られる．しかし，これは線形計画問題（LP）で，解は一意に決まるとは限らない．その上，n が大きいときは計算コストが大きい．

Cuturi は，**エントロピー正則化**によってこの難点を克服し，新しい展望を切り拓いた．嬉しいことにそれは情報幾何の枠組みにぴったり合う．輸送計画 P のエントロピーとは

$$H(P) = -\sum_{i,j} P_{ij} \log P_{ij} \tag{7.135}$$

で，Cuturi はこれを一定値以上にするという条件の下で，輸送コストを最小にするように問題を拡張した．P には 2 種類の制約 (7.132)，(7.133) があるから，それぞれに対応するラグランジュ制約ベクトル $\boldsymbol{\alpha}$, $\boldsymbol{\beta}$，さらに P は確率であるから総和が 1 であるという制約をつけると，最小化すべき量（ラグランジュ関数）は

$$L_\lambda(P) = \frac{1}{1+\lambda} \sum_{i,j} P_{ij} m_{ij} - \frac{\lambda}{1+\lambda} H(P) - \sum_{i,j} \left(\alpha_i P_{ij} - \beta_j P_{ij} - \mu P_{ij}\right) \tag{7.136}$$

である．これを P_{ij} で微分して

$$\frac{\lambda+1}{\lambda} \frac{\partial L}{\partial P_{ij}} = \frac{1}{\lambda} m_{ij} + \log P_{ij} - \frac{1+\lambda}{\lambda} \left(\alpha_i + \beta_j\right) + \frac{1+\lambda}{\lambda} \mu = 0 \tag{7.137}$$

より最適輸送計画が求まる．これを定理として書いておこう．ここから情報幾何が始まる[312]．

定理 7.7　分布 $\boldsymbol{p}$ を $\boldsymbol{q}$ に移すエントロピー正則化最適計画は

$$P_{ij}^* = \exp\left\{-\frac{m_{ij}}{\lambda} + \frac{1+\lambda}{\lambda}(\alpha_i + \beta_j) - \frac{1+\lambda}{\lambda}\mu\right\} \tag{7.138}$$

で与えられる．ただし，$\boldsymbol{\alpha}, \boldsymbol{\beta}, \mu, \lambda$ は制約条件から決まる．

輸送計画 P のなす空間は $n(n-1)$ 次元の多様体であるが，このうちで最適計画になっているものは，$\boldsymbol{\alpha}, \boldsymbol{\beta}$ をパラメータとして (7.138) に示す

$$P_{ij}^* = \exp\left\{-\frac{m_{ij}}{\lambda} + \frac{1+\lambda}{\lambda}(\alpha_i + \beta_j) - \psi\right\} \tag{7.139}$$

の形の指数型分布族であり，λ を固定すれば，これは輸送計画 P 全体の空間の $2(n-1)$ 次元の部分空間になっている．ここで，$\boldsymbol{\alpha}, \boldsymbol{\beta}$ がその e 座標系，$\boldsymbol{p}, \boldsymbol{q}$ が m 座標系をなす（$\boldsymbol{\alpha}$ のうちで，$\alpha_1, \cdots, \alpha_{n-1}$ のみ，$\boldsymbol{p}$ では $p_1, \cdots, p_{n-1}$ のみが自由，$\boldsymbol{\beta}, \boldsymbol{q}$ も同じだから，自由度はそれぞれ $(n-1)$）．

分布 P^* のポテンシャル関数は

$$\sum_{i,j} P_{ij}^* = 1 \tag{7.140}$$

より

$$\psi(\boldsymbol{\alpha}, \boldsymbol{\beta}) = \log\left[\sum_{i,j} \exp\left\{-\frac{m_{ij}}{\lambda} + \frac{1+\lambda}{\lambda}(\alpha_i + \beta_j)\right\}\right]. \tag{7.141}$$

また，双対ポテンシャル関数は，驚くべきことに次の定理のようになっている．

定理 7.8　双対ポテンシャル関数 $\phi(\boldsymbol{p}, \boldsymbol{q})$ は最適輸送のコスト関数 $C(\boldsymbol{p}, \boldsymbol{q})$ を用いて

$$\phi(\boldsymbol{p}, \boldsymbol{q}) = C_\lambda(\boldsymbol{p}, \boldsymbol{q}), \tag{7.142}$$

$$C_\lambda(\boldsymbol{p}, \boldsymbol{q}) = \frac{1}{1+\lambda} \sum_{i,j} m_{ij} P_{ij}^* - \frac{1}{1+\lambda} H\left(P^*\right). \tag{7.143}$$

証明　これは

$$\phi(\boldsymbol{p}, \boldsymbol{q}) = \boldsymbol{\alpha} \cdot \boldsymbol{P} + \boldsymbol{\beta} \cdot \boldsymbol{q} - \psi(\boldsymbol{\alpha}, \boldsymbol{\beta}) \tag{7.144}$$

であるから，$C_\lambda(\boldsymbol{p}, \boldsymbol{q})$ を丁寧に計算すれば出てくる．　□

さて，エントロピー正則化最適コスト関数 $C_\lambda(\boldsymbol{p}, \boldsymbol{q})$ をそのままダイバージェン

スとするわけにはいかない．$C_\lambda(\boldsymbol{p},\boldsymbol{q})$ は正とは限らず，もっと悪いことに，$\boldsymbol{p}$ を固定して $C_\lambda(\boldsymbol{p},\boldsymbol{q})$ を考えたときに，$\boldsymbol{q}$ が $\boldsymbol{p}$ に等しいときにこの関数が最小値を達成するわけではない．したがって，これをダイバージェンスとして用いることはできない．

この難点は次のように克服できる．まず，固定した $\boldsymbol{p}$ に対して，$C_\lambda(\boldsymbol{p},\boldsymbol{q})$ を最小にする $\boldsymbol{q}$ を求めよう．このための準備として，次の行列を定義しておく．

$$\widetilde{K}_{i|j} = \frac{K_{ij}}{\sum_j K_{ij}}. \tag{7.145}$$

補題 2　固定した $\boldsymbol{p}$ に対して，$C_\lambda(\boldsymbol{p},\boldsymbol{q})$ を最小にする $\boldsymbol{q}$ は

$$\boldsymbol{q} = \widetilde{K}\boldsymbol{p}. \tag{7.146}$$

証明　最小値を与える $\boldsymbol{q}$ を $\boldsymbol{q}^*$ と書く．これは

$$\partial_{\boldsymbol{q}} C\left(\boldsymbol{p},\boldsymbol{q}^*\right) = 0 \tag{7.147}$$

を満たすが，この式は $\boldsymbol{\beta} = 0$ と等価である．したがって，$\boldsymbol{p}$ から $\boldsymbol{q}$ への最適計画は

$$P^*_{ij} = \widetilde{K}_{ij}\exp(\alpha_i - \psi). \tag{7.148}$$

これに等式

$$\sum_j P^*_{ij} = p_i \tag{7.149}$$

を合わせると，

$$P^*_{ij} = \widetilde{K}_{i|j} p_i. \tag{7.150}$$

これより定理を得る．　□

エントロピー正則化 Wasserstein 距離は

$$D[\boldsymbol{p}:\boldsymbol{q}] = C_\lambda\left(\boldsymbol{p},\widetilde{K}^{-1}\boldsymbol{q}\right) - C_\lambda\left(\boldsymbol{p},\widetilde{K}^{-1}\boldsymbol{p}\right) \tag{7.151}$$

と定義するのがよい．ただし，これは Bregman 型のダイバージェンスではないから，ここから得られる幾何は双対平坦ではない．この幾何をもっと追求してみたかったが，やっていない．

なお，より簡単な

$$D[\boldsymbol{p}:\boldsymbol{q}] = C_\lambda(\boldsymbol{p},\boldsymbol{q}) - \frac{1}{2}\left\{C_\lambda(\boldsymbol{p},\boldsymbol{p}) + C_\lambda(\boldsymbol{q},\boldsymbol{q})\right\} \tag{7.152}$$

を用いる案も出たが，この関数は $\boldsymbol{p}$, $\boldsymbol{q}$ に関して凸であることが証明されていない(多分凸でないのであろう)．

図形の重心を求める Cuturi の方法がうまくいった理由は，次の性質にある．2 つのパターン $p(\boldsymbol{x})$, $q(\boldsymbol{x})$ を考える．簡単のため $\boldsymbol{x} \in \mathbb{R}^2$ を連続化して考え，パターン $\boldsymbol{p}$ の重心を

$$\boldsymbol{\xi}_p = \int \boldsymbol{x} p(\boldsymbol{x}) d\boldsymbol{x} \tag{7.153}$$

で定義する．$\boldsymbol{q}$ について，その重心 $\boldsymbol{\xi}_q$ が $\boldsymbol{p}$ の重心 $\boldsymbol{\xi}_p$ に合うようにこれを平行移動しよう．平行移動したパターンを $\boldsymbol{q}^*$ とする．このとき移動コストは

$$C(\boldsymbol{p},\boldsymbol{q}) = C\big(\boldsymbol{p},\boldsymbol{q}^*\big) + |\boldsymbol{\xi}_p - \boldsymbol{\xi}_q|^2 \tag{7.154}$$

と和に分解できる．第 1 項は 2 つのパターンの重心が一致しているときのコスト，第 2 項は 2 つのパターンの重心の間のユークリッド距離の 2 乗である．

この定理が働いて，W 距離の場合に，多数の図形の重心は各図形の重心の平均と，重心を合わせた各図形の形の重心に分離でき，各図形に共通する形がうまく抽出できる．

7.2.3　Wasserstein 統計学

統計学は確率尤度をもとに構築されている．これを**尤度原理**という．ここでは，KL ダイバージェンスが重要な役割を果たし，ここから Fisher-Rao 計量が導かれて，推定に関しては一致性，Fisher 効率などにかかわる優れた理論が出来上がっている．一方，W 距離をもとに統計学を建設したら，どのようなものが出来上がるだろうか．

有限次元のパラメータ $\boldsymbol{\theta}$ で指定された確率分布族

$$S = \{p(\boldsymbol{x},\boldsymbol{\theta})\} \tag{7.155}$$

を考える．いま，同一分布から独立なサンプル $X = \{\boldsymbol{x}_1, \cdots, \boldsymbol{x}_n\}$ が観測されたとき，経験分布

$$p_{\mathrm{emp}}(\boldsymbol{x}) = \frac{1}{n}\sum_i \delta(\boldsymbol{x} - \boldsymbol{x}_i) \tag{7.156}$$

は，n を大きくすると真の分布 $p(\boldsymbol{x},\boldsymbol{\theta})$ に弱い意味で収束する．Fisher-Rao 統計学

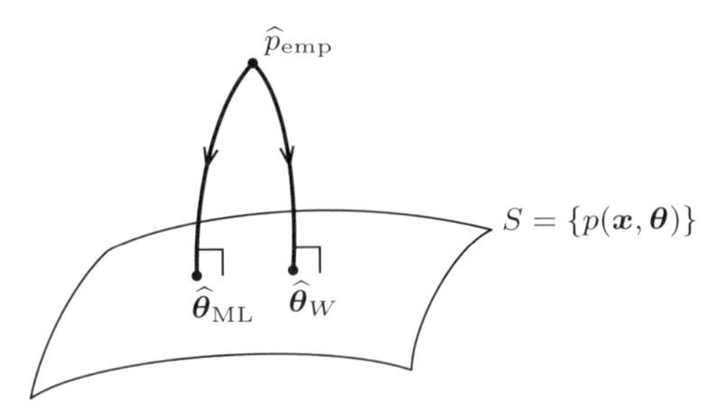

図 7.9　最尤推定量と W 推定量

は，経験分布からモデル S への KL ダイバージェンスを最小にする $\widehat{\boldsymbol{\theta}}_F$ を推定値とする．これが最尤推定 $\boldsymbol{\theta}_F = \boldsymbol{\theta}_{\text{ML}}$ であり，漸近一致性，漸近有効性など，多くの優れた性質を有している．

では，経験分布 p_{emp} からの W 距離を最小にする推定量 $\widehat{\boldsymbol{\theta}}_W$

$$\widehat{\boldsymbol{\theta}}_W = \arg\min_{\boldsymbol{\theta}} D_W[p_{\text{emp}}(\boldsymbol{x}) : p(\boldsymbol{x}, \boldsymbol{\theta})] \tag{7.157}$$

は，どのような性質を持つのだろう（図 7.9）．直ちにわかることは，p_{emp} が真の $p(\boldsymbol{x}, \boldsymbol{\theta})$ に弱い意味で漸近することから，$\widehat{\boldsymbol{\theta}}_W$ が漸近的な一致性を持つことである．これを厳密に証明する理論がいくつか現れたが，研究の第一歩であるとは言え，当たり前のことでさほど興味を惹かなかった．

何とか **W 統計学**を建設できないかと理研時代の最後の頃に考え，理研脳センターのユニットリーダーであり東大の准教授も兼ねている松田孟留さんの協力を得て，位置–尺度モデルの場合に理論を提出した[327]．ここで初めて **W 推定量**の効率が計算され，波形がガウス分布のとき，このときに限り W 推定量が Fisher 有効であることが証明された．これをもとにもう少し一般的なモデルで W 統計学を議論したかった．

私はかなり前から，論文の査読は引き受けないことにしているが，真に興味があるものについては引き受ける．論文の査読をして良い論文にあたると（めったにない）大変に嬉しいが，駄目な論文はがっかりで，返戻と判定してその理由を書くのに苦労する．Information Geometry 誌から査読の依頼が入った．私はこのめったにない良い論文に大変触発された．W. Li と W. Zhou の論文である．ここには，Fisher 統計学と W 統計学を共通の枠組みで建設しようとする試みがある．私と松田さんはこれを具体的に展開しようと試みた．それを以下に記そう[329]．私が第 1 著者となる最後の論文である．

まず，Li-Zhou による枠組みから説明する．連続で正の密度関数を持つ $\mathbb{R}^n$ 上の確率分布のなす空間 $\mathcal{F} = \{p(\boldsymbol{x})\}$ を考えよう．我々が取り扱う有限次元の統計モデル $M = \{p(\boldsymbol{x}, \boldsymbol{\theta})\}$ はこの中に含まれる．まず，$\mathcal{F}$ の中で確率分布の微小な変化 $\delta p(\boldsymbol{x})$ を考える．これは $\mathcal{F}$ の中で，$p(\boldsymbol{x})$ 点の接空間に含まれる．その長さの 2 乗であるリーマン計量を考えると

$$ds^2 = \int \delta p(\boldsymbol{x}) g(\boldsymbol{x}, \boldsymbol{y}) \delta p(\boldsymbol{y}) d\boldsymbol{x}\, d\boldsymbol{y} \tag{7.158}$$

のような形で与えられるであろう．ここに $g(\boldsymbol{x}, \boldsymbol{y})$ はリーマン計量に対応するが，$\mathcal{F}$ の中で作用するオペレータと考える．

不変な Fisher 幾何学（以下 F 幾何学）では，これは KL ダイバージェンスより決まり，

$$g(\boldsymbol{x}, \boldsymbol{y}) = \frac{\delta(\boldsymbol{x}, \boldsymbol{y})}{p(\boldsymbol{x})} \tag{7.159}$$

の形で作用するオペレータであった．

W 幾何学の場合，最適フロー $\rho(\boldsymbol{x}, t)$ に沿って，$t = 0$ から $t = \delta t$ の間の確率は，流速度 $\boldsymbol{v}(\boldsymbol{x})$ を用いて

$$\delta p(\boldsymbol{x}) = -\nabla \cdot \{p(\boldsymbol{x}) \boldsymbol{v}(\boldsymbol{x})\} dt \tag{7.160}$$

と変化するが，これはポテンシャル関数 $\Phi(\boldsymbol{x})$ を用いて

$$\delta p(\boldsymbol{x}) = -\nabla \cdot (p \nabla \Phi) dt = -\Delta_p \Phi(\boldsymbol{x}) dt \tag{7.161}$$

のように書ける．ただし，

$$\Delta_p \Phi = \nabla \cdot \{p(\boldsymbol{x}) \nabla \Phi\} \tag{7.162}$$

で，Δ_p を ***p* ラプラシアン**と呼ぼう．このときの $t = 0 \sim dt$ の間の輸送コストは流れ $p(\boldsymbol{x})|\boldsymbol{v}(\boldsymbol{x})|^2$ の積分で，

$$D_W[p : p + \delta p] = -\int \delta p(\boldsymbol{x}) \Delta_p^{-1} \delta p(\boldsymbol{x}) d\boldsymbol{x} (\delta t)^2 \tag{7.163}$$

で与えられるから，これをリーマン計量としよう．これは Otto 計量として知られ，(7.158) の表記に従えば，

$$g_W(p) = -\Delta_p^{-1} \tag{7.164}$$

というオペレータである．

M でのリーマン計量を定義する前に，**スコア関数**を定義する．M の接空間を張るのは

$$\partial_i p(\boldsymbol{x}, \boldsymbol{\theta}), \quad i = 1, \cdots, n \tag{7.165}$$

であり，$p(\boldsymbol{x})$ の微小変化を表す接ベクトルは

$$\delta p(\boldsymbol{x}) = \partial_i p(\boldsymbol{x}, \boldsymbol{\theta}) \delta\theta^i \tag{7.166}$$

と書ける．この関数にリーマン計量を作用させた

$$S_i(\boldsymbol{x}, \boldsymbol{\theta}) = g\partial_i p(\boldsymbol{x}, \boldsymbol{\theta}) \tag{7.167}$$

をスコア関数と呼ぼう．これは $\boldsymbol{\theta}$ の成分に対応して，$i = 1, \cdots, n$ の成分を持つ．S_i はリーマン空間上で，共変接ベクトル $\partial_i p$ に対応する反変ベクトルである．

F 幾何の場合はこれは

$$S_i^F(\boldsymbol{x}, \boldsymbol{\theta}) = \frac{\partial_i p(\boldsymbol{x}, \boldsymbol{\theta})}{p(\boldsymbol{x}, \boldsymbol{\theta})} = \partial_i l(\boldsymbol{x}, \boldsymbol{\theta}) \tag{7.168}$$

で，対数尤度 $l = \log p$ の微分である．一方 W 幾何では

$$S_i^W(\boldsymbol{x}, \boldsymbol{\theta}) = -\Delta_p^{-1} \partial_i p(\boldsymbol{x}, \boldsymbol{\theta}) \tag{7.169}$$

のように書ける．恒等式

$$\int a(\boldsymbol{x}) \Delta_p b(\boldsymbol{x}) d\boldsymbol{x} = -\int \{\nabla a(\boldsymbol{x}) \nabla b(\boldsymbol{x})\} p(\boldsymbol{x}) d\boldsymbol{x} \tag{7.170}$$

を用いれば，W スコアは次のポアソン方程式

$$\nabla \log p(\boldsymbol{x}, \boldsymbol{\theta}) \cdot \nabla S_i^W(\boldsymbol{x}, \boldsymbol{\theta}) + \Delta S_i^W(\boldsymbol{x}, \boldsymbol{\theta}) + \frac{\partial}{\partial\theta^i} \log p(\boldsymbol{x}, \boldsymbol{\theta}) = 0 \tag{7.171}$$

を満たすことがわかる．

リーマン計量は，スコア関数から

$$g_{ij}(\boldsymbol{\theta}) = \langle S_i, g^{-1} S_j \rangle \tag{7.172}$$

で与えられる．ただし，$\langle \quad \rangle$ は内積

$$\langle a(\boldsymbol{x}), b(\boldsymbol{x}) \rangle = \int a(\boldsymbol{x}) b(\boldsymbol{x}) d\boldsymbol{x} \tag{7.173}$$

である．F 幾何の場合は

$$g_{ij}^{F}(\boldsymbol{\theta}) = \mathrm{E}[\partial_i l(\boldsymbol{x}, \boldsymbol{\theta}) \partial_j l(\boldsymbol{x}, \boldsymbol{\theta})], \tag{7.174}$$

W 幾何の場合は (7.172) を部分積分により変形して，

$$g_{ij}^{W}(\boldsymbol{\theta}) = \mathrm{E}\left[\nabla S_i^{W}(\boldsymbol{x}, \boldsymbol{\theta}) \cdot \nabla S_j^{W}(\boldsymbol{x}, \boldsymbol{\theta})\right] \tag{7.175}$$

のようになる．

スコア関数は

$$\mathrm{E}_{\boldsymbol{\theta}}[S_i(\boldsymbol{x}, \boldsymbol{\theta})] = 0 \tag{7.176}$$

を満たす．ここで $\mathrm{E}_{\boldsymbol{\theta}}$ は $p(\boldsymbol{x}, \boldsymbol{\theta})$ を用いた期待値である．さらに，$\boldsymbol{\theta} \neq \boldsymbol{\theta}'$ に対して，

$$\mathrm{E}_{\boldsymbol{\theta}'}[S_i(\boldsymbol{x}, \boldsymbol{\theta})] \neq 0 \tag{7.177}$$

であるとき，これを**推定関数**と呼ぶ．推定関数を用いて $\boldsymbol{\theta}$ の推定値を得るには，(7.176) の期待値を観測データの算術平均で置き換えた

$$\sum_{j=1}^{n} S_i(\boldsymbol{x}_j, \boldsymbol{\theta}) = 0 \tag{7.178}$$

を用いる．(7.178) を**推定方程式**と呼ぶ．

F 幾何の場合，これは最尤推定 $\widehat{\boldsymbol{\theta}}_F = \widehat{\boldsymbol{\theta}}_{\mathrm{ML}}$ を与える．$\widehat{\boldsymbol{\theta}}_F$ は漸近不変であるから，Crámer-Rao 不等式

$$\mathrm{Cov}\left[\widehat{\boldsymbol{\theta}}^{F}\right] \geq \frac{1}{n} g_F^{-1}(\boldsymbol{\theta}) \tag{7.179}$$

を満たし，しかも n が大きいときは漸近的に等号が成立する．このような推定量を ***F* 有効推定量**と呼ぶ．

W 幾何で対応する不等式を求めるために，***W* 共分散**を定義する．漸近不偏推定量 $\widehat{\boldsymbol{\theta}}$ の W 共分散を

$$\mathrm{Cov}^{W}\left[\widehat{\boldsymbol{\theta}}\right] = \frac{1}{n} \mathrm{E}\left[\nabla \widehat{\theta}_i \cdot \nabla \widehat{\theta}_j\right] \tag{7.180}$$

とする．ただし ∇ は $\widehat{\theta}_i$ に含まれる各 $\boldsymbol{x}$ についての偏微分である．すると漸近不偏推定量 $\widehat{\boldsymbol{\theta}}$ に対して **Wasserstein-Crámer-Rao 不等式**

$$\mathrm{Cov}^{W}\left[\widehat{\boldsymbol{\theta}}\right] \geq \frac{1}{n}\left(G^{W}\right)^{-1}(\boldsymbol{\theta}) \tag{7.181}$$

が求まる．証明はここでは省略する．上記不等式を漸近的に等号で達成するとき，$\widehat{\boldsymbol{\theta}}$ は W 有効であると言おう．

定理 7.9 W 推定量 $\widehat{\boldsymbol{\theta}}_W$ は $\boldsymbol{W}$ **有効**である．

7.2.4 アファイン変形モデル

では，W 有効の意味は何であろうか．これが我々の研究の出発点である．このために，位置–尺度モデルを拡張して，次に述べる**アファイン変形モデル**（ディスパージョンモデルとも呼ばれる）を用いて，W 推定量と $\widehat{\boldsymbol{\theta}}_W$ の F 有効性と W 有効性，とくにその意味するところを検討する．

$\boldsymbol{x}$ の空間 $\mathbb{R}^n$ でアファイン変換

$$\boldsymbol{z} = A(\boldsymbol{x} - \boldsymbol{b}) \tag{7.182}$$

を考える．ただし A は非特異であるとする．ここで標準波形と呼ぶ $\mathbb{R}^n$ 上の分布 $f(\boldsymbol{z})$ を考える．標準波形 f とは，$f(\boldsymbol{z}) \geq 0$，平均が 0 で共分散行列が単位行列に等しく，

$$\int f(\boldsymbol{z})d\boldsymbol{z} = 1, \tag{7.183}$$

$$\int \boldsymbol{z} f(\boldsymbol{z})d\boldsymbol{z} = 0, \tag{7.184}$$

$$\int \boldsymbol{z}\boldsymbol{z}^T f(\boldsymbol{z})d\boldsymbol{z} = I \tag{7.185}$$

を満たすとし，その全体を $\mathcal{F}_S$ で表す．アファイン変形モデルとは，ある固定した f に対して，確率分布が

$$p(\boldsymbol{x}, \boldsymbol{\theta}) = |A| f\{A(\boldsymbol{x} - \boldsymbol{b})\} \tag{7.186}$$

と書けるもので，A が対角行列ならば多次元位置–尺度モデルとなる．f を与えて決まるこのモデルを M_f と書く．

$\mathcal{F}$ は標準波形の空間 $\mathcal{F}_S$ とアファイン変換 $\Theta = (A, \boldsymbol{b})$ の空間の直積であり，

$$\mathcal{F} = \mathcal{F}_S \times \Theta. \tag{7.187}$$

確率モデルを波形 f の影響とアファイン変形とに分解して考えるのがここでの目的である（図 7.10）．

A は 2 つの直交変換 U, V と非退化対角行列 Λ を用いて

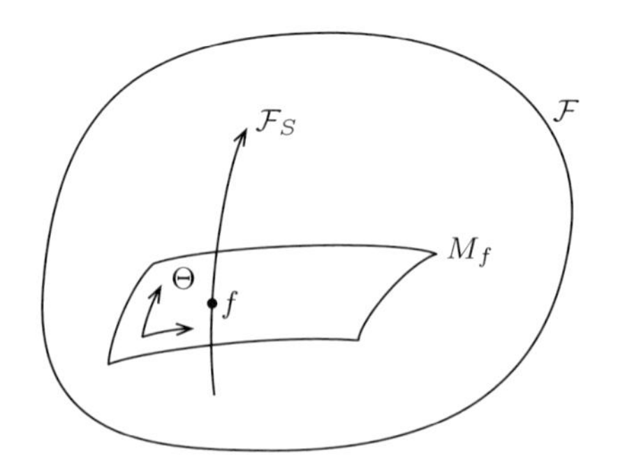

図 7.10　標準波形 $f \in \mathcal{F}_S$ とアファイン変形モデル M_f

$$A = U^T \Lambda V \tag{7.188}$$

と分解でき，その自由度は n^2 である．

f が回転対称図形であるならば

$$f(\boldsymbol{z}) = g(|\boldsymbol{z}|) \tag{7.189}$$

と書け，

$$f(\boldsymbol{z}) = f\left(U^T \boldsymbol{z}\right) = g(|\boldsymbol{z}|) \tag{7.190}$$

である．アファイン変換群のうち A の回転部分 U は消失してしまうから，M_f の次元はこの場合小さくなる．標準波形として回転対称であるような波形

$$f(\boldsymbol{z}) = g(|\boldsymbol{z}|) \tag{7.191}$$

を持つものに絞り，これを**球対称型変形モデル**と呼ぼう．これがここで扱う確率モデルである．この場合 A を直交行列 V と非退化対角行列 Λ とに分解できて，

$$f(\boldsymbol{z}) = g(|\Lambda V(\boldsymbol{x} - \boldsymbol{b})|) \tag{7.192}$$

と書ける．したがって，このモデルのパラメータは

$$\boldsymbol{\theta} = (\Lambda, V, \boldsymbol{b}) \tag{7.193}$$

で，その自由度は $n(n+1)/2$ である．

さて，W スコア S^W 関数の各成分を求めよう．これは (7.171) を解けばよい．これが $\boldsymbol{\theta}$ の各成分 i に対して，いずれも 2 次関数

$$S_i^W = \frac{1}{2}\boldsymbol{x}^T Q_i \boldsymbol{x} + \boldsymbol{r}_i \cdot \boldsymbol{x} + c_i \tag{7.194}$$

の形になることを示す．具体的な計算の前にいくつかの準備が必要である．

補題 3　2 次関数

$$S = \frac{1}{2}\boldsymbol{x}^T Q \boldsymbol{x} + \boldsymbol{r}^T \boldsymbol{x} + c \tag{7.195}$$

に対して

$$\nabla S = Q\boldsymbol{x} + \boldsymbol{r}, \tag{7.196}$$

$$\Delta S = \operatorname{tr} Q. \tag{7.197}$$

補題 4　Q を正定値対称行列，L を対称行列とすると，行列 X についての次の Sylvestar 方程式

$$QX + XQ = L \tag{7.198}$$

の解 X は対称行列で，

$$\operatorname{tr} X = \frac{1}{2}\operatorname{tr}\left(Q^{-1}L\right) \tag{7.199}$$

を満たす．

定理 7.10　W スコア $S_{\boldsymbol{\theta}}^W(\boldsymbol{x}, \boldsymbol{\theta})$ は，$\boldsymbol{\theta} = (A, \boldsymbol{b})$ の $\boldsymbol{b}$ 成分 b_i に関しては

$$S_i^W(\boldsymbol{x}, \boldsymbol{\theta}) = x_i - b_i, \tag{7.200}$$

A の成分 A_{ij} に関しては

$$S_{ij}^W(\boldsymbol{x}, \boldsymbol{\theta}) = \frac{1}{2}\boldsymbol{x}^T Q_{ij} \boldsymbol{x} + \boldsymbol{r}_{ij}^T \boldsymbol{x} + c_{ij}, \tag{7.201}$$

ただし c_{ij} は

$$\mathrm{E}\left[S_{ij}^W(\boldsymbol{x}, \boldsymbol{\theta})\right] = 0 \tag{7.202}$$

から決まる定数で，行列 Q_{ij} は

$$AX + XA = -L_{ij} \tag{7.203}$$

の解 X で与えられ，また

$$\boldsymbol{r}_{ij} = -L_{ij}\boldsymbol{b} \tag{7.204}$$

である．

証明　2 次関数の S^W に対して，(7.171) を構成する要素

$$\nabla S^W(\boldsymbol{x}, \boldsymbol{\theta}) = Q\boldsymbol{x} + \boldsymbol{r}, \tag{7.205}$$

$$\Delta S^W(\boldsymbol{x}, \boldsymbol{\theta}) = \operatorname{tr} Q, \tag{7.206}$$

および $\nabla \log p(\boldsymbol{x}, \boldsymbol{\theta})$ と $\partial/\partial\theta^i \log p(\boldsymbol{x}, \boldsymbol{\theta})$ を計算すればよい．$\boldsymbol{\theta} = (A, \boldsymbol{b})$ のうち $\boldsymbol{b}$ については，(7.200) が直ちに証明できる．$A = (A_{ij})$ については，

$$\frac{\partial}{\partial A_{ij}} \log p(\boldsymbol{x}, \boldsymbol{\theta}) = \left(A^{-1}\right)_{ij} + \frac{\partial}{\partial A_{ij}} \log g(|A(\boldsymbol{x} - \boldsymbol{b})|). \tag{7.207}$$

ところが

$$\frac{\partial}{\partial A_{ij}}|A(\boldsymbol{x} - \boldsymbol{b})| = k(\boldsymbol{x}, \boldsymbol{\theta})\left\{-\frac{1}{2}\boldsymbol{x}^T L_{ij} + \boldsymbol{x}^T L_{ij}\boldsymbol{b} - \frac{1}{2}\boldsymbol{b}^T L_{ij}\boldsymbol{b}\right\} + \left(A^{-1}\right)_{ij}, \tag{7.208}$$

ただし

$$k(\boldsymbol{x}, \boldsymbol{\theta}) = \frac{g'(|A(\boldsymbol{x} - \boldsymbol{b})|)}{|A(\boldsymbol{x} - \boldsymbol{b})| g(|A\boldsymbol{x} - \boldsymbol{b}|)} \tag{7.209}$$

である．また

$$\Delta S_{ij}^W = \operatorname{tr} Q_{ij} = -\frac{1}{2} \operatorname{tr} A^{-1} L_{ij} = -\left(A^{-1}\right)_{ij} \tag{7.210}$$

が成立している．□

W スコアが 2 次関数であることから，次の定理が導かれる．

定理 7.11　球対称変形モデルにおいて，W 推定量 $\widehat{\boldsymbol{\theta}}_W$ は f の形状にかかわらず 2 次のモーメント推定量

$$\widehat{\boldsymbol{b}} = \frac{1}{n}\sum_i \boldsymbol{x}_i, \tag{7.211}$$

$$\widehat{A} = \frac{1}{n}\sum_i \left(\boldsymbol{x}_i - \widehat{\boldsymbol{b}}\right)\left(\boldsymbol{x}_i - \widehat{\boldsymbol{b}}\right)^T \tag{7.212}$$

である．f がガウス分布のとき，このときに限り F 推定量と W 推定量は一致し，

これらは F 有効かつ W 有効である．

証明 S^W が $\boldsymbol{x}$ の 2 次式であるから，W 推定量は $\boldsymbol{x}_i$ の対称な 2 次式となり，定理を得る．また f がガウス分布のとき，このときに限り，$\widehat{\boldsymbol{\theta}}_F$ は $\boldsymbol{x}_i$ の 2 次式であり，$\widehat{\boldsymbol{\theta}}_W$ と一致する． □

次の定理は，球対称変形モデルでは波形の変化と変形パラメータ $\boldsymbol{\theta}$ が直交することを示す．

定理 7.12 f が球対称であるとき，モデル M_f は原点 $A=I$，$\boldsymbol{b}=0$ において $\mathcal{F}_S$ に直交する．

このような関係は，Fisher 計量では f がガウス分布のときのみに成立する．最後に，M. Gelbrich による次の定理を示しておこう．

定理 7.13 球対称変形モデル M_f において，f に無関係に位置と変形の分離

$$D_W\left[p\left(\boldsymbol{x},\boldsymbol{\theta}_1\right):p\left(\boldsymbol{x},\boldsymbol{\theta}_2\right)\right]=\left|\boldsymbol{b}_1-\boldsymbol{b}_2\right|^2+\mathrm{tr}\left\{A_1^{-2}+A_2^{-2}-2\left(A_1^{-1}A_2^{-2}A_1^{-1}\right)^{\frac{1}{2}}\right\} \tag{7.213}$$

が成立する．

7.2.5 Wasserstein 有効性

W 推定量 $\widehat{\boldsymbol{\theta}}_W$ は W 有効であることで特徴づけられる．W 有効性の意味するところを考えよう．まず，確率モデル $p(\boldsymbol{x},\boldsymbol{\theta})$ において，観測時に $\boldsymbol{x}$ に微小雑音 $\boldsymbol{z}$ が加わり，実際に観測されるのは $\widetilde{\boldsymbol{x}}=\boldsymbol{x}+\boldsymbol{z}$ だとしよう．$\boldsymbol{z}$ の各成分は独立で平均 0，分散 σ^2 とし，σ は微小だとする．$\boldsymbol{z}$ の密度関数を $q(\boldsymbol{z})$ とすれば，$\widetilde{\boldsymbol{x}}$ の密度関数は

$$\widetilde{p}(\widetilde{\boldsymbol{x}},\boldsymbol{\theta})=\int p(\widetilde{\boldsymbol{x}}-\boldsymbol{z},\boldsymbol{\theta})\,q(\boldsymbol{z})d\boldsymbol{z} \tag{7.214}$$

のようにコンボリューションで表せる．σ が小さいときは雑音は p の波形を少しだけ変形して $\widetilde{p}$ にする．このとき，雑音下の推定量 $\widetilde{\boldsymbol{\theta}}$ は，雑音のないときの推定量 $\widehat{\boldsymbol{\theta}}$ に比べてどのように変化するかを調べる．まず，$\boldsymbol{x}=(\boldsymbol{x}_1,\cdots,\boldsymbol{x}_n)$ に対して

$$\widetilde{\boldsymbol{\theta}}(\boldsymbol{x}+\boldsymbol{z})=\widehat{\boldsymbol{\theta}}(\boldsymbol{x})+\sum_i\frac{\partial\widehat{\boldsymbol{\theta}}}{\partial\boldsymbol{x}_i}(\boldsymbol{x})\boldsymbol{z}_i+\frac{1}{2}\sum_{i,j}\frac{\partial^2\widehat{\boldsymbol{\theta}}}{\partial\boldsymbol{x}_i\partial\boldsymbol{x}_j}\boldsymbol{z}_i\boldsymbol{z}_j \tag{7.215}$$

のようにテイラー展開する．ここで $\widehat{\boldsymbol{\theta}}$ は確率モデル $p(\boldsymbol{x},\boldsymbol{\theta})$ を用いた勝手な不偏推

定量，$\widetilde{\boldsymbol{\theta}}$ は雑音下で $\widetilde{p}(\boldsymbol{x},\boldsymbol{\theta})$ を用いたときの不偏推定量とする．このとき，$\widetilde{\boldsymbol{\theta}}$ の分散を計算すると，テイラー展開 (7.215) を用いて，Cov^W の定義 (7.180) を用いると，

$$\mathrm{Cov}\left[\widetilde{\boldsymbol{\theta}}\right] = \mathrm{Cov}\left[\widehat{\boldsymbol{\theta}}(\boldsymbol{x}+\boldsymbol{z})\right] \tag{7.216}$$

$$= \mathrm{Cov}\left[\widehat{\boldsymbol{\theta}}\right] + \sigma^2\,\mathrm{Cov}^W\left[\widehat{\boldsymbol{\theta}}\right] + \sigma^2\,\mathrm{Cov}\left[\widehat{\boldsymbol{\theta}}, \Delta\widehat{\boldsymbol{\theta}}\right] \tag{7.217}$$

のように計算できる．これより不等式

$$\mathrm{Cov}\left[\widetilde{\boldsymbol{\theta}}\right] - \mathrm{Cov}\left[\widehat{\boldsymbol{\theta}}\right] \geq \sigma^2\left(G^W\right)^{-1}(\boldsymbol{\theta}) + \sigma^2\,\mathrm{Cov}\left[\widehat{\boldsymbol{\theta}}, \Delta\widehat{\boldsymbol{\theta}}\right] \tag{7.218}$$

が得られる．W 推定量 $\widehat{\boldsymbol{\theta}}_W$ に対しては $\widehat{\boldsymbol{\theta}}$ が $\boldsymbol{x}$ の 2 次式であるから $\Delta\widehat{\boldsymbol{\theta}} = 0$ で，

$$\mathrm{Cov}^W\left[\widehat{\boldsymbol{\theta}}^W\right] = \left(G^W\right)^{-1}(\boldsymbol{\theta}) \tag{7.219}$$

が漸近的に成立する．すなわち

$$\mathrm{Cov}\left[\widetilde{\boldsymbol{\theta}}_W\right] = \mathrm{Cov}\left[\widehat{\boldsymbol{\theta}}_W\right] + \sigma^2\left(G^W\right)^{-1}(\boldsymbol{\theta}) \tag{7.220}$$

であり，W 推定量 $\widehat{\boldsymbol{\theta}}_W$ に対して雑音 $\boldsymbol{z}$ による波形変化に対する推定量の誤差分散の増加が最小になる．

定理 7.14 球対称モデル M_f においては，雑音によるコンボリューション型の微小波形変化に対して，W 推定量 $\widehat{\boldsymbol{\theta}}_W$ は最も変化が小さく，W 有効である．

一般に微小な波形変化に対する頑健性が W 推定量の特徴である．

7.2.6 情報幾何の今後

情報幾何は着実な進展を見せている．幾何学の一分野としても確立され，応用も広がりを見せつつある．2018 年に国際学術誌として Information Geometry が Springer 社から創刊され，2024 年に第 7 巻が発行された．情報幾何の誕生から半世紀を記念して，1 月には特集号が刊行され，多くの論文が採録されている．私としては嬉しい限りである．この中では情報幾何と W 幾何の統合を目指す W. Li らや Leonard Wong らの研究が進展している．

情報幾何にはダイナミクスが欠けているのが気がかりであった．しかし，最近では東大の伊藤創祐さんがこれを非平衡熱力学に用いてダイナミクスにまで範囲を広げ，さらに東大の小林徹也さんが非線形化学反応の力学に情報幾何を拡大する壮大な構想の理論を作っている．どちらも素晴らしい業績であり，Wasserstein 幾何とも自然に統合されている．先行きは明るい．

一方，深層学習の分野にも W 幾何学が進展している．深層構造で層 $l = 1 \sim L$ を連続化し，これを連続時間 t に代える．すると各層で $\boldsymbol{x}_t$ は時間とともに発展するフローが得られる．画像生成などの拡散モデルは W 幾何そのもので表現できるとし，トランスフォーマーもこれで書ける．園田–村田は素子数，層数をともに無限大にして，深層回路を W 幾何を用いて解明する優れた研究を開始している．次節では 3 層パーセプトロンの学習を W 幾何の立場から見る．

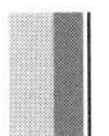

7.3　3 層パーセプトロンの学習と Wasserstein 幾何

W 幾何は確率分布のパターンを他のパターンに移すダイナミクスを考え，その移動コストを最小化する．3 層パーセプトロンを考え，その重みの分布をパターンと考えてみよう．これは確率的勾配降下学習によって変化する．つまり，学習のダイナミクスを重みの分布パターンを変化させるものとみなせば，これは W 幾何にうまく適合する．ここでは，産総研の唐木田さんから教えてもらった S. Mei，A. Montanari，P.-M. Nguyen の論文を紹介する．

図 7.11 (a) に示す 3 層パーセプトロンは，入力を $\boldsymbol{x}$，中間層に N 個のニューロンを置き，出力 y はスカラーとする．その入出力関係は

$$y = \frac{1}{N}\sum_{i=1}^{N} v_i \phi(\boldsymbol{w}_i \cdot \boldsymbol{x} + b_i) \tag{7.221}$$

のように書ける．ここで，係数として $1/N$ を付加した．中間層の i 番目の素子に注目し，その経路に沿った入力 $\boldsymbol{x}$ の変換を

$$f(\boldsymbol{x}, \boldsymbol{\theta}_i) = v_i \phi(\boldsymbol{w}_i \cdot \boldsymbol{x} + b_i) \tag{7.222}$$

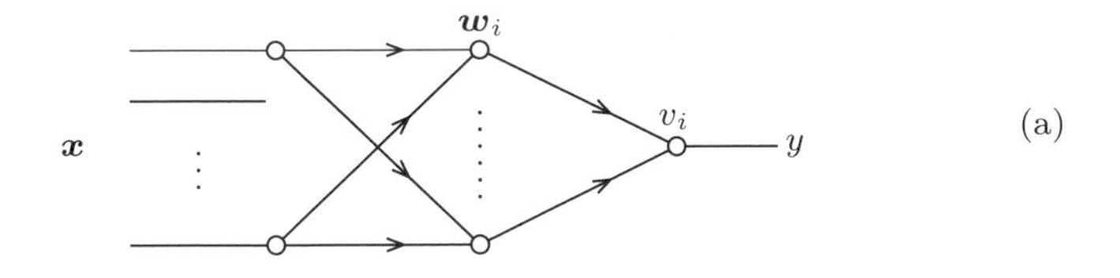

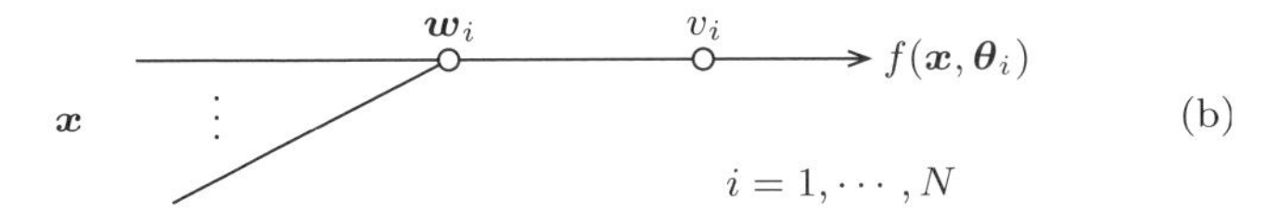

図 7.11　3 層パーセプトロン (a) とその要素分解 (b)

と書いておこう（図 7.11 (b)）．ただし，この経路に沿った可変のパラメータを

$$\boldsymbol{\theta}_i = (v_i, \boldsymbol{w}_i, b_i) \tag{7.223}$$

とする．最終出力 y はこれらの N 個の関数の和（ただし $1/N$ がつくので平均）であるから

$$y = \frac{1}{N}\sum_{i=1}^{N} f(\boldsymbol{x}, \boldsymbol{\theta}_i) \tag{7.224}$$

である．

学習をパターンダイナミクスと見るために，$\boldsymbol{\theta}$ の空間を S として，ここに N 個の点 $\boldsymbol{\theta}_1, \cdots, \boldsymbol{\theta}_N$ があるものとする．このパーセプトロンでは N 個の点 $\{\boldsymbol{\theta}_i, i = 1, \cdots, N\}$ が学習によって変化していく（図 7.12）．番号 i はどう付け替えてもよいから，N 個の点 $\boldsymbol{\theta}_1, \cdots, \boldsymbol{\theta}_N$ が S 上で分布しているものとみなし，その確率分布を

$$\rho_N(\boldsymbol{\theta}) = \frac{1}{N}\sum_{i} \delta(\boldsymbol{\theta} - \boldsymbol{\theta}_i) \tag{7.225}$$

と書いてよい．番号 i の順番はどうでもよいからである．$\delta(\boldsymbol{\theta})$ はデルタ関数である．後に $N \to \infty$ を考えるが，このときは $\boldsymbol{\theta}_i$ は無限個あるので，$\rho(\boldsymbol{\theta})$ を S 上の滑らかな確率分布と見て，学習によるその変化を考えるのである．

学習は，入出力の例題の系列 $(\boldsymbol{x}_t, y_t)$, $t = 1, 2, \cdots$ を受けて進行する．パラメータが $\boldsymbol{\Theta} = (\boldsymbol{\theta}_1, \cdots, \boldsymbol{\theta}_N)$ であるときの，回路の入出力の確率分布は

$$p(\boldsymbol{x}, y : \boldsymbol{\Theta}) = \frac{1}{\sqrt{2\pi}} \exp\left[-\frac{1}{2}\left\{y - \frac{1}{N}\sum_{i} f\left(\boldsymbol{x}, \boldsymbol{\theta}_i\right)\right\}^2\right] q(\boldsymbol{x}) \tag{7.226}$$

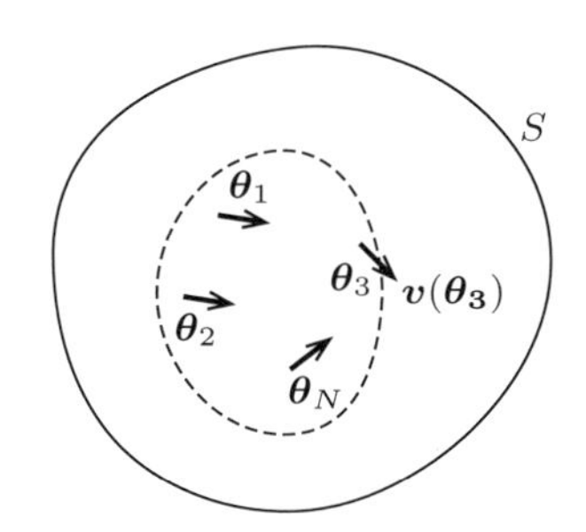

図 7.12 3 層パーセプトロンの $\boldsymbol{\theta}_i$ の分布と学習による移動速度

と書ける．ここで $q(\boldsymbol{x})$ は入力の確率分布（未知）である．例題 $(\boldsymbol{x}, y)$ に対する損失関数は 2 乗誤差で，

$$l(\boldsymbol{x}, y) = \frac{1}{2}\left\{y - \frac{1}{N}\sum_i f\left(\boldsymbol{x}, \boldsymbol{\theta}_i\right)\right\}^2 \tag{7.227}$$

である．これを具体的に計算すると

$$l(\boldsymbol{x}, y) = \frac{1}{2}y^2 - \frac{1}{N}\sum_i y f(\boldsymbol{x}, \boldsymbol{\theta}_i) + \frac{1}{2N^2}\sum_{i,j} f(\boldsymbol{x}, \boldsymbol{\theta}_i)\, f(\boldsymbol{x}, \boldsymbol{\theta}_j) \tag{7.228}$$

である．上式は $\boldsymbol{\theta}_i$ に関する算術平均（i や j についての和）を含むから，この和を，$\rho_N(\boldsymbol{\theta})$ による平均操作 $\langle\quad\rangle_{\rho_N}$ で表す．すなわち，$\boldsymbol{\theta}$ の関数 $a(\boldsymbol{\theta})$ に関して

$$\langle a(\boldsymbol{\theta})\rangle_{\rho_N} = \int \rho_N(\boldsymbol{\theta}) a(\boldsymbol{x}, \boldsymbol{\theta}) d\boldsymbol{\theta} \tag{7.229}$$

である．ρ_N の代わりに $N \to \infty$ とした一般の分布 $\rho(\boldsymbol{\theta})$ を用いることを考慮し，分布 $\rho(\boldsymbol{\theta})$ についての平均操作を用いて $\rho(\boldsymbol{\theta})$ の平均操作を定義する．すると，以下の 2 つの関数 V と U，

$$V(\boldsymbol{x}, y, \rho) = \langle y f(\boldsymbol{x}, \boldsymbol{\theta})\rangle_\rho = \frac{1}{N}\sum_i y f\left(\boldsymbol{x}, \boldsymbol{\theta}_i\right), \tag{7.230}$$

$$U(\boldsymbol{x}, \rho) = \frac{1}{2}\left\{\langle f(\boldsymbol{x}, \boldsymbol{\theta})\rangle_\rho\right\}^2 = \frac{1}{2N^2}\sum_{i,j} f\left(\boldsymbol{x}, \boldsymbol{\theta}_i\right) f\left(\boldsymbol{x}, \boldsymbol{\theta}_j\right) \tag{7.231}$$

が定義できる．$\rho = \rho_N$ の場合は和分になる．損失関数は

$$l = \text{const.} + V + U \tag{7.232}$$

のように，$f\left(\boldsymbol{x}, \boldsymbol{\theta}_i\right)$ の 1 次式 V と 2 次式 U との和に書ける．

学習は，例題 $(\boldsymbol{x}, y)$ を受けて，各 $\boldsymbol{\theta}_i$ を l の勾配の負の方向へ動かす．ここで，簡単のため時間を連続化して t で表すと，各 i について $\boldsymbol{\theta}_i$ の時間変化は，微分方程式

$$\dot{\boldsymbol{\theta}}_i = -\eta\frac{\partial l}{\partial \boldsymbol{\theta}_i} = \eta\left(\nabla_{\boldsymbol{\theta}} V - \nabla_{\boldsymbol{\theta}} U\right) \tag{7.233}$$

$$= \boldsymbol{v}\left(\boldsymbol{\theta}_i\right) \tag{7.234}$$

のようになる．上式の右辺 $\boldsymbol{v}\left(\boldsymbol{\theta}_i\right)$ は，各点 $\boldsymbol{\theta}_i$ の学習による移動速度になっている．

ここで，$\boldsymbol{\theta}$ の空間 S にポテンシャル関数

$$\Psi(\boldsymbol{\theta}) = V(\boldsymbol{\theta}) + \langle U\left(\boldsymbol{\theta}, \boldsymbol{\theta}'\right)\rangle_{\boldsymbol{\theta}'}, \tag{7.235}$$

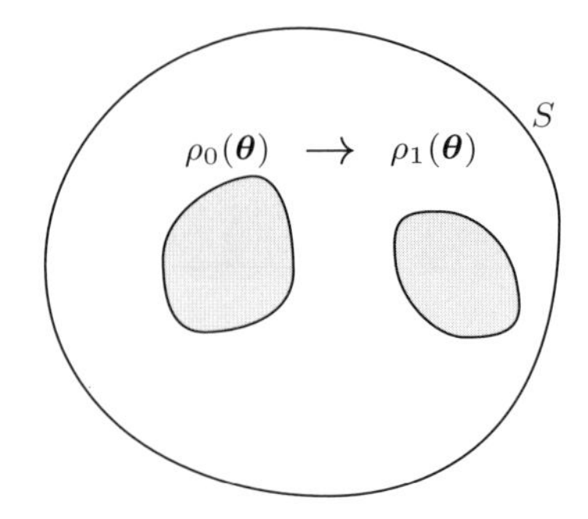

図 7.13 $N \to \infty$ の場合の $\boldsymbol{\theta}$ の分布と学習による移動

$$U\left(\boldsymbol{\theta}, \boldsymbol{\theta}'\right) = f(\boldsymbol{x}, \boldsymbol{\theta}) f\left(\boldsymbol{x}, \boldsymbol{\theta}'\right) \tag{7.236}$$

を導入すれば，各点の移動速度はその勾配

$$\boldsymbol{v}(\boldsymbol{\theta}) = \nabla \Psi(\boldsymbol{\theta}) \tag{7.237}$$

になっている．

素子数 N を無限大にした．各 $\boldsymbol{\theta}$ は S 上に連続的に分布していて，その確率分布を $\rho(\boldsymbol{\theta})$ とした．N が有限ならば，これは離散分布 (7.225) であったが，ここでは N を無限大にして連続の分布 $\rho(\boldsymbol{\theta})$ を考え，学習によってこの分布が変化し，損失関数の期待値を最小にする点（分布）に収束することを見る（図 7.13）．損失関数は

$$L(\rho) = \int y f(\boldsymbol{x}, \boldsymbol{\theta}) \rho(\boldsymbol{\theta}) d\boldsymbol{\theta} - \frac{1}{2} \int f(\boldsymbol{x}, \boldsymbol{\theta}) f\left(\boldsymbol{x}, \boldsymbol{\theta}'\right) \rho(\boldsymbol{\theta}) \rho\left(\boldsymbol{\theta}'\right) d\boldsymbol{\theta}\, d\boldsymbol{\theta}' \tag{7.238}$$

のように書けるから，これは ρ の正値 2 次関数であり，学習により確率的な揺らぎを伴いつつ最小点に収束する．

これを Wasserstein 幾何の枠組みから見ることにしよう．L_2 をもとにする W 幾何では，2 つの分布 ρ_0 と ρ_1 を与えて，$t = [0, 1]$ に対して分布 $\rho_t(\boldsymbol{\theta})$ が ρ_0 から ρ_1 への各点の移動距離の 2 乗の最小を与えるように定める．このとき，ポテンシャル関数 $\Psi(\boldsymbol{\theta})$ が定まり，その勾配が各点の輸送速度を与えた．連続描像にあっては，速度ポテンシャル $\Psi(\boldsymbol{\theta})$ が定まり，分布の各点の移動速度が (7.234) で与えられた．学習の場合は逆で，最適な移動の速度分布 $\boldsymbol{v}(\boldsymbol{\theta})$ がポテンシャル Ψ の勾配として決まり，これにより初期値 ρ_0 から学習の収束値 ρ_1 への道筋が定まる．このときの速度分布 $\boldsymbol{v}(\boldsymbol{\theta})$ が，S での移動コストを最小にするようになっている．何と見事に勾配学習が W 幾何で表現できた．これは一般に，W 幾何がパターンの移動コストを最小にするように，ダイナミクスを定めるからである．この理論を一般の深層回路に拡張することは興味深い課題である．

上記の話は，多層回路網についても同様にできそうであるが，深層回路の場合はパラメータ間に相関が働くので，話はそう簡単にはいかない．理研の園田翔さんは，各層は無限個あるものとし，これを連続化してパラメータ t で表し，深層学習は各層のパラメータの分布 $\boldsymbol{\Theta}(t)$ を変えていく過程とみなそうと提案している．ここでも，分布パターンの変化のダイナミクスが問題の核心をなす．

情報幾何としても分布パターンの変化のダイナミクスがこれから重要な研究課題になってくるであろう．

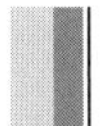

7.4　未解決の問題——多端子統計推論

50 年以上前の話である．Shannon 流の情報理論でやることがなくなってか，**多端子情報理論**が苦しまぎれに提唱されて，一世を風靡（ふうび）した．これは 2 つの情報源 X, Y（2 つでなくてもよいから多端子であるが）から相関のある情報が発生し，それぞれ他の信号を知らないままで，各端子で容量制限のある通信路に入れて送信する．このとき，受信端でこれらを総合してもとの信号系列を復元したい．どのくらいの精度で復元ができるか，通信容量と復元度の関係を求める問題である．

情報理論の大家，T. Berger が東大を訪れた．40 年以上も前の話である．このとき，彼は未解決の面白い問題があると言った．これが多端子統計推論である．話を簡単にするために，X, Y はそれぞれ $0, 1$ の値の信号 x, y を発生するとする．これらは，0 と 1 をそれぞれ確率 1/2 で発生するが，X の信号と Y の信号の間には，相関 ρ があるとする．$0, 1$ からなるそれぞれ n 個の記号列を，

$$\boldsymbol{x} = x_1 \cdots x_n, \tag{7.239}$$

$$\boldsymbol{y} = y_1 \cdots y_n \tag{7.240}$$

としよう．X と Y では，それぞれの信号系列を符号化して，共通の受信端 Z に送る．ただし，通信レートがそれぞれ $R < 1$ に限られているので，$\boldsymbol{x}, \boldsymbol{y}$ をそのまま全部送ることはできない．これらをそれぞれ nR ビットに縮約して送らなければならない．

受信端での仕事は，X と Y の相関係数 ρ を推定することである．簡単な符号化は，それぞれ初めの nR ビットを送ることにして，その後のビットは無視して捨ててしまう．これはレート制限のために $(1-R)n$ ビットを捨ててしまうだけで，つまらない符号化である．

問題は，うまく符号化すれば，nR 個の信号のみを使用するこのトリビアルな符号化よりも，ρ の推定がよくできるか否か，できるならば最善の方法は何であるかである．もちろん，問題はもっと一般化できるが，一番単純な場合に限定した．

Berger がこの問題を提示して以来，世界で多くの情報理論の著名な大家がこれに取り組んだが，誰も満足のいく回答を出せなかった．実は私も何回も，この問題を夢中で考えた．その結果，いろいろと副次的な回答は出せて，論文にはした[87],[89],[124],[279]が，これでは納得がいかない．最も深い考察は，こぼれ話 11 の研究倫理の項で述べた Han-Amari 論文[156]であるが，私はこの論文を忘れていた．

さて，話を極端に簡単にしよう．n ビットの $\boldsymbol{x}, \boldsymbol{y}$ のうち，それぞれ 1 ビットしか送れないとする．送る信号は X, Y 情報源からそれぞれ発生した $\boldsymbol{x}, \boldsymbol{y}$ を符号化した 1 ビット信号，

$$s_X = s_X(\boldsymbol{x}), \tag{7.241}$$

$$s_Y = s_Y(\boldsymbol{y}) \tag{7.242}$$

である．

このとき，受信端 Z では，s_X, s_Y をもとに ρ を推定したい．1 ビットずつの信号のみから ρ を推定するのは無理という異論もあるだろう．でも，このような状況を多数回繰り返せば，十分に良い推定が可能である．そこで問題になるのは，未知のパラメータを ρ とする確率モデルにおける，1 ビットずつの符号 (s_X, s_Y) の含む Fisher 情報量がどのようになるかである．これを最大にするような 1 ビット符号 s_X, s_Y を求めればよい．

これはいかにも簡単な問題に見える．そうではあるが解けない．私は論文[279]で，いろいろな考察を行い，この状況での良い符号化は ρ に依存していることを示した．さらに，ρ が 0 のある近傍に含まれるときは，s_X として最初の 1 ビットのみを取り出して（s_Y も同様）送ればよいことを示した．ただ ρ が大きいときはこれが成立せず，最初の 1 ビットを送るより良い符号化ができることがわかった．ではそれは何だろう．

昔この問題を考えていたときに，いまは Google Japan で研究している下川英敏さんが修士論文で取り組んでいて，彼は exclusive-or（排他的論理和），すなわち

$$s_X = x_1 \oplus s_2 \oplus \cdots \oplus s_n \tag{7.243}$$

が良いのではないかと言ってきた．exclusive-or で n ビットの信号を混ぜてしまうなんておかしいと私は不覚にもこれを取り上げなかったし，彼もそれ以上の解析を

しなかった．

ところが，電通大名誉教授の小林欣吾さんが言ってきた．n が $1 \sim 5$ のときに，しらみつぶしにすべての 1 ビット符号を調べたところ，n ビット中の k ビットを取って，これらの exclusive-or を s_k とするのが最適である．ただ k は ρ に依存するという．私は驚いた．それが事実なら，証明できるだろう．こうして再び苦闘が始まった．退職後の仕事としてこれを考えるのはとても楽しかった．

1 ビット符号が良いのならば，最適な $k(\rho)$ を ρ の関数として陽に求めることができるし，Fisher 情報量も計算できる．このときの Fisher 情報量は

$$g_s(\rho) = \frac{s\rho^2(s-1)}{1-\rho^{2s}} \tag{7.244}$$

となる．

だが，1 ビットのときに exclusive-or 符号が一番良いという証明ができない．こんな簡単な問題なのになぜできないのだろうと，小林さんと頭をひねった．彼はその後，しらみつぶしの数を増やし，n を 9 まで上げても同じ結論であると言っている．

この問題が解けたからと言って，多端子統計推論が解けるわけではないが，私としてはこんな単純な問題なのに解けないのかと，大変心に残る未解決問題である．

こぼれ話 12　甘利一族

最後に大脱線をして，甘利家について少しだけ述べておこう．いまは昔，武田信玄の家老を務めた武将に甘利備前守というのがいたそうである．時代劇のテレビなどにも出てくるが，これが弱くて早くに討ち死にしてしまう．それはさておき，この人が我が家の直系の先祖と言われているが，真偽のほどはわからない．それに我が父は次男であるから，私はもう直系とは言えない．

祖父は山梨で中学校の校長をしていたという．祖母は山梨の資産家の出で，そこはアメリカに進出し財を築いたというが，敵性財産ということで戦争ですべて没収されてしまう．その一つが，サンフランシスコにある日本庭園である．ここへ出かけて感慨にふけりながら，隠れマルコフモデルの理論を考えついたのを覚えている．

祖父は男 3 人女 4 人の子持ちであった．当時のことだから，長男だけには高等教育を受けさせると，東北帝国大学に入学させた．次男，三男は中学卒で就職する．私の父は，海軍の技術研究所に勤めた．ところが，ここで頭角を現したらしい．もっと勉強したらよいということで，海軍派遣という形で仙台高専（いまは東北大学になっている）を卒業させてもらった．

海軍の技術研究所で機械関係の特許をいくつも取り，アメリカで勉強しなさいと派遣された．ところが禍福はあざなえる縄のごとし，ここで上官の運転する三輪オートバイに同乗していたところこれが横転してしまい，片腕を失う．その上官は，後にマツダの社長になったという．それはさておき，帰国したときには，電気蓄音機，高周波ヘテロダイン2段のラジオ，カメラのローライフレックスなど，高級品を家に持ち帰った．

しかし終戦で海軍は解散，すべてを失う．世田谷の中里に，祖母の縁で一軒家を3所帯が借りて住む生活が始まる．家では父は，電気パン焼き器，石鹸，自動風呂沸かし器などを作り，いろいろ技術的な努力をしたものの，いずれもものにならなかったらしい．その後，川口の鋳物工場で鍋釜を仕入れ，豊かだった農村に売り歩き，コメやイモを買うという生活をした．私も中学の頃に川口まで鍋釜を取りに行き，駄賃にアイスキャンディーを1本もらったことを覚えている．こういうわけで，私の家は大変貧乏であった．しかし，これは考えようによっては大変いいことである．我慢強く，打たれ強くなり，苦難によく耐えられる．

その後，いつからかは覚えていないが，方々の会社を巡って印章や名刺の注文を取り，それを届ける，いわゆる便利屋を始めた．これが何となくうまくいき，甘利商会（ただし1人）として，食いつないだらしい．私は親不孝で，この辺のことを全く覚えていない．高校，大学と全く好き放題にしていた．

父は囲碁が好きで，碁会所によく通っていた．私が囲碁を覚えたのも中学校の頃であったが，その後しばらくやらなかった．大学院に入ってから，一生懸命にやったが所詮ザル碁である．でも，だんだんと強くなって5段ぐらいにはなったと思う．父のところで打つことになり，私の方が少し強かった．でも父は白石を決して手放さなかった．これは数少ない親孝行の一つであったのかもしれない．

父は家を持つのが夢で，やっと $120\,\mathrm{m}^2$ 強の土地を桜新町に借り，家を建てた．でも，当時は地主が強くて土地は売らず，借地権を得るということになった．父の念願はこの土地を買い取ることであった．土地バブルはまだはじけていなかったが，地主の代替わりで土地を売ってよいという話が舞い込んだ．父は喜んだ．向こうは弁護士が交渉に来るという．このとき私が交渉役を買って出た．まずは東大助教授の名刺を渡す．こけおどしではある．それからおもむろに，「いまどきは土地を買うなど馬鹿らしい，実は子供4人は全員反対で固まっている．でも，父の執念であり父は買いたいと言うから，値段によっては子供たちも納得する」．父は，ハラハラして見守っていた．話はいったん破談になった．しかし，向こうは相続が絡んでいて，売りたかったのだろう，再度交渉の申し入れがあり，こちら主導で話がまとまった．これも親孝行と言えたであろうか．

父はその後癌（がん）を患い，八十代で手術を受けた．手術は成功したものの，麻酔がうまく醒めず，醒めたときはそのまま認知症になってしまい，碁も打てなくなった．その後10年ほど生存したが，もう親孝行は全くできなかった．残念である．

私には娘が3人いる．それぞれに物語がある．長女は，運転免許証取得前に高校で同級生だった男に車の運転を教えてもらっていた．交番の近くでこれはまずいと，運転を代わったのを見とがめられて，無免許運転で捕まった．警察は親に連絡するというのを，親は関係ないとこの同級生が突っぱねて，こじれてしまった．親を巻き込みたくなかったのだ．こうして夜になって，警察から電話がかかってきて，娘さんを無免許容疑であずかっている，引き取りに来なさいという．あわてて引き取りに行った．これが婿殿との最初の出会いである．

婿殿は気の利く男で，その後も家の引っ越しの時などもよく手伝ってくれた．こうして，「お父さん，結婚させてください」が来た．娘が言うには「この人といると，気が休まる」．それならいいだろう．それに続いて「この人，いずれは課長くらいには出世するかな，一生平でも困るな」と言う．いや課長くらいにはなるだろうと言った．

この婿殿は，さる大手の会社の子会社に勤めていた．会社の業績がいいので，親会社がこれを吸収合併した．その後中国に派遣され，現地会社の社長などを務め，成績優秀で日本の親会社に戻り，いまではそこの役員を務めている．課長止まりではなかった．なお，娘も某大手会社の部長におさまった．

次女が一家ともどもアメリカに行ったのは，8 歳の時だったろう．これは外国語を覚えるのに最適な時期であるという．この年齢を過ぎるとバイリンガルにはなれないし，この前では覚えてもすぐに忘れてしまう．アメリカでは小学校にすぐになじんで友達も多く，帰国後も英語で少女向き冒険小説を読みふけるなど，語学が好きであった．小学校のときに，ある日校内放送で校長に呼び出されたそうだ．下町の小学校にアメリカから見学使節団が来るので通訳を兼ねて抜擢(ばってき)されたのである．

大学はロシア語科に入り，ロシア語を専攻した．いよいよ就職の時期が来て，ある電機メーカーの大手に就職したいという．会社に行っても，就職協定によりまだ受け付けていませんと，断られるという．ところが，友達は何人も面接を受けている，世の中は不公平だという．仕方がないから，その会社の知り合いの研究所長に電話をしてみた．表向きは就職協定で受け付けないとしているが，就職の審査はすでにどんどん進んでいるという．次の日に面接に来てください，ということになり，ほどなく就職が決まった．国際営業部に配属になり，ロシアに出張したこともある．

ところでペレストロイカである．ロシアに留学できるようになったからと，会社を辞めてモスクワ大学に 1 年留学した．ロシアで一番困難な時期であった．泥棒に入られて，荷物をごっそり持って行かれたという．あわてて衣類などを用意して，ロシアに送ろうとしたがうまくいかない．このときは前に勤めていた会社のモスクワの営業所を通じて送れるようになった．いろいろと苦労に遭いながらも，留学生の友達も大勢できて，それなりにうまくやっていたらしい．実は私の知り合いの大学教授も何人かモスクワにいて助けてくれた．

あるときクレジットカードの利用明細に 520 円というのが入っていた．こんな少額をクレジットカードで支払った覚えがないといぶかると，実はこれがモスクワからであった．

次女が行くときにいざというときの用心にと，クレジットカードを持たせた．次女は月に一度贅沢をしたいと思い，モスクワのホテルに行くと，ケーキとコーヒーが520円で飲めるという．ただし，ルーブルでは駄目でクレジットカードならよいという．これは次女が無事でいるという知らせかと安心した．

次女は帰国後，会社に戻ることもできたが自立したいと言った．ロシア語関係の仕事ができると思ったが，現在のロシア情勢で，子供に英語で歌を教える仕事をいまはしている．アメリカ人に言わせると，かすかなボストンなまりのある，立派な英語なのだそうである．

三女ともなると，親の躾（しつけ）も緩むのであろうか，のびのびと育った．大学ではテニスサークルに励んでいたらしい．しかし反抗期というものは来てしまう．それにも時期があり，これを過ぎればよい．ただきっかけが必要である．私はドラゴンクエストにはまっていた．三女もそれを始めて，はまってしまった．「あー，もうすぐ殺されてしまう，どこに逃げたらいいの」．そこで私の助け舟である．こちらへ行ってこうこうすればよい．私も死にそうになると，娘に助けを求めた．ゲームが縁で父娘はすっかり仲が良くなった．

就職の時期が来た．バブル崩壊後の就職難の時期であった．何社かへ面接に行くという．某一流大手商社へ行ったときである．何と，「ここは本命ではない，別に行きたい会社がある」と言ったらしい．向こうも驚いた，面接でこんなことを言う人は普通はいない．そこが気に入られたのか，総合職は10名の予定であったが1名増やしてもよい，うちへ来ないかと言われた．

結局そこへ決まった，さすがに一流商社，2，3年もすると，海外出張はビジネスクラスで行けるのだという．ロサンゼルス出張でも，現地の滞在員がきめ細かく面倒を見てくれたという．後に，その滞在員が本社に戻ったら，とてつもなく上の人で，普通ならあたしなど口もきけない人だったと言っていた．

上の娘たちが嫁いで三女一人になり，我が家では玄関に「娘売り切れ」とでも看板を掲げておこうかと言っていた．ところがある日，お父さん会ってください，と三女が言う．さては，とピーンときた．何と私の研究室にいる研究者である．三女は結婚後，会社を辞めて自立したいという．向こうの給料より，お前の給料の方がはるかに上だぞ，と言ったのだが，結婚後会社を辞めて翻訳の学校に入り，一から叩き上げた．いまでは翻訳者協会にも入り，それなりに仕事が舞い込んでくるらしい．しかし，ChatGPTの時代が来ようとしている．翻訳業の受難の時代である．

娘3人，いずれも親孝行である．この娘らが言う，「あたしたちは皆お父さんのけちの遺伝子を受け継いでいる」．確かにいずれも堅実に生きている．娘とはいいものだ．

あ と が き

いつの間にか米寿を迎えた．心身の衰えはさすがに隠せない．いまや趣味は研究と囲碁と言いたいが，実は研究の方はなかなか進まない．最近は論文の数も多く，しかも難しすぎる．囲碁の方はと言えば，後輩に追いつかれ追い越される始末で，やはり勉強が足りないのであろう．

そんな中で，数理工学について生涯を振り返りながら，その時々の逸話も入れた本を執筆してはどうかという，サイエンス社編集部からの嬉しいお誘いがかかった．大変魅力的な話で，これに乗った．ほぼ 1 年間，これに没頭したのが本書である．充実した楽しい 1 年になった．

振り返ってみれば，数理工学を目指して苦闘してきた．失敗は多かったものの，結果的には大変な幸運に恵まれ，勝手気ままな楽しい年月を過ごした．本書では修士論文の時代から始めて私の研究を振り返りながら，その時々の時代背景とともに独りよがりなエピソードを多く交えて執筆した．書いてみて，私の研究は意外と難しいことを再認識した．こんな難しいことをよく考えたものである．ただ，細部を詳しく追うことは読者にとって迷惑であろう．そこでかなりはしょった．細かいところを気にせずに，読み飛ばして欲しい．思い違いや誤りも多いのではないかと気になっている．

いまは数理全盛の時代になった．AI はもとより，情報幾何，数理脳科学，そしてその他あらゆる分野で数理の手法が求められている．まさに隔世の感がある．私の時代は終わった．しかし，日本には優秀な若手を含めて，新しい世代の研究者が大勢台頭してきている．これらの研究者たちは私を乗り越え，世界の第一線に立って堂々と活躍している．日本が数理工学の一流国として，世界をリードすることを期待して，本書を閉じたい．

甘利俊一

文　献　一　覧

論文

[1] S. Amari, On some primary structures of non-Riemannian plasticity theory, RAAG Memoirs, Vol. 3, D-IX, 99–108, 1962.

[2] S. Amari, A theory of deformations and stresses of magnetic and dielectric substances by Finsler Geometry, RAAG Memoirs, Vol. 3, D- XV, 193–214, 1962.

[3] S. Amari, Topological foundations of Kron's tearing of electric networks, RAAG Memoirs, Vol. 3, F-VI, 322–350, 1962.

[4] S. Amari, Information-theoretical foundations of diakoptics and codiakoptics, RAAG Memoirs, Vol. 3, F-VII, 351–371, 1962.

[5] K. Kondo, M. Takata, S. Amari, Analytical structures of speech-sounds, mechanical composition and decomposition of phonemes and the design principle of primary phonetical automata, RAAG Memoirs, Vol. 3, H-VI, 647–692, 1962.

[6] K. Kondo, M. Iri, S. Amari, A survey of the recent Japanese investigations in topological network theory and diakoptics: I. Matrix and Tensor Quarterly, Vol. 13, 103–108, 1963.

[7] K. Kondo, M. Iri, S. Amari, A survey of the recent Japanese investigations in topological network theory and diakoptics: II. Matrix and Tensor Quarterly, Vol. 14, 10–17, 1963.

[8] S. Amari, On the continuous communication networks including feedback branches, RAAG Research Notes., 3rd Ser., 15, 1963.

[9] S. Amari, Theory of transformations of signal spaces, Int. Conf. Microwaves, Circuit Theory and Information Theory, Tokyo, Part 3, I4-3, 39–40, 1964.

[10] S. Amari, On the concept of dual incompatibility and dual dislocation in relation to fracture problem, Int. Conf. Fracture, Sendai, Vol. 1, A-4, 15–16, 1965.

[11] S. Amari, On the concept of dual incompatibility and dual dislocation in relation to fracture problem, Proc. of First Int. Conf on Fracture, Vol. 1, 67–73, 1966.

[12] S. Amari, Theory of adaptive pattern classifiers, IEEE Trans., EC-16, 299–307, 1967.

[13] S. Minagawa, S. Amari, On the dual yielding and related problems, Mechanics of Generalized Continua. (E. Kröner ed., IUTAM Symposium, 1967), Springer, 283–285, 1968.

[14] S. Amari, A geometrical theory of moving dislocations and anelasticity, RAAG Memoirs, Vol. 4, D-XVI, 142–152, 1968.

[15] S. Amari, Non-Riemannian stress space and dual dislocations, RAAG Memoirs, Vol. 4, D-XVII, 153–161, 1968.

[16] K. Kondo, S. Amari, A constructive approach to the non-Riemannian features of dislocations and spin distributions in terms of Finsler's geometry and a possible extension to the space-time formalism, RAAG Memoirs, Vol. 4, D-XXIII, 225–238, 1968.

[17] K. Kondo, M. Shimbo, S. Amari, On the standpoint of non-Riemannian plasticity

theory, RAAG Memoirs, Vol. 4, 205–224, 1968.

[18] S. Amari, Theory of information spaces —A geometrical foundation of the analysis of communication systems. RAAG Memoirs, Vol. 4, 373–418, 1968.

[19] M. Iri, S. Amari, M. Takata, Algebraical and topological theory and methods of linear programming with weak graphical representation, RAAG Memoirs, Vol. 4, G-IX, 420–462, 1968.

[20] S. Amari, Invariant structures of signal and feature spaces in pattern recognition problems, RAAG Memoirs, Vol. 4, I-II, 553–566, 1968.

[21] S. Amari, Theory of learning decision systems, RAAG Memoirs, Vol. 4, I-III, 567–576, 1968.

[22] S. Amari, Characteristics of randomly connected threshold-element networks and network systems, Proc. IEEE., Vol. 59, 35–47, 1971.

[23] S. Amari, Characteristics of random nets of analog neuron-like elements, IEEE Trans. Systems, Man and Cybernetics, Vol. SMC-2, No. 5, 643–657, November 1972 (also Artificial Neural Networks Theoretical Concepts, ed. Vemri, V., IEEE Comp. Soc. 1988).

[24] S. Amari, Learning patterns and pattern sequences by self-organizing nets of threshold elements, IEEE Trans. Computers, Vol. C-21, 1197–1206, 1972.

[25] S. Amari, A method of statistical neurodynamics, Kybernetik, Vol. 14, 201–215, 1974.

[26] S. Amari, Mathematical theory of nerve nets, Advances in Biophysics (K. Kotani ed.), Vol. 6, 75–120, 1974.

[27] S. Amari, Homogeneous nets of neuron-Like elements, Biol. Cybernetics, Vol. 17, 221–235, 1975.

[28] S. Amari, Recent Japanese investigations on self-organizing nerve net models, Brain Theory Newsletter, Vol. 1, 6–7, 1975.

[29] S. Amari, I. Lieblich, A. Karshmer, A neural model for the handling of phenomena associated with trains of light stimuli, Brain Theory Newsletter, Vol. 1, 20–23, 1975.

[30] S. Amari, Neural net theory, Brain Theory Newsletter, Vol. 2, 43–44, 1977.

[31] F. Lenherr, S. Yoshizawa, S. Amari, Models of binocular plasticity in visual cortex, Brain Theory Newsletter, Vol. 2, 63–65, 1977.

[32] S. Amari, Neural theory of association and concept-formation, Biological Cybernetics, Vol. 26, 175–185, 1977.

[33] S. Amari, K. Yoshida, K. Kanatani, A mathematical foundation for statistical neurodynamics, SIAM J. Appl. Math., Vol. 33, 95–126, 1977.

[34] S. Amari, Dynamics of pattern formation in lateral-inhibition type neural fields, Biological Cybernetics, Vol. 27, 77–87, 1977.

[35] S. Amari, A mathematical approach to neural systems, Systems Neuroscience (J. Metzler ed.), 67–117, Academic Press, 1977.

[36] S. Amari, M. A. Arbib, Competition and cooperation in neural nets, Systems Neuroscience (J. Metzler ed.), 119-165, Academic Press, 1977.

[37] S. Amari, I. Lieblich, A. I. Karshmer, A neural model for the handling of phenomena associated with trains of light stimuli: An updated version to fit fusion data, Systems Neuroscience (J. Metzler ed.), 55–66, Academic Press, 1977.

[38] I. Lieblich, S. Amari, The amygdaloid kindling phenomenon: A tentative model, Systems Neuroscience (J. Metzler ed.), 167–182, Academic Press, 1977.

[39] S. Amari, Feature spaces which admit and detect invariant signal transformations, Proc. 4th Int. J. Con. Pattern Recognition, Kyoto, 452–456, 1978.

[40] I. Lieblich, S. Amari, An extended first approximation model for the amygdaloid kindling phenomenon, Biol. Cybernetics, Vol. 28, 129–135, 1978.

[41] S. Amari, A. Takeuchi, Mathematical theory on formation of category detecting nerve cells, Biol. Cybernetics, Vol. 29, 127–136, 1978.

[42] S. Amari, Topographic organization of nerve fields, Proc. Int. Symp. on Math. Topics in Biol., Kyoto, 102–111, 1978.

[43] K. Kishimoto, S. Amari, Existence and stability of local excitations in homogeneous neural fields, J. Math. Biology, Vol. 7, 303–318, 1979.

[44] S. Amari, Topographic organization of nerve fields, Neuroscience Letter, Supplement 2, p. S-20, 1979.

[45] A. Takeuchi, S. Amari, Formation of topographic maps and columnar microstructures, Biol. Cybernetics, Vol. 35, 63–72, 1979.

[46] S. Amari, Theory of self-organizing nerve nets with special reference to association and concept formation, Proc. 6th Int.J. Con. on Artificial Intelligence, Tokyo, 13–15, 1979.

[47] S. Amari, Topographic organization of nerve fields, Bull. of Math. Biology, Vol. 42, 339–364, 1980.

[48] S. Amari, A. Takeuchi, Formation of topographic maps and columnar microstructures, Neuroscience Letters, S4, p. S23, 1980.

[49] S. Amari, Dualistic theory of non-Riemannian material manifolds. Int. J. Engng. Sci., Vol. 12, 1581–1594, 1981.

[50] S. Amari, Mathematical analysis of the alopex process for determination of visual receptive fields, Neuroscience Letters, Vol. 6, p.Sll9, 1981.

[51] S. Amari, A mathematical theory of self-organizing nerve systems, Biomathematics : Current Status and Future Perspectives (ed., L. M. Ricciardi and A. Scott), North-Holland, 159–177, 1982.

[52] S. Amari, A mathematical theory of self-organizing nerve nets, Progress in Cybernetics and Systems Research, Vol. 9 (ed. by R. Trappl, L. Ricciardi, G. Pask), Hemisphere, 195–204, 1982.

[53] S. Amari, Geometrical theory of asymptotic ancillarity and conditional inference, Biometrika, Vol. 69-1, 1–17, 1982.

[54] S. Amari, Differential geometry of curved exponential families —Curvatures and information loss, Annals of Statistics, Vol. 10, 357–385, 1982.

[55] H. Nagaoka, S. Amari, Differential geometry of smooth families of probability dis-

tributions, METR 82-7, Univ. Tokyo, 49pp., 1982.

[56] S. Amari, Competitive and cooperative aspects in dynamics of neural excitation and self-organization, (ed. by S. Amari and M. A. Arbib, Competition and Cooperation in Neural Nets, Springer Lecture Notes in Biomathematics), Vol. 45, 1–28, 1982.

[57] M. Kumon, S. Amari, Differential geometry of Edgeworth expansions in curved exponential family, Annals of the Institute of Statistical Mathematics, Vol. 35, No. 1, A, 1–24, 1983.

[58] M. Kumon, S. Amari, Geometrical theory of higher-order asymptotics of test, Interval estimator and conditional inference, Proc. R. Soc. Lond., A387, 429–458, 1983.

[59] S. Amari, Differential geometry of statistical inference, Probability Theory and Mathematical Statistics (eds. K. Ito and J. V. Prokhorov, Springer Lecture Notes in Math.), Vol. 1021, 26–40, 1983.

[60] S. Amari, Field theory of self-organizing neural nets, IEEE Trans. Systems, Man and Cybernetics, Vol. SMC-13, NO. 9 & 10, 741–748, 1983.

[61] S. Amari, Comparisons of asymptotically efficient tests in terms of geometry of statistical structures, Bull. Int. Statist. Inst., Proc. 44th Session, Book 2, 1190–1206, Spain, 1983.

[62] M. Kumon, S. Amari, Estimation of structural parameter in the presence of a large number of nuisance parameters, Biometrika, 71, 3, 445–459, 1984.

[63] M. A. Arbib, S. Amari, Sensori-motor transformations in the brain (with a critique of the tensor theory of cerebellum), J. of Theoretical Biology, Vol. 1 12, 123–155, 1985.

[64] S. Amari, Formation of retinotopy and columnar microstructures by self-organization: A mathematical model, Models of the Visual Cortex (ed., O. Rose and V. G. Dobson), John Wiley, 157–163, 1985.

[65] S. Amari, Self-organizing capabilities of neural systems, Proc. Int. Symp. on Electron Devices, Tokyo, 113–118, 1985.

[66] S. Amari, M. Maruyama, On the topological representation of signals in self-organizing nerve fields, Mathematical Topics in Population Biology, Morphogenesis and Neurosciences (eds. E. Teramoto and M. Yamaguti, Springer Lecture Notes in Biomathematics, Vol. 71), 282–291, 1985.

[67] M. Maruyama, S. Amari, A theoretical study of recognition of moving objects by monocular vision, Electronics and Communications in Japan, 68, 11, 30–39, 1985.

[68] S. Amari, Differential geometrical method in asymptotics of statistical inference, Invited Paper, Proc. of the 1st Bernoulli Society World Congress on Mathematical Statistics and Probability Theory, eds. Yu. Prohorov and V. V. Sazanov, Vol. 2, VNU Press, 195–204, 1987.

[69] S. Amari, Differential geometry in statistical inference, Proc. of ISI, vol.52, Book 2, pp. 321-338, Invited Paper, 6.1 46th Session of the ISI, 1987.

[70] S. Amari, Statistical curvature, in Encyclopedia of Statistical Sciences, Vol. 8, eds. S. Kotz and N. L. Johnson, Wiley, 642–646, 1987.

[71] S. Amari, On mathematical methods in the theory of neural networks, Proc. 1 st IEEE ICNN, Vol. III, pp. IU 3 - Ell 10, 1987.

[72] S. Amari, Dual connections on the Hilbert Bundles of statistical models, in Geometrization of Statistical Theory, ed. C. T. J. Dodson, ULDM Lancaster UK., 123–152, 1987.

[73] S. Amari, Differential geometry of a parametric family of invertible linear systems - Riemannian metric, dual affine connections and divergence, Mathematical Systems Theory, 20, 53–82, 1987.

[74] S. Amari, Differential geometrical theory of statistics, in Differential Geometry in Statistical Inference, IMS Monograph Series, Vol. 10, Chap. 2, 19–94, IMS, Heyward Cal., 1987.

[75] S. Amari, M. Maruyama, A theory on determination of 3D motion and 3D structure from features. Spatial Vision, 2, 2, 151–168, 1987.

[76] S. Amari, Data compression and statistical inference, Electronics and Communications in Japan, Vol. 70, No. 11, 16–24, 1987.

[77] M. Kumon, S. Amari, Differential geometry of testing hypothesis - a higher order asymptotic theory in multiparameter curved exponential family, J. Fac. Eng., Univ. Tokyo, Vol. B-39, 3, 241–274, 1988.

[78] S. Amari, Mathematical theory of self-organization in neural nets, in Organization of neural networks, eds. W. von Seelen, G. Show and U. M. Leinhos, VCH Weinheim, FRG, 399–413, 1988.

[79] S. Amari, K. Maginu, Statistical neurodynamics of associative memory. Neural Networks, Vol. 1, 63–73, 1988.

[80] S. Amari, Statistical neurodynamics of various versions of correlation associative memory, Proc. 2nd ICNN, 8pp., 1988.

[81] S. Amari, Mathematical methods of neurodynamics and self-organization, on Biomathematics and Related Computational Problems, ed. L. M. Ricciardi, 3–11, Kluwer Academic, 1988.

[82] S. Amari, Dynamical stability of formation of cortical maps, in Dynamic Interactions in Neural Networks: Models and Data, eds. M. A. Arbib and S. Amari, Springer Research Notes in Neural Computation, Vol. 1, 15–34, 1988.

[83] S. Amari, Associative memory and its statistical-neurodynamical analysis, Neural and Synergetic Computers, ed. H. Haken, Springer, Series in Synergetics, 42, 85–99, 1988.

[84] S. Amari, M. Kumon, Estimation in the presence of infinitely many nuisance parameters —geometry of estimating functions, Annals of Statistics, 16, 1044–1068, 1988.

[85] S. Amari, Statistical neurodynamics — associative memory and self-organization, Coorperative Dynamics in Complex Physical Systems, ed. H. Takayama, 239–248, Springer-Verlag, 1989.

[86] S. Amari, Characteristics of sparsely encoded associative memory, Neural Networks,

2, 451–473, 1989.

[87] S. Amari, T. S. Han, Statistical inference under multi-terminal rate restrictions — a differential geometrical approach, IEEE Trans. on Information Theory, IT-35, 217–227, 1989.

[88] S. Amari, Comments on the geometry of asymptotic inference by E. Kass, Statistical Science, 4, 188–234, 1989.

[89] S. Amari, Fisher information under restriction of Shannon information in multi-terminal situations, Ann. Inst. Statist. Math., Vol. 41, 623–648, 1989.

[90] S. Amari, Formation of cortical cognitive map by self-organization, in Computational Neuroscience, ed. E. Schwartz, MIT Press, 267–277, 1990.

[91] S. Amari, Mathematical foundations of neurocomputing, Proceedings of the IEEE, Vol. 78, 1443–1463, 1990.

[92] S. Amari, Discussion to small-sample distributional properties of nonlinear regression estimators (a geometric approach) by A. Pazman. Statistics, 21 3, 323–367, 1990.

[93] I. Okamoto, S. Amari, K. Takeuchi, Asymptotic theory of sequential estimation: Differential geometrical approach, Annals of Statistics, 19, 961–981, 1991.

[94] S. Amari, Dualistic geometry of the manifold of higher-order neurons, Neural Networks, 4, 443–451, 1991.

[95] S. Amari, Mathematical theory of neural learning, New Generation Computing, 8, 281–294, 1991.

[96] S. Amari, Neural computing (Extended Abstract), Geoinformatics, Vol. 2, 109–112, 1991.

[97] C. Meunier, H. Yanai, S. Amari, Sparsely coded associative memories: Capacity and dynamical properties, Network Computation in Neural Systems, Vol 2. 469–487, 1991.

[98] N. Murata, S. Yoshizawa, S. Amari, A criterion for determining the number of parameters in an artificial neural network model, in Artificial Neural Network (T. Kohonen et al., eds.), (Holland), 9–14, ICANN, Elsevier, 1991.

[99] S. Amari, N. Fujita, S. Shinomoto, Four types of learning curves, Neural Computation, 4, 605–618, 1992.

[100] S. Amari, N. Murata, Statistical theory of learning curves under entropic loss criterion, Neural Computation, 5, 140–153, 1992.

[101] H. Ito, S. Amari, K. Kobayashi, Identifiability of hidden Markov information sources and their minimum degrees of freedom, IEEE Trans. on Information Theory, Vol. 38, 324–333, 1992.

[102] S. Amari, K. Kurata, H. Nagaoka, Information geometry of Boltzmann machines, IEEE Trans. on Neural Networks, Vol. 3, 260–271, 1992.

[103] S. Amari, Information geometry of neural networks, IEICE Trans., Vol. E75-A, 531–536, 1992.

[104] S. Amari, Learning curves, generalization errors and information criteria, Artificial Neural Networks, 2, 305–311, I. Aleksander and J. Taylor (Editors), Elsevier Science

Publishers B. V., 1992.

[105] S. Amari, Universal aspects on learning curves and generalization errors, Fifth Italian Workshop, NEURAL NETS WIRN VIETRI-92, vietri sul Mare, Salerno, Edited by E. R. Caianiello, World Scientific, 3–28, 1992.

[106] S. Amari, A Universal theorem on learning curves, Neural Networks, Vol. 6, 161–166, 1993.

[107] S. Yoshizawa, M. Morita, S. Amari, Capacity of autocorrelation-type associative memory using a non-monotonic neuron model, Neural Networks, Vol. 6, 167–176, 1993.

[108] N. Murata, S. Yoshizawa, S. Amari, Learning curves, model selection and complexity of neural networks, Neural Information Processing System 5, (S. J. Hanson et al, eds), 607–614, Morgan Kaufmann, 1993.

[109] S. Amari, Neural representation of information by sparse encoding, Brain Mechanisms of Perception and Memory from Neuron to Behavior, (T. Ono et al, eds), 630–637, Oxford University Press, 1993.

[110] S. Amari, Backpropagation and stochastic gradient descent method, Neurocomputing, Vol. 5, 185–196, 1993.

[111] S. Amari, H. Yanai, Statistical neurodynamics of various types of associative nets, Associative Neural Memories Theory and Implementation, 169–183, Edited by Mohamad H. Hassoun, Oxford University Press, 1993.

[112] S. Amari, Mathematical methods of neurocomputing, network and chaos – Statistical and probabilistic aspects, Monographs on Statistics and Applied Probability 50, 1–39, Edited by O. E. Barndorff-Nielsen, J. L. Jensen and W. S. Kendall, Chapman & Hall, 1993.

[113] S. Amari, Differential geometry of estimating functions, Multivariate Analysis : Directions 2, 379–383, C.M. Cuadras and C. R. Rao, editors, Elsevier Science Publishers, 1993.

[114] S. Amari, Information geometry and manifolds of neural networks, in From Statistical Physics to Statistical Inference and Back, eds. P. Grassberger and J.-P. Nadal, Kluwer Academic Publishers, 113–138, 1994.

[115] N. Murata, S. Yoshizawa, S. Amari, Network information criterion —Determining the number of hidden units for an artificial neural network model, IEEE Transactions on Neural Networks, Vol. 5, 865–872, 1994.

[116] S. Amari, Comments on neural networks: A review from a statistical perspective by Bing Cheng and D. M. Titterington, Statistical Science, 9, 31–35, 1994.

[117] S. Amari, N. Murata, K. Ikeda, Universal properties of learning curves, Cognitive Processing for Vision and Voice, ed. T. Ishiguro, 77–87, SIAM, 1994.

[118] A. Ohara, S. Amari, Differential geometric structures of stable state feedback systems with dual connections, Kybernetika, Vol. 30, 369–386, 1994.

[119] M. Kawanabe, S. Amari, Estimation of network parameters in semiparametric stochastic perceptron, Neural Computation, 6, 1244–1261, 1994.

[120] S. Amari, The EM algorithm and information geometry in neural network learning, Neural Computation, Vol. 7, 13–18, 1995.

[121] A. Fujiwara, S. Amari, Gradient systems in view of information geometry, Physica D, Vol. 80, 317–327, 1995.

[122] S. Amari, Information geometry of the EM and em algorithms for neural networks, Neural Networks, Vol. 8, 1379–1408, 1995.

[123] S. Amari, N. Murata, K. Ikeda, Statistical theory of learning curves, the theory of neural networks —The statistics mechanics perspectives, ed. John-Hoon Oh, World Scientific publishers, 3–17, 1995.

[124] T. S. Han, S. Amari, Parameter estimation with multiterminal data compression, IEEE Transactions on Information Theory, Vol. 41, 1802–1833, 1995.

[125] A. Date, K. Kurata, S. Amari, Information representation in a randomly and symmetrically connected recurrent neural network, in Brain Processes, Theories and Models, edited by R. Moreno-Diaz and J. Mira-Mira, 274–283, The MIT Press, 1995.

[126] A. Ohara, N. Suda, S. Amari, Dualistic differential geometry of positive definite matrices and its applications to related problems, Linear Algebra and its Applications, 247, 31–53, 1996.

[127] H.-F. Yanai, S. Amari, Auto-associative memory with two-stage dynamics of nonmonotonic neurons, IEEE Trans. on Neural Networks, Vol. 7, 803–815, 1996.

[128] S. Amari, N. Murata, K.-R. Müller, M. Finke, H. Yang, Statistical theory of overtraining —Is cross-validation asymptotically effective?, Advances in Neural Information Processing Systems 8, Proceedings of the 1995 Conference, edited by David S. Touretzky, Michael C. Mozer and Michael E. Hasselmo, 176–182, 1996.

[129] K. Ikeda, S. Amari, Geometry of admissible parameter region in neural learning, IEICE Trans. Fundamentals, Vol. E79-A, 938–943, 1996.

[130] K.-R. Müller, M. Finke, N. Murata, K. Schulten, S. Amari, A numerical study on learning curves in stochastic multilayer feedforward networks, Neural Computation, 8, 1085–1106, 1996.

[131] S.C. Douglas, A. Cichocki, S. Amari, Fast-convergence filtered regressor algorithms for blind equalisation, Electronics Letters, Vol. 32, 2114–2115, 1996.

[132] A. Cichocki, R. Thawonmas, S. Amari, Sequential blind signal extraction specified by stochastic properties, Electronics Letters, Vol. 33, 64–65, 1997.

[133] S. Amari, A. Cichocki, H.H. Yang, A new learning algorithm for blind signal separation, Advances in Neural Information Processing Systems 8, Proceedings of the 1995 Conference NIPS, edited by David S. Touretzky, Michael C. Mozer and Michael E. Hasselmo, 757–763, 1997.

[134] S. Amari, M. Kawanabe, Information geometry of estimating functions in semi parametric statistical models, Bernoulli, 3, 29–54, 1997.

[135] S. Amari, Information geometry, Contemporary Mathematics, Vol. 203, 81–95, 1997.

[136] S. Amari, Information geometry, mathematics of neural networks —Models, algorithms and applications, 15–23, Edited by S.W. Ellacott, J.C. Mason, I.J. Anderson, Kluwer Academic Publishers, 1997.

[137] S. Amari, N. Murata, Statistical analysis of regularization constant — From Bayes, MDL and NIC points of view, Biological and Artificial Computation: From Neuroscience to Technology (Proceedings of IWANN'97), 284–293, Edited by J. Mira, R.Moreno- Diaz, J. Cabestany, Springer, 1997.

[138] A. Cichocki, S. Amari, J. Cao, Neural network models for blind separation of time delayed and convolved signals, IEICE Transactions on Fundamentals of Electronics, Communications and Computer Sciences, Vol. E80-A, 1595–1603, 1997.

[139] H.H. Yang, S. Amari, Adaptive online learning algorithms for blind separation: Maximum entropy and minimum mutual information, Neural Computation, No. 9, 1457–1482, 1997.

[140] S. Amari, N. Murata, K.-R. Müller, M Finke, H. H. Yang, Asymptotic statistical theory of overtraining and cross-validation, IEEE Transactions on Neural Networks, Vol. 8, 985–996, 1997.

[141] S. Amari, J-F. Cardoso, Blind source separation —Semiparametric statistical approach, IEEE Transactions on Signal Processing, Vol. 45, 2692–2700, 1997.

[142] S. Amari, T-P. Chen, A. Cichocki, Stability analysis of learning algorithms for blind source separation, Neural Networks, Vol. 10, 1345–1351, 1997.

[143] W. Kasprzak, A. Cichocki, S. Amari, Blind source separation with convolutive noise cancellation, Neural Computing & Applications, No. 6, 127–141, 1997.

[144] S. Amari, The natural gradient learning algorithm for neural networks, Theoretical Aspects of Neural Computation —A Multidisciplinary Perspective, Hong Kong International Workshop (TANC'97), Kwok-Yee Michael Wong, Irwin King, Dit-Yan Yeung (Eds.), Springer, 1–15, 1998.

[145] S. Amari, Blind source separation —Mathematical foundations, Brain-Like Computing and Intelligent Information Systems, S. Amari and N. Kasabov (Eds.), Springer, 153–166, 1998.

[146] H. H. Yang, N. Murata, S. Amari, Statistical inference: learning in artificial neural networks, Trends in Cognitive Sciences, Vol. 2, 4–10, 1998.

[147] S. Amari, Natural gradient works efficiently in learning, Neural Computation, Vol. 10, 251–276, 1998.

[148] S. Amari, M. Kawanabe, Estimating functions in semiparametric statistical models, IMS Selected Proceedings of the Symposium on Estimating Functions, I.V. Basawa, V.P. Godambe and R.L. Taylor (Eds.), Vol. 32, 65–81, 1998.

[149] H. H. Yang, S. Amari, A. Cichocki, Information-theoretic approach to blind separation of sources in non-linear mixture, Signal Processing, 64, 291–300, 1998.

[150] T.P. Chen, S. Amari, Q. Lin, A unified algorithm for principal and minor components extraction, Neural Networks, Vol. 11, 385–390, 1998.

[151] S.C. Douglas, A. Cichocki, S. Amari, Bias removal technique for blind source sep-

aration with noisy measurements, Electronics Letters, Vol. 34, 1379–1380, 1998.

[152] S. Amari, A. Cichocki, Adaptive blind signal processing —Neural network approaches, Proceedings of the IEEE, Vol. 86, 2026–2048, 1998.

[153] K. Hiraoka, S. Amari, Strategy under the unknown stochastic environment: The nonparametric lob-pass problem, Algorithmica, 22, 138–156, 1998.

[154] R. Thawonmas, A. Cichocki, S. Amari, A cascade neural network for blind signal extraction without spurious equilibria, IEICE Transactions on Fundamentals of Electronics, Communications and Computer Sciences, Vol. E81-A, 1833–1846, 1998.

[155] M. Girolami, A. Cichocki, S. Amari, A common neural-network model for unsupervised exploratory data analysis and independent component analysis, IEEE Transactions on Neural Networks, Vol. 9, 1495–1501, 1998.

[156] T.S. Han, S. Amari, Statistical inference under multiterminal data compression, IEEE Transactions on Information Theory, Vol. 44, 2300–2324, 1998.

[157] H.H. Yang, S. Amari, Complexity issues in natural gradient descent method for training multilayer perceptrons, Neural Computation, 10, 2137–2157, 1998.

[158] A. Cichocki, S.C. Douglas, S. Amari, Robust techniques for independent component analysis (ICA) with noisy data, Neurocomputing, 22, 113–129, 1998.

[159] S.C. Douglas, S.-Y. Kung, S. Amari, A self-stabilized minor subspace rule, IEEE Signal Processing Letters, Vol. 5, 328–330, 1998.

[160] M. Rattray, D. Saad, S. Amari, Natural gradient descent for on-line learning, Physical Review Letters, Vol. 81, 5461–5464, 1998.

[161] S. Boes, S. Amari, Annealed online learning in multilayer neural networks, On-line learning in neural networks (ed. D. Saad), Cambridge University Press, 209–229, 1998.

[162] S. C. Douglas, A. Cichocki, S. Amari, Self-whitening algorithms for adaptive equalization and deconvolution, IEEE Transactions on Signal Processing, Vol. 47, 1161–1165, 1999.

[163] N. Murata, S. Amari, Statistical analysis of learning dynamics, Signal Processing, 74, 3–28, 1999.

[164] S. Amari, Superefficiency in blind source separation, IEEE Transactions on Signal Processing, Vol. 47, 936–944, 1999.

[165] S. Ikeda, S. Amari, H. Nakahara, Convergence of the wake-sleep algorithm, Advances in Neural Information Processing Systems 11 (eds. by M. S. Kearns et al.), MIT Press, 239–245, 1999.

[166] K-R. Müller, A. Ziehe, N. Murata, S. Amari, On-line learning in switching and drifting environments with application to blind source separation, On-line Learning in Neural Networks (ed. by D. Saad), Cambridge University Press, 93–110, 1999.

[167] S. Amari, Extraction of independent signals in the brain, Recent Advances in Biomagnetism (eds. by T. Yoshimoto et al.), Tohoku University Press, 125–128, 1999.

[168] A. Cichocki, J. Cao, S. Amari, N. Murata, T. Takeda, H. Endo, Enhancement of magnetoencephalographic signals using independent component analysis, Recent

Advances in Biomagnetism (eds. by T. Yoshimoto et al.), Tohoku University Press, 169–172, 1999.

[169] O. Jahn, A. Cichocki, A. Ioannides, S. Amari, Identification and elimination of artifacts from MEG signals using efficient independent component analysis, Recent Advances in Biomagnetism (eds. by T. Yoshimoto et al.), Tohoku University Press, 224–227, 1999.

[170] S. Amari, S. Wu, Improving support vector machine classifiers by modifying kernel functions, Neural Networks, 12, 783–789, 1999.

[171] L.-Q. Zhang, A. Cichocki, S. Amari, Natural gradient for blind separation of overdetermined mixture with additive noise, IEEE Signal Processing Letters, Vol. 6, 293–295, 1999.

[172] S. Amari, Natural gradient learning for over- and under-complete bases in ICA, Neural Computation, Vol. 11. 1875–1883, 1999.

[173] J. Basak, S. Amari, Blind separation of uniformly distributed signals: a general approach, IEEE Transactions on neural Networks, Vol. 10, 1173–1185, 1999.

[174] T.P. Chen, S. Amari, Dynamic behavior of the robust decorrelation process, Neurocomputing, 30, 143–151, 2000.

[175] S. Amari, Estimating functions of independent component analysis for temporally correlated signals, Neural Computation, 12, 2083–2107, 2000.

[176] S. Amari, T.P. Chen, A. Cichocki, Nonholonomic orthogonal learning algorithms for blind source separation, Neural Computation, 12, 1463–1484, 2000.

[177] S. C. Douglas, S. Amari, Natural-gradient adaptation, Unsupervised Adaptive Filtering, Blind Source Separation, Volume I (edited by Simon Haykin), John Wiley & Sons, 13–61, 2000.

[178] S. Amari, A. Cichocki, H. H. Yang, Blind signal separation and extraction: Neural and information-theoretic approaches, Unsupervised Adaptive Filtering, Volume I: Blind Source Separation (edited by Simon Haykin), John Wiley, 63–138, 2000.

[179] M. V. Burnashev, S. Amari, T. S. Han, BSC: Testing of hypotheses with information constraints, Numbers, Information and Complexity (edited by I. Althofer et al.), Kluwer Academic, 489–500, 2000.

[180] K. Fukumizu, S. Amari, Local minima and plateaus in hierarchical structures of multilayer perceptrons, Neural Networks, 13, 317–327, 2000.

[181] S. Amari, H-Y. Park, K. Fukumizu, Adaptive method of realizing natural gradient learning for multilayer perceptrons, Neural Computation, Vol. 12, 1399–1409, 2000.

[182] D. Bollé, D. R. C. Dominguez, S. Amari, Mutual information of sparsely coded associative memory with self-control and ternary neurons, 13, 455–462, 2000.

[183] J. Cao, N. Murata, S. Amari, A. Cichocki, T. Takeda, H. Endo, N. Harada, Single-trial magnetoencephalographic data decomposition and localization based on independent component analysis approach, IEICE Transactions on Fundamentals of Electronics, Communications and Computer Sciences, Vol. E83-A, 1757–1766, 2000.

[184] S. Choi, A. Cichocki, S. Amari, Flexible independent component analysis, Journal

of VLSI Signal Processing, 26, 25–38, 2000.

[185] H. Park, S. Amari, K. Fukumizu, Adaptive natural gradient learning algorithms for various stochastic models, Neural Networks, 13, 755–764, 2000.

[186] M. V. Burnashev, S. Amari, T. S. Chan, On some problems of hypothesis testing with limited available information (in Russian), Theory of Probability and its Applications (Russian Academy of Sciences), Vol. 45, 625–656, 2000.

[187] J. Takeuchi, N. Abe, S. Amari, The lob-pass problem, Journal of Computer and Systems Sciences, 61, 523–557, 2000.

[188] S. Amari, T. Ozeki, Differential and algebraic geometry of multilayer perceptrons, IEICE Trans. Fundamentals, Vol. E84-A, 31–38, 2001.

[189] T. Chen, S. Amari, Stability of asymmetric Hopfield networks, IEEE Transactions on Neural Networks, Vol. 12, 159–163, 2001.

[190] T. Chen, S. Amari, Exponential convergence of delayed dynamical systems, Neural Computation, 13, 621–635, 2001.

[191] S. Wu, H. Nakahara, S. Amari, Population coding with correlation and an unfaithful model, Neural Computation, 13, 775–797, 2001.

[192] T. Chen, S. Amari, New theorems on global convergence of some dynamical systems, Neural Networks, 14, 251–255, 2001.

[193] S. Amari, S. Ikeda, H. Shimokawa, Information geometry of α-projection in mean field approximation, Advanced Mean Field Methods: Theory and Practice (edited by M. Opper and D. Saad), The MIT Press, 241–257, 2001.

[194] T. Chen, S. Amari, N. Murata, Sequential extraction of minor components, Neural Processing Letters, 13, 195–201, 2001.

[195] H. Nakahara, S. Wu, S. Amari, Attention modulation of neural tuning through peak and base rate, Neural Computation, 13, 2031–2047, 2001.

[196] S. Amari, Information geometry on hierarchy of probability distributions, IEEE Transactions on Information Theory, Vol. 47, 1701–1711, 2001.

[197] S. Amari, H. Park, T. Ozeki, Statistical inference in non-identifiable and singular statistical models, Journal of the Korean Statistical Society, Vol. 30, 179–192, 2001.

[198] M. V. Burnashev, T-S. Han, S. Amari, On some estimation problems with information constraints (in Russian), Theory of Probability and its Applications (Russian Academy of Sciences), Vol. 46, 233–246, 2001.

[199] L.-Q. Zhang, S. Amari, A. Cichocki, Semiparametric model and superefficiency in blind deconvolution, Signal Processing, 81, 2535–2553, 2001.

[200] T. Chen, S. Amari, Unified stabilization approach to principal and minor components extraction algorithms, Neural Networks, 14, 1377–1387, 2001.

[201] S. Wu, S. Amari, Conformal transformation of kernel functions: A data-dependent way to improve support vector machine classifiers, Neural Processing Letters, 15, 59–67, 2002.

[202] S. Amari, Independent component analysis (ICA) and method of estimating functions, IEICE Trans. Fundamentals, Vol. E85-A, 540–547, 2002.

[203] H. Nakahara, S. Amari, O. Hikosaka, Self-organization in the basal ganglia with modulation of reinforcement signals, Neural Computation, 14, 819–844, 2002.

[204] S. Amari, M. Kawanabe, TLS and its improvements by semiparametric approach, S. Van Huffel and P. Lemmerling (eds.), Total Least Squares and Errors-in-Variables Modeling, 15–24, Kluwer Academic, 2002.

[205] S. Choi, A. Cichocki, S. Amari, Equivariant nonstationary source separation, Neural Networks, 15, 121–130, 2002.

[206] H. Nakahara, S. Amari, Attention modulation of neural tuning through peak and base rate in correlated firing, Neural Networks, 15, 41–55, 2002.

[207] S. Wu, S. Amari, H. Nakahara, Population coding and decoding in a neural field: A computational study, Neural Computation, 14, 999–1026, 2002.

[208] H. Nakahara, S. Amari, Information-geometric measure for neural spikes, Neural Computation, 14, 2269–2316, 2002.

[209] S. Wu, S. Amari, H. Nakahara, Asymptotic behaviors of population codes, Neurocomputing, 44-46, 697–702, 2002.

[210] T. Chen, W. Lu, S. Amari, Global convergence rate of recurrently connected neural networks, Neural Computation, 14, 2947–2957, 2002.

[211] S. A. Cruces-Alvarez, A. Cichocki, S. Amari, On a new blind signal extraction algorithm: Different criteria and stability analysis, IEEE Signal Processing Letters, Vol. 9, 233–236, 2002.

[212] S. Amari, Learning and statistical inference, The Handbook of Brain Theory and Neural Networks, Second Edition, Edited by M. A. Arbib, 624–628, MIT Press, 2002.

[213] S. Amari, Neuromanifolds and information geometry, The Handbook of Brain Theory and Neural Networks, Second Edition, Edited by M. A. Arbib, 754–757, MIT Press, 2002.

[214] S. Amari et al, Neuroinformatics: The integration of shared databases and tools towards integrative neuroscience, Journal of Integrative Neuroscience, Vol. 1, 117–128, 2002.

[215] S. Ikeda, T. Tanaka, S. Amari, Information geometrical framework for analyzing belief propagation decoder, In T. G. Dietterich, S. Becker and Z. Ghahramani, editors, Advances in Neural Information Processing Systems 14,407–414, MIT Press, 2002.

[216] T. Tanaka, S. Ikeda, S. Amari, Information-geometrical significance of sparsity in Gallager code, In T. G. Dietterich, S. Becker and Z. Ghahramani, editors, Advances in Neural Information Processing Systems 14, 527–534, MIT Press, 2002.

[217] M. V. Burnashev, S. Amari, On density estimation under relative entropy loss criterion, Problems of Information Transmission, Vol. 38, 323–346, 2002.

[218] S. Amari, H. Nakahara, S. Wu, Y. Sakai, Synchronous firing and higher-order interactions in neuron pool, Neural Computation, 15, 127–142, 2003.

[219] S. Choi, A. Cichocki, L. Zhang, S. Amari, Approximate maximum likelihood source separation using the natural gradient, IEICE Trans. Fundamentals, Vol. E86-A, 198–

205, 2003.

[220] S. Amari, New consideration on criteria of model selection, Neural Networks and Soft Computing (Proceedings of the Sixth International Conference on Neural Networks and Soft Computing), Edited by L. Rutkowski and J. Kacprzyk, 25–30, Physica-Verlag, 2003.

[221] S. Amari, T. Ozeki, H. Park, Learning and inference in hierarchical models with singularities, Systems and Computers in Japan, Vol. 34, 34–42, 2003.

[222] S. Wu, D. Chen, M. Niranjan, S. Amari, Sequential Bayesian decoding with a population of neurons, Neural Computation, Vol. 15, 993–1012, 2003.

[223] S. Watanabe, S. Amari, Learning coefficients of layered models when the true distribution mismatches the singularities, Neural Computation, Vol. 15, 1013–1033, 2003.

[224] H. Nakahara, S. Nishimura, M. Inoue, G. Hori, S. Amari, Gene interaction in DNA microarray data is decomposed by information geometric measure, Bioinformatics, Vol. 19, 1124–1131, 2003.

[225] J. Cao, N. Murata, S. Amari, A. Cichocki, T. Takeda, A robust approach to independent component analysis of signals with high-level noise measurements, IEEE Transactions on Neural Networks, Vol. 14, 631–645, 2003.

[226] The OECD Working Group on Neuroinformatics: P. Eckersley (G. F. Egan, S. Amari, F. Beltrame, R. Bennett, J. G. Bjaalie, T. Dalkara, E. De Schutter, C. Gonzalez, S. Grillner, A. Herz, K. P. Hoffmann, L. P. Jaaskelainen, S. H. Koslow, S-Y. Lee, L. Matthiessen, P. L. Miller, F. M. da Silva, M. Novak, V. Ravindranath, R. Ritz, U. Ruotsalainen, S. Subramaniam, A. W. Toga, S. Usui, J. van Pelt, P. Verschure, D. Willshaw, A. Wrobel, and T. Yiyuan), Neuroscience Data and Tool Sharing: A Legal and policy Framework for Neuroinformatics, Neuroinformatics Journal, Vol. 1, 149–165, 2003.

[227] S. Amari, M. V. Burnashev, On some singularities in parameter estimation problems, Problems of Information Transmission, Vol. 39, 352–372, 2003.

[228] H.-Y. Park, N. Murata, S. Amari, Improving generalization performance of natural gradient learning using optimized regularization by NIC, Neural Computation, 16, 355–382, 2004.

[229] S. Wu, S. Amari, H. Nakahara, Information processing in a neuron ensemble with the multiplicative correlation structure, Neural Networks, 17, 205–214, 2004.

[230] L. Zhang, A. Cichocki, S. Amari, Self-adaptive blind source separation based on activation functions adaptation, IEEE Transactions on Neural Networks, Vol. 15, 233–244, 2004.

[231] S. Ikeda, T. Tanaka, S. Amari, Information geometry of turbo and low-density parity-check codes, IEEE Transactions on Information Theory, Vol. 50, 1097–1114, 2004.

[232] S. Ikeda, T. Tanaka, S. Amari, Stochastic reasoning, free energy, and information geometry, Neural Computation, Vol. 16, 1779–1810, 2004.

[233] S. Amari, H. Park, T. Ozeki, Geometry of learning in multilayer perceptrons, Proceedings in Computational Statistics, Edited by Jaromir Antoch, 49–60, Physica-Verlag, 2004.

[234] M. Inoue, S. Nishimura, G. Hori, H. Nakahara, M. Saito, Y. Yoshihara and S. Amari, Improved parameter estimation for variance-stabilizing transformation of gene-expression microarray data, Journal of Bioinformatics and Computational Biology, Vol. 2, 669–679, 2004.

[235] SA. Cruces-Alvarez, A. Cichocki, S. Amari, From blind signal extraction to blind instantaneous signal separation: criteria, algorithms, and stability, IEEE Transactions on Neural Networks, Vol. 15, 859–873, 2004.

[236] Y. Li, A. Cichocki, S. Amari, Analysis of sparse representation and blind source separation, Neural Computation, Vol. 16, 1193–1234, 2004.

[237] J. Takeuchi, S. Amari, α-parallel prior and its properties, IEEE Transactions on Information Theory, Vol. 51,1011–1023, 2005.

[238] S. Amari, H. Nakahara, Difficulty of singularity in population coding, Neural Computation, 17, 839–858, 2005.

[239] S. Wu, S. Amari, Computing with continuous attractors: Stability and online aspects, Neural Computation, 17, 2215–2239, 2005.

[240] H. Park, T. Ozeki, S. Amari, Geometric approach to multilayer perceptrons, Handbook of Geometric Computing, Applications in Pattern Recognition, Computer Vision, Neuralcomputing, and Robotics, Eduardo Bayro Corrochano (Ed.), 69–96, Springer, 2005.

[241] S. Amari, Tutorial series on brain-inspired computing: Part 1, New Generation Computing, 23, 357–359, 2005.

[242] H. Nakahara, S. Amari, B. Richmond, A comparison of descriptive models of a single spike train by information-geometric measure, Neural Computation, 18, 545–568, 2006.

[243] S. Amari, H. Nakahara, Correlation and independence in the neural code, Neural Computation, 18, 1259–1267, 2006.

[244] S. Amari, H. Park, T. Ozeki, Singularities affect dynamics of learning in neuromanifolds, Neural Computation, 18, 1007–1065, 2006.

[245] Y. Li, S. Amari, A. Cichocki, D. W.C. Ho, S. Xie, Underdetermined blind source separation based on sparse representation, IEEE Transactions on Signal Processing, Vol. 54, 423–437, 2006.

[246] Y. Li, A. Cichocki, S. Amari, Blind estimation of channel parameters and source components for EEG signals: A sparse factorization approach, IEEE Transactions on Neural Networks, Vol. 17, 419–431, 2006.

[247] Y. Li, S. Amari, A. Cichocki, C. Guan, Probability estimation for recoverability analysis of blind source separation based on sparse representation, IEEE Transactions on Information Theory, Vol. 52, 3139–3152, 2006.

[248] T. Toyoizumi, K. Aihara, S. Amari, Fisher information for spike-based population

decoding, Physical Review Letters, Vol. 97, 098102–1–098102–4, 2006.
[249] H. Lu, S. Amari, Global exponential stability of multi time-scale competitive neural networks with nonsmooth functions, IEEE Transactions on Neural Networks, Vol. 17, 1152–1164, 2006.
[250] K. Miura, M. Okada, S. Amari, Estimating spiking irregularities under changing environments, Neural Computation, Vol. 18, 2359–2386, 2006.
[251] W. Nakamura, K. Anami, T. Mori, O. Saitoh, A. Cichocki, S. Amari, Removal of ballistocardiogram artifacts from simultaneously recorded EEG and fMRI, IEEE Transactions Biomedical Engineering, Vol. 53, 1294–1308, 2006.
[252] A-K. Seghouane, S. Amari, The AIC criterion and symmetrizing the Kullback-Leibler divergence, IEEE Transactions on Neural Networks, Vol. 18, 97–106, 2007.
[253] N. Pal, K. Aguan, A. Sharma, S. Amari, Discovering biomarkers from gene expression data for predicting cancer subgroups using neural networks and relational fuzzy clustering, BMC Bioinformatics, 8, 1–18, 2007.
[254] S. Amari, Integration of stochastic models by minimizing α-divergence, Neural Computation, Vol. 19, 2780–2796, 2007.
[255] H. Wei, J. Zhang, F. Cousseau, T. Ozeki, S. Amari, Dynamics of learning near singularities in layered networks, Neural Computation, Vol. 20, 813–843, 2008.
[256] S. Wu, K. Hamaguchi, S. Amari, Dynamics and computation of continuous attractors, Neural Computation, Vol. 20, 994–1025, 2008.
[257] N. Masuda, S. Amari, A computational study of synaptic mechanisms of partial memory transfer in cerebellar vestibule-ocular-reflex learning, Journal of Computational Neuroscience, 24, 137–156, 2008.
[258] K. Kang, S. Amari, Discrimination with spike times and ISI distributions, Neural Computation, Vol. 20, 1411–1426, 2008.
[259] L. Xu, S. Amari, Combining classifiers and learning mixture-of-experts, encyclopedia of artificial intelligence, Edited by J. R. R. Dopico, J. Dorado de la Calle, A. P. Sierra, 318–326, Information Science Reference, Hershey, 2008.
[260] F. Cousseau, T. Ozeki, S. Amari, Dynamics of learning in multilayer perceptrons near singularities, IEEE Transactions on Neural Networks, Vol. 19, 1313–1328, 2008.
[261] Y. Li, A. Cichocki, S. Amari, S. Xie, C. Guan, Equivalence probability and sparsity of two sparse solutions in sparse representation, IEEE Transaction on Neural Networks, Vol. 19, 2009–2021, 2008.
[262] H. Wei, S. Amari, Dynamics of learning near singularities in radial basis function networks, Neural Networks, Vol. 21, 989–1005, 2008.
[263] S. Amari, Information geometry and its applications: Convex function and dually flat manifold, ETVC 2008, Lecture Notes in Computer Science 5416, F. Nielsen (Ed.), 75–102, Springer-Verlag, 2009.
[264] S. Amari, Measure of correlation orthogonal to change in firing rate, Neural Computation, Vol. 21, 960–972, 2009.
[265] M. Tatsuno, J-M. Fellous, S. Amari, Information-geometric measures as robust es-

timators of connection strengths and external inputs, Neural Computation, Vol. 21, 2309–2335, 2009.

[266] S. Amari, α-divergence is unique, belonging to both f-divergence and Bregman divergence classes, IEEE Transactions on Information Theory, Vol. 55, 4925–4931, 2009.

[267] A. Cichocki, S. Amari, Families of alpha- beta- and gamma- divergences: Flexible and robust measures of similarities, Entropy, 12, 1532–1568, 2010.

[268] S. Amari, A. Cichocki, Information geometry of divergence functions, Bulletin of the Polish Academy of Sciences, Vol. 58, 183–195, 2010.

[269] Y. Li, S. Amari, Two conditions for equivalence of 0-norm solution and 1-norm solution in sparse representation, IEEE Transactions on Neural Networks, Vol. 21, 1189–1196, 2010.

[270] S. Amari, Conditional mixture model for correlated neuronal spikes, Neural Computation, Vol. 22, 1718–1736, 2010.

[271] S. Amari, Information geometry in optimization, machine learning and statistical inference, Frontiers of Electrical and Electronic Engineering in China, Vol. 5, 241–260, 2010.

[272] S. Amari, Information geometry of multiple spike trains, S. Gruen, S. Rotter (eds.), Analysis of Parallel Spike Trains, Springer Series in Computational Neuroscience 7, 221–252, 2010.

[273] A. Cichocki, S. Cruces, S. Amari, Generalized alpha-beta divergences and their application to robust nonnegative matrix factorization, Entropy, 13, 134–170, 2011.

[274] K. N. Magdoom, D. Subramanian, V. S. Chakravarthy, B. Ravindran, S. Amari, N. Meenakshisundaram, Modeling basal ganglia for understanding Parkinsonian reaching movements, Neural Computation, Vol. 23, 477–516, 2011.

[275] M. Oizumi, M. Okada, S. Amari, Information loss associated with imperfect observation and mismatched decoding, Frontiers in Computational Neuroscience, Vol. 5, 9, 1–13, 2011.

[276] Y. Lu, Y. Sato, S. Amari, Travelling bumps and their collisions in a two-dimensional neural field, Neural Computation, Vol. 23, 1248–1260, 2011.

[277] S. Amari, T. Ozeki, F. Cousseau, H. Wei, Dynamics of learning in hierarchical models - Singularity and Milnor attractor, R. Wang, F. Gu (eds.), Advances in Cognitive Neurodynamics (II), 3–9, Springer, 2011.

[278] S. Amari, A. Ohara, Geometry of q-exponential family of probability distributions, Entropy, 13, 1170–1185, 2011.

[279] S. Amari, On optimal data compression in multiterminal statistical inference, IEEE Transactions on Information Theory, Vol. 57, 5577–5587, 2011.

[280] B.C. Vemuri, M. Liu, S. Amari, F. Nielsen, Total Bregman divergence and its applications to DTI analysis, IEEE Transactions on Medical Imaging, Vol. 30, 475–483, 2011.

[281] A. Ohara, H. Matsuzoe, S. Amari, Conformal geometry of escort probability and

its applications, Modern Physics Letters B, Vol. 26, 1250063–1250097, 2012.

[282] H. Shimazaki, S. Amari, E. N. Brown, S. Gruen, State-space analysis of time-varying higher-order spike correlation for multiple neural spike train data, PLOS Computational Biology, Vol. 8, 2012.

[283] A. K. Seghouane, S. Amari, Identification of directed influence: Granger causality, Kullback-Leibler divergence, and complexity, Neural Computation, Vol. 24, 1722–1739, 2012.

[284] S. Amari, A. Ohara and H. Matsuzoe, Geometry of deformed exponential families: Invariant, dually-flat and conformal geometries, Physica A, Vol. 391, 4308–4319, 2012.

[285] M. Liu, BC. Vemuri, S. Amari, F. Nielsen, Shape retrieval using hierarchical total Bregman soft clustering, IEEE Transactions on Pattern Analysis and Machine Intelligence, Vol. 34, 2407–2419, 2012.

[286] K. Kang, S. Amari, Self-consistent learning of the environment, Neural Computation, Vol. 24, 3191–3212, 2012.

[287] S. Amari, Differential geometry derived from divergence functions: Information geometry approach, International Book Series, Information Science and Computing Book 25: Mathematics of Distances and Applications, 9–23, 2012.

[288] S-Y. Lee, H-A. Song, S. Amari, A new discriminant NMF algorithm and its application to the extraction of subtle emotional differences in speech, Cognitive Neurodynamics, Volume 6, 525–535, 2012.

[289] S. Amari, Dreaming of mathematical neuroscience for half a century, Neural Networks, Vol. 37, 48–51, 2013.

[290] S. Amari, H. Ando, T. Toyoizumi, N. Masuda, State concentration exponent as a measure of quickness in Kauffman-type networks, Physical Review E, 87, 022814, 2013.

[291] W. Lu, J. Feng, S. Amari, D. Waxman, Achieving precise mechanical control in intrinsically noisy systems, New Journal of Physics, 15, 063012, 2013.

[292] S. Amari, M. Yukawa, Minkovskian gradient for sparse optimization, IEEE Journal of Selected Topics in Signal Processing, Vol. 7, 576–585, 2013.

[293] S. Amari, J. Armstrong, Curvature of Hessian manifolds, Differential Geometry and its Applications, Vol. 33, 1–12, 2014.

[294] S. Amari, Information geometry of positive measures and positive-definite matrices: Decomposable dually flat structure, Entropy, Vol. 16, 2131–2145, 2014.

[295] K. Jeong, M. Yukawa, S. Amari, Can critical-point paths under p-regularization $(0 < p < 1)$ reach the sparsest least squares solutions? IEEE Transactions on Information Theory, Vol. 60, 2960–2968, 2014.

[296] F. Nielsen, R. Nock, S. Amari, On clustering histograms with k-means by using mixed α-divergences, Entropy, Vol. 16, 3273–3301, 2014.

[297] S. Amari, Heaviside world: Excitation and self-organization of neural fields, Neural Fields, Theory and Applications, S. Coombes, P. beim Graben, R. Potthast, J.

Wright (Eds.), 97–118, Springer-Verlag, 2014.

[298] C.C. Fung, S. Amari, Spontaneous motion on two-dimensional continuous attractors, Neural Computation, No. 27, 507–547, 2015.

[299] Y. Yamanaka, S. Amari, S. Shinomoto, Microscopic instability in recurrent neural networks, Physical Review E, 91, 032921, 2015.

[300] A. Cichocki, S. Cruces, S. Amari, Log-determinant divergences revisited: Alpha-beta and gamma log-det divergences, Entropy, Vol. 17, 2988–3034, 2015.

[301] S. Amari, Information geometry as applied to neural spike data, Encyclopedia of Computational Neuroscience, D. Jaeger, R. Jung (Eds.), 1431–1433, Springer, 2015.

[302] S. Amari, N. Ay, Standard divergence in manifold of dual affine connections, GSI 2015, Lecture Notes in Computer Science 9389, F. Nielsen, F. Barbaresco (Eds.), Springer, 320–325, 2015.

[303] N. Ay, S. Amari, A novel approach to canonical divergences within information geometry, Entropy, Vol. 17, 8111–8129, 2015.

[304] M. Yukawa, S. Amari, l_p-regularized least squares $(0 < p < 1)$ and critical path, IEEE Transactions on Information Theory, Vol. 62, 488–502, 2016.

[305] R. Nock, F. Nielsen, S. Amari, On conformal divergences and their population minimizers, IEEE Transactions on Information Theory, Vol. 62, 527–538, 2016.

[306] Q. Zhao, G. Zhou, L. Zhang, A. Cichocki, S. Amari, Bayesian robust tensor factorization for incomplete multiway data, IEEE Transactions on Neural Networks and Learning Systems, Vol. 27, 736–748, 2016.

[307] R. Karakida, M. Okada, S. Amari, Dynamical analysis of contrastive divergence learning: Restricted Boltzmann machines with Gaussian visible units, Neural Networks, Vol. 79, 78–87, 2016.

[308] M. Oizumi, S. Amari, T. Yanagawa, N. Fujii, N. Tsuchiya, Measuring integrated information from the decoding perspective, PLOS Computational Biology, 1004654, 2016.

[309] M. Oizumi, N.Tsuchiya, S. Amari, Unified framework for information integration based on information geometry, PNAS, 113, 14817–14822, 2016.

[310] Y. Yoshida, R. Karakida, M. Okada, S. Amari, Statistical mechanical analysis of online learning with weight normalization in single layer perceptron, Journal of the Physical Society of Japan, 84, 044002, 2017.

[311] S. Amari, T. Ozeki, R. Karakida, Y. Yoshida, M. Okada, Dynamics of learning in MLP: natural gradient and singularity revisited, Neural Computation, Vol. 30, 1–33, 2018.

[312] S. Amari, R. Karakida, M. Oizumi, Information geometry connecting Wasserstein distance and Kullback-Leibler divergence via the entropy-relaxed transportation problem, Information Geometry, Vol. 1, 1–25, 2018.

[313] S. Amari, N. Tsuchiya, M. Oizumi, Geometry of information integration, Information Geometry and Its Applications, N. Ay, P. Gibilisco, F. Matus, Editors., Springer Proceedings in Mathematics & Statistics, Vol. 252, 3–17, 2018.

[314] L. Zhang, Z. Yi, S. Amari, Theoretical study of oscillator neurons in recurrent neural networks, IEEE Transactions on Neural Networks and Learning Systems, 29, 5242–5248, 2018.

[315] S. Amari, R. Karakida, M. Oizumi, M. Cuturi, Information geometry for regularized optimal transport and barycenters of patterns, Neural Computation, Vol. 31, 827–848, 2019.

[316] S. Amari, R. Karakida, M. Oizumi, Statistical neurodynamics of deep networks: Geometry of signal spaces, Nonlinear Theory and Its Applications, IEICE, Vol. 2, 1101–1115, 2019.

[317] S. Amari, R. Karakida, M. Oizumi, Fisher information and natural gradient learning in random deep networks, AISTATS2019, PMLR, Vol. 89, 694–702, 2019.

[318] R. Karakida, S. Akaho, S. Amari , Universal statistics of Fisher information in deep neural networks: Mean field approach, AISTATS2019, PMLR, Vol. 89, 1032–1041, 2019.

[319] J. Feydy, T. Séjourné, S. Amari, A. Trouvé, Interpolating between optimal transport and MMD using Sinkhorn divergences, AISTATS2019, PMLR, Vol. 89, 2681–2690, 2019.

[320] R. Karakida, S. Akaho, S. Amari, The normalization method for alleviating pathological sharpness in wide neural networks, NeurIPS 2019, Advances in Neural Information Processing, 6403–6413, 2019.

[321] S. Ito, M. Oizumi, S. Amari, Unified framework for the entropy production and the stochastic interaction based on information geometry. Physical Review Research, 2, 033048, 2020.

[322] S. Amari, Any target function exists in a neighborhood of any sufficiently wide random network: A geometric perspective. Neural Computation, 32, 8, 1413–1447, 2020.

[323] S. Amari, Information geometry, Japan Journal of Mathematics, 1–48, 2021.

[324] R. Karakida, S. Akaho, S. Amari, Pathological spectra of the Fisher information metric and its variants in deep neural networks, Neural Computation, 33, 2274–2307, 2021.

[325] S. Amari, Information geometry, International Statistical Review, 89, 250–273, 2021.

[326] T. Kurose, S. Yoshizawa, S. Amari, Optimal transportation plans with escort entropy regularization, Information Geometry, 5, 75–95, 2022.

[327] S. Amari, T. Matsuda, Wasserstein statistic in one-dimensional location-scale models, AISM, 74, 33–47, 2022.

[328] K. Watanabe, K. Sakamoto, R. Karakida, S. Sonoda, S. Amari, Deep learning in random neural fields: Numerical experiments via neural tangent kernel, Neural Networks, 160, 148–163, 2023.

[329] S. Amari, T. Matsuda, Information geometry of Wasserstein statistics on shapes and affine deformations, Information Geometry, 2024 年 7 月 on-line 出版.

著書

[330] S. Amari, Differential-Geometrical Methods in Statistics. Springer Lecture Notes in Statistics, 1985.

[331] S. Amari, O. E. Barndorff-Nielsen, R. E. Kass, S. L. Lauritzen, C. R. Rao, Differential Geometry in Statistical Inference. Lecture Notes-Monograph Series, 10, Institute of Mathematical Statistics, 1987.

[332] S. Amari, H. Nagaoka, Methods of Information Geometry, Translations of Mathematical Monographs, Vol. 191, the AMS and Oxford University Press, 2000.

[333] A. Cichocki, S. Amari, Adaptive Blind Signal and Image Processing, Wiley, 2002.

[334] A. Cichocki, R. Zdunek, A. H. Phan, S. Amari, Nonnegative Matrix and Tensor Factorizations, John Wiley and Sons, U.K., 2009.

[335] S. Amari, Information Geometry and Its Applications, Springer Japan, 2016.

[336] 甘利俊一，情報理論 II—情報の幾何学的理論，情報科学講座，共立出版，1968.

[337] 甘利俊一，情報理論，ダイヤモンド社，1970（筑摩学芸文庫，2011）.

[338] 甘利俊一，神経回路網の数理，産業図書，1978（筑摩学芸文庫，2024）.

[339] 甘利俊一，金谷健一，線形代数，講談社，1987（筑摩学芸文庫，2023）.

[340] 甘利俊一，神経回路モデルとコネクショニズム，認知科学選書 22，東京大学出版会，1989.

[341] 甘利俊一，村田昇 編著，独立成分分析，SGC ライブラリ 18，サイエンス社，2002.

[342] 甘利俊一，新版 情報幾何学の新展開，SGC ライブラリ，154，サイエンス社，2019.

[343] 甘利俊一，深層学習と統計神経力学，SGC ライブラリ，185，サイエンス社，2023.

索　　引

あ 行

か 行

さ 行

た 行

著者略歴

甘 利 俊 一
あま り しゅん いち

1963 年 東京大学大学院数物系研究科数理工学専攻博士課程修了 工学博士
1963 年 九州大学工学部助教授
1967 年 東京大学工学部計数工学科助教授
1981 年 東京大学工学部計数工学科教授
1994 年 理化学研究所国際フロンティア研究システム情報処理研究 グループディレクター
1997 年 同脳科学総合研究センター グループディレクター
2003 年 同センター長
2012 年 文化功労者
2019 年 文化勲章受章
現 在 帝京大学先端総合研究機構特任教授 理化学研究所栄誉研究員 東京大学名誉教授
専 門 情報幾何学，数理脳科学

めくるめく数理の世界
——情報幾何学・人工知能・神経回路網理論

2024 年 10 月 10 日 © 初 版 発 行
2025 年 4 月 25 日 初版第 3 刷発行

著 者 甘 利 俊 一　　発行者 森 平 敏 孝
印刷者 山 岡 影 光
製本者 小 西 惠 介

発行所 **株式会社 サ イ エ ン ス 社**

〒151–0051 東京都渋谷区千駄ヶ谷 1 丁目 3 番 25 号
営業 ☎ (03) 5474–8500 (代) 振替 00170–7–2387
編集 ☎ (03) 5474–8600 (代)
FAX ☎ (03) 5474–8900

印刷 三美印刷(株)　　製本 (株)ブックアート

ISBN978-4-7819-1611-8

PRINTED IN JAPAN

サイエンス社のホームページのご案内
https://www.saiensu.co.jp
ご意見・ご要望は
rikei@saiensu.co.jp まで．